U0415390

"十二五"普通高等教育本科国家级规划教材
高等院校水土保持与荒漠化防治专业教材

土壤侵蚀原理

（第3版）

主　编　吴发启　王　健
副主编　范昊明　郑子成　赵龙山
　　　　程金花　戴全厚

中国林业出版社

内容提要

本教材是在较为系统地总结了土壤侵蚀科学的研究成果、发展现状与趋势的基础上，结合高等院校水土保持与荒漠化防治专业的教学特点编写而成的。教材主要内容包括了土壤侵蚀的基本概念、土壤侵蚀类型与分布、水力侵蚀、重力侵蚀、混合侵蚀、风力侵蚀、冻融与冰川侵蚀、化学侵蚀、人为侵蚀、土壤侵蚀区划、土壤侵蚀监测预报、土壤侵蚀定位观测和土壤侵蚀调查研究等。通过本教材的系统学习，学生能够掌握土壤侵蚀的基本知识、基本理论和基本技能，为进行水土保持与荒漠化防治的生产、管理和进一步深造学习奠定良好的基础。

本教材主要用于水土保持与荒漠化防治专业本科教学，也可作为高等院校环境生态类及相邻专业本科教学用书，同时，还可供本行业和从事土地利用、国土整治、环境保护等方面的研究、生产与管理的人员参考。

图书在版编目(CIP)数据

土壤侵蚀原理/吴发启，王健主编．—3版．—北京：中国林业出版社，2017.11(2023.12重印)

“十二五”普通高等教育本科国家级规划教材　高等院校水土保持与荒漠化防治专业教材

ISBN 978-7-5038-9348-3

Ⅰ．①土…　Ⅱ．①吴…　②王…　Ⅲ．①土壤侵蚀－高等学校－教材　Ⅳ．①S157

中国版本图书馆CIP数据核字字(2017)第261329号

审图号：GS京(2024)0038号

中国林业出版社·教育出版分社

策划编辑：肖基浒　吴　卉　　**责任编辑**：肖基浒　杜　娟

电　　话：(010)83143555　　**传　　真**：(010)83143516

出版发行　中国林业出版社(100009　北京市西城区德内大街刘海胡同7号)
E-mail：jiaocaipublic@163.com　电话：(010)83143500
http://www.forestry.gov.cn/lycb.html

经　　销　新华书店

印　　刷　三河市祥达印刷包装有限公司

版　　次　2000年1月第1版
2008年1月第2版
2017年11月第3版

印　　次　2023年12月第2次印刷

开　　本　850mm×1168mm　1/16

印　　张　21.5

字　　数　516千字

定　　价　60.00元

《土壤侵蚀原理》(第3版)
编写人员

主　　编：吴发启　王　健

副 主 编：(以姓氏笔画为序)

范昊明　郑子成　赵龙山

程金花　戴全厚

编写人员：(以姓氏笔画为序)

王　健(西北农林科技大学)

吴发启(西北农林科技大学)

何淑勤(四川农业大学)

范昊明(沈阳农业大学)

郑子成(四川农业大学)

赵龙山(贵州大学)

贾燕锋(沈阳农业大学)

高国雄(西北农林科技大学)

程金花(北京林业大学)

戴全厚(贵州大学)

主　　审：刘秉正(西北农林科技大学)

前言

（第3版）

我国丘陵山地面积占陆地国土面积2/3，气候变化多样，旱洪交替频繁，加之耕垦历史悠久、土壤侵蚀十分强烈，包括了地球上形成的主要侵蚀类型。治理水土流失不仅是当前发展亟待解决的问题，也是今后可持续发展战略的工作。土壤侵蚀的形成与预防是水土保持学科应解决的重点问题之一。本教材是在较为系统地总结了土壤侵蚀科学的研究成果、发展现状与趋势的基础上，结合高等院校水土保持与荒漠化防治专业的教学特点编写而成的。教材主要内容包括了土壤侵蚀的基本概念、土壤侵蚀类型与分布、水力侵蚀、重力侵蚀、混合侵蚀、风力侵蚀、冻融与冰川侵蚀、化学侵蚀、人为侵蚀、土壤侵蚀区划、土壤侵蚀监测预报、土壤侵蚀定位观测和土壤侵蚀调查研究等。

《土壤侵蚀原理》教材是由西北农林科技大学资源环境学院、北京林业大学水土保持学院、沈阳农业大学水利学院、贵州大学林学院、四川农业大学资源环境学院等单位编写，在认真总结已有成果基础上，提出编写大纲，分工编写而成。全书由吴发启、王健任主编，郑子成、戴全厚、范昊明、赵龙山和程金花任副主编。各章的编写人员为：第1章，吴发启；第2章，吴发启；第3章，王健、吴发启、程金花；第4章，吴发启、王健；第5章，郑子成、何淑勤、吴发启；第6章，高国雄、吴发启；第7章，范昊明、贾燕锋；第8章，戴全厚、吴发启；第9章，赵龙山、吴发启；第10章，吴发启、王健；第11章，王健、程金花；第12章，王健、程金花、吴发启；第13章，程金花、吴发启。各章的第一位作者均为该章的统稿人。全书由吴发启、王健、戴全厚、范昊明、赵龙山和程金花统搞。西北农林科技大学刘秉正教授主审了全部书稿。

对土壤侵蚀事件的认识，在我国已有几千年的历史，而世界范围内土壤侵蚀的科学研究也不过百余年的时光。但是，近30年来，随着人们对资源、环境及经济持续发展认识的不断深化，土壤侵蚀领域的研究也取得了突飞猛进的发展。除了丰富和完善该领域的内容外，还显露出一些新的知识点和动向。为此，本教材在继承和保留已有教材中一些较为完善系统的内容外，还最大限度地将一些新的内容纳入其中。同时，对以往的理论教学与实践教学的内容进行了整合，也将与其他课程重叠的内容进行了删减，以便使同学们在有限的学习时间内，能更全面地掌握该领域的主要内容、研究方法和发展趋势。

本教材除了作为水土保持与荒漠化防治专业教材外，也可作为高等院校相近专业的参考教材，还可供生产、科研及管理部门的有关人员参考。

值此《土壤侵蚀原理》完稿付印之际，特别感谢主审书稿的刘秉正教授，书稿编写的各位编委，引用或遗漏的科技成果、论文、著作和教材的作者，以及出版社的同志付出的辛苦劳动。

土壤侵蚀研究成果累累，但作者的知识水平和实践经验有限，不足之处在所难免，挂一漏万现象定存，恳切希望各位读者斧正。

吴发启

2017年6月于杨凌

目 录

第1章 绪 论

【本章提要】 现代土壤侵蚀是在自然和人为因素共同作用下而形成的一种灾害现象，已成为重要的环境问题之一。本章介绍了土壤侵蚀的基本概念，土壤侵蚀原理研究的对象、内容与方法，土壤侵蚀原理在水土保持学科中的地位，土壤侵蚀造成的危害，以及土壤侵蚀学科的形成与发展。

水是生命之源，土是生存之本。因此，水土资源的合理利用与调控是人类赖以生存与发展的基础。然而，由于人口剧增而导致的资源环境矛盾日益凸显，水的损失、土的流失与污染等严重地威胁到社会经济的可持续发展，已引起了世界各国政府和国民的高度重视。“土壤侵蚀原理”(在国内也有“土壤侵蚀学”和“土壤侵蚀”之称)这门课程正是阐述土壤侵蚀发生的机理、时空分布与变化、影响因素及造成的危害等，以便为水土保持规划与各项水土保持措施的布设提供科学支撑。

1.1 土壤侵蚀的基本概念

1.1.1 土壤侵蚀

土壤侵蚀(soil erosion)名词中的“侵蚀”(erosion)一词源于拉丁语erodere，意为吃掉、挖掉。德国地质学家瓦尔特·彭克(Walter Penck)于1894年首次将侵蚀一词引入地质学中，用于描述河水作用下地表固体物质的流失和槽谷的形成。此后，随着土壤侵蚀研究的深入与发展，各国学者也提出了相应的概念。

1971年，美国土壤保持学会把土壤侵蚀解释为：土壤侵蚀是水、风、冰或重力等营力对陆地表面的磨蚀，或者造成土壤、岩屑的分散与移动。英国学者哈德逊(N. W. Hudson)在《土壤保持》(1971)著作中将其定义为：就其本质而言，土壤侵蚀是一种夷平过程，使土壤和岩石颗粒在外力的作用下发生转运、滚动或流失，风和水是使颗粒变松和破碎的主要营力。《中国水利百科全书·水土保持分册》中认为土壤侵蚀是土壤或其他地面组成物质在水力、风力、冻融、重力等外营力作用下，被剥蚀、破坏、分离、搬运和沉积的过程。从这些定义中可以看出中外学者对被侵蚀的对象的理解和认识是完全相同的，既包含了土壤及母质，也涉及地表裸露岩石，但就侵蚀过程而论，美国、英国学者均忽略了沉积过程。

土壤侵蚀是自然景观发展的一种正常现象，只是当人类出现后，人们为了满足自身的各种需求而开展的一些不合理活动，使原本相对平衡的环境条件被打破，促使土壤侵蚀程度和强度加剧，影响到资源、环境、社会经济的可持续性发展。因此，人们现在认为的土壤侵蚀应为土壤或其地面组成物质在自然营力作用下或在自然营力与人类活动的综合作用下被剥蚀、破坏、分离、搬运和沉积的过程。

1.1.2 水土流失

水土流失(soil erosion and water loss)是指在水力、重力、风力等外营力作用下，水土资源和土地生产力遭受破坏和损失，包括土地表层及水的损失，又称为水土损失。最初，狭义的水土流失专指水蚀区域的土壤侵蚀，即由水力和重力造成水土资源的破坏和运移。20 世纪 30 年代“土壤侵蚀”一词从欧美传入中国，有的学者开始把“水土流失”作为“土壤侵蚀”的同义语，但也有相悖的观点。从广义上讲，水的损失包括了植物截留损失、地面及水面蒸发损失、植物蒸腾损失、深层渗漏损失和坡地径流损失等。在我国水土保持界，水的损失主要是指坡地径流的损失。

1.1.3 水土保持

与水土流失或土壤侵蚀涵义相反的词语即为水土保持(soil and water conservation)或土壤保持(soil conservation)。1940 年，黄河水利委员会林垦设计委员会与金陵大学农学院、四川大学农学院在成都召开了防止土壤侵蚀的科学研讨会，会上首次提出“水土保持”一词，同年 8 月林垦设计委员会改名为水土保持委员会，水土保持开始成为专用术语。它是指防治水土流失，保护、改良与合理利用水土资源，维护和提高土地生产力，以利于充分发挥水土资源的生态效益、经济效益和社会效益，促进建立良好生态环境。可见，水土保持不仅是土地资源的保护，而且还包括了水资源的保护。另外，保护一词还含有改良与合理利用之意。

1.2 土壤侵蚀原理研究的对象、内容与方法

1.2.1 研究对象

土壤侵蚀原理是为水土保持服务的应用基础学科，它以陆地表面的土壤侵蚀现象为其研究对象。其中，水、土资源是人类赖以生存的基础和条件，因而土壤侵蚀重点研究土壤及其母质在各种外营力作用下的破坏、搬运与堆积及坡地径流的损失。

土壤侵蚀发生有其动力因素(又称激励因子)，它决定侵蚀的方式、过程和变化，还有若干影响侵蚀作用的因素(又称控制因子)，它决定侵蚀的时空分布和特点。土壤侵蚀

原理的根本任务在于阐明侵蚀作用发生的机理、变化过程、影响因素及其作用特性和侵蚀的分类及地域分异规律等，以便指导水土保持工作的顺利进行。

1.2.2　研究的基本内容和方法

从土壤侵蚀原理的根本任务和当前学科发展状况来看，土壤侵蚀原理研究的基本内容可归纳为：研究土壤侵蚀作用营力、作用方式及其作用过程，即侵蚀发生、发展规律；研究影响土壤侵蚀的主要因素的机制、性质和变化，提出土壤侵蚀防治的基本原理和治理效益评价；土壤侵蚀类型在空间的组合及地域分布规律；土壤侵蚀与生态环境的关系；土壤侵蚀的危害和对农业生产的影响，以及土壤侵蚀的动态监测、模拟及预测预报和高新技术在土壤侵蚀研究中的应用等内容。

土壤侵蚀原理是以地质学、地貌学、土壤学、水文学、水力学等学科为基础，运用力学、数学、化学等方法研究土壤侵蚀的发生、发展及其变化，揭示侵蚀本质和规律，这就决定了土壤侵蚀原理的研究方法有：

(1) 野外调查研究

包括大范围的宏观调查和典型抽样调查两个方面，调查中采用遥感技术和前述基础学科的研究方法，以获取侵蚀资料，然后进行统计分析，归纳总结其规律。

(2) 实验研究与人工模拟研究

长期定位测验是分析和掌握土壤侵蚀规律的重要方法，包括小区测验和小流域测验两部分。研究侵蚀的时空变化、影响因子，以及采取不同治理方略的效益变化等内容。鉴于受自然环境因子影响，野外观测实验历时长，并需要特殊处理，因而出现人工模拟研究法。它能在人为控制下，短期得到侵蚀现象的有用资料，常作为野外实验研究的补充方法被采用。

(3) 室内实验及分析

研究侵蚀的发生、发展，以及由侵蚀带来地表形态、土壤自然属性及植被等变化。通过室内分析、遥感判读、数字成像、电镜分析等应用技术，能深刻揭示其机理和本质，成为现代侵蚀研究的重要方法。

1.3　土壤侵蚀原理在水土保持学科中的地位

土壤侵蚀原理是水土保持与荒漠化防治专业课程体系中的重要组成部分。从全国设置该专业的大专院校的教学方案中可以看出，它属于专业基础课的范畴，如图 1-1 所示。从图 1-1 可以看出，该专业的 12 门骨干课程互为因果关系，并具有逻辑上的先后顺序，而且土壤侵蚀原理在专业骨干课结构中具有桥梁与纽带的作用，地位重要。

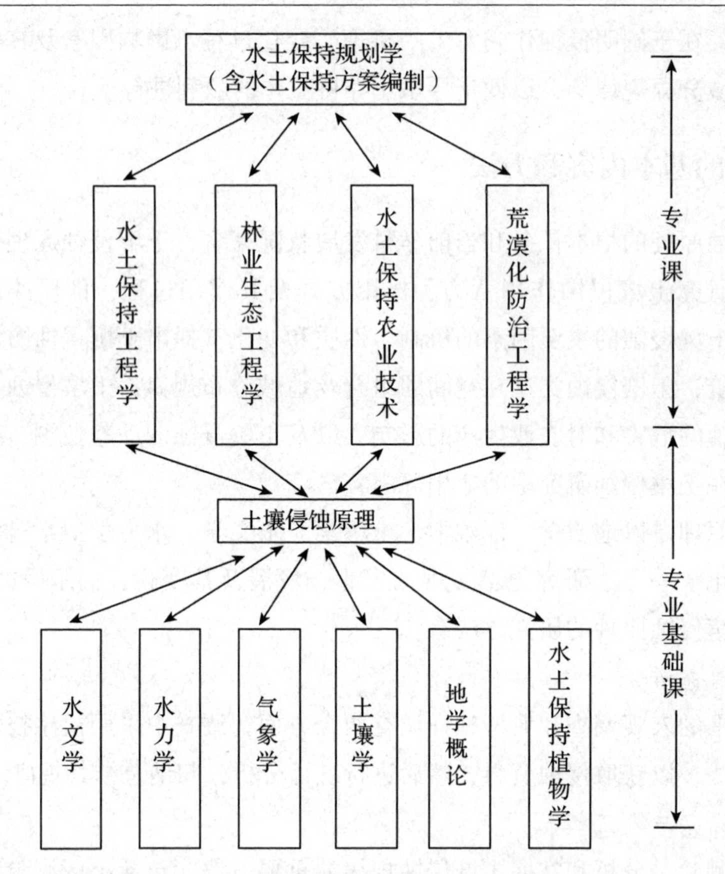

图 1-1 水土保持与荒漠化防治专业骨干课程结构示意

1.4 土壤侵蚀造成的危害

1.4.1 我国的土壤侵蚀概况

我国幅员辽阔，国土面积约 $960 \times 10^4 km^2$，丘陵山地面积约占 70% 左右，跨越不同的气候生物带；我国又是一个农业开发历史悠久的国家，许多地区的自然环境都遭到不同程度的人类活动影响，自然和人为加速侵蚀遍及全国各地，而且强度高，成因复杂，危害严重。根据《第一次全国水利普查水土保持公报》(水利部，2013)，截至 2011 年 12 月 31 日，全国(未含香港、澳门特别行政区和台湾省)共有水土流失面积 $294.91 \times 10^4 km^2$。其中，水力侵蚀面积 $129.32 \times 10^4 km^2$，占水土流失面积的 43.85%；风力侵蚀面积 $165.59 \times 10^4 km^2$，占水土流失面积的 56.15%。

从各省(自治区、直辖市)的水土流失分布看，水力侵蚀主要集中在黄河中游地区的山西、陕西、甘肃、内蒙古、宁夏和长江上游的四川、重庆、贵州和云南等省(自治区、直辖市)；风力侵蚀主要集中在西部地区的新疆、内蒙古、青海、甘肃和西藏等省(自治区)。

全国土壤侵蚀分布广泛，除上海市、香港和澳门特别行政区外，其余 31 个省(自治区、直辖市)都存在不同程度的水土流失。新疆和内蒙古的水土流失面积远远大于其他省份，主要是因为这两个自治区的风力侵蚀面积较大。

从各流域的水土流失分布看，长江、黄河、淮河、海河、松辽河、珠江、太湖等7大流域水土流失总面积136.42×10^4km^2，占全国水土流失总面积的38.2%。其中，水蚀面积120.58×10^4km^2，占全国水蚀总面积的74.8%；风蚀面积15.84×10^4km^2，占全国风蚀总面积的8.1%。长江流域的水土流失面积最大，黄河流域水土流失面积次之。但黄河流域水土流失面积占流域总面积的比例最大，强度以上侵蚀面积及其比例居7大流域之首，是我国水土流失最严重的流域。

按照我国制定的水土保持目标，到2050年全国建立起适应经济社会可持续发展的良性生态系统，适宜治理的土壤侵蚀区基本得到整治，土壤侵蚀和沙漠化基本得到控制，坡耕地基本实现梯田化，宜林地全部绿化，“三化”(草地退化、沙化和盐渍化)草地得到恢复，全国生态环境明显改善，人为土壤侵蚀得到根治，大部分地区基本实现山川秀美。因此，我国土壤侵蚀研究与水土保持工作还任重而道远。

1.4.2　土壤侵蚀危害

土壤侵蚀已成为危害世界环境的主要原因之一。其危害主要表现在以下几个方面：

(1)耕地质量降低，数量减少

耕地质量的降低主要表现在土壤的物理、化学和生物性状等的质量下降，而数量减少主要是指可利用的土地面积减少。表1-1和表1-2反映的是我国南方和陕北地区部分县(市)由于土壤侵蚀造成的土壤养分降低的情况。另据统计，土壤侵蚀给我国三分之一的耕地带来的土壤环境全面恶化，农作物减产，造林种草也会遇到越来越多的困难。

表1-1　南方部分地区表土和养分年均流失量表　(×10^4t)

地　区	土壤流失量	有机质流失量	氮磷钾流失量
河南南部	3 122.8	46.84	49.03
安徽西部	3 671.3	55.07	57.60
湖北东北部	4 273.5	64.10	67.10
浙　江	6 410.0	96.15	100.70
江　西	19 000.0	285.00	298.30
湖　南	15 000.0	225.00	235.50
福　建	6 800.0	102.00	106.80
广　东	428.0	64.30	67.30
广　西	7 000.0	105.00	109.90
合　计	65 705.6	1 043.46	1 092.23

注：据中国科学院南方山区综合科学考察队．中国亚热带东部丘陵山区土壤侵蚀与防治．科学出版社，1994。

表 1-2　陕北六县(市)土壤耕作层养分含量表

县名	耕作层深度(cm)	有机质(%)	全氮(%)	速效磷(mg/kg)	速效钾(mg/kg)	碱解氮(mg/kg)	微量元素(mg/kg)				
							硼	锌	锰	铜	铁
榆林	13~22	0.73	0.042	7	114	35	0.39	0.35	4.24	0.63	7.06
神木	13~22	0.75	0.046	6	1.6	42	0.33	0.42	3.27	0.44	6.08
府谷	15~22	0.62	0.040	5	99	36	0.27	0.56	4.87	0.44	3.35
定边	13~20	0.68	0.045	4	133	39	1.09	0.40	4.61	0.39	3.45
靖边	13~20	0.50	0.041	5	92	27	0.26	0.31	4.32	0.33	2.41
横山	13~20	0.62	0.031	8	76	26					

注：据郭绍礼．晋陕蒙接壤地区环境整治与农业发展研究，1996。

地表遭受侵蚀后，既引起了地形(或地块)平面的变化，又造成沟壑面积扩张，可利用地面积减少，我国因土壤侵蚀损失耕地 $2.67\times10^6\text{hm}^2$，平均每年 $6.67\times10^4\text{hm}^2$，这种现象全国各地都有不同程度的表现。如辽宁省 12 个市统计，1950—1980 年 30 年间减少耕地 5 414km^2，平均每年减少 $18.08\times10^4\text{hm}^2$ 左右；福建省每年被冲毁和沙压的土地面积多达 $3.61\times10^4\text{hm}^2$。长江流域每年因水土流失导致石化和沙化的土地近 $6.67\times10^4\text{hm}^2$ 以上；东北黑土地近 50 年来，耕作黑土层已流失 1/3~1/2。在全国其他省份，因土壤侵蚀损失可利用土地成为一种普遍现象。

(2)诱发泥沙灾害

泥沙灾害是指致灾因子是泥沙或者由泥沙诱发其他载体(风、水)给人类的生存、生活环境和物质文明建设带来危害，给经济带来损失，这样的泥沙事件就构成了泥沙灾害。泥沙灾害可以根据成因划分为直接灾害和间接灾害两类，见表 1-3。

我国是一个多山的国家，因滑坡、泥石流形成的泥沙灾害相当严重。据不完全统计，全国有泥石流沟 10 万多条，受它威胁的城市 70 多座、县城 460 多个，1949—1990

表 1-3　侵蚀诱发灾害类型

灾害营力	灾害性质	泥沙来源	灾害类型	灾害表现形式	典型事例
流水	间接	流水侵蚀(沟蚀面蚀)	洪涝	泥沙长年在河床淤积，河道、湖泊和水库萎缩诱发洪涝灾害	黄河下游河道三门峡水库、西辽河、永定河流域、洞庭湖洪涝等
			滑坡	大块土体或岩体滑坡堵塞河道淹没道路村庄	甘肃洒勒山滑坡、湖北秭归盐关滑坡，长江三峡鸡扒子滑坡
重力	直接	重力侵蚀	泥石流	突发性的泥沙、砾石冲坏村庄道路和堵塞河道	滇北小江的蒋家沟泥石流、西藏波密古乡冰川泥石流
			崩塌(崩岗)	岩体或土体因失重在陡坡上崩塌或从岩壁上崩塌	湖北宜昌盐池河崩塌，贵州新滩崩塌滑坡，华南五华花岗岩崩岗
风力	直接	风力吹蚀	浮沙	在大风的吹扬下，气流中的悬浮沙尘降落在地面上	甘肃河西的黑风暴，新疆、青海和内蒙古的风蚀沙地

注：据景可，李凤新．泥沙研究，1999。

年因滑坡、崩塌和泥石流使我国至少造成100多亿元的直接经济损失，毁坏耕地超过$8.67\times10^4hm^2$，铁路、水库、电站受到严重威胁，近万人死亡，年均200多人。1998年长江洪水中总共死亡3 000多人，其中1 200多人就是死于山洪泥石流等泥沙灾害。我国铁路沿线分布着大、中型滑坡1 000多处、泥石流沟1.3万多条。每年都因滑坡泥石流中断交通运输。如1998年西北干旱地区的兰新线因山洪泥石流冲毁路基，曾两度中断铁路运行。1949年以后有千座各类型的电站及数百座不同类型水库受滑坡、崩塌和泥石流的严重威胁，仅云南一省就毁坏水电站300余座。

由于侵蚀泥沙在下游沉积，河床被抬高，导致了洪涝灾害发生。这一现象，在北方几条高含沙河流中是比较普遍的现象，其中最为典型的是黄河下游。在中华人民共和国成立前有记录的2 000多年时间内，黄河大堤决溢达到1 500多次，大小改道26次；唐开元十四年(716)的黄河大堤决口淹死100多万人；明崇祯十五年(1642)黄河大堤决口，开封满城皆水，全城37.8万余人，幸存者仅3万人；1933年黄河大洪水，南北两岸大堤决口50多处，受灾面积达$1.1\times10^4km^2$，灾民364万人，死亡1.8万人。中华人民共和国成立后黄河下游虽然没有决口，但下游河床泥沙淤积速率并没有减慢，每年仍以10cm的速度抬高，大堤虽经三次加高培厚，但大堤决溢的危险性依然存在。1950年以来我国兴建了大中小型水库86 000座，总库容超过$4\ 000\times10^8m^3$，至今已淤积超过$1\ 000\times10^8\ m^3$，占总库容的1/4。大量的泥沙堆积，造成河、湖面积萎缩，过(蓄)洪能力减弱，又导致了新的洪水灾害。

(3)威胁城镇，破坏交通

由于水土流失的结果，我国内河航运由1961年的航道29条，航运里程5 141km，年货运量$1\ 300\times10^4t$，到1980年分别减少到14条，航运里程3 856km和货运量700×10^4t。江西省1957年调查资料显示，当时可通航河流259条，通航里程11 275km，到20世纪70年代由于泥沙淤积缩短长期航道近千千米，至今通航里程已经缩短近1/3。类似现象在湖南、湖北、广东、广西等地都有，如广东因水土流失河道淤积而断航的河有919km，韩江上游梅县地区淤积了大小河流379条，已淤高0.5~2.9m，原通航里程783.6km，现在只有340.5km，占原航程的43.5%。

重力侵蚀也是造成城镇交通破坏的原因之一。例如，陕西省渭河北岸塬边卧龙寺一次滑坡暴发后，不仅毁坏了坡下的一个村庄，并把陇海铁路向南推移100余米；又如，云南东川矿区蒋家沟，1968年暴发一次泥石流，冲垮了排洪堤坝，堵塞了小江，使小江断流，水位上涨10m，沿江的公路、铁路及其桥梁、涵洞都被淹没。西南地区的公路、铁路每年雨季都要受到不同程度的泥石流和滑坡的威胁。成昆铁路从北到南纵贯川西地区495km，对铁路存在威胁的滑坡有80多处，1980年7月3日发生在铁西东站的大滑坡，滑坡体积约$200\times10^4m^3$，将160m长的铁西车站全部覆盖，埋深14m，造成铁路中断1 058h，整治工程费用2 300万元。在西南山区20世纪60年代修建的一些厂矿，大部分都遭到不同程度的滑坡泥石流的破坏，如汉中地区的工厂、略阳电厂、第二汽车制造厂、山西霍县电厂都相继遇到泥石流和滑坡的影响。1981年8月，汉中地区连降暴雨，勉县、宁强、南郑、留坝、略阳五县共发生滑坡、泥石流1万多处，毁房1.6万多间，死140余人。该年宝成铁路凤州段沿线滑坡92处，破坏路基44处，冲坏桥梁10座，压埋车站3处，使宝成铁路运行中断。滑坡堵塞江河，中断交通，破坏农田，给生产建设和人民生命财产带来巨大的损失。

(4)水土流失与贫困恶性循环同步发展

"越垦越穷，越穷越垦"是对坡耕地水土流失因果关系的正确描述。1949年以来，我国人口不断增加，特别是在山丘区。人们为满足自身的需求，在一定条件下，只能向大自然索取，这样就造成垦殖的土地面积不断扩大，坡度不断变陡，水土流失不断加剧，粮食产量不断下降，生活水平与质量徘徊不前。因此，土壤侵蚀与贫困同步发展。这种情况如不及时扭转，后果将不堪设想。

总体来看，土壤侵蚀与荒漠化的危害可以从三个层次上来认识：从全球来看，土壤侵蚀和荒漠化对生态系统中的气候因素造成不利影响，破坏生态平衡，引起生物物种的损失并导致社会的不稳定；从一个国家来看，它造成国家经济损失，破坏能源及粮食生产，加剧贫困，引起社会的不安定；对一个局部地区来说，它破坏土地资源及其他自然资源，使土地退化，妨碍经济及社会发展。

1.5 土壤侵蚀科学的形成与发展

土壤侵蚀原理属应用基础理论学科，它源于生产又服务于生产，是伴随着生产实践和社会的发展而诞生和发展起来的。可从以下两个方面来窥探其形成与发展过程。

1.5.1 国外土壤侵蚀科学的形成与发展

德国土壤学家Wollny(1877—1895)建立了世界上第一个径流小区，观测植被覆盖对侵蚀和土壤板结的影响，以及坡度对侵蚀的作用，Kozmenko则对片状侵蚀和细沟侵蚀率先进行了研究(1909，1910)。美国密苏里大学Miller及其同事于1917年在密苏里农业实验站(Missouri Agricultural Experiment Station)布设了如今天的径流小区，开展农作物及轮作对侵蚀和径流的影响研究，并于1923年第一次出版了野外试验小区的成果。20世纪20年代，美国土壤侵蚀学科的奠基人Bennett博士根据前人对侵蚀的理解及经验方法在全美不同自然地理区建立了10个代表不同土壤和气候条件的土壤侵蚀试验站网，开展土壤侵蚀的试验研究，为土壤侵蚀研究的发展奠定了初步基础。

在欧洲，19世纪后期Surell和Demontzey等科学家对山洪和雪崩发生过程及防治原理进行了研究，1860年出版了《山区土壤保持和山洪防治手册》；1884年颁布奥地利—匈牙利177号议案。此后，土壤侵蚀研究工作除继续研究减少河流泥沙输移和河槽沉积外，对土壤侵蚀特征和土壤侵蚀防治工作也给予了极大关注。早期从事水文学、冰川学、农学、森林学、植物地理学的研究者从不同的角度对土壤侵蚀现象和过程也进行了观测描述。

1934年，美国西部大平原发生了有史以来第一次沙尘暴，造成了巨大损失，使美国政府和国民深刻认识到土壤侵蚀的危害。随之美国成立了土壤保持局(后改为自然资源保持局)，并将原来的10个土壤侵蚀试验站网扩大到44个，遍及26个州；同时有关高等院校也纷纷建立了一批土壤侵蚀试验站。由于这些试验观测站在试验设计、观测方法、资料处理上的一致性和规范化，为后来美国土壤侵蚀研究和重大创新性成果的产生(如著名的土壤流失预报方程)积累了大量的科学资料。可以说，20 世纪 40 年代以前美国土壤侵蚀研究主要是确定了美国土壤侵蚀研究大体轮廓，分辨出了影响侵蚀的主要因素，并进行了单因子及多因子的定量分析。此阶段最有代表性的著作是 Bennett 于 1939 年出版的《土壤保持》。

从 20 世纪 40 年代开始，土壤侵蚀科学研究从对侵蚀现象的一般描述和对影响因子的试验研究步入到对土壤侵蚀过程及其机理的定量化研究。1935 年后，Neal，Zingg，Smith 等人开始雨滴溅蚀机制研究。1940 年，Laws 完成降雨过程的溅蚀研究。1944 年，Ellison 通过实验揭示出降雨击溅是水蚀过程中的一种主要营力。这些成果促进了降雨物理特性及其溅蚀的研究得到迅速发展，并进一步促进了人工模拟装置的研发与应用，极大地加快了研究工作的进度。在土壤本身抵抗侵蚀的能力方面，对土壤可蚀性进行了大量研究，取得了重要进展。与此同时，Ellison 也对侵蚀过程进行了深层次研究，并将侵蚀过程划分为雨滴击溅过程、径流侵蚀过程、雨滴搬运过程和径流搬运过程 4 个子过程。1969 年，Meyer 和 Wischmeier 对 Ellison 划分的土壤侵蚀的 4 个亚过程进行了数学模拟，应用“受分散限制的”和“受搬运限制的”的概念，计算了单元产沙量。后来，Foster 和 Meyer 等人基于 Ellison 的研究结果，提出了侵蚀率受输沙率和输沙能力的制约和细沟间侵蚀以降雨侵蚀为主、细沟侵蚀以径流侵蚀为主的侵蚀概念模型。与此同时，土壤侵蚀预报研究也取得了重要进展。1954 年，美国农业部在美国中西部印第安纳州 West Lafayette 建立了国家径流泥沙数据研究中心，组织全美力量汇总全国径流泥沙观测资料，由 Wischmeier 组织有关部门和科研、教学和生产单位联合攻关，建立了著名的通用土壤流失方程(Universal Soil Loss Equation，USLE)，于 1965 年以农业手册 282 号出版第一个官方版，1978 年以农业手册 537 号出版第 2 版。

20 世纪 80 年代以来，由于现代新技术新方法的引入，以预测预报模型研究带动侵蚀机理、过程研究，并重视土壤侵蚀和水土保持的环境与经济效应。主要研究进展有：修正完善通用土壤流失方程式(RUSLE2.0)；深化风蚀和水蚀过程研究，强化研究成果的集成，研发水蚀预报的物理模型，如 WEPP、EUROSEM、LISEM 和风蚀预报模型 RWEQ 和 WEPS；强化对土壤侵蚀环境效应评价研究，建立评价模型，包括土壤侵蚀与土壤生产力模型如 EPIC、SWAT 和非点源污染模型 AGNPS、ANSWER、CREAMS；坡面水土保持措施研究注重水土保持措施与现代机械化耕作相结合，深化研究少耕、免耕、残茬覆盖等水土保持措施的作用机理，强化植物根系层的提高土壤抗侵蚀能力的研究；重视民众参与和增强公众环境意识，水土保持措施研究与农场主需求相结合；学科内和学科间的交叉研究也日趋活跃。

有关风力侵蚀的研究在很长一段时期内没有引起足够的重视。20 世纪 30 年代，美国和苏联的中亚地区的黑风暴才引起人们对风蚀的关注。关于风蚀的研究可以划分为三个阶段：20 世纪 30～60 年代，风蚀研究开始有了较大进展，实现了定性描述到定量研究的飞跃，如拜格诺进行了一系列风沙运动的实验研究，创立了“风沙物理学”。此阶段风蚀研究的主要内容有风蚀物理机制，如土壤颗粒在风力作用下的运动性质，颗粒起动风速、气流输沙通量，风沙流的磨蚀作用，风沙流的累积强度和风力作用下土壤物质的分选等。同时，也开始了风蚀影响因子的系统研究，建立了风蚀预报方程(WEQ)；20世纪60年代中期，风蚀研究的重点转向土壤风蚀防治原理及风沙工程，风蚀防护措施的配置及防护效益评价。这一时期风蚀方程的应用，数理分析方法，计算机处理技术等被引入土壤风蚀研究。在学科间的相互渗透作用推动下，土壤风蚀研究取得较大进展，如区域土壤风蚀的宏观评价；20世纪70年代以后，全球土地荒漠化扩展，引起各方面的关注，风蚀研究进入全新阶段，研究的方法和技术也有了新的发展，研究的重点由野外的定位观测转向室内的风洞模拟试验，侧重风蚀动力机制和各风蚀影响因子相互作用过程研究，风蚀预报研究取得较大的进展，研发了RWEQ和WEPS等风蚀预报模型。

1.5.2 中国土壤侵蚀科学的形成与发展

早在3000年前，我国劳动人民对水土流失的现象就有所认识，但将它视为一门科学而展开研究，则是从20世纪20年代开始的。当时金陵大学森林系的部分教师在晋鲁豫进行了水土流失调查及径流观测；20世纪30年代，在该校开设土壤侵蚀及其防治方法课程。1933年，黄河水利委员会成立并设置林垦组，从事防治土壤冲刷工作。20世纪40年代，黄瑞采等学者对陕甘黄土分布、特性与土壤侵蚀的关系等进行了深入的考察研究。随后，相继在天水(1941)，西安、平凉和兰州(1942)，西江和东江(1943)，南京和莆田(1945)建立了水土保持实验站。可以说这个时期是我国土壤侵蚀科学发展的初期阶段。

我国大规模开展土壤侵蚀研究并取得重要成果则是从20世纪50年代开始的。1957年成立了全国水土保持委员会，1958年北京林学院成立了水土保持本科专业。特别是1955—1958年的黄河中游水土保持综合考察，取得了一批宝贵的基础资料、图件和成果。黄秉维、朱显谟、席承藩等对黄土高原土壤侵蚀分类和分区等做了大量开创性的工作，为我国的土壤侵蚀科学发展奠定了重要基础。

20世纪70年代末，国家科学技术委员会组织开展了第二次黄土高原地区综合考察和进行了连续数个五年计划的黄土高原典型地区综合治理试验示范研究，并将研究尺度由小流域扩大到区域，进行了长江流域和全国土壤侵蚀区划。建立了土壤侵蚀国家重点实验室及与其配套的世界第二大人工模拟降雨实验大厅。各研究机构、高等学校和各级水利水保部门布设了一系列水土流失观测站进行观测，并研制了不同的室内外人工模拟降雨装置开展系统研究，编制了全国水土流失技术标准和监测规程。各大江大河流域和各行政部门相继建立了水土保持与生态环境监测机构，国家自然科学基金委员会、水利部和黄河水利委员会等联合或单独设立了水土保持研究基金资助开展研究。三峡工程的建设促使其上游地区的水土流失研究受到关注，“3S”等技术在土壤侵蚀调查研究和空间评价中得到广泛使用。《中华人民共和国水土保持法》的颁布、西部大开发对生态环境建设的需求及国家将实施的经济与社会协调发展的战略正在推动土壤侵蚀科学研究向定量化的方向发展。

1.5.2.1 土壤侵蚀分类和分区

建立了较为合理、完善的土壤侵蚀分类系统，按照侵蚀营力的不同，将土壤侵蚀主要划分为水力侵蚀、风力侵蚀、重力侵蚀、冻融侵蚀和人为侵蚀等，在每一侵蚀类型中又进一步根据侵蚀过程的发展阶段划分侵蚀方式。20 世纪 90 年代又增加了水蚀风蚀复合侵蚀类型。近年来各类生产建设项目造成的水土流失也引起了政府部门的高度重视。新近又认识到了耕作形成的侵蚀，并已开展了相应研究。

20 世纪 50 年代，黄秉维采用 3 级分区方案编制的黄河中游土壤侵蚀分区图，既简明扼要，又突出了重点，沿用至今，对黄土高原水土保持工作起到了重要的指导作用。朱显谟根据黄河中游不同区域尺度的要求，提出了土壤侵蚀 5 级分区方案，即地带、区带、复区、区和分区。20 世纪 80 年代，辛树帜将全国土壤侵蚀类型划分为水力、风力和冻融 3 个一级区，并将水蚀区分为 6 个二级区。1984 年，开展了应用遥感技术编制全国和各大流域土壤侵蚀图(1:250 万和 1:50 万)。近期完成了全国土壤侵蚀遥感调查，分析研究 1990 年与 2000 年前后两时段全国土壤侵蚀动态变化。

1.5.2.2　土壤侵蚀影响因素与机理

降雨是影响侵蚀的主要动力因素之一。我国在天然降雨雨滴特性、降雨动能、侵蚀性暴雨的研究方面取得明显进展，提出了全国不同侵蚀区的侵蚀性暴雨标准，建立了适合全国不同侵蚀区的降雨侵蚀力指标。

朱显谟将土壤抗侵蚀性分为抗蚀性和抗冲性，并根据黄土的物理特性和抗冲性提出了“全部降水就地入渗拦蓄”这一水土保持方略。20 世纪 80 年代以来，关于植被根系对土壤抗冲性的研究取得了重要进展，发现反映土壤抗蚀的重要指标为风干土的水稳性团粒含量，而土壤腐殖质和物理性黏粒含量是影响土壤风干土水稳性团粒含量的主要指标。

地形因子与土壤侵蚀关系的研究结果表明，存在影响土壤侵蚀的临界坡长及临界坡度，唐克丽等根据浅沟侵蚀发生的临界坡度论证了黄土高原地区的退耕坡度，建立了全国不同水蚀区坡面土壤流失量与坡度、坡长的关系式。近年来又选取地形起伏度作为影响区域水土流失的地形因子指标展开研究。

植被对土壤侵蚀的影响，主要集中在植被林冠层对降雨再分配的影响研究、地被物消减雨滴能量及防冲机理、植被根系增强土壤抗侵蚀性的物理学过程和生物化学过程、有效植被覆盖度等。在植被影响区域土壤侵蚀研究方面，已结合遥感技术用近地面植被绿度指数替代过去的植被覆盖度，更能反映植被对土壤侵蚀的影响。

有关人类活动对土壤侵蚀的影响，集中在水土保持效益评价和人为不合理开发利用自然资源方面。对资源开发、工矿建设引起的新的人为加速侵蚀进行了评价；近期城市土壤侵蚀的研究也受到了重视。对人为破坏植被引起的加速侵蚀进行了长期动态观测研究，并从历史考证、现在不合理开垦和坡耕地土壤侵蚀现状等方面对自然侵蚀和人为加速侵蚀作出了科学评价，为黄土高原植被恢复与重建及减少入黄河泥沙提供了重要依据。基于流域侵蚀—产沙关系的研究，提出了黄土高原泥沙输移比接近 1 的重要研究结果；近期开展了长江流域泥沙输移比的研究，认为长江流域泥沙输移比变化于 0.15~0.61。

1.5.2.3　土壤侵蚀预测与预报

20 世纪 80 年代初，我国引入美国通用土壤流失方程，结合各地自然条件建立了适合各地的模型参数指标，其中对降雨侵蚀力指标、标准径流小区选定等进行了修正。在对单因子进行定量分析研究的基础上，开始尝试坡面土壤流失模型的研发，近期初步提出了中国坡面土壤流失方程(CSLE)。20 世纪 80 年代以来，基于小流域水沙观测资料，建立了估算小流域侵蚀产沙统计模型；并在滑坡、泥石流预警研究方面取得了一定进展。20 世纪 90 年代开始探索坡面侵蚀预测物理模型、地理信息系统支持下的小流域水蚀预报模型研究。

在区域水土流失趋势预测方面，20 世纪 80 年代末周佩华等进行了全国水土流失趋势预测研究。20 世纪 90 年代，基于对影响土壤侵蚀因子趋势变化的分析，并结合水土流失治理进度和粮食自给的需求，对黄土高原未来水土流失趋势进行了预测。近期开始探索区域水土流失及其趋势预测的研究。

1.5.2.4 新技术新方法的应用

20 世纪 70 年代以来，开展的人工模拟降雨技术在土壤侵蚀机理、土壤侵蚀定量评价和土壤侵蚀动力过程研究中发挥了重要作用。20 世纪 80 年代以来，利用^{137}Cs、^{210}Pb、^{7}Be等放射性核素示踪方法，创建稀土元素示踪技术对侵蚀空间分布和沉积及泥沙来源进行了研究。遥感(RS)、地理信息系统(GIS)和全球定位系统(GPS)(“3S”技术)在水土流失调查评价和空间分析等方面发挥了重要作用。

1.5.2.5 土壤侵蚀环境效应评价

对土壤侵蚀引起的土壤质量退化过程研究较多，但尚未建立起土壤侵蚀与土壤生产力关系模型。对土壤侵蚀引起的水体污染等环境负效应和由土壤侵蚀造成的直接经济损失的评价研究较少，尚需加强这些方面的研究。

1.5.2.6 泥沙来源与水土保持减沙效益评价

基于黄河流域水沙区域差异的特征及其对黄河泥沙的贡献，对黄河泥沙来源进行了大量的研究，界定出黄河中游的多沙粗沙区和重点治理区。针对 20 世纪 80 年代黄河泥沙明显减少现象，开展了降水与水土保持减沙效益分析研究，提出了水保法和水文法的评价方法。

1.5.2.7 风蚀研究

我国风蚀研究在 1950 年前基本是空白。1950 年后，我国政府十分重视风蚀的治理与预防。20 世纪 50 年代，国务院召开两次全国治沙工作会议，促进治沙工作的开展，推动风蚀科学研究。20 世纪 50 年代末，中国科学院组建了“中国治沙队”，对我国主要沙漠与戈壁地区展开大规模的综合科学考察，基本查明我国主要沙漠的分布范围、沙漠沙的来源、沙丘成因类型及其发育过程和移动规律，为以后风蚀研究及其防治奠定了基础。20 世纪 60 年代中后期，治沙工作由宏观调查转入以沙害治理研究为主题的专题研究，同时结合沙区铁路建设，开展沙漠地段铁路沿线及沙害治理措施的研究。例如，开展沙通、兰新、南疆等沙害地段铁路沿线的沙害和风害防治措施的试验研究。与此同时，风蚀机理研究也受到重视，建立了室内风洞实验室，开展了风沙运动和防沙工程的风洞模拟试验。20世纪70年代，以土地荒漠化问题为中心，深入地开展了沙漠化的现状及成因、过程与整治的研究。20世纪80年代以来，风蚀研究在理论和实践上都取得了新的进展，主要表现为：先后在鄂尔多斯、科尔沁、青海共和盆地、浑善达克、松嫩平原、巴丹吉林和塔克拉玛干等地系统地开展沙漠形成演变的研究，充分地论证了沙漠化过程，初步建立了可以与黄土、海洋沉积和冰期气候波动对比的沙区第四纪地层序列，并在沙漠的成因分类和区域分异的研究方面也取得新的进展。同时，通过土壤侵蚀的遥感调查，基本掌握了我国风蚀区的基本态势；加强了不同自然条件下沙漠化治理示范基地的建设，并扩大到湿润地带，逐步建立了干旱绿洲周围、干旱沙质荒漠、荒漠草原、半干旱农牧交错地区、半湿润风蚀沙化土地沙漠化的防治与治理；风蚀研究的技术与手段有了新的发展。系统地进行了土壤风蚀风洞模拟实验，定量半定量地确定了自然和人为因素在土地风蚀中的作用，深化了风蚀物理过程的认识，建立了风沙运动的力学数学模型；系统地进行了多种防沙工程措施的野外和室内风洞模拟试验研究，对各种风沙工程的防沙作用原理有了深刻的认识，并在防沙实践中如沙漠公路沙害防治、铁路沙害防治中得到较好的应用。随着空间科学技术的发展，应用遥感和地理信息系统等技术进行沙漠和荒漠化的动态监测，^{137}Cs同位素示踪元素在风蚀过程研究中的应用，定量评价了影响风蚀的相关因素，初步建立了风蚀预报模型。

综上可知，一个多世纪以来土壤侵蚀从形成到发展取得了巨大的成效，也为生态环境建设和经济发展作出了应有的贡献。从发展趋势来看，在相当长的一段时期内，该领域还主要集中在土壤侵蚀动力学、预测预报、环境效应和对全球变化的影响等方面的研究。随着社会经济和科学技术的进步，该领域也将取得更为辉煌的发展成就，为我国环境生态改善提供帮助。

思考题

1. 土壤侵蚀与水土流失有何异同？它们又如何服务于水土保持规划？
2. 土壤侵蚀能造成什么危害？并举一实例论述。
3. 土壤侵蚀科学是如何形成和发展的？
4. 土壤侵蚀研究与预防在国民经济建设中有何作用？

第2章

土壤侵蚀

【本章提要】 土壤侵蚀是地球外营力和内营力共同作用的结果。通常可以依据导致土壤侵蚀发生的外营力种类、时间和速率等将其划分为3大类。其中，按照导致土壤侵蚀形成的外营力可划分为水力侵蚀类型、重力侵蚀类型、混合侵蚀类型、风力侵蚀类型、冻融侵蚀类型、冰川侵蚀类型、化学侵蚀类型、植物侵蚀类型和人为侵蚀类型等。不同土壤侵蚀类型又可依据其发生的形态划分为不同的土壤侵蚀形式。依据土壤侵蚀状况，可将其划分为不同的土壤侵蚀强度和程度。由于受地表水热状况变化的影响，土壤侵蚀也具有分带性。

2.1 土壤侵蚀形成的基本营力

地壳组成物质和地表形态在地球内外营力的作用下永远处在不断变化发展中。地表形态发育的基本规律就是内营力与外营力之间相互影响、相互制约、相互作用的对立统一。

2.1.1 内营力及作用

内营力作用是由地球内部能量所引起的。地球本身有其内部能源，人类能感觉到的地震、火山活动等现象已经证明了这一点。地球内部能量主要是热能，而重力能和地球自转产生的动能对地壳物质的重新分配与地表形态的变化也具有很大的作用。

内营力作用的主要表现是地壳运动、岩浆活动、地震等。

2.1.1.1 构造运动

地壳运动使地壳物质发生变形和变位，产生新的构造形态，常称为构造运动(tectonic movement)。根据地壳运动的方向，可分为垂直运动和水平运动两类。

(1)垂直运动

垂直运动也称升降运动或振荡运动，运动方向垂直于地表(即沿地球半径方向)。这种运动表现为地壳大范围的缓慢上升与下降，造成地表起伏。垂直运动的速度在不同地区、不同时期有快有慢，升降的幅度也有差别。在地壳活动带，升降幅度从1 000m到10 000m，在稳定带则不超过数百米。

垂直运动对地表和土壤侵蚀的影响是十分深刻的。在上升和下降交替的接触地带，地表形态会发生明显的变化，因而直接影响到侵蚀基准面的变化，使得土壤侵蚀速率加大或减缓。例如，大陆和海盆发生垂直运动时，其运动方向相反，必然引起海进或海退，加强或削弱海岸地带外动力的强度，对海岸地形形成和发展产生明显影响。除了上述交替地带外，对于广大陆地而言，长期稳定的持续上升也会影响地球外营力的强度，甚至改变外营力的性质。例如，大陆上升，海面下降，引起流水侵蚀作用加强。如果大陆上升则导致温湿气候转变成寒冷气候，外营力性质也将发生变化，冰川作用取代了流水作用，地形也必然会随之发生明显变化。

(2)水平运动

水平运动的方向平行于地表，即沿地球切线方向运动。现代科学技术证实了地球大陆地壳经历了长距离水平位移。水平运动使板块互相冲撞，形成高大的山脉，如喜马拉雅山、安第斯山等。地壳的水平运动，同样也会导致侵蚀基准面变化而影响到土壤侵蚀的发生和发展。

2.1.1.2 岩浆活动

岩浆活动是地球内部的物质运动(地幔物质运动)。地球内部软流圈的熔融物质在压力、温度改变的条件下，沿地壳裂隙或脆弱带侵入或喷出，岩浆侵入地壳形成各种侵入体，喷出地表则形成各种类型的火山，改变原来形态，造成新的起伏。

2.1.1.3 地震

地震也是内营力作用的一种表现。地幔物质的对流作用使地壳及上地幔的岩层遭受破坏，把所积累的应变能转化为波能，产生突然破坏而将蓄积的内能释放出来，转化成机械能——弹性波，引起地表剧烈振动，造成巨大的山崩、滑坡和泥石流灾害。地震往往是与断裂、火山现象相联系的，世界主要火山带、地震带与断裂带分布的一致性是这种联系的反映。我国处于太平洋西岸和古提斯海两大断裂带上，加上两级阶梯前沿的断裂活动，使之成为世界多震国家之一。

2.1.2 外营力及作用

外营力作用的主要能源来自太阳能。地壳表面直接与大气圈、水圈、生物圈接触，它们之间发生复杂的相互影响和相互作用，从而使地表形态不断发生变化。外营力作用总的趋势是通过剥蚀、堆积(搬运作用则是将二者联系成为一个整体)使地面逐渐夷平。外营力作用的形式很多，如流水、地下水、重力、波浪、冰川、风沙等。各种作用对地貌形态的改造方式虽不相同，但是从过程实质来看，都经历了风化、剥蚀、搬运和堆积(沉积)几个环节。

2.1.2.1 风化作用

风化(weathering)作用是指矿物、岩石在地表新的物理、化学条件下所产生的一切物理状态和化学成分的变化，是在大气及生物影响下岩石在原地发生的破坏作用。岩石是一定地质作用的产物，一般说来岩石经过风化作用后都是由坚硬转变为松散、由大块变为小块。由高温高压条件下形成的矿物，在地表常温常压条件下就会发生变化，失去它原有的稳定性。通过物理作用和化学作用，又会形成在地表条件下稳定的新矿物。所以风化作用是使原来矿物岩石的结构、构造或者化学成分发生变化的一种作用。对地面形成和发育来说，风化作用是十分重要的一环，它为其他外营力作用提供了前提。

2.1.2.2 剥蚀作用

各种外营力作用(包括风化、流水、冰川、风、波浪等)对地表进行破坏，并把破坏后的物质搬离原地，这一过程或作用称为剥蚀(denudation)作用。狭义的剥蚀作用仅指重力和片状水流对地表侵蚀并使其变低的作用。广义上的剥蚀作用，是指各种外营力的侵蚀作用，如流水侵蚀、冰蚀、风蚀、海蚀等。鉴于作用营力性质的差异，作用方式、作用过程、作用结果不同，剥蚀一般分为水力剥蚀、风力剥蚀、冻融剥蚀等类型。

2.1.2.3 搬运作用

风化、剥蚀而成的碎屑物质，随着各种不同的外营力作用转移到其他地方的过程称为搬运(transportation)作用。根据搬运的介质不同，分为流水搬运、冰川搬运、风力搬运等。在搬运方式上也存在很多类型，有悬移、拖曳(滚动)、溶解等。全世界每年有 $23 \times 10^8 \sim 49 \times 10^8$ t 溶解质被搬运入海洋。

2.1.2.4 堆积作用

被搬运的物质由于介质搬运能力的减弱或搬运介质的物理、化学条件改变，或在生物活动参与下发生堆积或沉积，称为堆积作用或沉积(deposition)作用。按沉积的方式可分为机械沉积作用、化学沉积作用、生物沉积作用等。搬运物质堆积于陆地上，在一定条件下就会形成“悬河”并导致洪水灾害发生；堆积在海洋中，会改变海洋环境，引起生物物种的变化。

内营力形成地表高差和起伏，外营力则对其不断地加工改造，降低高差，缓解起伏，两者处于对立的统一之中，这种对立过程，彼此消长，统一于地表三度空间，且互相依存，决定了土壤侵蚀发生、发展和演化的全过程。

2.2 土壤侵蚀类型的划分

根据土壤侵蚀研究和其防治的侧重点不同，土壤侵蚀类型(the type of soil erosion)的划分依据也不一样。最常用的依据主要有3种：按导致土壤侵蚀的外营力种类、土壤侵蚀发生的时间和土壤侵蚀发生的速率等来划分土壤侵蚀类型。

2.2.1 按外营力种类的划分

按导致土壤侵蚀的外营力种类进行土壤侵蚀类型的划分，是土壤侵蚀研究和土壤侵蚀防治等工作中最常用的一种。一种土壤侵蚀形式的发生往往主要是由一种或两种外营力导致的，因此，这种分类方法就是依据引起土壤侵蚀的主导外营力种类划分出不同的土壤侵蚀类型。

在我国引起土壤侵蚀的外营力种类主要有水力、重力、水力和重力的综合作用力、风力、温度(由冻融作用而产生的作用力)作用力、冰川作用力、化学作用力和人类活动等，因此，土壤侵蚀可分为水力侵蚀、重力侵蚀、混合侵蚀、风力侵蚀、冻融侵蚀、冰川侵蚀、化学侵蚀和人为侵蚀等。另外，还有一类土壤侵蚀类型称为生物侵蚀。

2.2.1.1 水力侵蚀

水力侵蚀(water erosion)是指在降雨雨滴击溅、地表径流冲刷和下渗水分作用下，土壤、土壤母质及其他地表组成物质被破坏、剥蚀、搬运和沉积的全部过程。水力侵蚀也简称为水蚀。常见的水力侵蚀形式主要有雨滴击溅侵蚀、层状面蚀、砂砾化面蚀、鳞片状面蚀、细沟状面蚀、沟蚀、山洪侵蚀、洞穴侵蚀、库岸波浪侵蚀和海岸波浪侵蚀等。

(1)雨滴击溅侵蚀

在雨滴击溅作用下土壤结构被破坏和土壤颗粒产生位移的现象称为雨滴击溅侵蚀(rain drop splash erosion)，简称为溅蚀(splash erosion)。雨滴落到裸露的地面特别是农耕地上时，具有一定质量和速度，必然对地表产生冲击，使土体颗粒破碎、分散、飞溅，引起土体结构的破坏。

(2)面蚀

斜坡上分散的地表径流冲走坡面表层土粒的现象称为面蚀(surface erosion)。面蚀带走大量土壤营养成分，导致土壤肥力下降。在没有植物保护的地表，风直接与地表摩擦，将土粒带走也会产生明显的面蚀。面蚀多发生在坡耕地及植被稀少的斜坡上，其严重程度取决于植被、地形、土壤、降水及风速等因素。

按面蚀发生的地质条件、土地利用现状和发生程度不同，面蚀可分为层状面蚀、砂砾化面蚀、鳞片状面蚀和细沟状面蚀。

①层状面蚀　层状面蚀(layer erosion)是指降雨在坡面上形成薄层分散的径流时，把土壤可溶性物质及比较细小的土粒以悬移为主的方式带走，使整个坡地土层减薄、肥力下降的一种侵蚀形式。层状面蚀大多发生在质地均匀的农耕地及休闲地上，或者是作物生长初期，根系还没有固结土体，松散的土粒极易被地表径流带走。层状面蚀是面蚀发生的最初阶段。

②砂砾化面蚀　在富含粗骨质或石灰结核的山区、丘陵区的坡耕地上，在分散地表径流作用下，土壤表层的细粒、黏粒及腐殖质被带走，砂砾等粗骨质残留在地表，耕作后粗骨质翻入深层，如此反复，土壤中的细粒越来越少，石砾越来越多，土地肥力下降，耕作困难，最后导致弃耕，此种过程称为砂砾化面蚀(gravel erosion)。

因砂砾化面蚀而撩荒的土地，很难再恢复农林牧业生产。我国大部分山区，在成土过程中就形成含有大量石砾的土壤，若开发利用不合理，极易因砂砾化面蚀而形成石砾坡，改造利用这类坡地较为困难。

③鳞片状面蚀　在草场、灌木林地、茶园、果园等坡地上，由于人或动物的严重踩踏破坏，地被物不能及时恢复，呈鳞片状秃斑或踏成呈网状的羊道，植被呈鳞片状分布，暴雨时，植物生长不好或没有植物生长的地段有面蚀或面蚀较严重，植物生长较好

或有植物生长的无面蚀或面蚀较轻微，这种面蚀称为鳞片状面蚀(sheet erosion)。

鳞片状面蚀发生的严重程度取决于植物的密度及分布均匀性、人或动物对植物的破坏程度。由于不合理地利用资源及过分掠夺资源，鳞片状面蚀在我国的山区及牧区广泛分布。

④细沟状面蚀　当分散的地表径流集中成小股水流时，速度加快，侵蚀能力变大，带走沟中的土壤或母质，在地表出现许多近于与地表径流流线方向平行的细沟，这些细沟的深度和宽度均不超过 20cm，称为细沟状面蚀(rill erosion)。

一般情况下坡面上部径流分散，产生层状面蚀或砂砾化面蚀，而在中下部常会出现细沟状面蚀。当地表径流刚刚形成时，一般呈膜状，均匀地铺在地表流动，由于微地形和流水的表面张力作用，径流避高就低汇成小股，微小的股流没有固定的流路，相互合并又分开，地表冲出的小沟往往相互串通。当径流继续合并可冲出 10～20cm 宽和深的小沟，沟沿不整齐，沟的走向受微地形影响弯曲不定，通过耕作地表可恢复平整，因此仍属于面蚀范畴。若在斜坡上出现分布极广的小细沟，说明面蚀已经到了极为严重的地步。细沟状面蚀极易发生在质地均一、结构松散的坡地上，如黄土高原地区多发生细沟状面蚀。

(3)沟蚀

在面蚀的基础上，尤其细沟状面蚀进一步发展，分散的地表径流由于地形影响逐渐集中，形成有固定流路的水流，称为集中的地表径流或股流。集中的地表径流冲刷地表并切入地面，带走土壤、母质及基岩，形成沟壑的过程称为沟蚀(gully erosion)。由沟蚀形成的沟壑称为侵蚀沟，此类侵蚀沟深、宽均超过 20cm，侵蚀沟呈直线型，有明显的沟沿、沟坡和沟底，这样用耕作的方式是无法平覆的。

沟蚀是水力侵蚀中常见的侵蚀形式之一。虽然沟蚀所涉及的面积不如面蚀范围广，但它对土地的破坏程度远比面蚀严重，沟蚀的发生还会破坏道路、桥梁或其他建筑物。沟蚀主要分布于土地瘠薄、植被稀少的半干旱丘陵区和山区，一般发生在坡耕地、荒坡和植被较差的古代水文网。

(4)山洪侵蚀

在山区、丘陵区富含泥沙的地表径流，经过侵蚀沟网的集中，形成突发洪水，冲出沟道向河道汇集，山区河流洪水对沟道堤岸的冲淘、对河床的冲刷或淤积过程称为山洪侵蚀(torrential flood erosion)。由于山洪具有流速高、冲刷力大和暴涨暴落的特点，因而破坏力较大，能搬运和沉积泥沙石块。受山洪冲刷的河床称为正侵蚀，被淤积的称为负侵蚀。山洪侵蚀改变河道形态，冲毁建筑物和交通设施，淹埋农田和居民点，可造成严重危害。山洪容重往往在 1.1～1.2t/m^3，一般不超过 1.3t/m^3。

(5)洞穴侵蚀

洞穴侵蚀(tunnel erosion)是指土层或土状物的堆积层中，由于地表径流下渗时引起的溶蚀、潜蚀、冲淘和塌陷，以及重力等作用而形成各种洞穴的过程。通常情况下，洞穴可划分为水刷窝、跌穴和陷穴等。

(6)海岸浪蚀及库岸浪蚀

在风力作用下，形成的波浪对海岸及水库库岸产生拍打、冲蚀作用，如果岸体为土体时，使海岸及库岸产生涮洗、崩塌逐渐后退；如果岸体为较硬的岩石时，岸体形成凹槽，波浪继续作用就形成侵蚀崖。

2.2.1.2 重力侵蚀

重力侵蚀(gravitational erosion)是一种以重力作用为主引起的土壤侵蚀形式。它是坡面表层土石物质及中浅层基岩，由于本身所受的重力作用(很多情况还受下渗水分、地下潜水或地下径流的影响)，失去平衡，发生位移和堆积的现象。重力侵蚀的发生多在>25°的山坡和丘坡，在沟坡和河谷较陡的岸边也常发生重力侵蚀，由人工开挖坡脚形成的临空面、修建渠道和道路形成的陡坡也是重力侵蚀多发地段。

严格地讲，纯粹由重力作用引起的重力侵蚀现象是不多的，重力侵蚀的发生是与其他外营力参与有密切关系的，特别是在水力侵蚀及下渗水的参与下，重力侵蚀才得以发生。

根据土石物质破坏的特征和移动方式，一般可将重力侵蚀分为蠕动、崩塌、撒落和滑坡等类型。

(1)蠕动

蠕动是斜坡上的岩土体在自身重力作用下，发生十分缓慢的塑性变形或弹性变形。这种现象主要出现在页岩、片岩、千枚岩等柔性岩层组成的山坡上，少数也可以出现在坚硬岩石组成的山坡上。

(2)崩塌

在陡峭的斜坡上，整个山体或一部分岩体、块石、土体及岩石碎屑突然向坡下崩落、翻转和滚落的现象称为崩塌(collapse)。崩落向下运动的部分称为崩落体，崩塌发生后在原来坡面上形成的新斜面称为崩落面。

崩塌的特征是崩落面不整齐，崩落体停止运动后，岩土体上下之间层次被彻底打乱，形成犹如半圆形锥体的堆积体，称之为倒石锥。发生在山坡上大规模的崩塌称山崩，在雪山上发生的崩塌称为雪崩，发生在海岸或库岸的崩塌称为塌岸，发生在悬崖陡坡上单个块石的崩落称为坠石(fall rock)。

(3)撒落(泻溜)

在陡峭的山坡或沟坡上，由于冷热干湿交替变化，表层物质严重风化，造成土石体表面松散和内聚力降低，形成与母岩体接触不稳定的碎屑物质，这些岩土碎屑在重力作用下时断时续地沿斜坡坡面或沟坡坡面下泻的现象称为撒落或泻溜(debris slide)。泻溜常发生在黄土地区及有黏重红土的斜坡上，在易风化的土石山区也有发生。

(4)滑坡

坡面岩体或土体沿贯通剪切面(滑移面)向临空面下滑的现象称为滑坡(slope slide)。滑坡的特征是滑坡体与滑床之间有较明显的滑移面，滑落后的滑坡体层次虽受到严重扰动，但其上下之间的层次未发生改变。滑坡在天然斜坡或人工边坡、坚硬或松软岩土体上都可能发生，它是常见的一种边坡变形破坏形式。

当滑坡体发生面积很小、滑落面坡度较陡时，称为滑塌或坐塌。滑坡滑下的土体整体不混杂，一般保持原来的相对位置。

2.2.1.3 混合侵蚀

混合侵蚀(mixed erosion)是指在水流和重力共同作用下形成的一种特殊侵蚀形式，主要为泥石流。

(1)泥石流

泥石流(debris flow)是一种含有大量土沙石块等固体物质的特殊洪流，它既不同于一般的暴雨径流，又是在一定的暴雨条件下(或是有大量融雪水、融冰水条件下)，受重力和流水的综合作用而形成的。泥石流在其流动过程中，由于崩塌、滑坡等重力侵蚀形式的发生，得到大量松散固体物质补给，还经过冲击、磨蚀沟床而增加补充固体物质，它暴发突然，来势凶猛，历时短暂，具有强大的破坏力。

泥石流是山区的一种特殊侵蚀现象，也是山区的一种自然灾害。泥石流中砂石等固体物质的含量均超过 25%，有时高达 80%，容重为 1.3~2.3t/m^3。泥石流的搬运能力极强，比水流大数十倍到数百倍，其堆积作用也十分迅速，所以它对山区的工农业生产危害是很大的。

(2)崩岗

山坡剧烈风化的岩体受水力与重力的混合作用，向下崩落的现象称之为崩岗(rock slide)。崩岗主要分布在我国南方的一些花岗岩地区，由于高温、多雨和昼夜温差的影响，再加之花岗岩属显晶体结构，富含石英砂粒，岩石的物理风化和化学风化都较为强烈，雨季花岗岩风化壳大量吸水，致使内聚力降低，风化和半风化的花岗岩体在水力和重力综合作用下发展成为崩岗。

2.2.1.4 风力侵蚀

风力侵蚀(wind erosion)是指土壤颗粒或砂粒在气流冲击作用下脱离地表，被搬运和堆积的一系列过程，以及随风运动的砂粒在打击岩石表面过程中，使岩石碎屑剥离出现擦痕和蜂窝的现象。风力侵蚀简称为风蚀。气流中的含沙量随风力的大小而改变，风力越大，气流含沙量越高，当气流中的含沙量过饱和或风速降低，土粒或砂粒与气流分离而沉降，堆积成沙丘或沙垅。在风力侵蚀中土壤颗粒和砂粒脱离地表、被气流搬运和沉积 3 个过程相互影响穿插进行，从而形成了风蚀与风积两类侵蚀形式。它们在地貌上主要为石窝、风蚀蘑菇和风蚀柱、风蚀垄槽(雅丹)、风蚀洼地、风蚀谷和风蚀残丘、风蚀城堡(风城)、石漠与砾漠(戈壁)、沙波纹、沙丘(堆)及沙丘链和金字塔状沙丘等。

风力侵蚀是风蚀荒漠化形成的主要原因。在陆地上到处都有风和土，但并不是任何地方都会发生风蚀。严重的风蚀必须具备 2 个基本条件，即：一是要有强大的风；二是要有干燥、松散的土壤。因而风力侵蚀主要发生在蒸发量远大于降水量的干旱、半干旱地区及有海岸、河流沙普遍存在的、受季节性干旱影响的亚湿润干旱区。目前，因风力作用(侵蚀和堆积)形成的荒漠化面积占全球退化土地面积的 41.7%，我国的风蚀荒漠化面积占荒漠化总面积的 61.3%，而且仍在不断扩大，成为荒漠化的主要类型。

2.2.1.5 冻融侵蚀

当温度在 0℃上下变化时，岩石孔隙或裂缝中的水在冻结成冰时，体积膨胀(增大

9%左右)，因而它对围限它的岩石裂缝壁产生很大的压力，使裂缝加宽加深；当冰融化时，水沿扩大了的裂缝更深地渗入岩体的内部，同时水量也可能增加，这样冻结、融化频繁进行，不断使裂缝加深扩大，以致岩体崩裂成岩屑，称为冻融侵蚀(freeze-thaw erosion)，也称冰劈作用。在冻融侵蚀过程中，水可溶解岩石中的矿物质，同时会出现化学侵蚀。

土壤孔隙或岩石裂缝中的水分冻结时，体积膨胀，裂隙随之加大增多，整块土体或岩石发生碎裂；在斜坡坡面或沟坡上的土体由于冻融而不断隆起和收缩，受重力作用顺坡向下方产生位移。

冻融侵蚀在我国北方寒温带分布较多，如陡坡、沟壁、河床、渠道等在春季时有发生。冻融使土体发生机械变化，破坏了土壤内部的凝聚力，降低土壤抗剪强度。土壤冻融具有时间和空间的不一致性，当土体表面解冻，底层未解冻时形成一个不透水层，水分沿界面流动，使两层间的摩擦阻力减小，在土体坡角小于休止角的情况下，也会发生不同状态的机械破坏。

冰缘气候条件下积雪频繁消融和冻胀产生的一种侵蚀形式称为雪蚀作用。雪蚀作用主要产生于大陆冰盖外围以及乔木分布线以上雪线以下的高山地带，年平均气温为0℃左右，多属永久冻土带。积雪边缘频繁交替冻融，一方面通过冰劈作用使地表物质破碎；另一方面雪融水又将粉碎的细粒物质带走，故雪融作用既有剥蚀又有搬运，它可使雪场底部加深，周边扩大，逐渐形成宽盆状的雪蚀洼地。

2.2.1.6 冰川侵蚀

由冰川运动对地表土石体造成机械破坏作用的一系列现象称为冰川侵蚀(glacier erosion)。高山高原雪线以上的积雪，经过外力作用，转化为有层次的厚达数十米至数百米的冰川冰，而后冰川冰沿着冰床作缓慢塑性流动和块体滑动，冰川及其底部所含的岩石碎块不断锉磨冰床。同时在冰川下因节理发育而松动的岩块突出部分有可能和冰川冻结在一起，冰川移动时将岩块拔出带走。冰川侵蚀活跃于现代冰川地区，我国主要发生在青藏高原和高山雪线以上。

冰川是一种巨大的侵蚀体，据对冰岛河流含沙量计算，冰源河流泥沙是非冰源河流的5倍，相当于全流域每年蚀低2.8mm，而阿拉斯加的谬尔冰川，全流域每年蚀低19mm。冰川之所以具有如此巨大的侵蚀力，一方面是冰川冰本身具有的巨大的静压力(100m厚的冰体对冰床基岩所产生的静压力为90t/m^2)，另一方面是冰体在运动过程中以其所挟带的岩石碎块对冰床的磨蚀和掘蚀作用。其结果是造成冰川谷、羊背石等冰川侵蚀地貌，同时产生大量的碎屑物质。

2.2.1.7 化学侵蚀

土壤中的多种营养物质在下渗水分作用下发生化学变化和溶解损失，导致土壤肥力降低的过程称为化学侵蚀(chemical erosion)。进入土壤中的降水或灌溉水分，当水分达到饱和以后受重力作用沿土壤孔隙向下层运动，使土壤中的易溶性养分和盐类发生化学作用，有时还伴随着分散悬浮于土壤水分中的土壤黏粒、有机和无机胶体(包括它们吸附的磷酸盐和其他离子)沿土壤孔隙向下运动等，这些作用均能引起土壤养分的损失和土壤理化性质恶化，导致土壤肥力下降。在酸性条件下碳酸岩类在地表径流作用下的溶蚀也属于化学侵蚀类的一种。化学侵蚀通常分为岩溶侵蚀、淋溶侵蚀和土壤盐渍化 3 种。

由于化学侵蚀现象一般不太明显，且其作用过程相对较为缓慢，所以开始阶段常不易被人们察觉，但其危害是不可忽视的。化学侵蚀过程不仅使土壤肥力降低，农作物产量下降，而且还会污染水源恶化水质，直接影响人畜饮用和工农业用水。同时由于被污染的水体内藻类大量繁殖生长，导致水中有效氧含量降低，鱼类和其他水生生物也会受到影响。

(1)岩溶侵蚀

岩溶侵蚀，是指可溶性岩层在水的作用下发生以化学溶蚀作用为主，伴随有塌陷、沉积等物理过程而形成独特地貌景观的过程及结果。依据发育的位置可分为地表岩溶侵蚀和地下岩溶侵蚀两类。

岩溶侵蚀主要由水的溶蚀侵蚀作用造成，水的溶蚀作用主要指通过大气和水对岩体的破坏，使岩石或土壤化学成分发生变化的现象。大气中有 O_2、CO_2、SO_2 等，水本身又溶有各种气体和矿物质，它们同时作用于岩石使岩石性质发生改变。主要表现为氧化作用、水化作用、水解作用和溶解作用。特别在石灰岩地质条件和雨量充沛的地区，水的各种侵蚀作用极为明显，最突出的为水与 CO_2 腐蚀石灰岩形成溶岩地貌。

(2)淋溶侵蚀

淋溶侵蚀，是指降水或灌溉水进入土壤，土壤水分受重力作用沿土壤孔隙向下层运动，将溶解的物质和未溶解的细小土壤颗粒带到深层土壤，产生有机质等土壤养分向土壤剖面深层的迁移聚集甚至流失进入地下水体中的过程。

淋溶侵蚀源于地表水入渗过程中对土壤上层盐分和有机质的溶解和迁移，水分在这一过程中主要以重力水形式出现。土壤中的水分(由于重力作用和毛细管作用)在土体内移动过程中，引起土壤的理化性质改变、结构破坏，使土壤肥力下降，造成淋溶侵蚀。当地下水位低，或降水量较少时，淋溶强度较小；当地下水位高，或降水较多时，尤其在有灌溉条件的地区，淋溶深度大，不仅造成土壤肥力下降，更会使土壤盐分和有机质进入地下水中，构成新的污染源。

(3)土壤盐渍化

在干燥炎热和过度蒸发条件下，土壤毛管水上升运动强烈，致使地下水及土中盐分向地表迁移并在地表附近发生积盐的过程及结果就称为土壤盐渍化或土壤盐碱化。

盐渍化是盐化和碱化的总称。在发生盐渍化的土壤中，包括了各种可溶盐离子，主要的阳离子有钠(Na^+)、钾(K^+)、钙(Ca^{2+})、镁(Mg^{2+})、阴离子有氯(Cl^-)、硫酸根(SO_4^{2-})、碳酸根(CO_3^{2-})和重碳酸根(HCO_3^-)，阳离子与前两种阴离子形成的盐为中性盐，而与后两种阴离子则形成碱性盐。

由于人类长期不合理的农业生产措施，如过量漫灌或只灌不排、渠道不设防渗措施、沟坝地不设排水系统和地下水位较浅的地段等，因毛细管作用土壤深层的液体向上移动至地表，水分蒸发后矿物质留在地表，引起土壤盐碱化。

盐渍化对农业生产构成严重的危害，高浓度的盐分会引起植物的生理干旱，干扰作物对养分的正常摄取和代谢，降低养分的有效性和导致表层土壤板结，致使土壤肥力下降，甚至难以利用。

2.2.1.8 植物侵蚀

植物侵蚀(plant erosion)，也称生物侵蚀，是指植物在生命过程中引起的土壤肥力降低和土壤颗粒迁移的一系列现象。一般植物在防蚀固土方面有着特殊的作用，但在人为作用下，有些植物对土壤产生一定侵蚀作用，主要表现在土壤理化性质恶化，肥力下降。如部分针叶纯林可恶化林地土壤的通透性及其结构等物理性状，过度开垦种植导致土壤肥力下降等。

2.2.1.9 人为侵蚀

由人类活动引起的各种侵蚀过程称为人为侵蚀(erosion by human activities)。人类对自然植被的破坏是影响土壤侵蚀最主要的原因。人类社会的出现，首先以掠取自然界的生物资源为其生存的基本条件。从狩猎、游牧、刀耕火种到大规模开垦，均是以破坏自然植被为代价，导致自然生态平衡失调，自然侵蚀转化为人为加速侵蚀。坡耕地的不合理种植除助长其他侵蚀的发生外，本身还引起了土壤侵蚀。现代社会中的基础建设、资源开发等引起了更剧烈的土壤侵蚀。

2.2.2 按发生的时间划分

以人类在地球上出现的时间为分界，将土壤侵蚀划分为两大类：一类是人类出现以前所发生的侵蚀，称为古代侵蚀(ancient erosion)；另一类是人类出现之后所发生的侵蚀，称为现代侵蚀(modern erosion)。

(1)古代侵蚀

古代侵蚀，是指人类未出现以前的漫长时期内，由于外营力作用，地球表面不断产生的剥蚀、搬运和沉积等一系列侵蚀现象。这些侵蚀有时较为激烈，足以对地表土地资源产生破坏；有些则较为轻微，不足以对土地资源造成危害。但是其发生、发展及其所造成的灾害与人类的活动无任何关系。

(2)现代侵蚀

现代侵蚀，是指人类在地球上出现以后，由于地球内营力和外营力的影响，并伴随着人们不合理的生产活动所发生的土壤侵蚀现象。这种侵蚀十分剧烈，可给生产建设和人民生活带来严重恶果，造成土壤侵蚀。

现代侵蚀现象中，有的是由于人类不合理活动导致的，而有的则与人类活动无关，主要是在地球内营力和外营力作用下发生的，将这一部分与人类活动无关的现代侵蚀称为地质侵蚀(geological erosion)。因此，地质侵蚀就是在地质营力作用下，地层表面物质产生位移和沉积等一系列破坏土地资源的侵蚀过程。地质侵蚀是在非人为活动影响下发生的一类侵蚀，包括人类出现在地球上以前和出现后由地质营力作用发生的所有侵蚀(图2-1)。

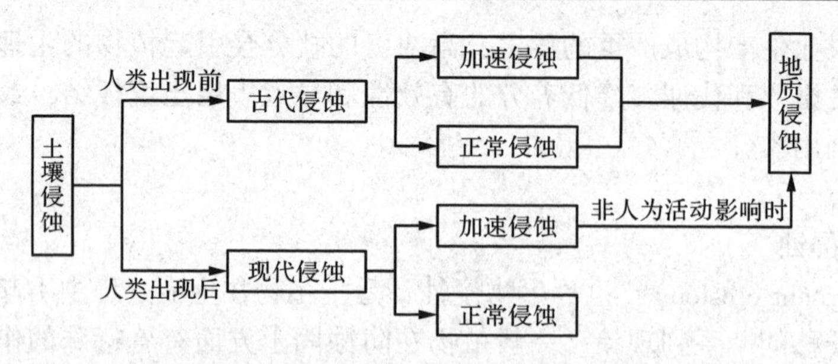

图 2-1　按土壤侵蚀发生的时间和发生速率划分的土壤侵蚀类型

2.2.3　按发生的速率划分

依据土壤侵蚀发生的速率大小和是否对土地资源造成破坏将土壤侵蚀划分为加速侵蚀(accelerated erosion)和正常侵蚀(normal erosion)。

(1)加速侵蚀

加速侵蚀，是指由于人们不合理活动，如滥伐森林、陡坡开垦、过度放牧和过度樵采等，再加之自然因素的影响，使土壤侵蚀速率超过正常侵蚀(或称自然侵蚀)速率，导致土地资源的损失和破坏。一般情况下所称的土壤侵蚀就是指发生在现代的加速土壤侵蚀部分。

(2)正常侵蚀

正常侵蚀，是指在不受人类活动影响的自然环境中，所发生的土壤侵蚀，其速率小于或等于土壤形成速率。这种侵蚀不易被人们所察觉，实际上也不至于对土地资源造成危害(图 2-1)。

当陆地形成以后土壤侵蚀就不间断地进行着。自从人类出现后，他们为了生存，不仅学会适应自然，更重要的是开始改造自然。有史以来(距今 5 000 年)，人类大规模的生产活动逐渐改变和促进了自然侵蚀过程，这种加速侵蚀的侵蚀速率快、破坏性大、影响深远。

2.3　土壤侵蚀形式的时空分布

土壤侵蚀形式受自然因素和社会因素的制约，包括气候、地貌、植被、地表物质组成和人为活动等因素，尤其是地表的水、热状况，对土壤侵蚀形式起着直接控制作用。随着这些因素的变化，土壤侵蚀形式在地域分布、时间分布及其组合上具有不同的规律。

2.3.1　地表水、热状况与外营力的关系

地表水、热状况不同，决定了不同性质的外营力作用及强度。

岩石的风化是侵蚀搬运的准备阶段，在不同水、热条件下，风化作用具有鲜明的地带性特点。物理风化以冻融崩解最强烈；热力风化其次，发生在中、低纬度干旱地区；化学风化随温度升高、降水量增大而加快；生物风化与植被繁茂相一致。

坡面上块体运动与水、热关系十分密切。土体岩屑的流动、滑动和蠕动都需水参

加，因此，干旱地区最弱，高温湿润区最强。另外，在低温下，当有一定降水量时，由于地下冻土存在，地表水难以下渗，块体运动也有较大强度；在冻融交替频繁的地区，块体运动强度也是很大的。

流水作用与水、热关系更明显，在干旱地区流水作用最弱，但并不是在降雨最多的地带作用最强，因为那里植物非常茂密，阻碍了流水的侵蚀作用，所以流水作用最强烈的地方反而是雨量中等的地区。

风沙作用在干旱地区最强，在高温多雨地区最弱。

冰川、冻融等作用更是与水、热状况密不可分。冰川侵蚀只能发生在年平均气温在0℃以下，降雪量大于消融量和蒸发量的地区，没有一定的水分低温条件，冻融侵蚀是不能发生的。

将上述侵蚀形式与水、热状况叠置一起，如图 2-2 所示。可以看出，不同气候下有不同的外营力组合，且在组合中各种侵蚀的相对重要性不同。左上角是高温少雨地区，风化作用以物理风化为主，风蚀最突出，流水侵蚀次之；右上角是高温多雨地区，化学风化居首位，块体运动由于水分多而很活跃，水力侵蚀因植被茂密而较弱；左下角是低温少雨的干寒地区，只有风的作用；近左下角部分，虽寒冷但有一定的降水，若为冰川覆盖，则以冰川侵蚀为主；若无冰川覆盖，冻融风化突出，融冻泥流活跃。图 2-2 的中部是湿润地区，物理风化、化学风化同等重要，水力侵蚀最突出、最强烈，块体运动也具有一定强度。

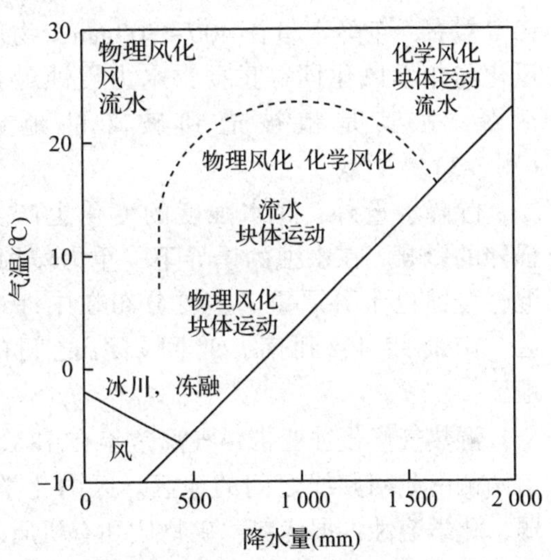

图 2-2 侵蚀形式与水、热关系

2.3.2 侵蚀的地带性规律

温度和降水在地球表面上分布是有规律的。一般看来，温度从赤道向两极递减，亦随绝对高度而递减，前者称水平(纬度)地带性，后者称垂直(高度)地带性。降水的影响因素较为复杂，不完全取决于纬度和高度，还与大气环流和海陆分布有关，在局部地区取决于地形起伏。因此，可将地表划分出不同气候带，每一带内水、热状况不一，侵蚀营力、侵蚀强度及侵蚀营力组合不同。

从侵蚀来看，全球可划分为三个气候侵蚀带：①冰雪气候侵蚀带；②湿润气候侵蚀带；③干旱气候侵蚀带。

(1)冰雪气候侵蚀带

本带的气候特点是降雪量大于消融量，形成冰川，或融水下渗，结成冻土。它包括两个侵蚀亚带：极地和终年积雪的高山，为冰川侵蚀亚带；冰川外缘，在森林线以上的山地为冻融侵蚀亚带。

在冰川侵蚀亚带中，年平均气温在 0℃以下，降雪量大于消融量和蒸发量，形成冰川。冰川的运动形成冰川侵蚀，以及冻融崩解及冰川融化形成的水力侵蚀。它分布在地球表面的两极高纬度地区和部分高山地区。冻融侵蚀亚带，年平均气温变动在 0℃上下，固体降水不足以补偿消融与蒸发，形成冻土。冻融交替过程的侵蚀成为主要侵蚀形式，其次为水蚀和风蚀。它分布在极地和亚极地，以及森林线以上亚高山降水小的地区。

(2) 湿润气候侵蚀带

湿润气候侵蚀带又称常态侵蚀带，其气候特点是气温较高，降水量大于蒸发量，多余的水渗入地下成为潜水或地下径流，未渗入地下的水形成地表径流，因此以水力侵蚀为主。本带根据水、热差异和侵蚀形式又分为湿润气候侵蚀亚带和湿热气候侵蚀亚带。

湿润气候侵蚀亚带，年平均气温在 10℃左右，年降水量在 400～800mm，物理风化与化学风化同等重要，水力侵蚀最为活跃，尤其是植被遭到破坏的地区(图 2-3)。

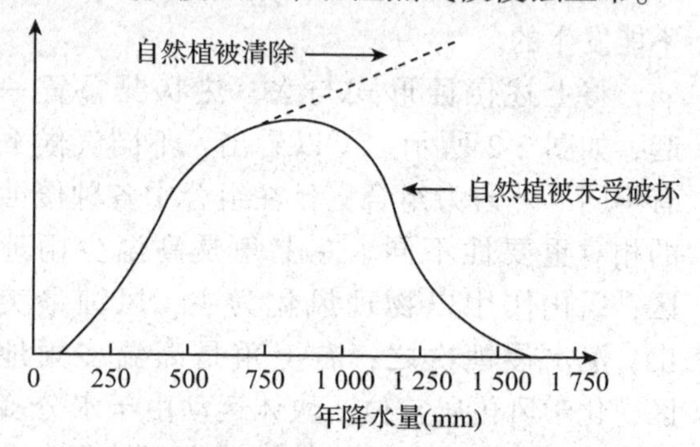

图 2-3　侵蚀与降水量关系

除降水量外，降水强度的变化也产生强烈的影响。在水蚀的诱导下，重力侵蚀、混合侵蚀也十分严重。主要分布在中纬地区，南北纬 40°到南、北回归线之间的地区。

湿热气候侵蚀亚带，气温常年在 18℃以上，降水量在 800mm 以上，分布在低纬赤道两侧南北回归线之间的地区。区内化学风化十分强烈，由于植被作用，水力冲刷很弱，化学溶蚀占据优势，矿物质和有机质多呈分子溶液或胶体溶液随水流迁移。在植被稀疏或遭破坏的地区，强大的暴雨会造成严重的水蚀、重力侵蚀和混合侵蚀。

(3) 干旱气候侵蚀带

在地面蒸发量大于降水量的地区，空气十分干燥，植被生长受到限制，风力作用极为强烈，形成风沙流破坏地表。本带依据水、热变化，可分为半干旱侵蚀亚带和干旱侵蚀亚带。

①半干旱侵蚀亚带　年降水量在 400～250mm，年平均气温在 10℃以下。水力侵蚀为主，风蚀在干旱季节占优势，物理风化亦很强烈，尤其被开垦无植被的地区。它分布在干旱侵蚀带与湿润侵蚀带之间，在雨季该带相对缩窄，在干季相对展宽。

②干旱侵蚀亚带　年降水量在 250mm 以下，有的地区仅几毫米降水，蒸发大于降水几十倍、几百倍。在温带干旱侵蚀区，冬季酷寒，夏季炎热，年温差 60～70℃，日温差 35～50℃；在热带与副热带干旱侵蚀区，年温差相对小，而日温差很大。因此，植被极为稀少，地面裸露，物理风化剧烈，风力侵蚀突出，风蚀、搬运与堆积随处可见。此外，洪流侵蚀、重力侵蚀在山地也十分发育。

N · W · 哈德逊正是从上述分带规律出发，研究了水蚀和风蚀两个主要营力，在考虑了水、风活动情况之后，确定了全世界水蚀和风蚀的范围(图 2-4 和图 2-5)。

还应该说明，侵蚀的分带规律在地史时期，随着气候的多次变化，侵蚀营力及其组

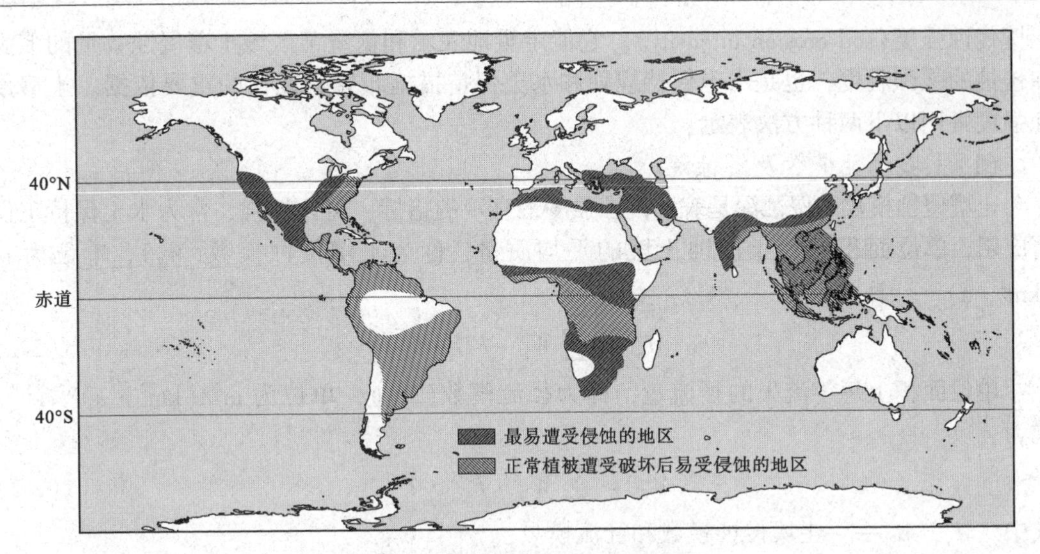

图 2-4 降水侵蚀地理分布简图

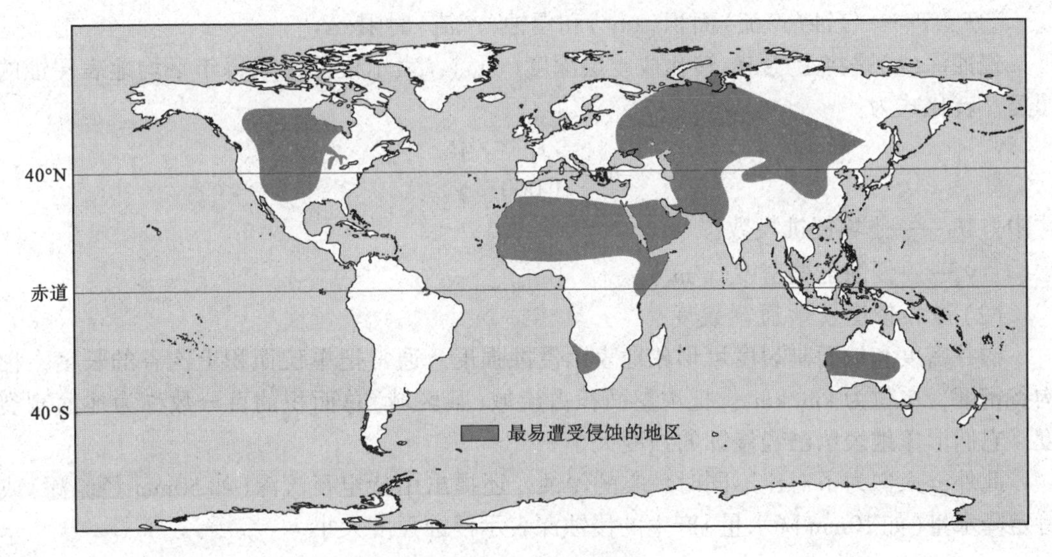

图 2-5 风蚀分布简图

合也发生相应的变化，这种侵蚀的变化性质称为多代性。因此，现代侵蚀是古代侵蚀多代性的又一表现，只是由于人为活动的影响，侵蚀强度远远超过古代侵蚀，并在时、空分布上更加复杂化了。

2.4 土壤侵蚀强度及分级

2.4.1 土壤侵蚀强度

土壤及其母质在各种侵蚀营力作用下被剥蚀、搬运和沉积的物质量称为土壤侵蚀量（amount of soil erosion），以 t 或 m^3 计。而单位面积单位时间内产生的土壤侵蚀量则称为土壤侵蚀强度(soil erosion intensity)。它能定量地表示和衡量某区域土壤侵蚀数量的多少和侵蚀的强烈程度，也是水土保持规划和水土保持措施布置、设计的重要依据。土壤侵蚀强度常用以下两种方法表示：

(1)土壤侵蚀模数及侵蚀深

土壤侵蚀模数和侵蚀深是表示侵蚀强度最直观的指标，可比性强，常为水土保持工作所应用。单位面积上每年侵蚀土壤的平均质量，称为土壤侵蚀模数(M_S)，单位为 t/(km^2 · a)。计算式为：

$$M_S = \sum W_S \cdot F^{-1} \cdot T^{-1} \tag{2-1}$$

单位面积上每年流失的径流量，称为径流模数(M_W)，单位为 m^3/(km^2 · a)。计算式为：

$$M_W = \sum W_W \cdot F^{-1} \cdot T^{-1} \tag{2-2}$$

式中　M_S，M_W——土壤侵蚀模数和径流模数；

W_S，W_W——年侵蚀总量(t)和径流总量(m^3)；

F，T——侵蚀(产流)面积(km^2)和侵蚀(产流)时限(a)。

侵蚀深(h)是将上述 M_S 转化成土层深度(mm)，表示侵蚀区域每年平均地表侵蚀的厚度。转化式为：

$$h = \frac{1}{1\,000} \cdot \frac{M_S}{\gamma_S} \tag{2-3}$$

式中　M_S——土壤侵蚀模数；

γ_S——侵蚀土壤密度(t/m^3)。

(2)沟谷密度及地面割裂度

沟谷密度和地面割裂度可形象地表示侵蚀强度。通常把单位面积上沟谷的长度，称沟谷密度，单位为 km/km^2；把沟壑面积占流域(某区域)总面积的百分数称为地面割裂度。它们形象地表示已经侵蚀的强度大小。

此外，人们为了对比不同时、空的侵蚀，还提出用特定径流深(如 50mm 径流深)或特定降水量(如 10mm 降水量)产生的侵蚀深表示侵蚀强度大小。

2.4.2　土壤侵蚀程度

土壤侵蚀程度(degree of soil erosion)是反映土壤侵蚀总的结果和目前的发展阶段，以及土壤肥力水平的又一土壤侵蚀指标，它是以土壤原生剖面已被侵蚀的程度或厚度作为判别的依据的。例如面蚀，以无明显侵蚀(土壤剖面保持完整)的土壤剖面作为标准剖面，再利用剖面比较法确定土壤侵蚀程度，一般可分为轻度、中度、强度、极强度、剧烈等 5 级。朱显谟在研究黄土区面蚀时根据土壤有机质层被冲失的百分率将片状侵蚀划分为：轻度(<25% 或 30%)、中度(25%~50% 或 30%~60%)、强度(50%~75% 或 60%~80%)和剧烈(75%~100% 或 80%~100%)4 级。

土壤侵蚀程度是土壤分级的主要依据，并决定着土壤的利用方向。比起土壤侵蚀强度来，它的涵义更广泛一些，因为它含有景观的概念，如侵蚀土壤发生的出露情况、基岩裸露情况、土壤肥力大小等；另外像长期遭受严重土壤侵蚀而引起基岩大面积裸露的地区，虽然目前的侵蚀强度不大，但用土壤侵蚀程度来衡量，则属于严重的程度。

另外，在土壤侵蚀评判研究中常用的一个术语就是土壤侵蚀潜在危险(soil erosion potential danger)。它是指由人为不合理活动及自然因素诱发，可能导致土壤侵蚀及其所造成的危害或灾害。它既包括了土壤潜在侵蚀诱发的可能性大小，也包括侵蚀发生后所产生的危害程度。土壤侵蚀潜在危险有明显的地域性，如地震多发区、旱涝频繁区、岩层破碎的土石山区、母岩风化层深厚区、农牧交错的风沙区以及其他生态脆弱区等。

2.4.3 容许土壤流失量

容许土壤流失量(tolerance of soil loss)是指在长时期内能保持土壤的肥力和维持土地生产力基本稳定的最大土壤流失量，也就是说容许土壤流失量是不至于导致土地生产力降低而允许的年最大土壤流失量。陆地表面自形成以来，就有侵蚀的发生，但同时在生物作用下也不断地产生新的土壤。当土壤流失率大于土壤的生成速率时，地表的熟化土壤层逐渐减薄，直至完全消失。相反如果土壤的流失率小于土壤的生成率，土壤层则越来越厚，只有当土壤的流失量和土壤的生成量相等，才能保持地表土壤层的厚度不变。这样条件下的土壤流失量可称之为土壤的容许流失量。

目前，对于土壤容许流失量的理解有两种，一种是从成土速率和流失速率比较确定容许侵蚀量；还有一种是从土壤有机质和养分的流失对作物生长是否产生影响的角度出发来确定容许侵蚀量。前者实际上是从土壤发生学角度出发，通过侵蚀速率与岩石或其他母质的风化物在生物作用下土壤的生成速率的对比关系确定容许侵蚀量。这种关系可以用图2-6表示。假设母岩的风化速率达到土壤的生成速率为 W(μm/a)，母岩是逐渐风化的，风化到地表面时，风化物成壤只是原来的一部分 P_S(体积分数)保存下来。土壤侵蚀使地表以 T 速率降低，可溶物质以速率 D 移动。如果把土壤作为一种可更新的资源，必须达到下面的平衡关系：

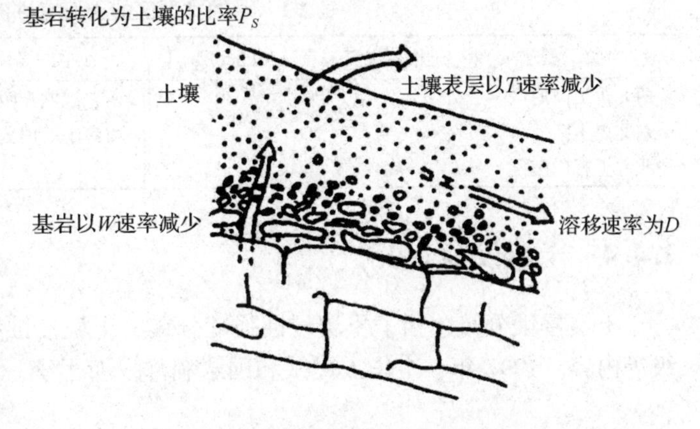

图2-6 侵蚀和风化成土作用平衡图

$$W = T + D \tag{2-4}$$

$$T = W \cdot P_S \tag{2-5}$$

式(2-4)表示每年基岩母质总的风化量，式(2-5)表示侵蚀量应与母质转化成熟土壤数量相平衡；式(2-4)、式(2-5)联解，获得允许流失量 T 值计算式为：

$$T = D \cdot \left(\frac{P_S}{1 - P_S}\right) \tag{2-6}$$

式(2-6)中，T 是容许侵蚀量的理论值(mm/a)，T 值取决母质风化的土壤转化率与土壤中可溶物质的淋失量。

目前更多的是以土壤养分的损失和流失与作物生产量的对比关系来确定容许侵蚀量。即在自然状态下，土壤生成过程中的养分积累量与作物生长至成熟吸收的养分达到平衡，这时的土壤流失量即为容许流失量。

除上述两种确定容许流失量外，苏联有的学者利用考古法确定埋藏土的成土速率，如在最近的 750~780 年中，亚速海北部沿岸黑土层厚度增加了 21~22cm，可见这一增长速率为 0.28mm/a 或 35.0t/(hm^2 · a)，那么这一地区的土壤的最大容许侵蚀量是 0.28mm/a 或 35.0t/(hm^2 · a)。通过这个区域的成土速率，也可以用于确定与此条件相似区域的土壤容许流失量为 0.28mm/a 或 35.0t/(hm^2 · a)。

但是，无论采用哪种方法，当前都未能获得有科学依据的土壤容许流失量。这是由于土壤的成土过程是一个极其缓慢的过程，同时各地的成土条件、影响侵蚀的因素都不尽相同，理论上各地的容许流失量也不相同。因而，世界各国所采用的容许流失量值都不尽相同，且多是经验值。一般来说，对土层厚、渗透性好、排水通畅的土壤(如厚层的粉砂土)容许流失量为 10~11t/(hm^2 · a)，而土层薄、底土差的土壤容许流失量为3~5t/(hm^2 · a)，其他土壤在这两个限量之间。在我国，水利部参考了美国的标准制定了我国区域性的土壤容许流失量(表 2-1)。

表 2-1　水蚀类型区的土壤容许流失量

类　型	土壤容许流失量[t/(km^2 · a)]	类　型	土壤容许流失量[t/(km^2 · a)]
西北黄土高原区	1 000	南方红壤丘陵区	500
东北黑土区	200	西南土石山区	500
北方土石山区	200		

2.4.4　土壤侵蚀分级

土壤侵蚀分级包括了土壤侵蚀强度分级、土壤侵蚀程度分级和土壤侵蚀潜在危险分级等内容。1997 年，中华人民共和国水利部发布了统一的分级标准。

2.4.4.1　土壤侵蚀强度分级

(1)水力侵蚀、重力侵蚀的强度分级

①水力侵蚀强度分级标准，见表 2-2。

表 2-2　土壤侵蚀强度分级标准表

级　别	平均侵蚀模数[t/(km^2 · a)]	平均流失厚度(mm/a)
微　度	<200，500，1000	<0.15，0.37，0.74
轻　度	200，500，1 000~2 500	0.15，0.37，0.74~1.9
中　度	2 500~5 000	1.9~3.7
强　度	5 000~8 000	3.7~5.9
极强度	8 000~15 000	5.9~11.1
剧　烈	>15 000	>11.1

注：本表流失厚度是按土壤容重 1.35g/cm^3 折算，各地可按当地土壤容重计算。

②土壤侵蚀强度面蚀(片蚀)分级指标，见表2-3。

③土壤侵蚀强度沟蚀分级指标，见表2-4。

④重力侵蚀强度分级指标，见表2-5。

表2-3 面蚀分级指标表

地类		5°~8°	8°~15°	15°~25°	25°~35°	>35°
非耕地林草覆盖度(%)	60~75	轻度	轻度	轻度	中度	中度
	45~60	轻度	轻度	中度	中度	强度
	30~45	轻度	中度	中度	强度	极强度
	<30	中度	中度	强度	极强度	剧烈
坡耕地		轻度	中度	强度	极强度	剧烈

表2-4 沟蚀强度分级指标表

沟谷占坡面面积比(%)	<10	10~25	25~35	35~50	>50
沟壑密度(km/km^2)	1~2	2~3	3~5	5~7	>7
强度分级	轻度	中度	强度	极强度	剧烈

表2-5 重力侵蚀强度分级指标表

崩塌面积占坡面面积比(%)	<10	10~15	15~20	20~30	>30
强度分级	轻度	中度	强度	极强度	剧烈

(2)混合侵蚀(泥石流)强度分级

泥石流的侵蚀强度分级见表2-6。

表2-6 泥石流侵蚀强度分级表

级别	每年每平方千米冲出量($\times 10^4 m^3$)	固体物质补给形式	固体物质补给量($\times 10^4 m^3/km^2$)	沉积特征	泥石流浆体容重(t/m^3)
轻度	<1	由浅层滑坡或零星坍塌补给，由河床质补给时，粗化层不明显	<20	沉积物颗粒较细，沉积表面较平坦，很少有大于10cm以上颗粒	1.3~1.5
中度	1~2	由浅层滑坡及中小型坍塌补给，一般阻碍水流，或由大量河床质补给，河床有粗化层	20~50	沉积物细颗粒较少，颗粒间较松散，有岗状筛滤堆积形态，颗粒较粗，多大漂砾	1.6~1.8
强度	2~5	由深层滑坡或大型坍塌补给，沟道中出现半堵塞	50~100	有舌状堆积形态，一般厚度在200m以下，巨大颗粒较少，表面较为平坦	1.8~2.1
极强度	>5	以深层滑坡和大型集中坍塌为主，沟道中出现全部堵塞情况	>100	有垄岗、舌状等黏性泥石流堆积形成，大漂石较多，常形成侧堤	2.1~2.2

(3)风蚀强度分级

日平均风速大于或等于 5m/s 的年内日累计风速达 200m/s 以上，或这一起沙风速的天数全年达 30d 以上，且多年平均降水量小于 300mm(但南方及沿海的有关风蚀区，如江西鄱阳湖滨湖地区、滨海地区、福建东山等，则不在此限值之内)的沙质土壤地区，应定为风蚀区。风蚀强度分级，见表 2-7。

表 2-7 风力侵蚀强度分级表

级别	地表形态	植被覆盖度(%)(非流沙面积)	风蚀厚度(mm/a)	侵蚀模数[t/(km^2·a)]
微度	固定沙丘，沙地和滩地	>70	<2	<200
轻度	固定沙丘，半固定沙丘，沙地	50~70	2~10	200~2500
中度	半固定沙丘，沙地	30~50	10~25	2 500~5 000
强度	半固定沙丘，流动沙丘，沙地	10~30	25~50	5 000~8 000
极强度	流动沙丘，沙地	<10	50~100	8 000~15 000
剧烈	大片流动沙丘	<10	>100	>15 000

2.4.4.2 土壤侵蚀程度分级

(1)有明显的土壤发生层的分级

有明显的土壤发生层的分级见表 2-8。

表 2-8 按土壤发生层的侵蚀程度分级表

侵蚀程度分级	指标
无明显侵蚀	A、B、C 三层剖面保持完整
轻度侵蚀	A 层保留厚度大于 1/2，B、C 层完整
中度侵蚀	A 层保留厚度大于 1/3，B、C 层完整
强度侵蚀	A 层无保留，B 层开始裸露，受到剥蚀
剧烈侵蚀	A、B 层全部剥蚀，C 层出露，受到剥蚀

表 2-9 按活土层的侵蚀程度分级表

侵蚀程度分级	指标
无明显侵蚀	活土层完整
轻度侵蚀	活土层小部分受蚀
中度侵蚀	活土层厚度 50% 以上受蚀
强度侵蚀	活土层全部受蚀
剧烈侵蚀	母质层部分受蚀

(2)按活土层残存情况的侵蚀程度分级

当侵蚀土壤系由母质甚至母岩直接风化发育的新成土(无法划分 A、B 层)，且缺乏完整的土壤发生层剖面进行对比时，应按表 2-9 进行侵蚀程度分级。

2.4.4.3 土壤侵蚀潜在危险分级

(1)土壤侵蚀潜在危险度评级标准

土壤侵蚀潜在危险度评级，见表 2-10。

表 2-10 土壤侵蚀潜在危险度评级标准表

级别	评分值	侵蚀因子							
		(f_1) 人口环境容量失衡度(%)	(f_2) 年降水量(mm)	(f_3) 植被覆盖度(%)	(f_4) 地表松散物质厚度(m)	(f_5) 坡度(°)	(f_6) 土壤可蚀性	(f_7) 岩性	(f_8) 坡耕地占坡地面积比例(%)
1	0~20	<20	<300	>85	<1	0~8	黑土、黑钙土类、高山及亚高山草甸土类	硬性变质岩、石灰岩	<10
2	20~40	20~40	300~600	60~85	1~5	8~15	褐土、棕壤、黄棕壤土类	红砂岩、砂砾岩	10~30
3	40~60	40~60	600~1 000	40~60	5~15	15~25	黄壤、红壤、砖红壤土类	第四纪红土	30~50
4	60~80	60~100	1 000~1 500	20~40	15~30	25~35	黄土母质类土壤	泥质岩类	50~80
5	80~100	>100	>1500	<20	>30	>35	砂质土、砂性母质土类、漠境土类、松散风化物	黄土、松散风化物	>80
权重(ω_i)		(ω_1) 0.20	(ω_2) 0.15	(ω_3) 0.14	(ω_4) 0.13	(ω_5) 0.12	(ω_6) 0.10	(ω_7) 0.08	(ω_8) 0.08

注：人口环境容量失衡度系指实有人口密度超过允许的人口环境容量的百分数。

根据某地区各侵蚀因子 f_1，f_2，…，f_8 的评分值，分别乘其权重值 ω_i，ω_1，…，ω_8 之和为总分值，由总分值的多少按表 2-11 的总分值确定侵蚀潜在危险度的等级。总分值的计算式如下：

$$P = \sum_{i=1}^{n=8} f_i \omega_i \tag{2-7}$$

(2) 侵蚀后果的危险度分级标准

水蚀区危险度分级，见表 2-12。

表 2-11 土壤侵蚀潜在危险度的分级表

潜在危险分级	总 分
无险型	<10
轻险型	10~30
危险型	30~50
强险型	50~80
极险型	>80

表 2-12 水蚀区危险度分级表

级 别	>临界土层的抗蚀年限(a)
无险型	<1 000
轻险型	100~1 000
危险型	20~100
极险型	<20
毁坏型	裸岩、明沙、土层不足 10cm

注：1. 临界土层系指农、林、牧业中林、草、作物种植所需土层厚度的低限值，此处按种草所需最小土层厚度 10cm 为临界土层厚度。2. 抗蚀年限系指大于临界值的有效土层厚度与现状年均侵蚀深度的比值。

(3)滑坡、泥石流危险度分析

用百年一遇的泥石流冲出量或滑坡滑动时可能造成的损失作为分级指标，见表 2-13。

表 2-13　滑坡、泥石流危险度分级表

类别	等级	指　标
Ⅰ较轻	1	危害孤立房屋、水磨等安全，危及人数在 10 人以下
Ⅱ中等	2	危及小村庄及非重要公路、水渠等安全，并可能危及 50～100 人安全
	3	威胁镇、乡所在地及大村庄，危及铁路、公路、小航道安全，并可能危及 100～1 000 人安全
Ⅲ严重	4	威胁县城及重要镇所在地，及一般工厂、矿山、铁路、国道及高速公路，并可能危及1 000～10 000人安全或威胁Ⅳ级航道
	5	威胁地级行政所在地，重要县城、工厂、矿山、省际干线铁路，并可能危及 10 000 人以上安全或威胁Ⅲ级航道

思考题

1. 土壤侵蚀是怎样形成的？
2. 土壤侵蚀类型是如何划分的？各有何特点？
3. 怎样理解土壤侵蚀形式的时空分布特征？
4. 如何进行土壤侵蚀强度和程度分级？

第3章

水力侵蚀

【本章提要】 水力侵蚀形式可划分为溅蚀、面蚀、沟蚀、山洪侵蚀、洞穴侵蚀和海岸、湖岸及库岸浪蚀等，它们主要是降雨打击力、径流冲刷力与土壤(含母质等)抗蚀力相互作用的结果。在侵蚀过程中，它们既受气候、水文、地质地貌、土壤和植被等自然因素的影响，同时也受到人类活动的干扰。

3.1 雨滴击溅侵蚀

3.1.1 雨滴的特性

雨滴的形状、大小及雨滴分布、降落速度、接地时冲击力等统称为雨滴特性。雨滴各特性间存在着有机的联系，直接影响侵蚀作用的大小。

3.1.1.1 雨滴的形状、大小及分布

雨滴的大小通常用同体积球体的直径值来衡量和描述。直径 <0.25mm 的雨滴称为小雨滴，大雨滴的直径 >6.0mm。一般情况下，小雨滴为圆球形，大雨滴(>5.5mm)开始为纺锤形，在其下降的过程中因受空气阻力作用而呈扁平形，两侧微向上弯曲。雨滴在降落过程中，还会因环境条件变化发生破裂与合并。因此，把雨滴直径≤5.5mm，降落过程中比较稳定的雨滴统称稳定雨滴；当雨滴直径 >5.5mm 时，雨滴形状很不稳定，极易发生碎裂或变形，统称暂时雨滴。

每场降雨都是由大小不同的雨滴组成的，不同直径雨滴所占的比例称为雨滴分布。一次降雨的雨滴分布，用该次降雨雨滴累积体积百分曲线表示。其中累积体积为50%所对应的雨滴直径称为雨滴中数直径，用 D_{50} 表示。D_{50} 表明该次降雨中大于这一直径的雨滴总体积等于小于该直径的雨滴的总体积，它比平均雨滴直径概念更为清晰(图 3-1)。

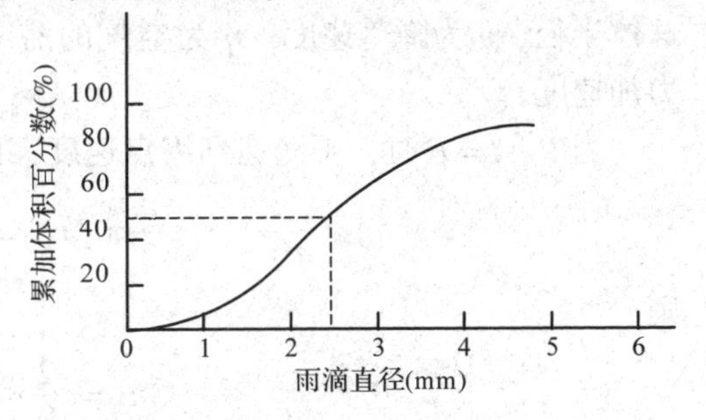

图 3-1 雨滴中数直径 D_{50} 的求算

不同的雨滴分布，降雨强度不同。通常降雨强度越大，D_{50} 越大，降雨强度变小，D_{50} 也相应减小。

贝斯特(A. C. Best)研究了降雨强度与 D_{50}

的关系为：

$$D_{50} = aI^b \tag{3-1}$$

式中　I——降雨强度(mm/h)；

　　a，b——常数。

显然，雨滴大小随降雨强度的增大而变大。但这种特征一般在中、低强度的降雨中是正确的；当雨强超过 80～100mm/h 时，中数直径反而有下降趋势。

3.1.1.2　雨滴的速度与能量

雨滴降落时，因受重力作用而逐渐加速，同时，空气对其产生的摩擦阻力也随着增大，此外还有浮力。当重力与阻力和浮力趋于平衡时，雨滴即以固定的速度下降，这个速度称为终点速度(terminal velocity)。达到终点速度的雨滴下落距离，随雨滴直径增大而增加，大雨滴约需 12m 以上。终点速度的大小，主要取决于雨滴直径的大小和形状。见表 3-1。

表 3-1　静止空气中各种雨滴的终点速度

雨滴直径(mm)	终点速度(m/s)①	终点速度(m/s)②	达到 95% 终点速度的距离(m)③
0.25	1.00	—	—
0.50	2.00	2.0	—
1.00	4.00	4.1	2.2
2.00	6.58	6.3	5.0
3.00	8.06	7.6	7.2
4.00	8.86	8.5	7.8
5.00	9.15	8.8	7.6
6.00	9.30	9.0	7.2

注：①J. O. Laws(1941)与 R. Gum 和 G. D. Kinzer(1949)；②Mihara(1952)与三原；③Laws(1941)。

若把雨滴视为球体，可从理论上计算出雨滴终点速度及需要的时间和距离。分析雨滴下降受到摩阻力、重力和空气浮力三者的共同作用，由斯托克斯定律可知，空气的摩擦阻力 $F = 6\pi r\eta v$，空气的浮力 $f = \frac{4}{3}\pi r^3\rho' g$，雨滴受到的重力 $P = mg = \frac{4}{3}\pi r^3\rho g$(式中 r 为球体半径，v 为降落速度，η 为空气的滞黏系数，ρ、ρ' 分别为水、空气的密度，g 为重力加速度)。

当 $P - f = F$ 时，雨滴达到终点速度，此时下式成立：

$$\frac{4}{3}\pi r^3(\rho - \rho')g = 6\pi r\eta v \tag{3-2}$$

则

$$v = \frac{2}{9}r^2(\rho - \rho')g\eta^{-1} \tag{3-3}$$

又据 $P - f = ma$，可得到雨滴在合力作用下，取得向下加速度 $a = (P - f)m^{-1}$，代入

前式并简化为 $a=(\rho-\rho')g\rho^{-1}$。则雨滴达到终点速度的时间 $t=\dfrac{v}{a}$，实现终点速度的距离 $h=\dfrac{1}{2}at^2$。

由于空气的湍流影响和黏滞系数随温度的变化等原因，雨滴的实际终点速度在无风的情况下总是小于理论计算值，于是，不少学者采用多种方法实测不同雨滴的终点速度（表 3-1）。

从物理学角度来讲，土壤侵蚀是一种做功过程。而做功必然要消耗能量，这种能量被用于所有侵蚀变化过程，使土壤团粒分散，将土粒溅至空中，引起地表径流紊动、冲刷及转运土壤颗粒等。

雨滴的侵蚀能量来自地球引力的重力势能，$E=mgh$。随着雨滴下降到地表，势能转化为动能 $E=\dfrac{1}{2}mv^2$。研究表明，降雨的动能要比径流的动能大得多（表 3-2），尤其是在农地中，不能忽视溅蚀的作用。

表 3-2 降雨和径流动能比较

参 数	降 雨	径 流
质 量	假设质量为 m	取径流系数 0.25，则径流质量 $\dfrac{m}{4}$
速 度	设终点速度 8m/s	设径流速度为 1m/s
动 能	$\dfrac{1}{2}m(8)^2=32m$	$\dfrac{1}{2}\cdot\dfrac{m}{4}(1)^2=\dfrac{1}{8}m$

由表知降雨动能较径流动能大 256 倍。

孙清芳等根据滤纸色斑法测定雨滴直径，并用下式计算出终点速度和动能。

当雨滴直径 $d<1.9$mm 时，用修正的沙玉清公式：

$$V=0.496\times10^{[\sqrt{28.32+6.524\log0.1d-(\log0.1d)^2}-3.665]} \tag{3-4}$$

当雨滴直径 $d\geqslant1.9$mm 时，用修正的牛顿公式：

$$V=(17.20-0.844d)\sqrt{0.1d} \tag{3-5}$$

$$E=5mV^2 \tag{3-6}$$

式中 d——雨滴直径（mm）；

V——雨滴终点速度（m/s）；

m——雨滴质量（mg）；

E——雨滴动能（J）。

埃克尔（P. C. Ekern）考虑到雨滴的变形，提出单个雨滴能量的计算公式：

$$E=\frac{mV^2}{A} \tag{3-7}$$

一些国外学者还采用灵敏度很高的托盘天平和感音记录仪等先进仪器来测算降雨强度与降雨能量的关系，虽这些成果还很难应用于实践，但为人们间接计算降雨能量提供了科学依据。

威斯迈尔(W. H. Wischmeier)和史密斯(D. D. Smith)根据雨滴分布和终点速度的计算，统计回归出计算雨滴动能的方程为：

$$E = 210.2 + 89\lg I \tag{3-8}$$

式中　E——降雨动能[$J/(m^2 \cdot cm)$]；

　　I——降雨雨强(cm/h)。

我国学者周佩华等通过模拟试验，提出降雨雨滴动能 E[$J/(m^2 \cdot mm)$]与降雨强度 I(mm/min)的相关方程为

$$E = 23.49I^{0.27} \tag{3-9}$$

江忠善、刘素媛、黄炎和等分别研究了西北黄土高原、东北辽西地区和南方福建地区天然降雨雨滴特性，以及暴雨雨强与雨滴动能的关系。他们将暴雨雨型分为两类：一类是来势猛、历时短、小范围的短阵型暴雨；另一类是大范围普通型的锋面暴雨。以雨滴动能(E)与两类暴雨雨型分别建立关系方程。

西北地区(陕北、晋西、陇东)为：

短阵型　$$E = 32.98 + 12.13\lg I \quad 或 \quad E = 33.88I^{0.23} \tag{3-10}$$

普通型　$$E = 27.83 + 11.55\lg I \quad 或 \quad E = 29.64I^{0.29} \tag{3-11}$$

东北地区(辽西)为：

短阵型　$$E = 28.95I^{0.075} \tag{3-12}$$

普通型　$$E = 25.92I^{0.172} \tag{3-13}$$

南方地区(福建)为：

短阵型　$$E = 30.0I^{0.27} \tag{3-14}$$

普通型　$$E = 36.04I^{0.20} \tag{3-15}$$

梅雨型　$$E = 31.42I^{0.25} \tag{3-16}$$

此外，杨艳生和郑振源利用 H. A. Elwell 提出的方法，计算了降雨动能，并把我国分为多雨区(年降水量 >1 000mm)、中雨区(年降水量 450~1 000mm)和少雨区(年降水量 <450mm)，得出月雨量 P 与月雨能 $E_{月}$ 的关系式：

多雨区　$$E_{月} = 15.292P - 171.630 \quad (P \geq 18mm) \tag{3-17}$$

中雨区　$$E_{月} = 16.257P - 280.346 \quad (P \geq 18mm) \tag{3-18}$$

少雨区　$$E_{月} = 16.493P - 107.676 \quad (P \geq 18mm) \tag{3-19}$$

3.1.1.3　降雨侵蚀力

降雨侵蚀是降雨和土壤相互作用的结果，任何一次降雨侵蚀都受着这两方面的制约。降雨侵蚀力(rainfall erosivity)是指降雨引起土壤侵蚀的潜在能力，它是降雨物理特征的函数。侵蚀力的大小完全取决于降雨的性质，即该次降雨的雨量、雨强、雨滴大小等，与土壤性质无关。但在一次具体的侵蚀事件中，既有降雨侵蚀力存在也有土壤可蚀性的参与，二者是相互依存的物理参数。只有保持其中之一不变时，才能对另一个进行定量研究。

经过国内外许多学者的研究，降雨侵蚀力的计算已有了很大进展。20 世纪 40 年代初埃利森(W. D. Ellison)、比萨尔(E. Bisal)、罗斯(J. O. Laws)等人进行了大量实验研

究，发现了侵蚀力与能量有关，后来又被土壤流失资料所证实。威斯迈尔经过大量的寻优计算，找到了一个复合参数(暴雨的动能与其最大30min强度的乘积)，作为判断土壤流失的指标，这就是降雨侵蚀力指标 R。表达式为：

$$R = EI_{30} \tag{3-20}$$

式中 E——该次降雨的总动能[$J/(m^2 \cdot mm)$]；

I_{30}——该次暴雨过程中出现的最大30min强度(mm/h)。它是从自记雨量计的记录纸中选取曲线最陡的一段计算出来的。

在此基础上，威斯迈尔也提出了用各月降雨资料求算全年降雨侵蚀力指标的公式：

$$R = \sum_{i=1}^{12}\left[1.735 \times 10^{1.5 \times \frac{P_i^2}{P} - 0.8188}\right] \tag{3-21}$$

式中 R——年降雨侵蚀力；

P——年平均降水量(mm)；

P_i——年内逐月降水量(mm)。

哈德逊在非洲研究降雨侵蚀力时，发现对于开始出现侵蚀的降雨来说，存在着一个起始降雨强度，即低于该强度的降雨，由于雨滴小，下落速度不大，所含能量不足以产生溅蚀，即使出现轻微的溅蚀，一般也不会产生径流而将击溅起的土粒挟运走。这个起始降雨强度大约为25.4mm/h。由此，得出侵蚀力指标：

$$R = KE > 25 \tag{3-22}$$

它表示出高于25.4mm/h的降雨的总能量，单位同能量单位。

江忠善等研究提出，在黄土高原 EI_{30} 仍是表征降雨侵蚀力较好的指标，之后为减少计算工作量又探讨了不同坡度下用 PI_{30} 代替 EI_{30} 时具有较好的精度。另一些学者也提出用 EI_{10}、$P_{60}I_{10}$ 等计算 R 值。我国不同地区的年 R 值计算式见表3-3。

表3-3 我国不同地区 *R* 值计算式

研究者	R 计算式	适应地区
卜兆宏	$R = 0.128P_fI_{30B} - 0.192I_{30B}$	南方花岗岩丘陵区
黄炎和	$R = \sum_{i=1}^{12} 0.0199P_{i\geq 20}^{1.5682}$	福建东南
周伏建	$R = \sum_{i=1}^{12} 0.179P_i^{1.5527}$	福建
吴素业	$R = \sum_{i=1}^{12} 0.0125P_i^{1.6295}$	安徽大别山区
刘秉正	$R = 105.44\frac{(P_{6-9})^{1.2}}{P} - 104.96$	陕西渭北
马志尊	$R = 1.2157\sum_{i=1}^{12} 10^{1.5(\lg\frac{P_i^2}{P} - 0.8188)}$	海河流域太行山区
孙保平	$R = 1.77P_{5-10} - 133.03$	宁夏南部
王万忠	$R = 0.009\overline{P}^{0.564}I_{60}^{1.155}I_{1440}^{0.560}$	全国

3.1.2　溅蚀过程及溅蚀量

3.1.2.1　溅蚀过程

降雨雨滴作用于地表土壤而做功，使土粒分散、溅起和增强地表薄层径流紊动等现象，称为雨滴溅蚀作用，或击溅侵蚀。雨滴溅蚀可以破坏土壤结构，分散土体成土粒，造成土壤表层孔隙减少或者堵塞，形成“板结”，引起土壤渗透性下降，利于地表径流形成和流动；雨滴直接打击地面，产生土粒飞溅和沿坡面迁移；增强地表薄层径流的紊动强度，导致了侵蚀和输沙能力增大等后果。

降雨溅蚀大致可分为 4 个阶段：降雨初，地表土壤含水分少，雨滴打击使干燥土粒溅起，为干土溅散阶段；接着表层土粒逐渐被水分饱和，溅起的是湿土粒，为湿土溅散阶段；在击溅的同时，土壤团粒和土体被粉碎和分散，随降雨的继续，地表出现泥浆，细颗粒出现移动或下渗，阻塞孔隙，促进地表径流产生，雨滴打击使泥浆溅散；降雨继续进行，上述过程的演变加上雨滴对地面打击的压实作用，导致表层土壤密实和微起伏变化，孔隙率减少，加快径流形成，形成地表结皮，又称板结(图 3-2)。

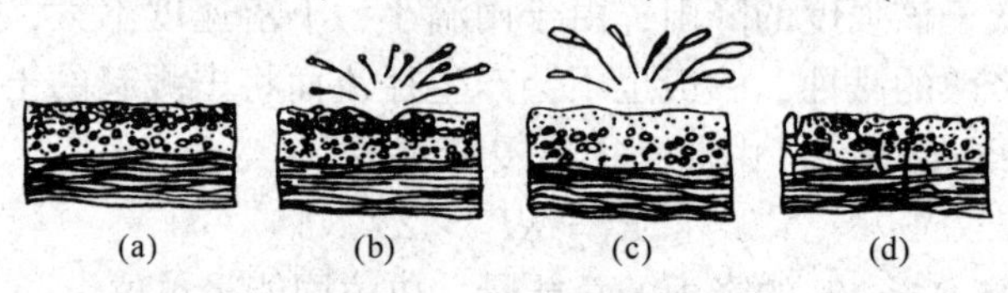

图 3-2　溅蚀过程

结皮通常由两层构成，一层是非常薄(约 0.1mm)的无孔隙层，称封闭层；另一部分是约 5mm 厚的非冲刷细粒层。结皮层比下层土壤的可渗性差，与下层土壤相比，封闭层和非冲刷层的透水率分别为下层土壤的 1/2 000 及 1/200。因此，雨水渗入非常缓慢，将形成滞水坑，并出现雨水集结和片状径流。埃利森等的试验证明，以雨滴速度对渗透的影响最大，雨滴大小影响次之，降雨强度影响最小。这显然是冲击力破坏更多的团粒结构，细粒堵塞孔隙更严重，形成结皮，最终增加了地表径流。

若雨滴直径为 5mm，终点速度 6.26m/s，可使数万个土粒溅起 0.75m 高，溅迁半径在 1.2m 以上，最远达 1.52m。雨滴打击地面产生“陷口”，陷口的直径远比雨滴直径大得多，且随雨滴速度的增加而增大(图 3-3)。

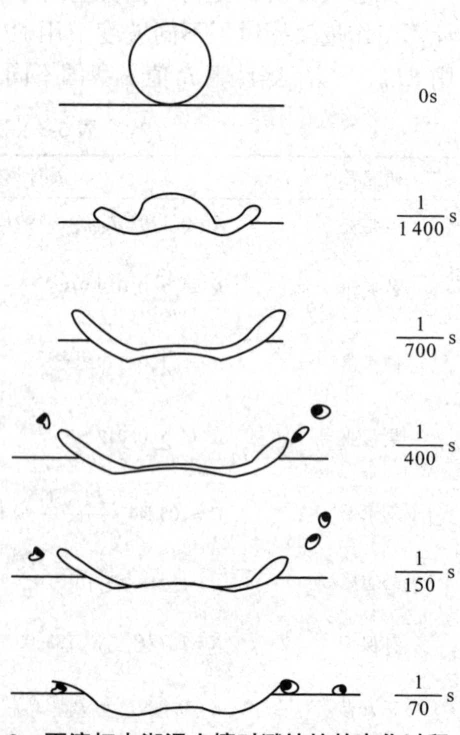

图 3-3　雨滴打击潮湿土壤时溅蚀坑的变化过程

3.1.2.2 溅蚀量

击溅侵蚀引起土粒下移的数量为溅蚀量。在侵蚀力不变情况下，溅蚀量决定于影响土壤可蚀性的诸因子(包括内摩擦力、黏着力、前期土壤含水量等)；对同一性质的土壤以及相同的管理措施来说，则决定于坡面倾斜情况和雨滴打击方向。在平地上，垂直下降的雨滴溅蚀土粒向四周均匀散布，形成土粒交换，不会有溅蚀后果[图 3-4(a)]。但在坡地上，土粒则会向坡下移动[图 3-4(b)]。

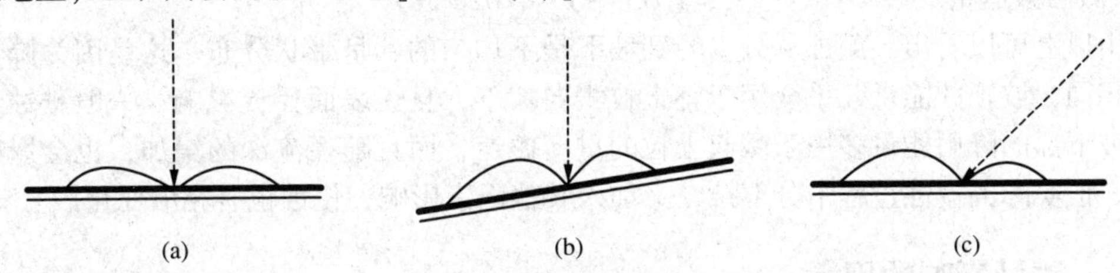

图 3-4 不同条件下雨滴打击所引起的物质的迁移状况

溅蚀作用在风的作用下，会改变打击角度，并推动雨滴增加打击能量。当作用于不同坡向、坡度上时，会形成复杂的溅蚀。若某地降雨期间风向不断变化，可能在暴雨后的影响趋于平衡；但对整个降雨期间保持固定方向的风，对土壤溅蚀会有很大影响[图 3-4(c)]。

埃里森根据模拟实验最早提出计算溅蚀量公式：

$$W = KV^{4.34}d^{1.07}I^{0.65} \tag{3-23}$$

式中 W——半小时雨滴的溅蚀量(g)；
V——雨滴速度(m/s)；
d——雨滴直径(mm)；
I——雨强(mm/h)；
K——土壤类型常数(粉砂土 $K=0.000\,785$)。

比萨尔也得出类似公式：

$$W = KdV^{1.4} \tag{3-24}$$

式中 各符号意义同前。

溅蚀量的大小还取决于降雨性质。Fill 研究了不同性质土壤的溅蚀，得出沙土溅蚀量与动能的 0.9 次方呈正相关，壤土则与降雨动能 1.46 次方呈正相关。

我国学者结合地面坡度进行了研究，其中西峰水保站根据多年实测资料，得出：

$$W_s = 3.27 \times 10^{-5}\ (EI_{30})^{1.57}J^{1.08} \tag{3-25}$$

式中 W_s——溅蚀量(kg/m²)；
J——坡度(°)；
EI_{30}——降雨动能(kg · m/m²)与最大 30min 雨强(mm/min)的乘积。

江忠善较系统地研究了陕北黄土丘陵区的溅蚀，得出单宽降雨溅蚀量 W_t(g/m)为：

$$W_t = 0.043E^{1.12} \tag{3-26}$$

式中 E——降雨总能量(J/m²)，$E = \sum eP$；

P——降水量(mm)；

e——值与雨型有关。

当为普通雨型时，$e = 29.641\ I^{0.29}$；当为短阵雨型时，$e = 33.881\ I^{0.23}$

当在不同坡度上进行试验(静风)得出：

$$\left.\begin{cases} \text{向上坡溅蚀量} & S_U = 15.4 - J/(2.6238 + 0.0378J) \\ \text{向下坡溅蚀量} & S_D = 15.4 + 1.1884J - 0.02258J^2 \\ \text{溅蚀搬运量} & S_n = 1.5389J - 0.02258J^2 \end{cases}\right\} \tag{3-27}$$

由以上可以看出，溅蚀从分水岭到坡下是不均匀的，呈带状分布。这是因为降雨能量虽相同，坡顶的能量几乎全用于将土粒溅向坡下，且无表面径流影响，一般溅蚀量最大；坡下部的降雨能量多用于溅起土粒的重新搬运，而且随径流深的增加，也会影响溅蚀量。但实际的侵蚀过程十分复杂，又加入其他因素影响，侵蚀也有相应变化。

3.1.3　溅蚀影响的因素

3.1.3.1　气候因素

(1)雨型

雨型不同，雨滴大小的分布亦不同。例如，黄土地区的降雨分为两种形式，一种是由局部地形和气候影响产生的来势猛、历时短(1h 左右)的小面积降雨，称短阵性雨型；另一种主要是锋面影响的大面积普通降雨雨型。对于短阵性降雨雨型，雨滴大小分布可按下式计算：

$$F = 1 - \exp\left(-\frac{d}{3.58I^{0.25}}\right)^{2.44I^{-0.06}} \tag{3-28}$$

普通降雨雨型，分布式为：

$$F = 1 - \exp\left(-\frac{d}{2.96I^{0.26}}\right)^{2.54I^{-0.09}} \tag{3-29}$$

式中　d——雨滴直径(mm)；

F——雨滴中直径小于或等于 d 的雨滴累积体积百分比(%)；

I——降雨强度(mm/min)。

另外，不同雨型对雨滴特征参数也有较大的影响。通过对天水、西峰、绥德和离石的观测资料联站分析，雨强一定，两种雨型的参数值的散布范围有一部分重叠，但参数回归线仍存在着较大的差异，尤其在低于 1.8mm/min 情况下，短阵性雨型较普通雨型参数普遍偏大。以雨强 1mm/min 时的平均情况相比较，降雨中数值径(D_{50})偏大 25.9%，动能偏高 18.5%；同一站，不同雨型影响更为明显。天水站在 1mm/min 雨强条件下，短阵性雨型比普通雨型雨滴中数直径偏大 27%，动能偏高 23.5%。因此，就一定雨强来说，局部地区短阵性雨型比大面积的普通雨型更易引起土壤侵蚀。

(2)降雨强度

从前述中可知，降雨强度与雨滴的各种特征参数关系非常密切，因而，降雨强度也是影响溅蚀作用的因素之一，这里不再赘述。

(3)风力

溅蚀作用受风力的强烈影响，风的推动作用会增加打击的能量，并改变雨滴打击的角度(图3-5)。风还把击溅起的土粒吹到更远的地方去。在整个降雨期间保持固定方向的大风，对土壤侵蚀就会形成很大的影响。

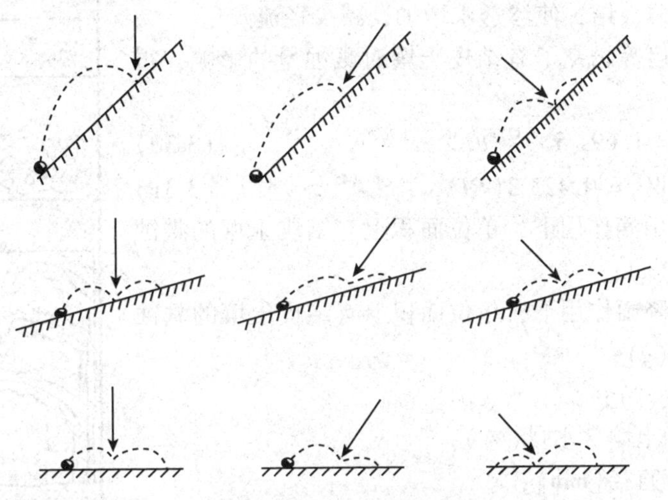

图3-5 风力对溅蚀的影响

3.1.3.2 地形因素

土壤颗粒受雨滴打击后，其移动方向取决于坡向和坡度。在斜坡上，土粒在击溅作用下向下坡移动的量大于向上坡移动的量。一般情况下，坡度越大，溅蚀向下坡移动的物质越多，搬运距离也越远(图3-5)。埃里森对溅蚀作用测量后发现，在10%坡度地面上，75%的土壤溅蚀量移向下坡；在同样条件下的砂土上，60%的溅蚀量移向下坡。实验得出：

$$向下坡移动物质\% = 50\% + 坡度\%$$

$$向上坡移动物质\% = 50\% - 坡度\%$$

3.1.3.3 土壤因素

土壤种类不同，其黏粒、有机质的含量以及其他对土壤起黏结和胶结作用的物质不同，土壤团粒黏结的强度出现了差异。团粒黏结强度大，能减少雨滴击溅下的分散和破坏。据研究，随着团粒中黏土含量的增加，团粒强度增大，雨滴溅击量减少。富含黏粒的土壤，一般易于胶结，并且其团粒较粉质或沙质土的团粒大。

3.1.3.4 植被覆盖因素

植被覆盖是地面的保护者，其对击溅作用的影响，主要表现在以下几个方面：

枯枝落叶层和植被在阻止侵蚀过程中扮演了一个重要角色。如直接平铺着枯枝落叶的地面和完全被覆盖的土壤表面就能消减雨点降落时的冲击力，同时也消除了击溅作用。

植被冠幅在大范围内减小雨滴的侵蚀。像谷类和大豆这样密集生长的庄稼能截留雨水，阻止降雨直接撞击土壤。虽然有些雨水从叶子流走，但大多数雨水是沿着植物茎干向下流的。落在空隙地上的雨滴，它们产生的分离力很小，因为它们降落的距离不易产生有意义侵蚀的速度，分离力小于没有冠幅覆盖的地区，如图 3-6、图 3-7 所示。

地被物不但能拦截雨滴，阻止分离土粒，且能防止不利于水分下渗的土壤板结，使渗透水增加，减少径流。

另外，吴发启等研究了有结皮土壤对溅蚀量的影响，得出以下经验式：

$$W_1 = 1.6915S^{0.1777}\theta^{0.4667}d^{0.7632}H^{-0.4925} \tag{3-30}$$

$$W_2 = 0.4253(PI)^{0.7538}S^{0.1045} \tag{3-31}$$

式中 W_1——单雨滴作用下，单位面积上有结皮土壤的溅蚀量(g)；

W_2——场降雨作用下，单位面积上有结皮土壤的溅蚀量(g)；

S——坡度(°)；

θ——前期土壤含水量(%)；

d——雨滴直径(mm)；

H——结皮厚度(mm)；

P——降水量(mm)；

I——降雨强度(mm/min)。

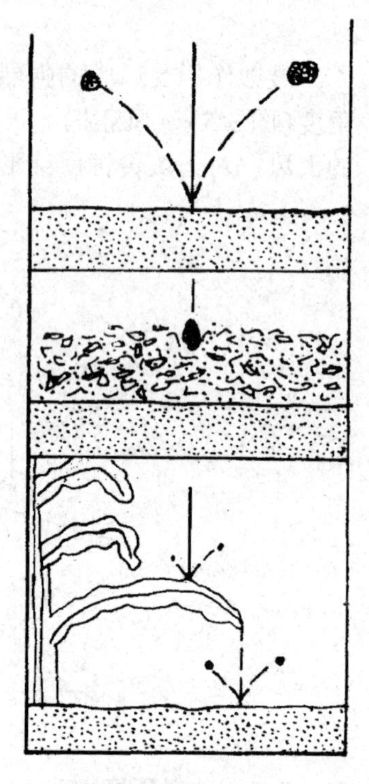

图 3-6 覆盖、作物对溅蚀的影响

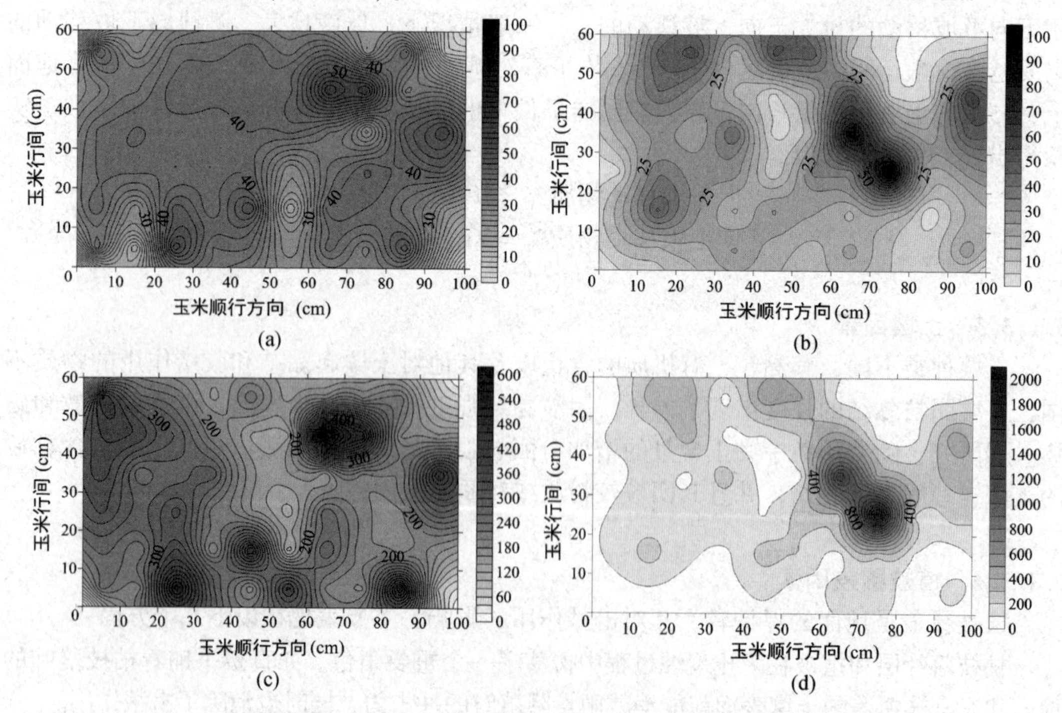

图 3-7 玉米冠下雨强和溅蚀分布(雨强 40mm/h)

(a)玉米幼苗期冠下雨强分布 (b)玉米抽雄后期冠下雨强分布
(c)玉米幼苗期冠下溅蚀分布 (d)玉米抽雄后期冠下溅蚀分布

3.2 坡面侵蚀

坡面广泛地存在于自然界，就整个陆地表面而言，80%以上的面积都属于坡面。因此，坡面侵蚀的发生和过程，受到普遍重视。坡面侵蚀方式有风化剥蚀、流水作用和重力作用等，本节主要讨论坡面径流的作用与结果。

3.2.1 坡面流的速度及能量

当降雨强度大于土壤的下渗能力或界面以上土层含水量达到饱和后，多余的降水则形成地表径流。在坡面上，坡面流与土壤颗粒的相互作用则产生水土流失。这一过程实质上是能量的相互转化和传递的一个过程，这一过程与径流的流速、能量、挟沙能力等有关。

3.2.1.1 坡面径流的速度

(1)坡面流流速

坡面流的流动情况十分复杂，沿程有下渗、蒸发和降水补给，再加上坡度的不均一，使流动总是非均匀的。为了使问题简化，不少学者在人工降雨条件下，研究了稳渗后的坡面水流，得到了不少的流速公式。可以归纳成如下形式：

$$V = Kq^n J^m \tag{3-32}$$

式中 q——单宽流量[$m^3/(s \cdot m)$]；

J——坡度(°)；

n，m——指数；

K——系数。

水力学中的流速公式用水深 h 作自变量，在这里 h 较小且坡面高低不平，几乎无法测量，单宽流量 q 容易测出，所以用 q 代替了 h。目前常用的几种流速公式中参数取值见表3-4。

表3-4 几种流速公式中 *n*、*m* 取值表

类别	层流式	紊流式	谢才	徐在庸	Laws，Neal	江忠善
n	2/3	2/3	1/2	1/2	1/2	1/2
m	1/3	0.3	1/2	1/3	1/3	0.35

(2)坡面流的冲刷流速

国外学者用实验方法研究坡面泥沙的冲刷流速，得到下式：

$$V_0 = aD^2 (\gamma_s - 1)^{\frac{2}{3}} \tag{3-33}$$

式中 V_0——起动流速(cm/s)；

D——泥砂粒直径(mm)；

γ_s——泥砂粒的比重(g/cm^3)；

a——系数(Krey 实验的 $a = 28.5$)。

由式(3-33)可以看出泥沙冲刷流速对不同粒径、不同比重的颗粒是不同的，见表3-5。

表3-5 起动流速取值表

(m/s)

粒径(mm)	哈真(Hazen)	克未依(Kzey)	沃赛尔(Wauthier)
0.001	0.000 15	—	—
0.005	0.003 8	—	—
0.01	0.015	—	—
0.05	0.29	—	—
0.25	2.65	4.30	8.20
0.50	5.30	7.75	11.50
1.00	10.00	13.00	16.30

美国学者基特里奇(J. Kittridge)还研究了不同质地的坡面上许可冲刷速度的问题，得出下值：

细砂，疏松淤泥	0.15~0.30m/s
淤泥夹砂土，含15%黏土	0.36m/s
粉砂，含40%黏土	0.54~0.60m/s
粗粒砂	0.45~0.60m/s
疏松砾土	0.75m/s
粉砂，含65%黏土	0.90m/s
重粉砂	1.2~2.1m/s
黏土(致密)	1.8m/s
层状岩面	2.40m/s
坚硬岩面	3.9m/s

3.2.1.2 坡面径流的能量

赫尔顿(R. E. Hartan)从摩阻力概念出发，提出在稳定流条件下，水流流过1m长、1m宽的坡面时，单位时间内克服摩阻力所做的功(W)等于水流质量和流速的乘积：

$$W = G_0 \frac{h_x}{1\,000} V \sin\theta \tag{3-34}$$

式中 G_0——每立方米含沙水流的质量(kg/m³)；

h_x——距分水岭 X 处径流深(mm)；

V——X 处的流速(m/s)；

θ——坡度(°)。

拉尔(R. Lal)依据径流能量 E 由位能转化而来并取决于流速及径流量，认为单位坡面上径流能量为：

$$E = \rho g \cdot \sin\theta \cdot Q \cdot L \tag{3-35}$$

式中 θ——坡面倾角(°)；

Q——单位面积上的径流量；

L——坡长(m)。

赵晓光等以坡面降雨均匀为前提，产流方式为超渗产流地区(北方大部分地区，南方干旱季节)，一次降雨过程中均整坡面上的径流能量 E' 为：

$$E' = \frac{\rho g}{4} BL^2 \cdot \sin 2\theta \cdot P_h \tag{3-36}$$

考虑到与降雨动能相一致，将上式改写成单位面积上的平均径流能量：

$$E = E'/BL = \frac{\rho g}{4} L \cdot \sin 2\theta \cdot P_h \tag{3-37}$$

式中 P_h——净雨量，$P_h = \int_0^t (I - f) \mathrm{d}t$，其值等于坡面上形成的径流量 Q 的平均厚度，即径流深(mm)；

E'——单位面积上的径流能量(J/m^2)；

ρ——液体密度(kg/m^3)；

g——当地重力加速度(m/s^2)；

L——斜坡长度(m)；

B——宽度(m)；

θ——坡度(°)。

李占斌认为，在理想状态下，水流到达坡面任意断面时的总能量为单宽径流在坡面顶端具有的势能与动能之和：

$$E_x = E_{势} + E_{动} = \rho q g L \sin\theta + \frac{1}{2} \rho q V^2 \tag{3-38}$$

应用时，可根据实测断面处水流的流速与该断面处的径流量来计算该断面的实际总能量，即：

$$E_x = q' \rho g (L - X) \sin\theta + \frac{1}{2} q' \rho V_x^2 \tag{3-39}$$

式中 E_x——总能量(J/m^2)；

X——坡面上任意一点距坡顶的距离(m)；

V_x——该断面处的流速(m/s)；

q'——该断面处的流量(m^3/s)；

θ——坡度(°)；

ρ——径流密度(kg/m^3)；

g——重力加速度(m/s^2)。

3.2.1.3 水流挟沙力

水流挟沙力是反映水流挟带泥沙能力的综合性指标，张瑞瑾等根据悬移质具有制紊作用的观点，得出了挟沙力 S 的计算公式：

$$S = K \left(\frac{V}{gRW} \right)^m \tag{3-40}$$

式中 V——断面平均流速(m/s)；

R——水力半径，在宽浅水流中可用平均水深 h 代替(m)；

W——泥沙的沉速(m/s)；

g——重力加速度($g=9.8\text{m/s}^2$)；

K，m——未知系数和指数，需要根据实测资料率定，其中 K 为有量纲的数(kg/m^3)。

沙玉清收集了大量的资料，利用了多元回归分析的方法，得到了挟沙能力经验公式的一般形式如下：

$$S = K\frac{D}{W^{\frac{4}{3}}}\left(\frac{V-V_0}{\sqrt{R}}\right)^m \tag{3-41}$$

式中　D——沙粒直径(mm)；

m——指数，与佛汝德数 Fr 有关，当 $Fr<0.8$ 时，$m=2$，当 $Fr>0.8$ 时，$m=3$；

K——挟沙系数，反映水流挟沙力的饱和程度；

V_0——挟动流速(m/s)，其定义为水流挟动泥沙达到某种运动形式所具有的最低流速；

其余符号意义同前。

刘峰分析了水流挟运黏性细沙颗粒泥沙的力学机理以及相关因素，得到公式：

$$S = K\left(\frac{R_e}{R_{em}}\frac{(V-V_H)^3}{\frac{r_s-r_m}{r}gRW_m}\right)^{0.7} \tag{3-42}$$

式中　R_e，R_{em}——清水和浑水的有效雷诺数；

W_m——受含沙量影响的黏性泥沙絮团颗粒平均沉速(m/s)；

V_H——黏性泥沙存在的起动流速(m/s)；

r，r_m，r_s——清水、浑水和泥沙的密度(kg/m^3)；

其余符号意义同前。

白永峰对于高含沙水流分析认为高含沙水流的挟沙力与水流的流变特征有关，对于宾汉体而言，可用流变参数加以描述，从而推出高含沙水流的挟沙力公式为：

$$S = K\left(\frac{R_e}{R_{em}}\cdot\frac{V^3}{gRW_m}\right)^m \tag{3-43}$$

式中　各符号意义同前。

3.2.2　坡面侵蚀过程及侵蚀量

3.2.2.1　坡面侵蚀过程

坡面水流形成初期，水层很薄，由于地形起伏的影响，往往处于分散状态，没有固定的流路，多呈层流，速度较慢。在缓坡地上，薄层水流的速度通常不会超过0.5m/s，最大也在1~2m/s之间。因此，能量不大，冲刷力微弱，只能较均匀地带走土壤表层中细小的呈悬浮状态的物质和一些松散物质，即形成层状侵蚀。但当地表径流沿坡面漫流时，径流汇集的面积不断增大，同时又继续接纳沿途降雨，因而流量和流速不断增加。到一定距离后，坡面水流的冲刷能力便大大增加，产生强烈的坡面冲刷，引起地面凹陷，随之径流相对集中，侵蚀力相对变强，在地表上会逐渐形成细小而密集的沟，称细沟侵蚀。最初出现的是斑状侵蚀或不连续的侵蚀点，以后互相串通成为连续细沟，这种细沟沟形很小，且位置和形状不固定，耕作后即可平复。细沟的出现，标志着面蚀的结束和沟道水流侵蚀的开始。

3.2.2.2 坡面侵蚀量

由上述侵蚀过程可知，坡面土壤侵蚀是由径流冲刷造成的，因此，水大沙大是必然的结果。

刘善建根据15%坡度的农地砂壤土的试验资料得出：

$$M = 0.0125Q^{1.5} \tag{3-44}$$

式中 M——年冲刷量(kg)；

Q——年径流量(m^3)。

吴发启等在黄土高原南部淳化县缓坡耕地上10余年的试验观测后发现，径流与侵蚀量的关系为：

$$M_s = a + bM_w \tag{3-45}$$

式中 M_s——侵蚀模数(t/km^2)；

M_w——径流模数(m^3/km^2)；

a，b——待定系数。

3.2.3 坡面侵蚀的影响因素

3.2.3.1 降雨因素

降雨是侵蚀发生的动力，它除直接打击土壤，形成击溅侵蚀外，还形成地表径流，冲刷土体，并参与形成了土壤内在的一些特征，以一种综合效应来影响侵蚀。

降雨对面蚀的影响主要表现在降水量、降雨强度、降雨的时空分布和降雨能量等几个方面。

(1) 降水量

降水量是影响侵蚀的因子之一。一般来说，年降水量大，可能侵蚀总量也大，但是，年降水量大的地区，自然植被常常生长较好，自然侵蚀反而并不严重；降雨稀少地区的植被较差，径流量也少，水力侵蚀相对减弱。因此，在半湿润与半干旱地区水力侵蚀强烈。

实际上，并不是每场降雨都能引起土壤侵蚀。例如，研究发现在黄土高原北部年均产生土壤侵蚀的降雨为5.2次，南部则为4.2次。也就是说存在一个造成土壤侵蚀量的最小降水量。目前，人们认为可将产生地表径流而引起土壤侵蚀模数≥$1t/km^2$的降水量确定为最小降水量，称为可蚀性降水量。黄土高原引起土壤侵蚀的可蚀性降雨在坡耕地(20°)为8.1mm，可蚀性降雨的临界雨量标准是10mm，其瞬时雨强须达0.5mm/min。美国的可蚀性降雨为12.7mm，日本的为13.0mm。

(2) 降雨强度

降雨强度是影响土壤侵蚀的最重要因子。大量研究证明，土壤侵蚀只发生在少数几场暴雨之中。例如，天水站 1942—1954 年 12 年测定结果表明，1947 年一次最大降水量达 155mm，所造成的水土流失量占 12 年总量的 35% 以上。在绥德站，1956 年曾经发生过一次为 3.5mm/min 强度的暴雨，该年的水土流失量占 1954—1956 年的三年总量的 30% 以上。

(3) 降水量和降雨强度的最佳组合对面蚀的影响

单就降水量和降雨强度对土壤侵蚀的影响进行分析时，并不能充分说明降雨对侵蚀的作用。因此，通常利用降水量 P 与降雨强度 I 进行不同的组合，再与侵蚀量进行分析。这里的雨强 I 可以是平均雨强，也可以是瞬时雨强。经研究证明，黄土高原在其他条件一致的情况下，次降水量和平均雨强与侵蚀量的关系为非线性函数，可用下式表示：

$$M_s = A \cdot P^a \cdot I^b \tag{3-46}$$

式中　M_s——某一定坡度的次降雨侵蚀模数(t/km^2)；

P——次降水量(mm)；

I——次降雨平均强度(mm/h)；

A，a，b——特定系数。

绥德站得出的关系式为：

$$n_s = 0.0813P \cdot I^{1.288} \tag{3-47}$$

式中　n_s——冲刷深(mm)。

黄土高原南部的特征见表 3-6。

表 3-6　降雨组合参数与土壤侵蚀模数相关指数表

地点	坡度	坡长(m)	样本数 n(个)	相关指数 R						
				PI_5	PI_{10}	PI_{15}	PI_{30}	PI_{40}	PI_{45}	PI_{60}
西峰	2°51′	20	9	0.728	0.794	0.807	0.790	0.788	0.788	0.791
淳化	8°	20	32	0.815	0.629	0.796	0.826	0.812	0.988	0.987
	15°	20	16	0.532	0.728	0.591	0.902	0.982	0.865	0.557
	6°	20	29	0.977	0.408	0.982	0.982	0.982	0.989	0.989
	6°	60	27	0.959	0.450	0.979	0.979	0.979	0.976	0.976
平均				0.802	0.602	0.731	0.896	0.909	0.901	0.860

(4) 降雨时空分布对面蚀的影响

侵蚀的形成往往是与可蚀性降雨集中程度相一致。一年中，侵蚀主要发生在雨季。例如，天水站 1945—1953 年径流小区的观测表明，6～8 月降水量占全年降水量的 47.8%，而其径流量占年总径流量的 78.5%，侵蚀量占年侵蚀总量的 81.7%。

降水量的年际变化也对土壤侵蚀造成影响，一般情况下，丰水年侵蚀强烈，干旱年侵蚀微弱。

(5) 前期降雨

前期降雨是指本次降雨以前的降雨。前期降雨使土壤水分饱和，再继续降雨就很容易产生径流而造成水土流失。

另外，雨滴的打击也会对坡面侵蚀产生一定的影响。因为，薄层径流受雨滴打击所引起的侵蚀和挟沙能力要比原来大 12 倍以上。这是由于雨滴打击增强了水流的紊动，保持分离土粒悬浮于水中，从而增加了水体能量，形成更加严重的侵蚀和更高的挟沙能力。这种影响随地表径流深增加而增大，但当径流深超过一定值后(约 >3cm)，水层具有消能作用，即使 1mm/min 的高强度降雨，也不能增加径流的侵蚀力和混浊程度。吴发启等利用通径分析方法对淳化径流小区的资料分析后发现：降雨能量对侵蚀模数的直接影响为 0.302 3，降雨能量通过径流能量对侵蚀模数的影响为 0.173 5，总的影响为 0.475 8。径流能量对侵蚀模数的直接影响为 0.104 7，它通过降雨能量对侵蚀模数的影响为 0.534 7，总的影响为 0.639 4。因此，从直接作用讲，降雨动能作用大，然而经过相互作后的总效应则表现为径流能量作用大。

3.2.3.2　地形因子

地貌的形态特征可以视为各种形状和坡度的斜面在空间的组合，也可以把它解析为各种长度、坡度、坡向的几何图形的不同组合。作用于各种几何面上不同大小和方向的力的做功过程，以及各种几何面对作用力作用过程的反馈，则构成了地貌因素影响侵蚀的物理本质。

(1) 坡度

坡度反映的是地表的倾斜程度，其值也间接地表明坡度由缓到陡时重力作用的增加趋势。因此，坡度首先影响到侵蚀方式的变化。一般情况下，在无植被覆盖的裸坡上，随着坡度的增加，侵蚀方式将由溅蚀演变为面蚀、细沟侵蚀、浅沟侵蚀、切沟侵蚀、冲沟侵蚀和重力侵蚀。而且，在一个完整的坡面上，侵蚀与堆积也出现了明显的垂直分带现象，如图 3-8 所示。

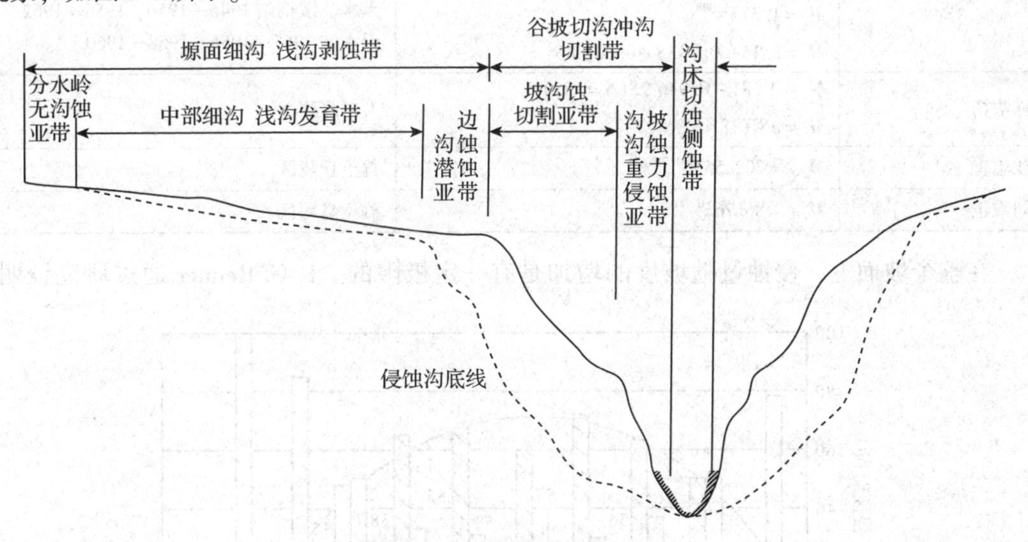

图 3-8　土壤侵蚀分带示意

坡度对侵蚀方式影响的结果表现在侵蚀量的大小上。因为，水流所具有的能量是水流质量与其流速的函数，流速主要取决于径流深和地表坡度。坡度愈小，径流在坡面上停留的时间愈长，水流损失也就愈大；在坡度较大的地面上则情况相反。这就说明，坡度与坡面冲刷的关系非常密切。通常情况下，侵蚀量与坡度为幂函数关系，通式为：

$$M_s = AS^b \tag{3-48}$$

式中 M_s——侵蚀模数(t/km²)；

S——坡度(°)；

A，b——待定系数。

许多学者根据自己掌握的资料，也得出了相应的关系式，见表3-7。

表3-7 坡度与土壤侵蚀的经验关系

研究者	模型形式	资料来源
刘善建	$h=0.012S^{1.4}+0.56$	天水径流小区1945—1953
黄河中游水土保持考察队	$h=0.00071S^{2.27}+0.155$ $M_s=0.01S^{2.27}+0.21$	
承继成	$h=3.47\times10^{-3}S^{2.16}+0.57$ $h=3.98\times10^{-4}S^{2.44}+0.2$ $h=3.16\times10^{-7}S^{5.25}+10.52$ $h=3.02\times10^{-4}S^{3.18}+0.05$	天水径流小区1945—1953 天水径流小区1945—1956 绥德站1956 山西离石水土保持研究所1958
陈永宗	$M_s=0.4041S^{1.475}+0.2716(S<15°)$ $M_s=0.00043S^{2.908}+2.5946(15°\leqslant S\leqslant30°)$	山西离石水土保持研究所1957—1958
江忠善	$M_s=3.27\times10^{-5}EI_{30}^{1.57}S^{1.30}$	西峰站
华绍祖	$M_s=2.485\times10^{-3}EI_{30}^{1.44}S^{1.30}$ $M_s=1.5S^{1.022}$ $M_s=0.46S^{1.496}$ $M_s=1.31S^{1.098}$ $M_s=3.15+0.733S+0.0018S^2$	绥德丰水年径流小区 天水站1945—1956 绥德站1945—1960 天水、绥德站1945—1956，1958—1962 天水站1945—1956，1958—1960
陈法扬	$M_s=0.281-0.9469S(S=18°)$ $M_s=aS^b(18°<S\leqslant25°)$	人工降雨
江忠善	$M_{s年}=202.553S^{1.308}$	黄土丘陵区
刘秉正	$M_{s年}=86.76S^{1.60}$	黄土高塬区

在整个坡面上，侵蚀量随坡度的增加是有一定极限的。F. G. Renner 通过研究证明，

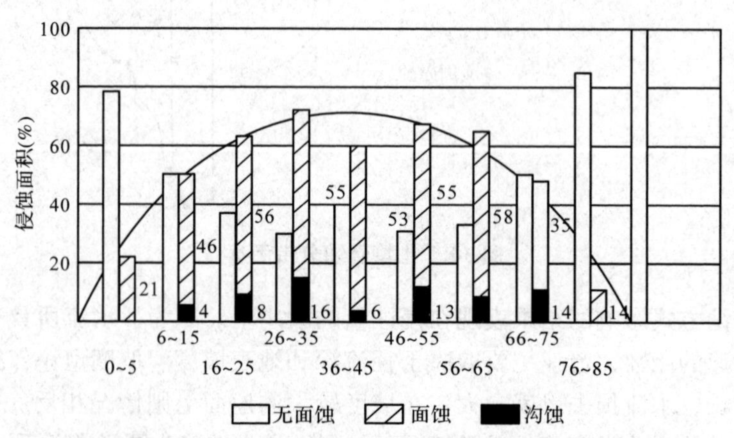

图3-9 F. G. Renner 的坡度与土壤侵蚀关系(Horton)

坡度约在40°以下时，侵蚀量与坡度呈正相关，超过此值反有降低趋势，如图3-9所示。这一问题的探讨目前还在进行中，从已有的资料来看临界坡度值从25°变化到57°，最大与最小相差34°，可见该问题的复杂性和多变性。

(2)坡长

坡长指的是从地表径流的起点到坡度降低到足以发生沉积的位置或径流进入一个规定沟(渠)的入口处的距离。当坡面其他条件一致时，径流深一般是随坡长的增加而增加，如图3-10所示。当距分水线的距离L处的径流深为h时，则径流深的递增率可由下式表示：

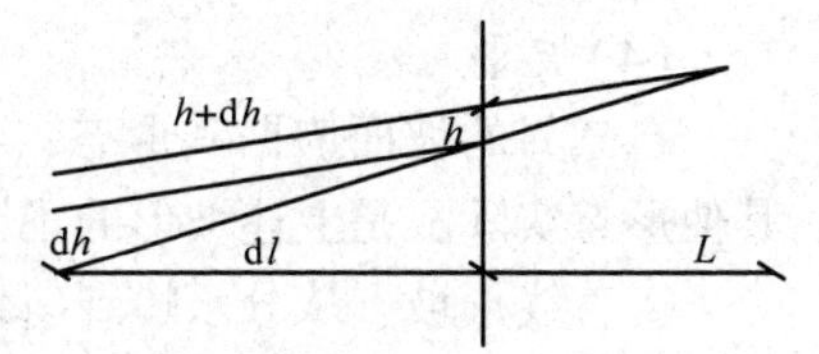

图3-10 随坡长的增加径流深的增加

$$Z = \frac{dh}{dl} \tag{3-49}$$

则任一点X处则有：

$$h_x = \frac{dh}{dl} \cdot L_x \tag{3-50}$$

天水和绥德站的资料表明：①在特大暴雨以及大暴雨(雨强大于0.5mm/min)时，坡长与径流和冲刷呈正相关；②当降雨平均强度较小，或大强度降雨持续时间很短时，坡长与径流呈反相关，与冲刷呈正相关；③当降水量很小(3～15mm)，强度也很小时，坡长与径流、冲刷均呈反相关。刘秉正和吴发启等在淳化试验站(1987—1994)，坡度为9%的20m、40m、60mm坡长的45次产流侵蚀，按不同可蚀降雨级别进行统计(表3-8)可知，坡长与侵蚀的关系较为复杂。

表3-8 淳化县1987—1994年不同坡长侵蚀试验结果 (t/km^2)

可蚀降雨分级(mm)	坡长20m，$\bar{M}_s$	坡长40m，$\bar{M}_s$	坡长60m，$\bar{M}_s$
<10	46.04	23.93	9.63
10～20	26.80	27.87	30.63
20～30	19.42	12.23	30.83
30～40	423.83	353.39	411.55
40～50	873.96	753.85 *	538.94
50～60	347.10	358.40	338.80
>60	31.88	17.74	29.22
合 计	1 772.03	1 547.41	1 389.60

注：缺1987年资料；$\bar{M}_s$为平均侵蚀模数。

(3)坡度、坡长的不同组合对坡面侵蚀的影响

津格(A. W. Zingg)应用小区的模拟降雨和野外条件证实坡度每增加1倍，土壤流失量增加2.61～2.80倍；斜坡水平长度每增加1倍，土壤流失量增加3.03倍。这个关系式可表示为：

$$M = AS^a \cdot L^b \tag{3-51}$$

式中 M——侵蚀量(t/km^2)；

S——坡度(°)；

L——坡长(m)；

A，a，b——待定系数。

(4)坡形

自然界的坡面依据其形态，可分为直线形坡、凸形坡、凹形坡和复形坡 4 种类型，其他形态实际上是上述坡形的不同方式的自然组合。

①直线形坡　从分水岭到斜坡底部坡度保持不变，严重土壤侵蚀发生在下半部。随着距分水岭距离增大，径流量和流速也增大，斜坡上常出现彼此平行排列的细沟、浅沟和切沟。

②凸形坡　其坡度随着距分水岭距离增加而增大。邻近分水岭近地面平缓，以后随坡长增加，坡度亦在增加。由于坡度和坡长同时增加，将引起径流量和流速迅速增加，水土流失量亦随之增大，凸形坡的下部经常以浅沟、切沟等为主要侵蚀形式。

③凹形坡　凹形坡坡度的转折与凸形坡不同，在斜坡上半部邻近分水岭附近，坡度较陡，而距分水岭愈远时，坡度较缓。因而，在斜坡的下半部，虽然其斜坡坡长增加，但由于坡度减缓，不仅不产生侵蚀作用，而且往往以沉积为主。此种坡形较多地分布在山区与阶地平原接壤处或河谷两岸。

④复形坡　阶形坡是斜坡与阶地相间的复式坡形，这种坡形对水流起到一种缓冲作用，既可增加地表径流的下渗机会，减小径流量，又可削减径流流速，降低径流冲刷强度。几种不同坡形对土壤侵蚀量大小的影响见表 3-9。

(5)坡向

坡向不同，所接受的太阳辐射不同，从而导致土壤温度、湿度、植被状况等一系列环境因子的不同，其侵蚀过程也有明显差异。

西叶维特洛夫(C. CN，Cuebotpo B)的观测结果见表 3-10，表明阳坡的侵蚀大于阴坡。

表 3-9　坡面形状对土壤侵蚀的影响

坡形	距分水岭距离(m)	坡度(°)	土壤侵蚀量(m^3/hm^2)
凸形	250	2.0	31
	300	3.0	37
	350	4.0	41
	400	4.5	75
	450	8.0	87
	500	9.0	100
直形	825	0.5	<0.5
	875	1.5	5.0
	975	1.5	6.0
	1 075	1.0	2.0
	1 175	1.0	2.0
	1 475	2.0	13.0
	1 675	2.0	21.0
	1 775	2.0	18.0

（续）

坡形	距分水岭距离(m)	坡度(°)	土壤侵蚀量(m^3/hm^2)
上凸下凹	100	2.0	<0.5
	150	4.0	5.0
	200	4.0	13.0
	300	8.0	13.0
	320	13.0	41.0
	390	9.0	39.0
	440	6.0	34.0
	468	5.0	28.0
	528	3.0	19.0

表 3-10 坡向对水土流失的影响

坡向	各种土壤冲刷强度的面积百分数(%)		
	不受冲刷	中等冲刷	强烈冲刷
阳坡	57	24	19
阴坡	70	15	7

3.2.3.3 土壤因素

土壤是侵蚀的对象，又是影响径流的因素，因此，土壤的各种性质都会对面蚀产生影响。通常人们利用土壤的抗蚀性和抗冲性作为衡量土壤抵抗径流侵蚀的能力，用渗透速率表示对径流的影响。

土壤的抗蚀性是指土壤抵抗径流对其分散和悬浮的能力。土壤愈黏重，胶结物愈多，抗蚀性愈强。腐殖质能把土粒胶结成稳定团聚体和团粒结构，因而含腐殖质多的土壤抗蚀性强。

土壤的抗冲性是指土壤抵抗径流对其机械破坏和推动下移的能力。土壤的抗冲性可以用土块在水中的崩解速率来判断，崩解速率越快，抗冲能力越差；有良好植被的土壤，在植物根系的缠绕下，难于崩解，抗冲能力较大。

影响土壤上述性质的因素有土壤质地、土壤结构及其水稳性、土壤孔隙、剖面构造、土层厚度、土壤湿度和土壤结皮等。

(1)土壤质地

土壤质地通过土壤渗透性和结持性来影响侵蚀。一般来看，质地较粗，大孔隙含量多，透水性愈强，对缺乏土壤结构和成土作用较弱的土壤更是如此。表 3-11 反映了黄土区不同砂粒含量情况下土壤渗透率的特征。渗透速率与径流量呈反相关，有降低侵蚀的作用。

表 3-11 黄土地区土壤和渗透率的关系

砂粒含量(%)(粒径 0.5~0.05mm)	前 30min 平均渗透率(mm/min)	最后稳定渗透率 K_{10}(mm/min)
86.5	4.76	2.5
39.5	2.64	1.0
36.5	1.89	0.8
32.5	1.42	0.6

(2)土壤结构、土壤孔隙

土壤结构性愈好，总孔隙率愈大，其透水性和持水量愈大，土壤侵蚀就愈轻。土壤结构的好坏既反映了成土过程的差异，又反映了目前土壤的熟化程度。我国黄土高原的幼年黄土性土壤和黑垆土，土壤结构差异明显。前者容重大，总孔隙及毛管孔隙少，渗透性差；后者结构良好，容重小，根孔及动物穴多，非毛管孔隙多，渗透性好。不同的渗透性导致地表径流量不同，侵蚀也不同。

(3)土壤湿度

土壤中保持一定的水分有利于土粒间的团聚作用。一般情况下，土体愈干燥，渗水愈快，土体愈易分散；土壤较湿润，渗透速度小，土粒分散相对慢。试验表明，黄土只要含水量在20%上下，土块就可以在水中保持较长时间不散离。

(4)土壤结皮

坡面土壤结皮的形成，限制了土壤水与环境的交换，削弱了降雨的入渗，从而使产流的时间提前、产流量增加，而产沙量反而有所降低。可用下式表述：

$$M_w = 0.7377S^{0.2028}(PI)^{0.4631}H^{0.1721} \tag{3-52}$$

$$M_s = 0.1630S^{0.196}(PI)^{0.4078}H^{0.1122} \tag{3-53}$$

式中 H——结皮厚度(mm)；

M_w——次降雨径流模数(m^3/km^2)；

其余符号意义同前。

3.2.3.4 植被因素

植被抑制土壤侵蚀发生，其原因是覆盖于地面的植被能够拦截降雨，保护地面免受打击，调节地表径流，增加土壤入渗时间，消减径流动能，加强和增进土壤渗透性、抗蚀性和抗冲性等。

(1)截留作用

植被的地上部分常呈多层重叠遮蔽地面，并具有一定的弹性和开张角，能承接、分散和削弱雨滴及雨滴能量，截留的雨滴汇集后又会沿枝干缓缓地流落或滴落地面，改变了降雨落地的方式，减小了林下降雨强度和降水量。

植被的截留作用常因覆盖度、郁闭度及雨强的不同而差异明显。刘秉正、王幼民等曾对刺槐林的树冠截留作用进行了系统研究，结果见表3-12。由表可知，一般郁闭度愈高，截留量愈大。

表 3-12 刺槐林不同郁闭度下的林冠截留量与截留率*

观测年份	降雨		郁闭度 0.3~0.5		郁闭度 0.5~0.8		郁闭度 >0.8		备注
	总量(mm)	次数	截留量(mm)	截留率(%)	截留量(mm)	截留率(%)	截留量(mm)	截留率(%)	
1981	555.69	21	38.38	6.89	49.16	8.85	112.88	20.31	为7~9月
1982	365.20	47	28.17	7.71	38.53	10.55	58.96	16.14	
1983	637.89	42	66.98	10.50	81.96	12.85	82.64	12.96	
1984	622.62	53	51.22	8.23	56.59	9.09	86.10	13.83	
1985	176.70	27	12.48	7.06	25.27	14.30	35.88	20.31	为5~6月
平均	589.53	47.5	49.28	8.36	62.88	10.67	94.12	15.96	四年均值

* 观测期为5~9月。

通常情况下，截留量随降水量的增大而增大，截留率的变化恰好相反，如图3-11所示。从图3-11中可知，小雨的截留量从0增大到2.5mm，截留率在25%以上；中雨截留量增大到3.5m，截留率从25%降到12%；大雨和暴雨截留量高于3.5mm，截留率低于12%。

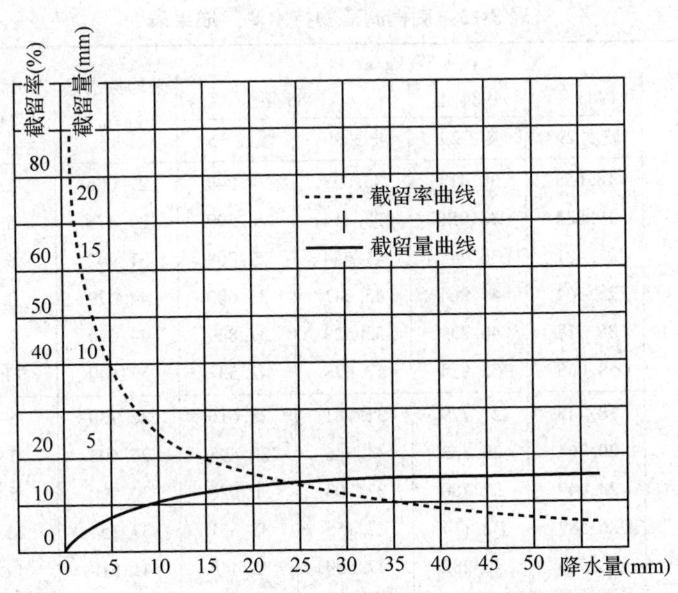

图 3-11 降水量与截留量、截流率关系

事实上，当降水量超过25mm以后，截留量的增大非常缓慢，这主要是叶面承雨达到了饱和。不同的林分饱和截留量不同，在郁闭度0.8的刺槐林分中，饱和截留量可达3.5mm。

截留量还与降雨强度有关。在雨量相同的情况下，截留量随雨强增大而减小，随雨强减小而增大。

作物对降雨的分配主要表现为穿透雨、茎秆流、冠层截留和蒸散发，但在降雨过程中蒸散发可忽略不计。作物种类、生长季节、长势和降雨强度不同时，其对降雨分配量的大小也出现了差异，即使同种作物差异也很大。玉米是前人研究最为集中的作物，其结果大致为穿透雨占31%~91%，茎秆流量占40%~50%，截留量总体较小。但就全生育季的研究结果来看，玉米、大豆、谷子和冬小麦的平均穿透雨量分别为62.50%、86.32%、79.55%和79.15%；茎秆流分别为38.20%、12.78%、29.38%和19.09%；冠层截留量分别是0.10mm、0.50mm、0.29mm、0.84mm。

(2)调节径流

森林、草地中有一厚层枯枝落叶，具有很强的涵蓄水分的能力。随凋落物量的增加，其平均蓄水量和平均蓄水率都在增加。表3-13是刺槐林单位面积上不同凋落物量的蓄水情况。

由于凋落物的阻挡、蓄持以及改变土壤的作用，提高了林下土壤渗透能力，见表3-14。

上述两种作用使林下很难形成径流，或径流量很小，且延长了径流时间，故而起到了调节径流的作用。

表 3-13 刺槐凋落物持水测定成果表

郁闭度	凋落物量 (g/m²)	蓄水量(kg/m²)				平均持水量 (kg/m²)	平均持水率 (%)	平均持水量/凋落物量 [kg/(kg·m²)]
		1983年	1984年	1985年				
		坡度29°	坡度29°	坡度20°	坡度35°			
0.3~0.5	500.0	18.658	30.414	35.023	24.249	27.086	5.67	54.17
	625.0	19.834	33.051	38.414	26.599	29.475	6.17	47.16
	800.0	21.481	36.744	41.654	27.968	31.962	6.69	39.95
	100.0	23.364	44.964	46.641	36.600	44.079	9.22	35.26
	1250.0	38.717	46.239	53.529	37.829	44.079	9.22	35.26
	1500.0	58.068	52.514	57.478	42.537	52.649	11.01	35.10
0.5~0.8	500.0	18.743	27.779	31.781	28.616	26.730	5.59	53.46
	625.0	20.704	29.863	34.346	29.498	26.603	5.98	45.77
	800.0	23.449	32.780	37.703	30.026	30.990	6.48	38.74
	100.0	26.587	32.114	42.158	32.351	37.254	11.43	37.25
	1250.0	46.510	40.282	47.589	35.448	41.518	12.74	33.21
	1500.0	54.432	48.449	51.996	34.605	43.301	13.29	28.87
>0.8	500.0	17.725	29.269	38.683	24.021	23.497	3.73	46.99
	625.0	20.101	34.111	40.656	26.474	27.106	4.30	43.37
	800.0	23.425	42.891	43.743	28.926	36.334	11.15	45.42
	100.0	29.327	48.639	47.097	35.886	36.511	11.21	36.51
	1250.0	41.980	58.324	48.546	37.361	42.954	13.18	34.36
	1500.0	56.832	68.009	55.575	43.933	49.754	15.27	33.17

表 3-14 不同土地利用土壤渗透性

土地利用	前 30min 平均入渗率（mm/min）	稳定入渗率	表达式（mm/min）
刺槐林地	1.67	0.88	$K_{林}=0.88+\frac{6.019}{t^{0.85}}$
农 地	1.29	0.52	$K_{农}=0.52+\frac{1.519}{t^{0.767}}$
天然草地	1.51	0.61	$K_{草}=0.61+\frac{5.591}{t^{0.896}}$

作物对降雨径流有较强调节作用，与裸地相比，有作物的坡地，其产流量少，且起始产流时间也较晚。马波等利用人工模拟降雨的方法研究了玉米、大豆、谷子和冬小麦全生育期的产流情况。结果表明玉米、大豆和谷子坡地起始产流时间比相同条件下的裸地平均推迟 0.5~4min，冬小麦为 4~29min，小麦留茬也能推迟 13min；而且玉米坡地平均减少径流 23.80%，大豆和谷子分别为 31.88% 与 24.15%，冬小麦是 93.8%。黄土高原面上小区观测资料也表明作物具有减少径流的作用。另外，作物套种减少径流的效果会更好。

(3)固结土体

植物根系对土壤有很好的穿插、缠绕、固结作用。据测定，13 年生的刺槐，在 25cm 以内的土层中有侧根 30~40 条，最大的侧根长 4m 多，粗 4cm 左右；一般长2~3m，粗 2cm 左右；主根深达 1~1.5m，粗 5cm 左右。如此庞大的根系能把其范围内的土体紧紧地固持起来，以免冲刷。从物理性状来看，根系穿插于土壤的孔隙中，与土壤形成了一种复合体，根系对土壤起到了一种“加筋”作用；而化学性质则表现为根系分泌物能够改善土壤性质和结构，增强土粒的黏聚力。两者共同作用使土体抗侵蚀力增强。

李勇的研究证实林、草、灌木的细根随深度变化呈指数分布，而且在一定雨强和坡度条件下，根系减沙效应与根密度密切相关。作物根系也有同样的作用，研究表明玉米、大豆、谷子和冬小麦能显著提高土壤抗蚀性、抗冲性和抗剪切能力，可通过改变地表土壤物理性质降低土壤侵蚀。小麦地、玉米地、大豆地和谷子地的土壤抗剪强度分别是相同条件下裸地的 3.07 倍、1.89 倍、1.95 倍和 2.01 倍。

(4)提高土壤抗蚀性和抗冲性

植被对土壤形成有巨大的促进作用。因为植被残败体可以直接进入土壤，提高了土壤有机质的含量，而土壤抗蚀性提高也正是有机质含量增加的结果。

植被提高土壤抗冲性是通过众多支毛根固结网络、保护阻挡、吸附牵拉 3 种方式来实现的，表现为冲刷模数的相对降低，见表 3-15。

3.2.3.5 人为因素

在山丘区，坡面是人类生产、生活的主要场所。在不同的历史时期由于各种条件的制约，人们一方面是破坏自然生态平衡，造成侵蚀加剧；另一方面是保护、改造、开发自然资源，制止侵蚀的发生，例如平整土地、建造拦蓄工程和植树种草等。在这里主要介绍由于耕作而消除侵蚀的一些作用。

表 3-15 坡度与冲刷模数 *M* 关系表

(g/L)

不同处理	坡度 *M*	不同坡度				备 注
		20°	25°	30°	35°	
表层	5 龄林地	0.88	1.26	1.80	1.93	试验冲刷流量为 2.5L/min，历时 8min(下同)
	8 龄林地	1.07	1.18	1.66	1.93	
	13 龄林地	0.32	0.44	0.85	1.36	
	20 龄林地	0.18	0.20	0.43	0.76	
	草 地	0.98	1.26	1.56	1.80	
中层	5 龄林地	1.92	2.28	2.71	3.16	
	8 龄林地	1.68	2.10	2.62	2.93	
	13 龄林地	1.10	1.59	2.24	2.49	
	20 龄林地	1.80	2.11	2.75	3.30	土壤无结构
	草 地	2.57	2.85	4.57	5.40	
	农 地	9.60	13.47	20.35	39.62	
底层	5 龄林地	2.69	3.41	4.40	4.89	
	8 龄林地	2.28	2.92	4.15	4.47	
	13 龄林地	0.59	1.00	1.28	1.46	红胶土层
	20 龄林地	24.97	33.20	42.90	59.70	土壤无结构
	草 地	13.22	26.57	38.70	57.34	
	农 地	14.00	20.60	40.72	61.02	

在农作时，人们总是要对土地进行翻耕，整理和锄耕除草等，这样就会使原地面形成微小的高低起伏，这一特征必然会对降雨、产流和径流动力产生一定的影响，从而影响土壤侵蚀。

从 19 世纪 40 年代初，新西兰和意大利的学者就其进行初步研究，并将这一现象称为地表糙度(soil surface roughness)。对坡面侵蚀来讲，它反映的是地表在比降梯度最大方向上凹凸不平的形态或起伏状况的阻力特征值。Romkens 将地表糙度划分为 4 类：①由单个颗粒、大团聚体引起的微地形变化，这类糙度在各个方向上是均匀的，数量级为 1.0mm，变化范围 0~2mm；②由土块引起的地表变化，这类地表糙度通常是耕具对土壤的分散作用造成的，数量级为 100mm，没有方向性，常称之为随机糙度(RR)；③由耕具引起的地面有规则的地面起伏，如垄沟，这种变化有方向性，且遍及整个田间，数量级为 100~200mm，称有向糙度；④较高数量级的糙度，表示地块、流域或地貌单元水平上的高低变化，这类地形变化非常大，一般无方向性。

到目前为止，地表糙度的测量和计算方法很多，而且还在不断的完善之中，在野外研究中常用的方法是 Ali Salch(1993)提出链条测量与计算方法。该方法是当给定长度 L_1 的链条置于地表时，其水平长度随着地面糙度的增加而减少。因此，只要量算出链条长度的减少值，即可得出糙度指数值。计算式为：

$$C_r = (1 - L_2/L_1) \times 100 \tag{3-54}$$

式中 C_r——地表糙度指数；

L_1，L_2——分别为链条实际长度和放置地面后的水平长度(m)。

吴发启等通过人工模拟降雨实验证明，人工锄耕、人工掏挖和等高耕作等措施与对照相比，产流量降低 9.43%、17.88% 和 37.17%；产沙量降低 23.4%、36.3% 和 65.6%，如图 3-12 和图 3-13 所示。可见，合理的耕作管理措施也可减轻土壤侵蚀。

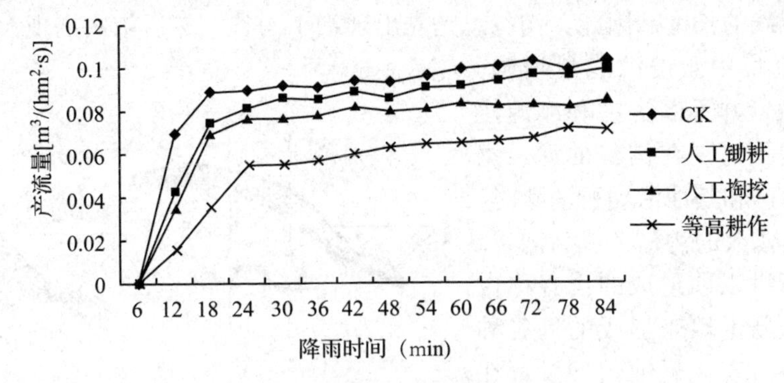

图 3-12　耕作方式对产流量的影响

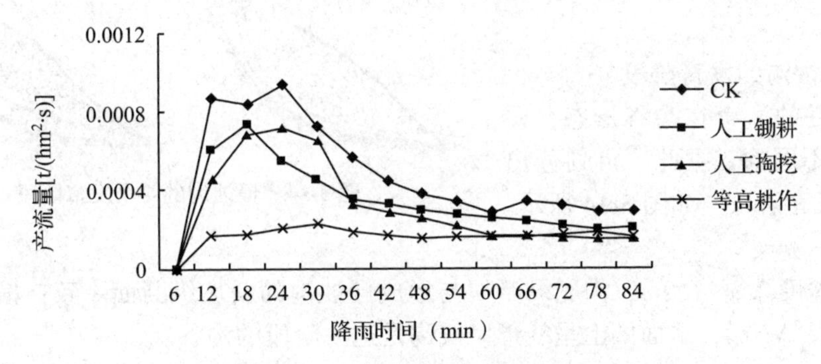

图 3-13　耕作方式对产沙量的影响

3.3　沟蚀

地表坡面薄层水流进一步汇集而形成股流，股状水流集中在沟槽中，冲刷侵蚀能量增强，一方面掏冲下覆土体，一方面进行侧蚀，不断地改变沟槽形态，形成形态各异的侵蚀沟。

3.3.1　侵蚀沟的形成、发展与分布

3.3.1.1　侵蚀沟的形成

侵蚀沟是在水流不断下切、侧蚀，包括由切蚀引起的溯源侵蚀和沿程侵蚀，以及侵蚀物质随水流悬移、推移搬运作用下形成的。

坡面降水经过复杂的产流和汇流，顺坡面流动，水量增加、流速加大，出现水流的分异与兼并，形成许多切入坡面的线状水流，称为股流或沟槽流。水流的分异与兼并是地表非均匀性和水流能量由小变大，共同造成的。引起地表非均匀性的原因有：①地表凹凸起伏差异；②地表物质抗蚀性强度、渗透强度、颗粒组成大小的差异；③地表植被

覆盖上的差异等。因此，在易侵蚀的地方首先出现侵蚀沟谷，并逐渐演化为大型沟谷；在难侵蚀的地方会出现小沟谷。径流集中的过程还产生横向均夷作用，导致强沟谷吞并弱沟谷的兼并现象。水流能量的差异除了降水、坡度、渗透消耗等影响外，在同一地区则主要是径流线的长度。因此，沟谷总是先出现细小沟谷，然后依次出现大型沟谷。

股状水流集中，侵蚀能量增强，下切侵蚀剧烈，并不断旁蚀和溯源侵蚀，改变沟槽形态。在沟谷的深、宽达到不能为生产和其他活动所消除时，地面上就留下永久的沟槽，成为沟谷。通常把晚更新世以前形成的沟谷称古老沟谷，把全新世以来形成的沟谷称现代侵蚀沟谷。现代侵蚀沟谷发育在古老沟谷上，被称为承袭沟谷。

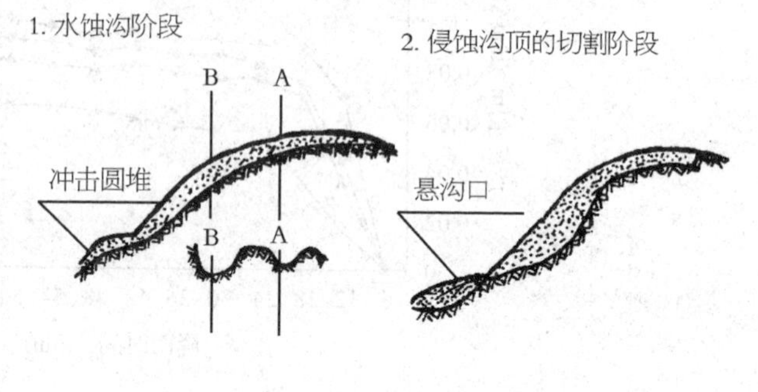

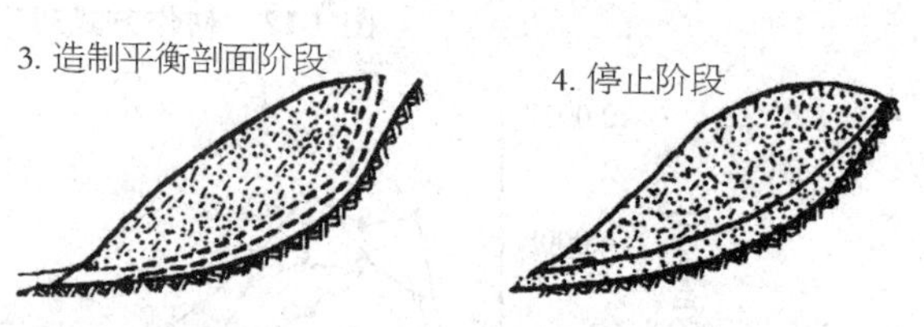

图 3-14 侵蚀沟的 4 个发育阶段

3.3.1.2 侵蚀沟的发育阶段

侵蚀沟谷的发育在沟谷形态、侵蚀特性上是不同的，据此，可划分出 4 个不同的发育阶段，如图 3-14 所示。

(1) 第一阶段

侵蚀沟深度 0.5 ~ 1.0m，沟底纵断面与形成侵蚀沟的斜坡纵断面一致；横断面为三角形，包括尖“V”形，平面图上呈线形。浅沟是这一阶段的沟谷。

(2) 第二阶段

侵蚀沟顶已形成明显的沟头跌水，沟头以崩塌的方式溯源前进，沟头深 2 ~ 10m，有的达 12 ~ 15m，侵蚀沟深度可达 25 ~ 40m 或更深；侵蚀沟底纵断面与斜坡坡面不一致。但尚未达到平衡剖面阶段，沟底土跌水、崩塌土体较多，沟壁陡峻或直立，横断面呈“V”形或“U”形，沟头前进、沟底下切、沟岸扩张均甚活跃，如切沟。

(3) 第三阶段

制造平衡剖面阶段。侵蚀沟沟头已接近分水岭，沟头和沟底下切减缓，沟底比降已接近或达到水力坡度，横断面呈宽“U”形，沟底已形成流路，但此时由于曲流的关系，沟壁崩塌现象仍较活跃，如冲沟。

(4) 第四阶段

停止阶段，亦称安息阶段。侵蚀沟逐步停止发育，溯源侵蚀和下切侵蚀均已停止，侧蚀仍会继续一定时期，沟底也淤积了一定量的冲积物，沟坡逐渐崩塌最后达自然安息角，坡脚形成稳定的坡积物，沟头和沟坡上逐渐长出植物，如坳沟。

3.3.1.3 侵蚀沟的发展速度

刘秉正、吴发启等研究了黄土高原南部切沟、冲沟和干沟的发展变化，见表 3-16。

表 3-16 泥河沟 1968—1987 年沟蚀变化航片判读成果 (m/a)

沟谷类型及判读区名	沟头前进		沟岸扩张		沟谷下切		
	数量	平均延伸	数量	平均延伸	数量	沟头平均	沟床平均
孟庄等地切沟	10	0.73	5	0.32	5	—	0.41
李家咀冲沟	3	0.36	4.	0.31	4	0.78	0.27
引安冲沟	4	0.36	3	0.41	3	0.60	0.10
引安干沟谋庄断面	—	—	1	不明显	1	—	0.05

由表 3-16 可以看出，黄土区切沟和冲沟侵蚀剧烈，变化大；干沟发展缓慢，尤其在中下游。因而，水土保持应注重中、上游的治理。

3.3.1.4 侵蚀沟分布

(1) 细沟分布

细沟多出现在坡耕地、裸露的黄土陡坡和人为松散土体堆积物上。一般情况下呈网状、辐合状和辐射状，在坡度大或坡长长的地段也会出现叠置状分布特征。其密度变化不一，凡背状地形的凹陷部分，细沟分布密集；凸出部分，细沟分布稀疏；直线形坡处于二者之间。

(2) 浅沟分布

浅沟分布于黄土塬面、塬坡和梁峁坡中下部，呈平行状、树枝状等。在黄土丘陵沟壑区其分布间距一般变化于几米到 30m，其中以相距 15~20m 居多，平均为 16.2m，见表 3-17。

表 3-17 浅沟侵蚀间距与次数分布统计表

分布间距(m)	<10	10~15	15~20	20~25	25~30	>30
出现次数	7	64	107	15	6	1
比例(%)	3.5	32	53.5	7.5	3	0.5

注：间距值以在坡面中段量取为准。

高原区沟间地浅沟的分布数量也有一定的规律性。依据沟谷密度等指标可划分为密集型、稀疏型和中间型，见表 3-18。密集类型浅沟十分发育，它密集短小，长度很少大于 1km，集水面积小于 0.20km^2，密度大于 5.0km/km^2；稀疏类型浅沟不发育，有稀少长大的特点，密度小，长度多大于 1.0km，集水面积在 0.50km^{2}以上，或近 1.0km^2，密度不超过 2.0km/km^2；中间类型浅沟发育介于上述二者之间。密集类型多发育在破碎塬和山前斜塬坡度大、地势起伏频率大的坡面上；稀疏型多分布于完整塬及一些塬面中心地形平缓地段；中间类型出现在坡度较缓的斜塬和完整塬边。

表 3-18　黄土塬面坡地浅沟发育调查表

类型	流域（地区名称）	面积（km^2）	浅沟数量	长度（km）	平均长（km）	平均集水面积（km^2）	沟谷密度（km/km^2）	给水面积（km^2）	分布部位
稀疏	上马山	1.00	2	1.49	0.745	0.500	1.490	0.671	完整塬塬心
	善化	4.92	2	2.30	1.150	0.960	1.198	0.835	
	米仓	3.74	6	6.50	1.087	0.623	1.738	0.575	
中间	泥河沟	5.85	68	13.90	0.204	0.086	2.376	0.421	平缓斜塬完整塬边
	祁家沟	5.24	64	14.77	0.231	0.082	7.819	0.355	
	官庄马家	245.50	321	564.42	1.758	0.764	2.300	0.425	
	方里固贤	89.52	411	342.20	0.833	0.218	3.823	0.262	
密集	洛坊沟	2.86	25	14.30	0.572	0.114	5.018	0.199	破碎塬及近山斜坡
	西庄子	0.27	7	1.56	0.233	0.039	5.778	0.173	
	林　庄	0.58	6	3.20	0.533	0.097	5.517	0.181	
	卜　家	2.25	21	15.95	0.760	0.107	7.089	0.141	
	国　乡	0.69	7	4.15	0.461	0.099	6.014	0.166	
	南　村	0.15	8	1.09	0.136	0.019	7.267	0.138	
	秦河铁王	94.58	540	584.50	1.082	0.175	6.180	0.162	
累计或平均		454.05	14 881	570.33	1.055	0.305	3.458	0.289	

（3）切沟和冲沟的分布

切沟多分布在冲沟、坳沟和河沟的谷缘线附近和谷坡上，也可在梁峁坡下部见到，多呈平行状和树枝状。

冲沟分布于沟谷坡面上和干沟周围，其本身又是现代侵蚀沟的组成部分，为坳沟和河沟的一级支沟，分布形式与切沟相近或相同。

另外，悬沟多分布在沟头或陡壁上。

3.3.2　山洪侵蚀

山洪是发生在山区的洪水，但它不同于一般山区河流的洪水，而是发生在山区流域面积较小的溪沟或周期性流水的荒溪中，历时较短，暴涨暴落的地表径流。它的含沙量远大于一般洪水，容重可达 $1.3t/m^3$，但又小于泥石流的含沙量。山洪按成因可划分为暴雨山洪、冰雪山洪和溃水山洪等 3 类，多发生在我国西南山区、西北山区、黄土高原、华北山区和东北辽西山地等地。

山洪主要是由气候（水源）、地质地貌、土壤植被以及人为活动共同作用所造成的。其中，暴雨是决定因素。山洪同暴雨两者的时空分布关系密切，在我国大部分地区，每年汛期既是暴雨发生的季节，也是山洪暴发的时期。暴雨与地形的组合也利于山洪的形成。因为，山的迎风坡由于地形的抬升作用，暴雨发生的频率高，强度大，更易于发生山洪。山洪只要具备陡峻的地形条件，有一定强度的暴雨出现，就能发生并造成灾害。降雨后产流和汇流都较快，形成急剧涨落的洪峰，所以山洪具有突出、水量集中、破坏力强的特点。

3.3.2.1 山洪侵蚀的基本特征

(1)侵蚀及制约因素

①下切侵蚀 当径流的冲刷力超过土粒(或团聚体)之间的黏结力，就会产生底部冲刷，使沟底不断下降；当有跌水时，洪流冲刷土跌水迅速后退，也造成沟底急剧下切。这在黄土区十分普遍。

下切侵蚀除与径流、土壤性质有关外，还受坡度制约。下切侵蚀只能出现在水力坡度小于地表坡度的地方。所谓水力坡度是指径流开始具有冲刷作用的最小坡度。如果地表坡度小于水力坡度，不仅不出现冲刷，而且会淤积。地表坡度大于水力坡度程度愈大，侵蚀愈大，侵蚀沟的下切作用一直到沟床坡度与水力坡度相适应为止，这时沟床的纵剖面称为平衡剖面。

水力坡度不仅取决于侵蚀的对象和性质，还与径流量有关。一般径流量愈大，水力坡度愈小；径流量小，水力坡度将较大。因此，当降水量突然变化时，沟道中的冲淤也随之变化。

侵蚀沟下切还受侵蚀基准面制约。侵蚀基准面是指一个侵蚀系统的最低点，即下切侵蚀的最低平面。对于一个侵蚀沟来说，沟口的高程平面即为该沟的侵蚀基准面。侵蚀基准面有临时基准面(如坚硬基岩形成岩坎)、地方基准面(低一级沟道汇入高一级沟道的交汇点)和终极侵蚀基准面，后者即河流入海的海平面，为整个流域终极侵蚀基准面。人们正是利用侵蚀基准面这一性质，设置一些工程，抬高侵蚀基准面，减缓沟床下切。

②沟头侵蚀 沟头侵蚀总是指向径流的源头方向前进，因之称溯源侵蚀。溯源侵蚀可以达到离分水线很近的地方，但当汇水面积很小时，即使在暴雨条件下也不能形成具有冲刷力的径流，溯源侵蚀便会停止下来。从分水线至侵蚀沟开始出现的那一点的距离，称沟蚀临界距离，不同大小的侵蚀沟其临界距离不一样。沟谷开始出现的汇水面积，称临界给养面积，不同大小沟谷，临界给养面积也不同。

③沟谷侧蚀 随沟谷下切，两侧沟坡愈来愈陡，当沟坡坡度超过土(岩)体休止角时，沟坡会崩塌下来，侵蚀沟得以展宽。沟底下切最剧烈的时期，也是沟岸扩展最活跃的时期；沟底下切一旦停止，沟岸崩塌仍会继续相当时期，直到沟底加宽至一定程度、形成稳定的流路后，沟岸才基本趋于稳定。

(2)沟谷侵蚀的“链锁”反应

沟谷侵蚀从洪流下切开始，引发侧蚀；沟谷的水流侵蚀，引导重力侵蚀崩塌、滑坡，以及泥石流活动和溶蚀等“链锁”侵蚀。在黄土高原这种反应十分普遍。

“链锁”侵蚀反应的意义，一是加速了沟谷的发展演化，如西峰镇马家沟1947年一次暴雨，沟头前进23m，崩塌土体8 280m^3，沟谷面积、沟谷密度加大，有利于侵蚀的发展；二是为洪水侵蚀输移提供了大量泥沙碎屑物质，增大了洪流含沙量，成为洪流输沙的沙源。

水流侵蚀停止或缓和后，其他侵蚀也随之发展缓慢，坡面趋于稳定。因之，在水蚀区域，防止水力侵蚀是至关重要的，只有先防治水蚀，其他侵蚀就容易防治了。

3.3.2.2　洪流的输沙特性

(1)洪流输沙的变化

小流域洪流泥沙输移可分为两个子系统，即坡面子系统和沟道子系统。

①坡面子系统　坡面侵蚀泥沙可能在汇入沟谷前淤积，这样进入沟谷的泥沙总量(又称归槽量，m)会减小。归槽率η表达了它变化的大小。

$$\eta = \frac{m}{A} \tag{3-55}$$

式中　η——泥沙归槽率；

m——归槽泥沙量(t)；

A——坡面侵蚀泥沙量(t)。

②沟谷子系统　汇入沟谷的泥沙在运移过程中，因条件的变化会产生冲刷、淤积或人为行洪、用洪用沙，或洪泛淤积等系统外的消散，导致系统输出泥沙量与进入泥沙量不同，把两者的比称运移率ε。

$$\varepsilon = \frac{M}{m} \tag{3-56}$$

式中　ε——沟谷泥沙运移率；

M——沟谷输出泥沙量(t)；

m——归槽泥沙量(t)。

在侵蚀系统中，当$\varepsilon < 1$，表明沟谷输移过程以淤积为主；$\varepsilon = 1$，表明输移中冲淤平衡；$\varepsilon > 1$表明沟谷输移过程以冲刷为主。

③小流域泥沙输移系统　小流域的泥沙输移变化，用输移率K表示。

$$K = \frac{M}{A} = \eta\varepsilon \tag{3-57}$$

式中　各符号意义同前。

(2)沟道洪流输沙特性

沟道洪流具有极强的输沙能力。在我国黄土丘陵沟壑区小流域，由于坡面和支沟的径流常携带大量泥沙汇入干沟，往往形成高浓度的泥沙输出沟口，这种小流域的干沟一般长5~40km，沟底比降变化在1%~3%，沟床宽多为20~30m，大部分切入基岩，大多无淤积现象，它们主要是输送泥沙的通道。

据实测，最大含沙量一般为700~1 000kg/m^3，有时还更高。出现最大含沙量的时间，一般多在降雨过程中的高强度暴雨以后，即出现在洪峰以后的稍晚一段时间内。其原因一方面是汇流需要时间；另一方面是由于常常在暴雨后期的“链锁反应”产生更严重的土壤侵蚀，特别是各种重力侵蚀。

这种高含沙水流呈深褐色，流速变化幅度很大，实测最大流速达6~8m/s，最小为0.075m/s(沟底比降为2%)，表面平滑，不显波纹，往往可看到飘浮着大小土块。

研究表明，黄土区小流域暴雨洪流多为高含沙水流，这种高浓度含沙水流的输沙特征有：①小流量时含沙量也很高。如子洲县岔巴沟1966年8月15~16日洪峰流量为919m^3/s，当流量回落到3.52m^3/s时，含沙量仍达799kg/m^3；②当流量达一定数量时，含沙量趋于稳定值，输沙率与流量基本上呈正比关系；③水流含沙量愈高，泥沙的中数粒径愈大。因此，高浓度输沙特征与一般挟沙水流有很大差别，由于含沙量大，流体的容重和黏滞性大大增加，紊动减弱，上下水层交换作用很小，泥沙颗粒基本上不下沉。高浓度输沙，实际是一种水沙混合体的整体运动，只要有足够的比降和较小的水流能量就能保持其运动状态。所以，在黄土丘陵沟壑区沟道比降较大的情况下，小流量也能出现高浓度输沙。

3.3.3 沟蚀的影响因素

沟蚀是土壤侵蚀加剧的一个重要原因。经过黄土塬区的侵蚀调查表明，在不同坡度(2°~15°)和不同降雨条件下，细沟侵蚀量占总侵蚀量的5.34%~22.05%；3°~8°时，浅沟侵蚀占区域侵蚀总量的42.5%以上。因此，对沟蚀影响因素的研究有利于侵蚀的防治。

3.3.3.1 降雨因素

降雨是地表径流形成的直接原因，因此，降雨动能、径流侵蚀力对沟蚀都有直接的影响。现以黄土丘陵区细沟为例进行讨论。

(1)降雨侵蚀力

降雨侵蚀力通常用降雨动能作为指标。研究表明，随着降雨动能的增加，细沟侵蚀量也随之增大，二者的关系为：

$$Y = -0.153 + 0.009X \tag{3-58}$$

式中 Y——细沟侵蚀增加值(kg/m^2)；

X——降雨动能增加值(J/m^2)。

造成上述结果的主要原因是降雨破坏了土壤结构，限制水分入渗，增加了地表径流量。

(2)径流侵蚀力

细沟侵蚀形成后，随着相对流量(瞬时流量减去临界流量)的不断增加，细沟侵蚀量也不断增加。当以径流位能表示径流量时，二者的关系为：

$$G_r = -1.366 + 0.015E_g \tag{3-59}$$

式中 G_r——细沟侵蚀量(kg/m^2)；

E_g——径流位能(J/m^2)。

(3)降雨动能和径流位能的综合影响

上述分析说明了降雨动能和径流位能的单因素作用，若同时考虑它的共同作用时，关系如下：

$$G_r = -2.632 + 1.44 \times 10^{-2}E_g + 7.487 \times 10^{-4}E_d \tag{3-60}$$

式中 E_g——径流位能(J/m^2)；

E_d——降雨动能(J/m^2)；

G_r——细沟侵蚀量(kg/m^2)。

经方差分析得知，径流位能对细沟侵蚀的影响远大于降雨动能的作用。

3.3.3.2 地质因素

(1)地面组成物质

地面组成物质不同，其抵抗侵蚀的能力不同。因此，影响沟蚀的程度不同。就黄土区而言，红黏土的粒度小于黄土，渗透性弱，在相似降雨条件下产生的径流量大于黄土，因其结构紧密，颗粒不易被水流起动，抗蚀性远远大于黄土；沙土的质地较黄土粗，结构疏松，渗透性强，相似降雨条件下的产流量小于黄土，可蚀性远远小于黄土。

(2)新构造运动

新构造运动的上升区，往往是侵蚀的严重区，黄土高原抬升比较显著。据观测六盘山西侧近百年内上升速度约 5~15mm/a，引起这个地区的侵蚀复活，使得冲沟和斜坡上的一些古老侵蚀沟再度活跃。

(3)侵蚀基准面变化

侵蚀基准面的变化除与径流的直接冲刷有关外，还与新构造运动密切相关。

在现代构造运动以上升为主的地区，地壳活动对侵蚀的影响表现为，首先是在沟谷或河谷中反映出来，并逐渐向坡地传递。河谷或沟谷接受内力的影响首先表现于纵剖面变化，并通过纵剖面调整影响沟谷的其他形态要素。因此，沟床下切深度、沟头前进速度和谷坡扩展速度，都和侵蚀基面变化有关。图 3-15 反映了延安杏子河流域沟床纵比降与沟头前进速度的关系，说明纵比降越大，沟头前进的速度越快。

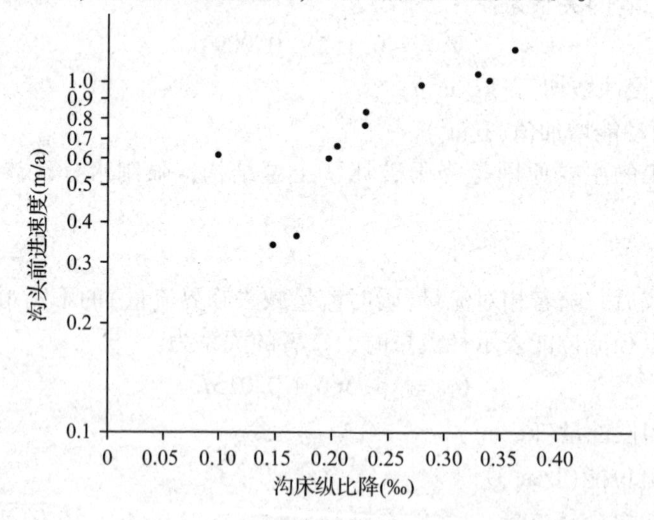

图 3-15 延安杏子河流域沟床纵比降与沟头前进速度关系

（据陈永宗，景可，蔡强国．黄土高原现代侵蚀与治理．科学出版社，1998）

3.3.3.3 地形因素

(1)汇水面积

汇水面积综合反映了气候和地形两大因素在侵蚀沟形成中的相互作用，特别是在缺乏实测降雨资料的地区，用汇水面积来判断和衡量侵蚀沟发育程度是比较理想的。因为，汇水面积大小标志着沟谷中来水量的多少，这是沟谷发育的首要条件。每一级侵蚀沟都有它汇水面积的临界值，也就是说形成该类沟谷需要有最低的水量，以及这类沟谷能保存的最大允许水量。小于最低水量，该类沟谷难以发育；超过允许最大水量，它将向高一级沟谷类型转化。黄土丘陵沟壑区，浅沟的最小汇水面积为 0.027hm^2，切沟为 0.37hm^2，冲沟为 0.30~0.58hm^2，最大汇水面积分别为 0.30hm^2、2.45hm^2和 4.60hm^2。

(2)坡度与坡长

侵蚀沟谷的形成是径流冲刷力与土壤抗冲力相互作用的结果。若土壤条件一致时，径流的冲刷力即为侵蚀沟形成的主要因素。径流冲刷力的大小主要取决于径流速度和径流量，二者又受坡度和坡长的影响，因此，也可作为特征值来考虑。黄土塬区坡耕地细沟出现的临界坡度为2°，临界坡长为 11.0~110.0m；黄土丘陵沟壑区浅沟的临界坡度为 14°~21.3°，更多地集中在 15°~20°，平均值为 18.2°，临界坡长变化于 20~70m 之间，平均为 40m 左右；高塬沟壑区为 5°~8°，坡长为 30~1200m。

美国学者伍德伯恩(Woodburn，R)在 1949 年就注意了沟谷的发展变化，后来皮埃特(P. F. Piest)、比尔(C. E. Beer)等就美国黄土区沟谷的变化进行了总结，得出了切沟面积增长、沟头前进关系式。

比尔和约翰逊(H. P. Johnson)1963 年提出黄土区切沟面积发展公式：

$$G_A = 81.41R_A^{0.0982} \cdot A_t^{-0.0440} \cdot L_g^{0.7954} \cdot L_w^{-0.2473} \cdot e^{-0.0014\Delta P} \tag{3-61}$$

式中 G_A——切沟面积增长量(m^2)；

R_A——地面径流指数(mm)；

A_t——流域内梯田面积(m^2)；

L_g——初始切沟长(m)；

L_w——自切沟末端到流域分水岭的长(m)；

e——自然对数底，e=2.7183；

ΔP——降水量比平均降水量的变差(mm)。

汤普森(J. R. Thompson)1964 年提出沟头前进经验式：

$$R = 7.13 \times 10^{-5} A^{0.49} \cdot S^{0.14} \cdot P^{0.74} \cdot E \tag{3-62}$$

式中 R——研究期内沟头前进距离(m)；

A——沟头以上集水面积(m^2)；

S——沟头以上集流区坡度(%)；

P——研究期内 24h 降水量等于或大于 12.7mm 的降水量总和(mm)；

E——被侵蚀土壤剖面的黏粒含量(%)。

美国土壤保持局(1966)估算沟头年平均前进公式：

$$R = (5.25 \times 10^{-3}) A^{0.46} \cdot P^{0.20} \tag{3-63}$$

式中 各符号意义同式(3-62)，P 为这一时期内 24h 降水量大于或等于 12.7mm 的总降水量转化为年平均基数(mm)。

刘秉正、吴发启等研究黄土塬区浅沟密度与平均坡度、坡长的关系为：

$$\rho = -8.96 + 6.55\lg(jl) \tag{3-64}$$

式中 ρ——沟间地浅沟发育密度(km/km^2)；

j——平行浅沟发育方向集水区平均比降；

l——平行浅沟发育方向集水区平均长度(m)。

(4)古代侵蚀地形

古代侵蚀形成的地形轮廓是现代侵蚀产生和发展的基础，现代侵蚀的形成和规模在一定程度上也受着古代侵蚀地形轮廓的制约和影响。

黄土高原的古地貌奠基于中生代末，特别是新第三纪后期，在一些古盆地内广泛沉积厚达几十米以上的沉积物，主要是一些河湖相沉积物，其中较典型的是上新世的红色黏土层，称为三趾马红土，广泛分布在山西西部和陕西北部等地。在黄土堆积前，这些新第三纪沉积物的古盆地又受到了河流的切割，形成今日黄土高原的水系格局。

更新世时期，风力作用的黄土间断性堆积和河流的强烈作用交替进行，在黄土堆积时地形起伏趋于缓和，而河流侵蚀又使地形趋于破碎，所以两者的共同作用，形成了塬、梁、峁和河沟大的地貌框架。这种地形特点有利于现代侵蚀，特别是在地表陡峻和地形转换过渡的交线处有利于沟蚀的进行。

另外，植被、人类活动等对沟蚀也有很大的影响。

3.4 洞穴侵蚀

洞穴侵蚀是水力侵蚀的一种特殊类型，它主要分布在美国中西部、新西兰等地，而我国主要发生在黄土高原地区。

3.4.1 洞穴侵蚀的分类

根据洞穴发生的地形部位，可将其划分为3大类，见表3-19。

表3-19 洞穴的类型特征表

<table>
<tr><th colspan="2">类 型</th><th>形态特征</th><th>分布部位</th></tr>
<tr><td colspan="2">水涮窝</td><td>直立的半圆形凹槽</td><td>跌水陡崖的立壁或地埂</td></tr>
<tr><td rowspan="2">跌穴</td><td>跌穴</td><td>竖井状，一般口径2～8m，深2～10m，地下穴道较发育，多与沟床或坡面走向一致，以群体形态为多，有时可成较大的暗沟</td><td>沟头或陡壁下部，沟床、谷坡都较常见</td></tr>
<tr><td>水冲穴</td><td>互相连通的小土坑，口径和深度多为数十厘米</td><td>浅沟底部或谷坡道路上</td></tr>
<tr><td rowspan="3">陷穴</td><td>竖井穴</td><td>初期可呈壶状，地下穴道平缓，一般口径1～5m，深2～10m，塬畔者较深</td><td>塬畔、阶地和梯田边缘，沟缘平缓部位和一些道路上亦可见到</td></tr>
<tr><td>漏斗穴</td><td>口大腔小，地下穴道倾角较大且与洞腔呈渐变关系，口径和深度都较小</td><td>梁塔斜坡或边缘</td></tr>
<tr><td>黄土碟</td><td>口径远大于深度的碟形洼地，底部无出口</td><td>平缓低洼的塬面或梯田内部</td></tr>
</table>

注：据王斌科，朱显谟，唐克丽．黄土高原洞穴侵蚀与防治．中国科学院水土保持研究所集刊，1988。

(1)水涮窝

系洞穴的一种过渡形态，常见于沟头、沟谷陡壁和各种跌水或堤埂上面。最初在沟头等以上地面不远处见一内凹的小土坑，后呈直立的半圆筒状凹槽。一般宽1～2m，深不到1m。

(2)跌穴

出现于水涮窝下部，沟头沟缘及其他陡崖等有跌水条件的部位。在侵蚀活跃的切沟沟床上尤其常见。跌穴以竖井状为主，其口径和深度都较大。大部分直径2~8m，深2~10m。跌穴初期呈不规则的小坑，称为跌窝，随窝底加深扩大，最后洞穿成穴。有时呈串珠状群体，称串珠洞。这在沙黄土区分布较广。

跌穴的地下穴道比较发育，口径一般0.5~1m，其走向多与坡面或沟床的倾向一致，其发育深度受出口基面控制。有时与古滑坡裂隙或构造裂隙相连，可形成庞大的地下洞廊，亦称暗沟。它往往隐伏于坡面或沟床之下和塬畔集流线下部很深部位。

(3)陷穴

依其发生部位和形态特征可分为壶状陷穴、漏斗陷穴和竖井状陷穴。壶状陷穴口小腔大，形似壶而得名，为陷穴发育过程中的过渡形态，待顶部土体全部塌陷后便成为竖井状。竖井状陷穴为洞穴侵蚀中最主要的一种，常见于塬畔、阶地、梯田边缘或突然转缓的地形部位，深度一般大于口径。漏斗状陷穴常见于梁塔坡或沟谷边缘有一定坡度的地方，其口大腔小，呈漏斗形，体形较小、口径1~3m，深3~5m，距边缘部位也比较近。

道路上的陷穴多出现于弯道内侧低洼容易积水部位，尤其是嵌入地面以下的路段。在一些沟间小路边缘，也常因流水冲刷和重力性裂隙而致洞穴，并因此加剧滑塌。梯田上的陷穴出口多发育于填土结合部位，土坝上的陷穴多出现于坝端和基部。

在一些较平缓的阶地和梯田上，陷穴亦可呈串珠状群体分布，但个数少且分布有限，在沟谷边缘亦可呈平行排列。陷穴和跌穴有时也可成群体发育，包括串洞形成的地下通道和天然桥(图3-16)。

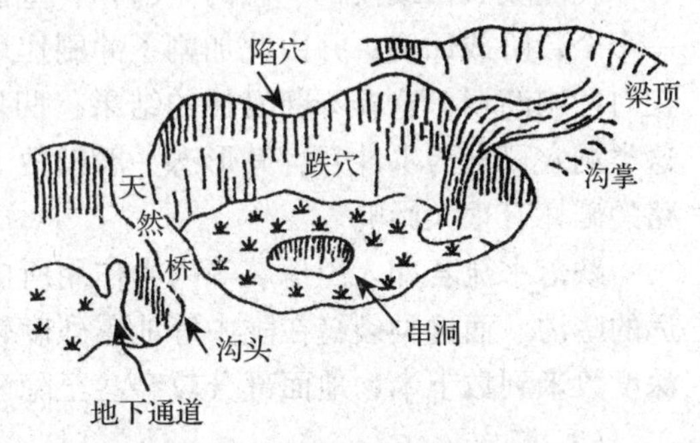

图3-16 沟头洞穴的群体发育(天水)

(据王斌科，朱显谟，唐克丽．黄土高原洞穴侵蚀与防治．中国科学院水土保持研究所集刊，1988)

黄土碟可视为陷穴的特例或过渡形态，主要分布于陇中、陇东等地的塬面，沟掌或鞍部等相对平缓低洼部位，呈浅碟形洼地，无明显穴缘，口径数米到数十米不等，深度仅1~2m甚至更浅。

3.4.2 洞穴侵蚀的形成过程

黄土的洞穴侵蚀形成与喀斯特不同，它主要是由该区的气候、径流和黄土特有的性质所决定的。可以说，洞穴的形成过程以流水机械冲刷和潜蚀作用为主。

(1)水涮窝

水涮窝的形成是由于坡面股流在下泻过程中有一小部分沿陡壁成跌水流动，在抗冲性较弱的部位发生的淘刷、舐蚀作用[图3-17(a)]所成。由于地面土壤发生层的抗冲蚀性较强，而下伏黄土母质则较差，尤其是地面植被较好时，其差异更大。随着水流不断冲刷，当侧壁内凹到一定程度，上部抗冲性较强的土体不能维持其自重时则发生塌落，从而使之破开成半圆筒状，其结果促使沟头前进。这是沟头侵蚀发育的一个重要特点。

(2) 跌穴

跌穴系坡面水流沿跌水下泻，对土体产生强烈冲淘作用所成[图 3-17(b)]。除黄土的抗冲性外，跌水是其形成的基本条件，其上部多与坡面浅沟相连。因而其地面径流的流速快，下渗弱，加之流经跌水，冲淘力极强。起初将下部冲成跌窝，并随之加深扩大。由于表层抗冲性较强，水流沿底层下渗，并在下方陡坡或次一级跌水上冲出开口，水流复又流出地面。由于水流在下部的冲淘和上部的冲刷，往往使跌水跳跃式后退，从而形成一个个跌穴的串珠状群体[图 3-17(c)、(d)]，其结果导致沟床的整体下切和沟头进展。

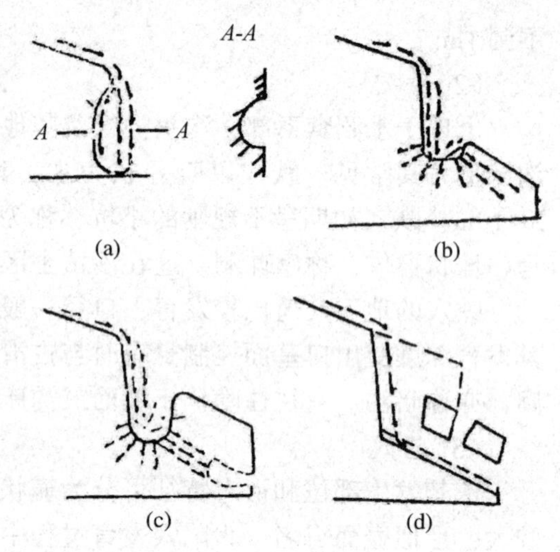

图 3-17　跌穴的形成

在陡坡农田或浅沟、悬沟底部和一些道路上，有时由于水流的紊动性冲刷，可形成一个个台阶或凹坑，并由此加剧了冲刷作用的不均匀性，低洼处冲淘更强，而凸起处则相对冲刷渐弱，这样不断发展的结果，凹坑洞穿成穴，而凸起部分则悬穴成微天然桥。这类洞穴可称为水冲穴，其形态一般仅数十厘米左右，但它对促使浅沟的加深演化和道路的破坏有很大影响。

跌落水流若冲入因地震等内力作用所成的深大裂隙时，则可形成位置较深、伸展较远的暗沟。而这类裂缝在陇中等地震烈度较大地区容易见到，其宽度约 5～30mm，可见深度数米到数十米，地面部分较窄甚至隐没。这是深大暗沟形成的重要原因。

(3) 陷穴

在相对平缓低洼的地形部位，降雨时水流聚集并强烈下渗，由于上部土壤层抗蚀性较强，不易崩解分散，入渗水流首先使下部土体迅速崩解成近饱和状态，抗冲性极差。侧渗沿裂隙等途径一直发展到沟壁、陡崖等地形部位并浸出，从而在侧壁侵蚀出现缺口，并向土内逐渐溯源发展，形成地下穴道[图 3-18(a_1～a_3)]。这一步为侵蚀物质的搬运输出提供了条件，随着水流的不断下渗和潜蚀，上部土体不能维持自重时便塌陷成穴[图 3-18(b)]。最初地面穴口呈不规则形状或口小腔大，即所谓壶状[图 3-18(c)]。由于凸出部分容易崩塌和侵蚀，使之逐渐演化成竖井状陷穴。如果发育于梁塔坡边缘等坡度较大部位，则因后期水流的直接冲刷作用，陷穴可发展为口大腔小，穴道陡直的漏斗形状[图 3-18(d)]。

陷穴一般都有地下穴道和出水口，其地下穴道的口径远较其腔体为小。陷穴发育深度受出口基面的控制，出口位置均高于附近沟床且与穴底保持一定高差。地下穴道多沿黄土节理裂隙和两种抗蚀性明显不同的土层或地层之间发育，其走向多与坡面或土层接触面倾向一致。陷穴出水口初期常呈狭缝状，逐渐深化为拱形，即抵抗重力作用的稳定形。一些较大的陷穴出口附近，可见微型冲积扇发育。

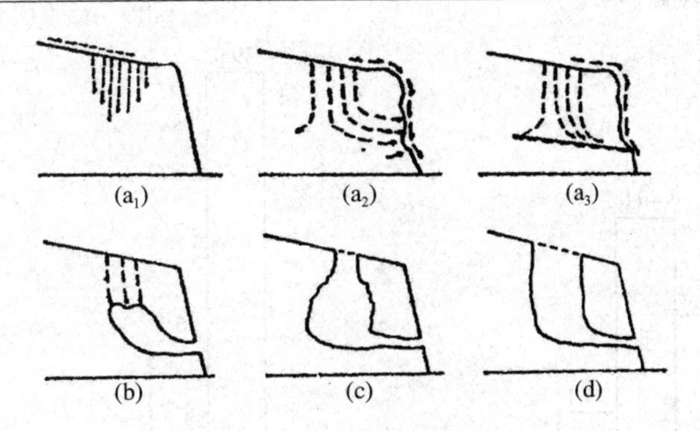

图 3-18 陷穴的形成

黄土碟系黄土漫水后湿陷所成，对黄土自重湿陷有指示意义，有的黄土碟可发展为陷穴。此外，黄土区的鼠洞和树木腐根孔部都能导致陷穴发育。填土结合部位的夯实处理不好是田间工程和一些道路上陷穴发生的主要原因。

3.4.3 洞穴发育的影响因素

(1)降雨因素

在汛期，黄土高原的降雨多为普通型和短阵型两种类型的暴雨，它们均有利于对洞穴的形成。普通型暴雨降水量相对较小，而降雨历时长，这将有利于雨水和地表径流的下渗，尤其当沿黄土裂隙或裂缝中和不同土层间水分增多时，就易于洞穴的形成。例如，武山县 1962 年一次降水量为 37.0mm，降雨历时为 115min 的暴雨后，在 $20hm^2$的梯田中形成陷穴 123 个。而高强度、短历时的暴雨有利于地表径流形成与汇集，容易产生沟蚀而促使洞穴形成。例如，在延安安塞区茶坊附近有一条不足 $1km^2$的支沟，在一场高强度的暴雨中形成 100 多个跌穴。

(2)地形因素

地形部位和坡型对洞穴的发育有很大影响。陷穴以凹形和凸凹形坡为主，常见于塬畔、沟掌等破碎地形的边缘部位。竖井状陷穴集中发育于塬畔、梯田和阶地等平缓地形边缘及梁塔区沟缘缓坡处；漏斗状陷穴一般发育于梁塔坡下部直形坡上；跌穴主要发育于直形坡和凸形坡下方有跌水条件部位；水冲穴常见于直形坡或凹形坡的浅沟和道路上。

坡度对洞穴的发育也有影响。竖井状陷穴多发育在 10°以下的坡面；漏斗陷穴很少超过 20°；跌穴仅见于跌水下方，其集水区和地下穴道发育部位的坡度以 35°~45°为多；水冲穴发育的坡度常在 30°左右；而黄土碟仅见于低洼平缓部位。洞穴发育与坡度的关系如图 3-19 所示。

在其他条件相同时，集水面积越大，集中的水量越大，所形成陷穴和跌穴就越深或越大；地形越破碎，越有利于洞穴的形成。

(3)黄土的内在性质

黄土结构疏松、垂直节理发育是洞穴形成的内在原因。我国的黄土主要由风力吹扬沉积而成，且由于形成时间相对较短而成岩作用较弱，因此疏松结构的黄土遇水后在1~2min 内即可崩解。这一特性还决定了黄土具有较高的渗透率，一般原状新黄土渗透率每

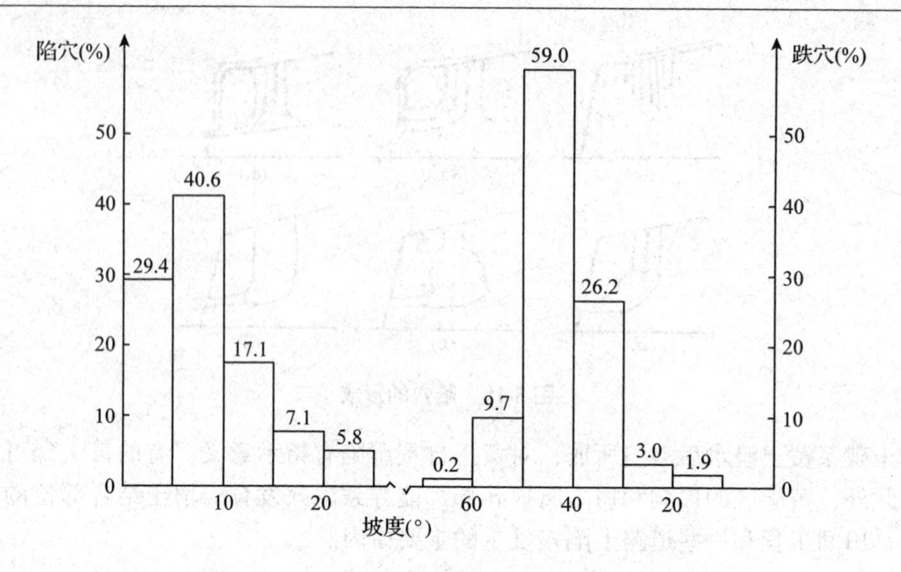

图 3-19　不同坡度部位的洞穴发育频率统计图

（据王斌科，朱显谟，唐克丽．黄土高原洞穴侵蚀与防治．中国科学院水土保持研究所集刊，1988）

分钟为 5 ~ 9mm，最大初渗率可达 13mm，老黄土一般为 1 ~ 2mm，土壤表层的稳渗率为 2 ~ 4mm。若遇节理发育的地段，降雨和径流进入土体的速度更快、更深，故促使了洞穴侵蚀的形成(表 3-20)。

(4)人为因素

人们在修筑梯田、土坝和道路时，常有取土与填土的现象发生。这不但改变了原地貌形态，还使不同部位的土壤密度出现了差异，往往促使洞穴的形成。另外，地震裂隙、鼠类动物孔洞等也可促使洞穴的形成。

表 3-20　洞穴发育与黄土节理及其他性质的关系

土层	地点	颗粒成分(%)		容重 (g/cm³)	自由膨胀量 (%)	节理发育情况	洞穴发育情况
		>0.05 mm	0.02 mm				
新黄土	定西	0.7	20.0	1.22	11.73	较发育	陷穴较多
	甘谷	8.2	18.1	1.21	9.28	很发育	陷穴很多
	西峰	8.9	16.1	1.27	8.89	很发育	陷穴很多
	绥德	20.8	12.6	1.36	7.13	不发育	跌穴较多
	安塞	20.1	10.2	1.38	5.77	不发育	跌穴很多
	洛川	10.6	17.5	1.31		较发育	一　般
老黄土	甘谷	3.8	26.0	1.16	17.81	很发育	陷穴较多
	西峰	6.5	25.6	1.58	21.97	很发育	均较多
	洛川	8.6	18.8	1.18		较发育	均一般

注：自由膨胀量用膨胀仪法测出。据王斌科，朱显谟，唐克丽．黄土高原洞穴侵蚀与防治．中国科学院水土保持研究所集刊，1988。

3.5 海岸、湖岸及库岸侵蚀

海岸侵蚀主要发生在海岸带。海岸带主要由海岸、潮间带和水下岸坡三部分组成。海岸是高潮线以上狭窄的陆上地带，它的陆向界线是波浪作用的上限。潮间带是高潮线与低潮线之间的地带，这是一个高潮时淹没在水下，低潮时出露在水面以上的交替地带。水下岸坡是低潮线以下直至波浪有效作用于海底下限的地带。波浪有效作用于海底的下限，一般相当于该海区波浪波长 1/2 的水深处。在近岸海区，约为 30m 水深的海底。

对于陆地上较大的湖泊来说，湖岸带的划分、湖岸带的动力特征都与海岸带相似，只是规模小一些。水库库岸带规模更小，但水力作用形式并无太大的改变。

3.5.1 海浪、湖浪及库浪形成

波浪是海岸带最明显的水体运动形式，也是造成海岸侵蚀、塑造海岸地形最主要的动力。海洋中的波浪主要是风作用于海面将其能量传递给海水所发生的现象。能量的传递是通过风作用于海面时在波面产生的压力差以及波面的摩擦，二者对水质点做功而实现的。当水质点发生振动时，就在顺着风向的垂直断面做圆周运动，在水质点处于圆形轨道最高位置的地方，水面凸起形成波峰；水质点处于最低位置的地方，水面凹陷形成波谷。相邻波峰与波谷间的垂直距离 h 为波高；相邻两波峰或两波谷间的水平距离 L 称波长；波浪传播的速度或者单位时间内波形传播的距离 C 称为波速；同一时刻波峰最高水质点的连线称波峰线；指向波浪前进方向而与波峰线垂直的线称波射线(图 3-20)。

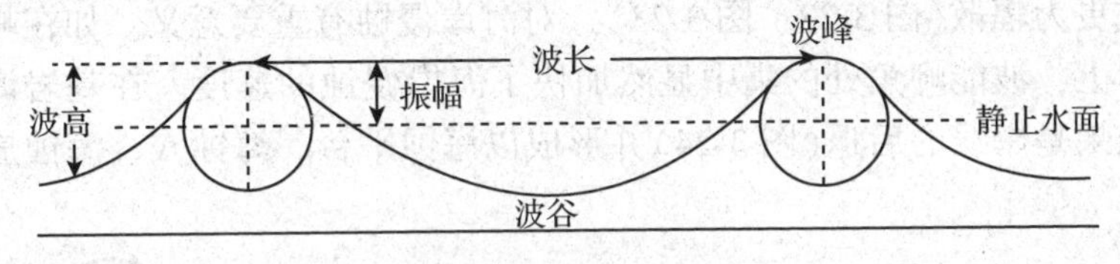

图 3-20 波浪要素

波浪对海岸作用的大小决定于波浪的能量 E，其大小与波高 H 的 2 次方、波长 L 的 1 次方呈正比，即

$$E = \frac{1}{8}H^2L \tag{3-65}$$

可见，波浪越大，尤其是波高越大，波能就越大，其对海岸的侵蚀作用也就越强。

3.5.2 波浪在浅水区的变形

水面上形成的波浪会顺着风吹刮的方向前进，波浪前进到接近海岸的浅水区后，海底的摩擦使上下层水质点之间产生速度差，波浪形态将由圆形变为椭圆形。越接近海岸带，水深越浅，波浪会变成前坡陡、后坡缓的不对称形态，最终会导致波峰倾倒，波浪破碎。

波浪破碎以后，水体运动已不服从波浪运动的规律，而是整个水体的平移运动，这就是激浪流。激浪流包括在惯性力作用下沿坡向上的进流与同时在重力作用下沿坡向下的回流。进流与回流形成的双向水流共存是海岸带水动力的显著特征，它对海岸带泥沙的向岸或离岸运动有直接的作用(图 3-21)。

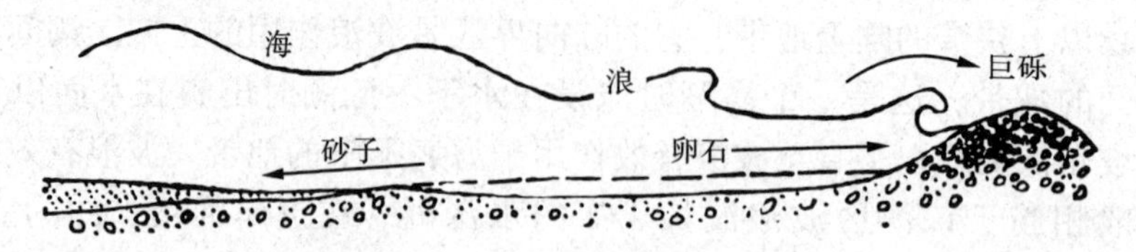

图 3-21　海岸带物质的移动

波浪破碎和波高与水深的比值有关。在多数情况下，破浪处水深约相当于 1 ~ 2 个波高。在风向与波向一致而风速较大时，破浪水深较大。当波浪抵达较陡的岸坡时，波峰突然倾倒，能量比较集中，袭击岸坡，破坏力很大。当波浪作用于平缓的岸坡时，由于海底摩擦阻力，可能发生波浪的数次破碎，能量逐步消耗，破坏性很小。临近深水的陡崖，波浪可能不形成破浪，而是直接拍击海岸，形成拍岸浪。

当水工建筑物前的水深刚刚处于破浪点时，则饱含空气的破浪将以极大的压力冲击压迫建筑物，可能使建筑物遭到严重破坏。破浪常掀起海底大量泥沙，其在海岸侵蚀和海岸地貌形成中的作用是极其重要的。

波浪的折射是波浪进入浅水区后的又一重要变化。随着水深的变浅，波速相应的减小，因此，当波浪到达海岸附近的浅水区后，由于地形的影响使得波向发生变化，形成所谓折射现象。折射的结果，有使波峰线转向与等深线一致的趋势。波浪的折射或使波能更为集中或更为辐散(图 3-22、图 3-23)，对海岸侵蚀有重要意义。如在岬角与海湾交错的曲折海岸上，波能岬角处的集中显然加快了海岸侵蚀的速度。在基岩海岸上，侵蚀作用的发展结果是岸线的后退(图 3-24)并形成以海蚀平台、海蚀穴、海蚀崖为典型组合的海蚀地貌。

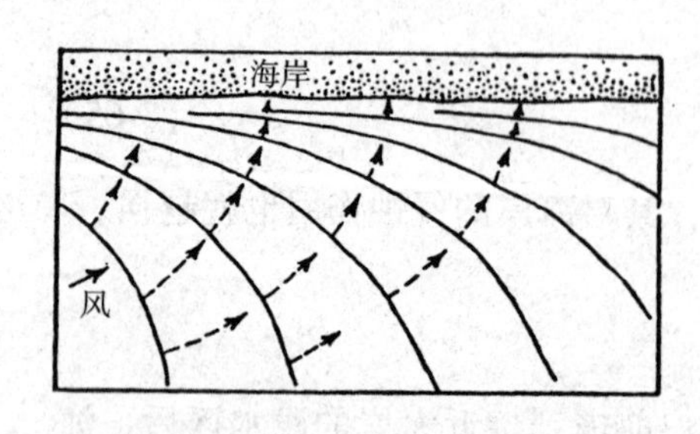

图 3-22　波浪在平直海岸的折射

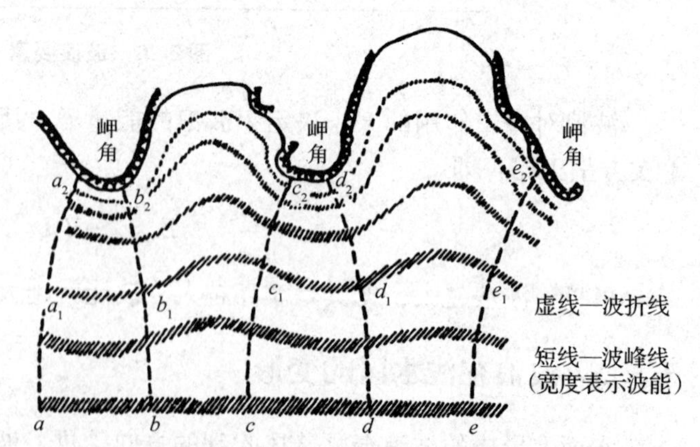

图 3-23　波浪在曲折海岸的折射

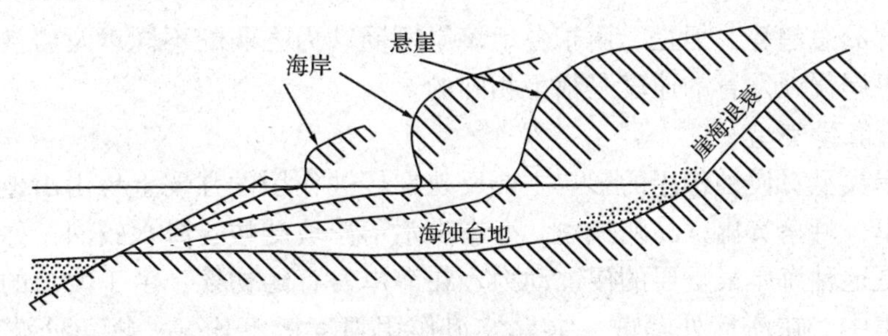

图 3-24 海岸的发展

湖泊、水库中的水动力形成与海水大体相似。只是其能量、规模要小得多。但是对于洞庭湖、鄱阳湖这些泄水湖来说，过境河水形成的河流既有较大的流量又有较大的流速，在搬运泥沙方面其动能还是很大的。

3.5.3 海浪的侵蚀作用

波浪对海岸的侵蚀，首先是波浪水体给予海岸的直接打击，即冲蚀作用。当波浪以巨大的能量冲击海岸时，水体本身的压力和被其压缩的空气，对海岸产生强烈的破坏，这种力量可达 $37t/m^2$，甚至可达 $60t/m^2$。波浪的冲蚀作用对于松软岩石或者岩石虽较坚硬、但节理密度较大的海岸来说，是非常显著的。尤其当波浪水体夹带岩块或砾石时，其侵蚀力更大，因为这时不仅有冲蚀作用，还有往复水流携带的砂砾石产生的磨蚀作用。

若海岸为含有易溶矿物的岩石，如石灰岩等，还要发生溶蚀作用。

海岸侵蚀形态的形成和演化大多数都是暴风浪的产物，普通波浪则起着经常的修饰海岸的作用，因此，可以分别把它们对海岸的侵蚀比作鲸吞和蚕食。

海蚀作用的结果，不仅造成海岸位置的变化，还会产生一系列的海蚀地貌，如图 3-25 所示。

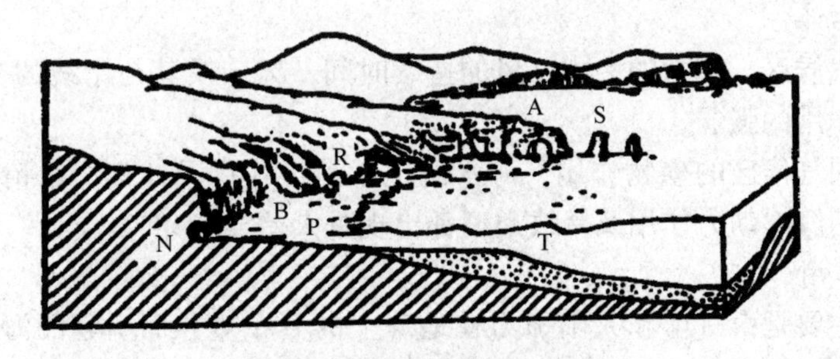

图 3-25 海蚀地貌形态图示

N. 海蚀穴 P. 海蚀台 A. 海蚀拱桥 S. 海蚀柱
R. 海蚀崖 B. 海滩 T. 海蚀阶地

3.5.4 影响海岸侵蚀作用的因素

不论何种类型的海岸，在波浪等水动力的长期作用下，都将朝着夷平的方向发展，这是海岸发育的总趋势。但是，由于各地海岸所受动力强弱的不同以及岩性、构造等方面的差异，海岸侵蚀发育的速度是很不相同的。

(1) 原始海岸类型

原始海岸类型对侵蚀作用的影响主要反映在侵蚀作用的强弱上。由山地、丘陵受海侵而成的海岸，岬角突出，岛屿孤立，海岸带水下岸坡陡峻，海水较深，称为曲折陡峻海岸。波浪是这种海岸最重要的侵蚀动力。在海岸发育的初期，由于波浪的折射，使波能在岬角处集中，在海湾处辐散，结果波浪作用强度极不均匀。岬角处波浪侵蚀力最强，海蚀地貌如海蚀穴、海蚀崖、海蚀拱桥、海蚀柱等相继产生，并随着岬角的后退而出现海蚀崖、海蚀平台的组合。在海湾内，波浪侵蚀作用稍弱，海岸线后退较岬角处缓慢，最后将形成海蚀夷平岸。在有丰富物源的情况下，海湾内也可发生堆积，形成海滩、沙嘴等堆积地貌，甚至形成拦湾坝封闭海湾。

在海蚀夷平岸上，波浪作用强度在整个岸段几乎是一致的，平齐陡峻的海蚀岸平行后退，在其前端形成宽广的海蚀台。波浪经过海蚀台时摩擦阻力加大，能量减弱，海岸后退速度减慢，海底趋于平衡状态。

低缓平坦的海岸可能是一种被淹没的平原海岸，波浪依然是这种海岸发育的主要因素。由于陆上和水下均很平缓，使波浪在离岸很远处破碎，并使泥沙向海岸运移，而海岸的平直轮廓使波浪对海岸的作用在整个岸段比较均一，因此形成与海岸平行的海滩与滨岸堤，在水下形成水下沙坝或离岸堤。可见，在以上3种类型的海岸中，平坦海岸的侵蚀程度是最弱的。

(2) 构造运动

在构造运动强烈特别是地壳上升快速的地区，海岸侵蚀速度快于构造稳定区。但在持续上升或持续下降的海岸区，水动力作用于海岸的位置难于稳定，各种海蚀地貌发育不典型。由于这种地段叠加了构造运动的影响，往往成为强侵蚀海岸。如果一个地区的地壳运动是周期性的，则可能形成远离海岸的海蚀崖或水下阶地，如广州的七星岗。

(3) 气候条件

在不同的气候区，风力的大小，风的持续时间，风向及其与岸线的交角不同，也会影响海岸侵蚀作用的强弱。

此外，不同气候区的生物作用、海水的化学溶蚀作用及冰情、水情等情况的差异，使不同气候带的海岸动力作用及岸线类型都出现重大差异。

(4) 潮汐作用

潮汐现象主要是由月球和太阳引力在地球上的分布差异而引起的海水周期性运动。习惯上把海面周期性的垂直升降称为潮汐。把海水周期性的水平运动称为潮流。潮汐和潮流是海岸地貌的一种重要动力。潮汐的涨落影响到沉积物的冲蚀和堆积，例如在一个潮汐海湾内，高潮位时海湾面积相对扩大，流速大，底部沉积物相应受蚀，最大的悬浮质含量发生在涨潮后期，在涨潮转落潮的息流期，大部分沉积物发生沉淀。

潮汐引起的海面周期性波动还直接影响波浪作用的有效性。它使波浪作用带和破碎带的位置随时间的推移而不断变动，作用带范围增宽就相对减弱了波浪的有效能量。在一般情况下，潮差小的海岸带，波能占主导地位，潮差大的地区，波能的有效作用降低，潮差与潮能的作用显著。潮汐和潮流的这些变化，显然会影响到海岸带的侵蚀与堆积作用。

思考题

1. 怎样进行雨滴特性的描述？
2. 溅蚀可划分为哪几个阶段？并受哪些因素影响？
3. 怎样进行坡面径流特征的描述？
4. 简述坡面侵蚀的影响因素。
5. 何为沟蚀与山洪侵蚀？其侵蚀影响因素有哪些？
6. 我国黄土区的洞穴侵蚀有何特征？
7. 岸蚀是如何形成的？

第4章

重力侵蚀

【本章提要】 坡面是地表景观组成的基本单元，占有陆地表面很大的面积。坡面过程既是坡面演化、发展的描述，也是土壤侵蚀研究的重要内容之一。重力侵蚀是其中一种方式，它是指在地球的重力作用下，坡面上产生以单个落石、碎屑或整块土体、岩体，沿坡向下运动的一系列现象，其主要形式有蠕动、崩塌、撒落和滑坡等。它们的形成过程还有气候、地质、地貌、地下水和人为活动等因素的参与。

4.1 边坡的发展与演化

4.1.1 坡的概念与分类

4.1.1.1 坡的概念

坡是相对于平地而言的，因而地球表面具有倾斜的各种几何面均可称为坡、坡地或坡面。前苏联学者C·C·沃斯克列先斯基认为坡应当是这样的地面，在这种地面上对物质移动起决定作用的是顺坡向下作用的重力分力。当倾斜角为1°~2°时，使质点沿坡向下移动的重力加速度的分量还很小。因此，这样的地面不属于坡。反之，倾角大于2°以上的地面则为坡面。依据这一观点来判断，整个陆地表面80%以上的均属于坡，故坡的形成、发展与演化的研究非常重要。

4.1.1.2 坡的分类

坡是地表景观的基本单元，因而它的形成是地球内外营力共同作用的结果。通常将以内力为主形成的坡称为内力成因坡，而以外力为主形成的坡称为外力成因坡。内力成因坡主要有构造成因坡、岩浆成因坡等，外力成因坡主要包括了由地表流水、湖、海、冰川、风、地下水和冰冻过程的活动形成的各种坡。另外，生物造坡和人为经济活动所形成的坡也属于外力成因坡。

外力对坡面的塑造主要表现在剥蚀和堆积两个方面，因此，也可笼统地将外力成因坡分为剥蚀坡和堆积坡。据此，C·C·沃斯克列先斯基将坡分为真重力坡，即在35°~40°和更大坡度的坡均属此类；块体运动坡，即坡度在20°~40°之间，坡面物质的运动有水分的参与；松散物质盖层大量位移坡，坡度3°~40°之间，如泥石流、蠕动等；坡积坡，物质的落淤主要取决于坡面形状特征，在陡坡和缓坡上均有发生。

在土壤侵蚀研究中除了要了解上述知识外，对坡的形态更需要深入认识。大量研究和调查证实，坡可以据其形态特征划分为直线坡、凸形坡、凹形坡和复式坡，如图 4-1 所示。

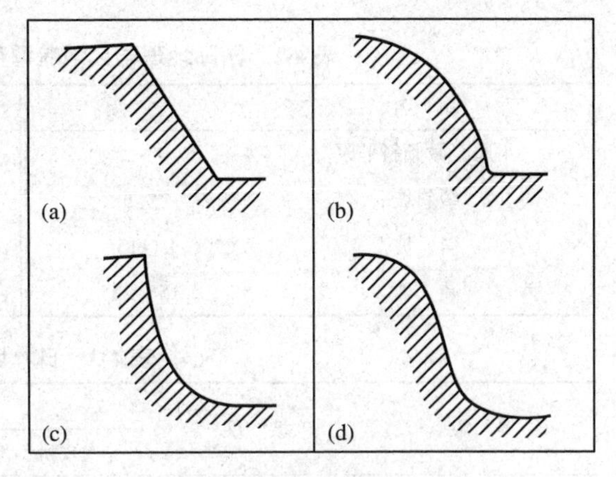

图 4-1 斜坡的形态

(a)直线坡 (b)凸形坡 (c)凹形坡 (d)复式坡

4.1.2 坡面形态特征的描述

在土壤侵蚀研究中，坡面的形态特征常常用坡度、坡长和坡向等来表述。

4.1.2.1 坡度

坡度是斜坡坡面与水平面的夹角，一般情况下介于0°~90°之间。从上述 C · C · 沃斯克列先斯基的坡面分类结果不难看出，在其他条件不变的情况下，随着坡度的改变，坡面物质运动的方式发生了根本的变化。因此，坡度的分级在科学研究和生产应用中具有重要的意义。

联合国粮食及农业组织(FAO)1985 年用两种方案进行坡度分级。一种为五级坡度制，即

平的到接近平的　　0~2%

平缓起伏　　2%~6%

平缓起伏到起伏　　6%~25%

陡　　25%~55%

非常陡　　>55%

另一种是将坡度分为三大组，即 0~2%、2%~25% 和 >25%。第一组和第二组又进一步划分为 5 级，第三组划分为 2 级，共计 12 级。

澳大利亚学者 J. G. Speight 1981 年进行土地和土壤调查时将坡度划分为 7 级，见表 4-1。

国际地理学会地貌调查与制图委员会建议使用 7 级坡度分级方案，见表 4-2。

日本从土地利用出发，并考虑到耕地、草地、林地各种土地的分级问题，将坡度分为 9 级，见表 4-3。

表 4-1 J. G. Speight 坡度分级表

分 级	符 号	坡 度	
		%	°
水平的	LE	0~1	0°~0°35′
非常平缓	VG	1~3	0°35′~1°45′
平缓坡	GE	3~10	1°45′~5°45′
中等坡	MO	10~32	5°45′~18°
陡 坡	ST	32~56	18°~30°
非常陡	VS	56~100	30°~45°
悬 崖	PR	>100	>45°

表 4-2　国际地理学会地貌调查与制图委员会坡度分级表

命　名	分　级	命　名	分　级
平原至微倾斜平原	0°~2°	急　坡	25°~35°
缓斜坡	2°~5°	急陡坡	35°~55°
斜　坡	8°~15°	垂直坡	>55°
陡　坡	15°~25°		

表 4-3　日本坡度分级表

等　级	坡　度	不同土地利用类型坡度		
		耕　地	草　地	林　地
Ⅰ	<5°	<5°		<8°
Ⅱ	5°~8°	5°~8°	<8°	
Ⅲ	8°~13°	8°~13°	8°~13°	
Ⅳ	13°~18°	13~18°	13°~18°	
Ⅴ	18°~23°	18°~23°	18°~23°	
Ⅵ	23°~30°	>23°	23°~30°	18°~30°
Ⅶ	30°~40°		30°~40°	30°~40°
Ⅷ	40°~50°		>40°	40°~45°
Ⅸ	>50°			>45°

我国全国农业区划委员会 1984 年颁布的《土地利用现状调查技术规程》中，将耕地坡度按<2°、2°~6°、6°~15°、15°~25°、>25°进行划分。

在土壤侵蚀与水土保持调查研究中，常将坡度分为<3°(平坡)、3°~5°(缓坡)、5°~8°(中等坡)、8°~15°(斜坡)、15°~25°(陡坡)和>25°(急陡坡)6 级。

4.1.2.2　坡长

坡长通常指的是地面上一点沿水流方向到其流向起点间的最大距离在水平面上的投影长度。一般将坡长>500m 的坡面称为长坡，<50m 的为短坡，500~50m 的是中等长度的坡。在土壤侵蚀与水土保持调查研究中，将坡长进一步细划为<20m(短坡)、20~50m(中长坡)、50~100m(长坡)和>100m(超长坡)。

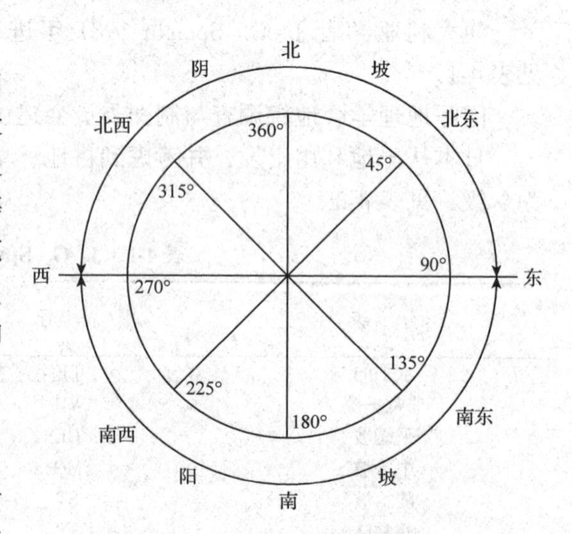

图 4-2　北半球坡向示意

4.1.2.3　坡向

坡向为坡面法线在水平面上的投影的方向，反映的是斜坡的空间方位，如图 4-2 所示。坡向对山地生态有着较大的影响，通常南坡太阳辐射收入最多，其次为东南坡和西南坡，再次为东坡、西坡、东北坡和西北坡，最少为北坡。坡向对降水也有明显的影响，来自西南的暖湿气流在南北或偏南北走向山脉的西坡和西南坡形成大量降水；东南暖湿气流在东坡和东南坡造成丰富的降水。

4.1.3 边坡的发展与演化

自然界沟谷下切，地壳断裂或人工开挖的边坡，初期多是直线坡，随着时间的推移，会出现凹形坡、凹凸形坡和凸形坡，最终边坡逐渐消失，地表被夷平，因而边坡的发展与演化又称夷平过程。

上述不同形态边坡，是在不同的外界条件下，发展与演化的不同阶段的表现。

(1)凹形坡发育

谷坡受剥蚀并保持与原先坡面的坡度一致而后退，使坡地保持成直线状。随着时间的推移，与原始坡面平行的直线坡，只能在上部坡段保留，并且坡长愈来愈短(图4-3)；下部坡段由于接近剥蚀基准面，剥蚀的物质不能完全被搬走使坡度逐渐变缓而坡长愈来愈长。最后，山坡逐渐呈凹形坡。

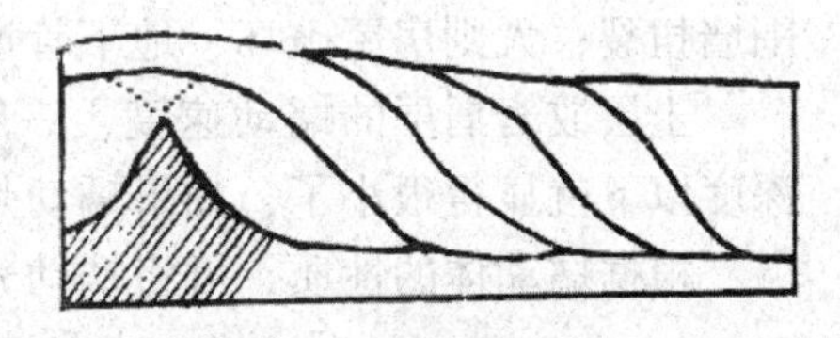

图4-3 凹形坡发育示意

(2)凹凸形坡的发育

一些较陡直的坡地形成后，坡在上部与分水高地之间有一明显的坡折，此坡折在很短时间内就会在风化作用、重力作用或片流作用下而变成浑圆状，坡面坡度逐渐变缓，形成凸形坡；坡地的下坡段将发育成一个凹形剖面。这样就形成上凸下凹的坡形(图4-4)。

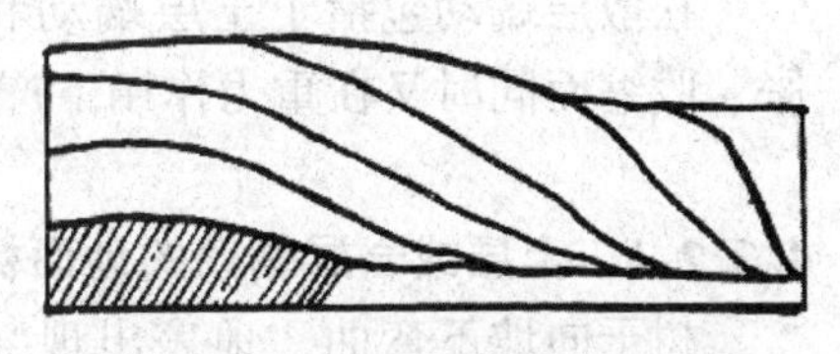

图4-4 凹凸坡发育示意

(根据戴维斯)

(3)凸形坡发育

当平直斜坡形成后，地壳处于稳定状态[图4-5(a)]，上部物质不断崩塌[图4-5(b)]，坡面后退[图4-5(c)]，坡度变缓[图4-5(d)]。被剥蚀下来的碎屑堆积在坡脚处，对原始直线坡的坡形起了保护作用。从坡地外形看，坡面坡度比原来坡度小；从结构上看，上部是剥蚀而成的基岩坡，下部是由碎屑组成的堆积坡，一旦碎屑物质被全部剥蚀，基坡就暴露出来，形成一凸形坡(图4-5)。

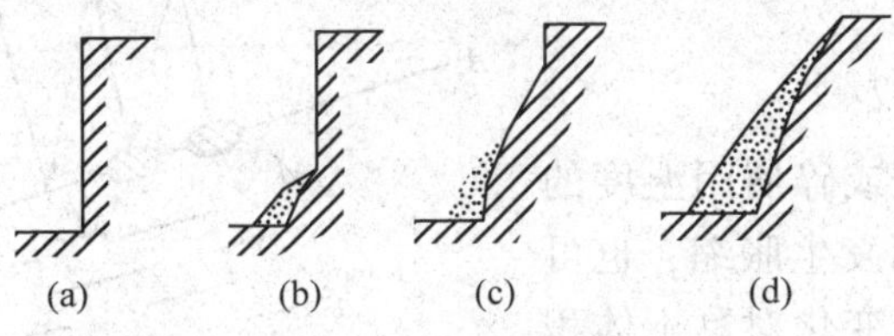

图4-5 基坡后退与倒石堆发育示意

(a)原始状态 (b)初始阶段 (c)中期阶段 (d)末期

边坡的发展演化不仅表现在坡形上，还表现在坡高的逐渐降低上。若地区构造运动相对稳定，其演化速率在时间上由大到小，在空间上从沟间地向沟谷底减小。戴维斯(Davis，1899)根据上述演化、形态和主导作用等，将边坡发展演化分为三个相联系的阶段，即幼年期、壮年期、老年期。幼年期时边坡刚形成不久，沟谷呈“V”形，多分布在大流域的中上游，侵蚀剧烈发展；壮年期的边坡，经过很长时间的改造，呈宽“U”形，多分布在中下游，侵蚀发展缓慢；老年期是边坡发展已近后期，变得十分平缓，多在下游出现，侵蚀十分微弱。边坡这种演化规律也反映了侵蚀的分异规律。

4.2　蠕动

4.2.1　蠕动的特征

蠕动的移动速度相当缓慢，每年只有若干毫米或几十厘米，因此，常常不被人们所觉察。但经长期积累，这种变形也会给生产和建设带来危害。小则电线杆、树木倾倒、围墙扭裂；大则房屋破坏、地下管道扭裂、水坝变形甚至完全损毁等。

土层或岩屑层的蠕动速度，一般随深度增加而迅速减小。在温带地区，一般 20cm 深度以下就显得很小了，如果蠕动是由于黏土胀缩引起的，则影响深度有时可达数米。

根据蠕动体的性质，可将蠕动分为松散层蠕动和岩体蠕动两种。

4.2.2　松散层蠕动

松散层蠕动包括了土层蠕动和岩屑蠕动，是颗粒本身由于冷热、干湿引起体积膨胀、收缩而同时又在重力作用下产生的。

4.2.2.1　土层或岩屑蠕动的地面标志

树干向坡下弯曲，地表出现“醉汉树”，电线杆、篱笆或建筑物顺坡倾斜，围墙扭裂，坡地上草皮呈鱼鳞片状，坡面岩屑层呈阶梯状或微波状。

4.2.2.2　影响土层或岩屑蠕动的因素

土层或岩屑蠕动分布范围很广，主要是由于温度变化而引起斜坡碎屑和土壤颗粒的物理性质改变所致。另外，植物根的生长和动物的踩踏也有助于斜坡上的土层或岩屑蠕动。

（1）干湿和温度变化

斜坡上的土壤颗粒或碎屑因温度的昼夜变化或干湿变化而发生胀缩，也可造成向下坡蠕动。干湿变化对黏土体积变化有显著的作用，温差对岩体的影响特别明显。在寒冷地区，冬季地面冻结而膨胀隆起，坡面上的颗粒随膨胀沿垂直坡面方向上升，土壤颗粒或岩屑从 M 上升到 M'（图 4-6）。解冻时，地面恢复

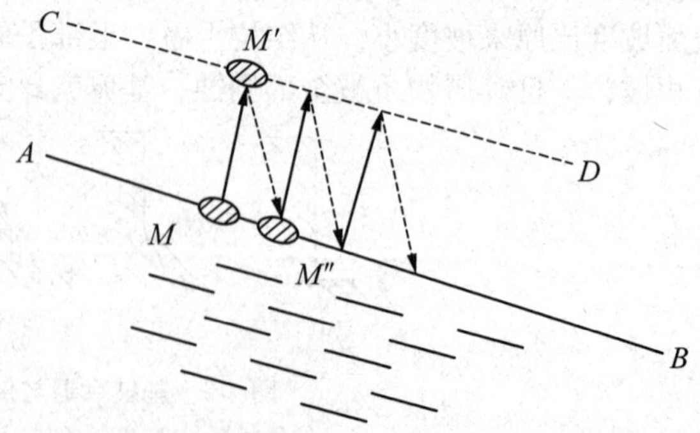

图 4-6　地表冻融交替引起颗粒顺坡移动（据斯帕克斯）

AB. 冻结地面；*CD*. 冻结膨胀隆起地面；*M*. 冻结前土粒位置；*M'*. 冻胀后土粒位置；*M''*. 冻结后土粒因重力作用下移位置

到原来的位置 AB，但颗粒或碎屑受重力作用则由 M' 移到 M''。如此反复进行，土壤颗粒或碎屑将不断向下坡移动。在温带地区，因温差变化引起硅酸岩块的平均体积变化为0.1%，但在干旱气候条件下要比温带大10倍，即可达1%。

斜坡上的单个碎屑，因温度或干湿度变化而使体积改变，破坏原来碎屑在斜坡上的平衡，使之向下移动。当碎屑颗粒体积膨胀时，颗粒之间互相挤压，碎屑被挤出原来位置；碎屑再恢复到原来体积时，又由于本身重力的影响，碎屑可能向下移动[图4-7(a)]。如果碎屑颗粒体积收缩时，其间形成空隙，使上部碎屑失去支持，也能因碎屑本身重力影响引起下移[图4-7(b)]。

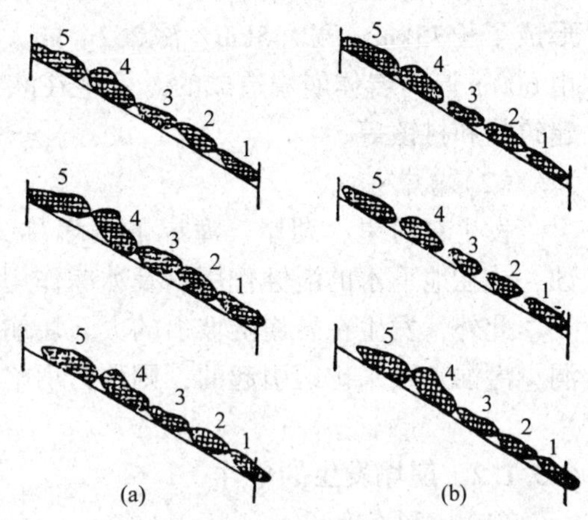

图4-7 斜坡碎屑涨缩时移动示意
(a)膨胀时移动过程 (b)收缩时移动过程

(2)坡度

蠕动多形成于25°~30°的斜坡上，因为大于30°的坡地上，黏土和水分不易存在；而小于25°的坡地，重力作用就不很明显。

此外，斜坡上的裂隙、动物洞穴或植物根系腐烂留下的空洞，都可使土坡物质失去稳定而向下移动。

4.2.2.3 岩体蠕动

岩体蠕动是边坡上岩体在本身的重力作用下，发生十分缓慢的塑性变形或弹塑性变形。这种现象主要出现在页岩、片岩、千枚岩、铝土岩等柔性岩层组成的山坡上，少数也可以出现在坚硬岩石组成的山坡上。岩体蠕动直接影响地基的稳定，如果事先没有发现，而在这种山坡上进行工程建设，将造成严重后果。岩体的蠕动深度，一般为3~5m，最深的可达50m。深度的大小取决于岩性、产状与坡度3个因素。地层岩性越软，坡度越大者，蠕动深度越大。

造成岩层蠕动的原因：一是在自身重力的长期作用下，应力超过了岩体本身的弹性限度，发生了破裂变形，或是由于长期受力作用，发生了弹性变形；二是由于干湿和温差变化的融冻作用所致。

4.3 崩塌、撒落

4.3.1 崩塌

4.3.1.1 崩塌的特征

崩塌的运动速度很快，一般为5~200m/s，有时可达到自由落体的速度，其体积由小于1m^{3}到若干亿立方米，人们往往根据崩塌发生的不同区域和地形部位，给予不同的名称。

(1)山崩

山坡上发生的规模巨大的崩塌称为山崩。山崩破坏力相当严重，1911 年帕米尔的巴尔坦格河谷发生的崩塌，使约 $40 \times 10^8\ m^3$ 的土石体从 600m 的高处崩塌下来，堵塞河谷形成了长 75km、宽 1.5km、深 262m 的大湖。川藏公路 1968 年发生的拉月大塌方，也是由 600m 厚的岩体崩塌造成的。发生在峡谷区的山崩，可以毁坏森林、堵塞河道、毁坏建筑物和村镇等。

(2)塌岸

发生在河岸、湖岸、海岸的崩塌称为塌岸。它主要是由于河水、湖水或海水的掏蚀，或在地下水的潜蚀作用以及冰冻作用，使岸坡上部土岩体失去支持而发生崩塌。

此外，发生在悬崖陡坡上的大石块崩落，称为坠石或落石。如果崩塌是由于地下溶洞、潜蚀穴或采矿区引起的，则称为坍陷。

4.3.1.2 崩塌发生的条件

(1)地形条件

崩塌只能发生在陡峻的斜坡地段。对于松散物质组成的斜坡，坡度须大于碎屑物的休止角，一般大于45°的陡坡才有崩塌出现。例如黄土区的切沟、冲沟及其沟头横断面呈“V”形，坡面超过 50°以上，纵断面比降大，常有跌水裂点，极不稳定，植被匮缺，是崩塌的多发区。此外，当沟边有张裂隙发育时，裂隙深度超过沟床下切深度的 1/2 的情况下，也有可能发生崩塌。坚硬岩石组成的坡地，要大于 50°或 60°时才能发生崩塌。坡地的高度对崩塌的形成也是一个重要条件。松散物质组成的斜坡，在高度小于 25m 的陡坡上，只能出现小型的崩塌，在高于 45m 的陡坡上，可能出现大型的崩塌。对于坚硬岩石组成的陡坡，大型崩塌只能发生在高于 50m 的陡坡上。

(2)地质条件

岩石中的节理、断层、地层产状和岩性等都对崩塌有直接影响。在节理和断层发育的山坡上，岩石破碎，很易发生崩塌。当地层倾向和山坡坡向一致，而地层倾角小于山坡坡角时，常沿地层层面发生崩塌；软硬岩性的地层呈互层时，较软岩层易受风化，形成凹坡，坚硬岩层形成陡壁或突出成悬崖，易发生崩塌。

(3)气候条件

在日温差、年温差较大的干旱、半干旱地区，物理风化作用较强，较短的时间内岩石就会风化破碎。例如兰新铁路一些开挖的花岗岩路堑，仅四五年时间，路堑边坡岩石就遭到强烈风化，形成崩塌。我国西北、东北和青藏高原的一些地区，冻融过程非常强烈，崩塌现象十分普遍。暴雨增加了岩体和土体负荷，破坏岩体和土体结构，软化了黏土层，触发崩塌发生。

地震、人工过度开挖边坡等，也都会引起崩塌。

4.3.1.3 崩塌分类

崩塌的分类可根据组成坡地物质结构和崩塌的移动形式来进行。

(1)根据组成坡地物质结构分类

①崩积物崩塌　这类崩塌是山坡上的已经过崩塌的岩屑和沙土的物质，由于它们的质地很松散，当有雨水浸湿或受地震震动时，可再一次形成崩塌。

②表层风化物崩塌　这是在地下水沿风化层下部的基岩面流动时，引起风化层沿基岩面崩塌。

③沉积物崩塌　有些由厚层冰积物、冲积物或火山碎屑物组成的陡坡，由于结构松散，形成崩塌。

④基岩崩塌　在基岩山坡上，常沿节理面、层面或断层面等发生崩塌。

(2)根据崩塌体的移动形式和速度分类

①散落型崩塌[图4-8(a)]　在节理或断层发育的陡坡，或是软硬岩层相间的陡坡，或是由松散沉积物组成的陡坡，常常形成散落型崩塌。

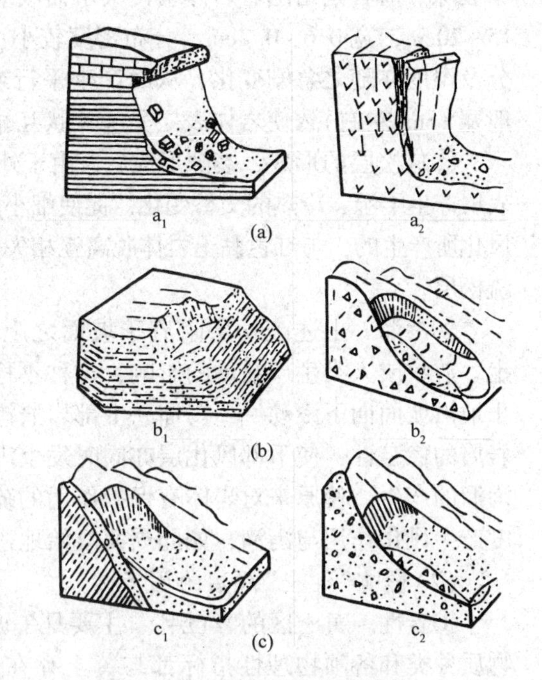

图4-8　各种不同形成的崩塌

(a)散落型崩塌　(b)滑动型崩塌　(c)流动型崩塌

②滑动型崩塌[图4-8(b)]　这类崩塌沿一滑动面发生，有时崩塌土体保持了整体形态，这种类型的崩塌和滑坡很相似。

③流动型崩塌[图4-8(c)]　降雨时，斜坡上的松散岩屑、砂和黏土，受水浸透后产生流动崩塌。这种类型的崩塌和泥石流很近似，实际上，这是坡地上崩塌型泥石流。

上述各种类型崩塌并不是孤立存在的，在一次崩塌中，可以有几种形式的崩塌同时出现，或者由一种崩塌形式转变为另一种崩塌形式。

4.3.2　撒落

撒落与崩塌不同，它形成于坡度为30°~70°的斜坡地带，在沿坡地带，风化岩屑以较崩塌缓慢的速度逐渐地、均匀地撒落于坡下。现以发生于黄土高原的红土泻溜和发生于高寒地区的溜砂坡为例作以阐述。

黄土高原的撒落主要发生在超压密性质土中，比较典型的是午城黄土、上新世红黏土、第三系和部分中生代泥质岩类组成的陡坡表面。马兰黄土、离石黄土和同期的次生黄土堆积物撒落现象轻微。正是这种原因，人们常将发生在红色黏土上的撒落称为“红土”泻溜。

4.3.2.1　“红土”泻溜

(1)“红土”泻溜的形成过程

“红土”泻溜的形成过程可分为裂隙的形成、疏松层的形成和泻溜3个阶段。

①裂隙的形成　裂隙的产生是“红土”泻溜形成的初期阶段，其形式有横向裂隙与交

错裂隙。前者是指随着岩体缓慢失水而收缩产生垂直于岩面的裂纹，这种裂隙一般深达 15~20cm，宽 0.6~0.7cm，分布密度较小；后者由于外界气候湿热骤变，使岩体中的水分及温度亦随之急剧变化，从而产生平行或斜交于岩面的裂纹，此种细而密的裂纹(一般宽 1mm 左右)致使岩体表层呈鳞片状互相分离。

②疏松层的形成　裂隙形成后，由于外界水热条件的变化，已经形成大量裂隙的岩体表层产生干湿、冷热的交替变化，促使细小的块状岩体不断分裂成碎小的岩屑。这种物理风化所产生的，与红色黏土岩体脱离互相失去胶结力的碎屑，便成为一层厚达 10~15cm 的疏松层。

③泻溜　上述疏松层附着于坡面之上，已经处于极不稳定的状态。一经风吹、兽走、放牧或人类生产活动的影响，这种不稳定的平衡极易被破坏，而导致大量岩屑无休止地沿坡面向下滚动——泻溜。上部岩屑泻落过程中与下部岩屑发生撞击，破坏了下部岩屑的稳定性，使下部风化层亦同时发生泻溜，直至坡度小于 45°时才逐渐减缓或中止。泻溜的产生，使原来对岩体有保护作用的疏松层不断削减，因而坚固致密的岩体裸露再度产生风化作用与泻溜，如此周而复始地进行着。

(2)影响“红土”泻溜的因素

①岩性　黄土区的“红层”，主要是午城黄土和离石黄土中的古土壤条带，它们的矿物质种类和各项物理性指标都与黄土存在着差异(表 4-4)，这是导致泻溜形成的根本原因。

表 4-4　不同黄土的物理性质

项　目	红色黄土(Q_1)	黄土层的红层(Q_2)	黄 土(Q_3)	备　注
粉沙粒含量(%)	60 ±	69.9	73.0	
黏粒含量(%)	38 ±	22.0	16.0	
静水分散性(min)	18		2	
膨胀系数(%)	18		5.26~12.99	
容重(g/cm³)	1.85		1.40	
孔隙率(%)	20.56~25.99		33.15~46.77	
最大吸水率(%)	26.0		40	
透水性(m/d)	0.006 824		0.6~0.8	

注：引自地质部水文地质工程地质研究所．中国黄土及黄土状岩石，1959。

②干湿、温差　由表 4-4 可知，“红层”的黏粒含量都较高，这也意味着亲水性黏粒矿物的含量也较多。因此，降雨时土体吸水，体积增大，耗水时，体积缩小，使土体风化破碎；“红层”结构紧密，孔隙率小，透水性差，降水时水分入渗缓慢，以致表层吸水膨胀，雨后蒸发加强，底层水分补给量很少，又造成表层迅速收缩，这样促使了土体颗粒发生位移而产生交错裂隙；“红层”中黏粒分布的不均匀性，导致了本身胀缩的差异而产生碎裂。

由于“红层”对热的传导性能很差，因此，气温的冷暖变化只影响到土体表层。一般情况下 0~5cm 的范围内温差变化较大，5cm 以上的变化较小，这种温差变化的不均匀性，致使“红层”内部颗粒发生相对位移而使土体崩解。

黄土高原每年冬春的冻融过程以及春夏的长期干旱，对泻溜的发生都有积极的促进作用。

③植被　植被是地表的保护者。凡植被生长较好的坡面上，泻溜都大大减弱或停止。

④地形　地形对泻溜形成的影响主要表现在坡度和沟谷发育阶段两个方面。一般来讲，坡面坡度在40°以内的很少有泻溜发生，坡度45°~70°泻溜最为严重，大于70°则又大大减弱。

沟谷发育的阶段不同，切割深度不同，直接影响到红土层的出露。因此，切沟、冲沟阶段泻溜十分活跃。再则切沟、冲沟的沟道下切也为泻溜发生创造了坡度环境。干沟和河沟虽切深很大，但发展处于相对稳定时期，坡面往往被一些重力堆积物和坡积物所覆盖，植被恢复迅速，限制了泻溜的形成。

4.3.2.2　溜砂坡

溜砂坡主要是指发生在高寒山区雪线以上山脊两侧和干旱、半干旱的山区河流两岸的陡坡上，在强烈的风化作用下形成的砂粒或碎屑，在重力作用下发生溜动，并在坡脚堆积形成的锥状斜坡(图4-9)，它常对公路、铁路、渠道等线路工程构成严重危害。

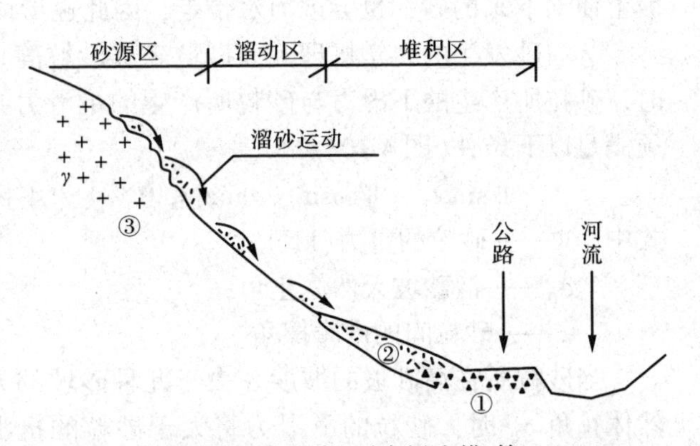

图4-9　溜砂坡要素示意(引自梁光模 等，2007)

①冲洪积块状碎石土；②中粗砂夹碎块石；③花岗岩

图4-9中的砂源区是产生砂、碎屑、碎石的区域。产砂的方式有6种：裸露岩质陡坡强风化产砂，原地荒漠化产砂，重力滑、崩产砂，风力产砂，流水作用产砂，人类工程活动产砂等。实际中，该图中的3个区很难划分，因为它们具有相互转换的动态变化特征。如溜砂坡堆积区，因前缘坡脚修公路或河水冲刷而产生溜动，就会变成砂源区和溜动区。

(1)溜砂坡分类

①按溜砂坡的组成物质　砂粒、碎屑溜砂坡：砂粒含量>60%，母岩多为花岗岩、泥质砂岩、冲洪积砂砾石层。

片状碎屑溜砂坡：片状碎屑含量>60%，母岩多为千枚岩、页岩、泥岩。

块状碎石溜砂坡：碎石含量>60%，母岩多为玄武岩、凝灰岩、白云岩等。

②按溜砂坡活动部分的平面形态　可分为面状溜砂坡、沟槽状溜砂坡、斑状溜砂坡。

③按单个溜砂坡的面积　可分为小型溜砂坡<5 000m^2；中型溜砂坡5 000~10 000m^2；大型溜砂坡10 000~50 000m^2；特大型溜砂坡>50 000m^2。

④按溜砂坡的活动性

强活动溜砂坡：砂坡面几乎无植被分布，随时可见砂溜动。砂源区呈强风化状，不断向溜动段供砂。

中强活动溜砂坡：砂坡上有少量植被，常见砂溜动。砂源区呈中等风化状，间断性向溜动段供砂。

弱活动溜砂坡：砂坡上有较多植被，偶见砂溜动。砂源区呈弱风化状，并长有小树、草和苔藓，基本不向溜动段供砂，大部斑状溜砂坡属此类。

稳定溜砂坡：砂坡上长满了植被，无溜砂现象。砂源区稳定，地表被植被覆盖，岩体无明显风化产砂现象。

(2)溜砂坡的形成过程

①溜砂坡形成的必要条件　溜砂坡的形成必须具备砂源条件、溜动条件和堆积条件。砂源条件主要考虑的是产砂的地形和沙物质来源；砂物质是否溜动则受制于坡度与砂、坡度休止角的对比；而堆积显然是坡度小于休止角的前提下才能实现。若大于此种砂坡天然休止角的陡坡直抵河床，即使具备了砂源条件、溜动条件(缺少堆积条件)，山坡上溜动下来的砂，也会被河水带走，因此也形成不了溜砂坡。

②溜砂发生的力学机理　溜砂坡表部砂粒静止时，砂粒所产生的下滑力与砂粒所产生的抗滑力必须满足以下条件(图4-10)：

$$W\sin\alpha_0 - W\cos\alpha_0 \cdot \tan\varphi \leqslant 0 \tag{4-1}$$

式中　W——砂粒的重力(kN)；

α_0——溜砂坡天然休止角；

φ——砂粒间的内摩擦角。

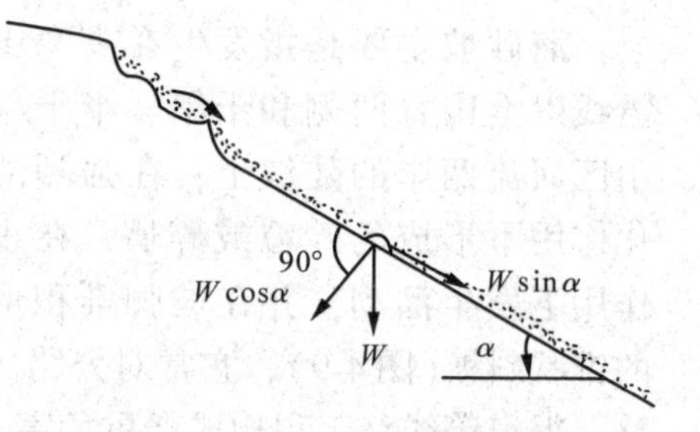

图4-10　表部砂粒受力示意

(引自梁光模 等，2003)

当砂粒所在溜砂坡的坡度 α 大于此种砂坡的天然休止角 α_0 时，砂粒的下滑力将大于砂粒的抗滑力，即

$$W\sin\alpha_0 - W\cos\alpha_0 \cdot \tan\varphi = 0 \tag{4-2}$$

此时砂粒开始溜动。

砂粒的下滑力减去抗滑力，得到砂粒的剩余下滑力。此时砂粒的剩余下滑力将全部转化为砂粒的动能，即

$$Wh(\sin\alpha - \cos\alpha \cdot \tan\varphi) = \frac{1}{2}mV^2 \tag{4-3}$$

化简式(4-3)，得到砂粒溜动到落差 h 处的运动速度 V 为：

$$V = \sqrt{\frac{2Wh}{m}(\sin\alpha - \cos\alpha \cdot \tan\varphi)} \tag{4-4}$$

式中　m——砂粒的质量(kg)。

以上便是砂粒由静止向溜动转换的力学机理。

在一个坡面上，还可按砂粒起动瞬间的位置和作用，将溜沙坡分成推动式和牵引式两种。前者，即在溜砂坡顶上加砂，使靠近溜砂坡顶的砂坡坡度大于此种砂坡的天然休止角。顶上的砂粒首先开始溜动，依次推动它前面的砂粒运动；后者则相反，即在溜砂坡前缘，因开挖坡脚或流水冲刷坡脚，使溜砂坡前缘坡度突然变陡，导致最前缘的砂粒开始溜动，然后依次牵引后面的砂粒运动(图4-11)。其次，根据观察，溜砂始于坡面，依次带动深层的砂粒向下运动。若将溜砂坡从地表向里平行坡面分成若干砂层(n 层)，先取地表 n_1 层中 1 粒砂进行分析，此砂除受到前、后、左、右和底面砂粒的约束外，顶面临空无砂粒约束，即主应力很小，仅为砂粒本身自重；若取地表以下 n_2 层中 1 粒砂来分析，此砂粒与 n_1 层砂粒相比除受到前、后、左、右相同砂粒的约束外，还多受顶面砂粒的作用。所以第一层(n_1层)砂粒不动，n_2层砂粒更不会动，只有 n_1 层砂粒向下运动，才会依次带动 n_2、n_3、n_4层砂粒运动。

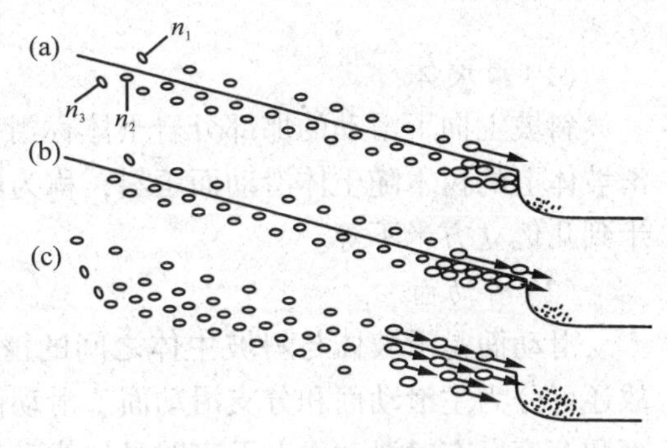

图 4-11　砂粒运动示意

(引自梁光模 等，2003)

③溜砂坡的形成过程　一个典型溜砂坡的形成是从砂源区一粒一粒砂粒的形成、运动、堆积开始的。可简化成以下模型：砂源区⟶溜动区⟶堆积区⟶砂坡形成。若干砂粒重复上述过程，堆积的砂坡就会越来越大。若砂源区停止产砂，砂坡的发展就会终止，并趋向稳定溜砂坡发展。

4.4　滑坡

4.4.1　滑坡特征

斜坡上的土体或岩体，由于地下水和地表水的影响，在重力作用下，沿着滑动面整体地向下滑动，称为滑坡。

滑坡常发生在松散土层上，有时沿松散土层和基岩接触面滑动，也有沿岩层层面或断层面滑动。滑坡体的滑动速度一般很缓慢，一昼夜只有几厘米，甚至几个月才移动几厘米，但在一些特殊情况下，如暴雨或大地震时，滑坡速度很快。

滑坡形成以后，表现出许多形态特征，由此而获得不同的名称(图4-12)。

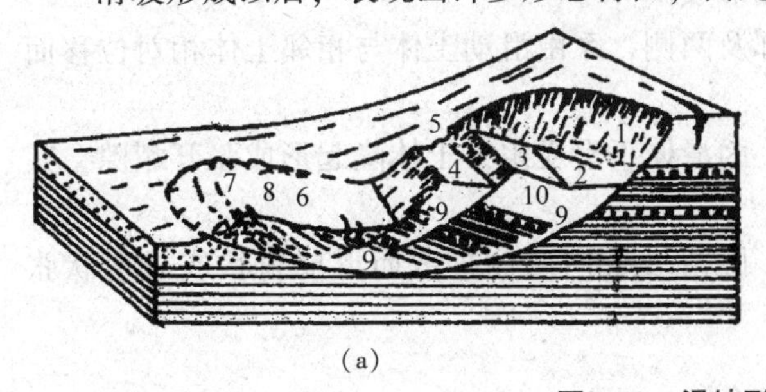

(a)

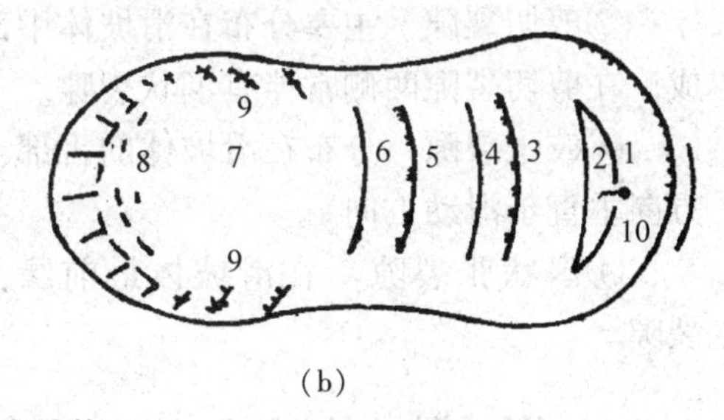

(b)

图 4-12　滑坡形态结构

(a)块状图

1. 滑坡壁　2. 滑坡湖　3. 第一滑坡阶地　4. 第二滑坡阶地　5. 醉汉树　6. 滑坡舌凹地　7. 滑坡鼓丘和鼓胀裂缝　8. 羽状裂缝　9. 滑动面　10. 滑坡体　11. 滑坡湖

(b)平面图

1. 第一滑坡壁　2. 滑坡湖　3. 第一滑坡阶地　4. 第二滑坡壁　5. 第二滑坡阶地　6. 第一滑坡壁　7. 滑坡舌凹地　8. 滑坡鼓丘和鼓胀裂缝　9. 羽状裂缝　10. 滑坡湖

(1)滑坡体

斜坡上向下滑动的那部分岩土体称滑坡体。它以滑动面与下伏未滑地层分割开来。滑坡体上的树木随土体滑动而歪斜，称为醉汉树。滑坡体的规模大小不一，从十几立方米到几亿立方米不等。

(2)滑动面

滑动面是滑坡体与斜坡主体之间的滑动界面。滑动面有时只有一个，有时有几个，故还可分为主滑动面和分支滑动面。滑动面常为一弧形。滑动面上可以清晰地看到磨光面和擦痕。有时滑动面上下有明显的扰动和拖拽褶皱现象，构成滑动带。滑动带厚数厘米至数米不等。

(3)滑坡壁和滑坡阶地

滑坡体与坡上方未动土石体之间由一半圆形的围椅状陡崖分开，这个陡崖称滑坡壁，坡度60°~80°，高度由数厘米至数十米不等。根据滑坡壁的相对高度可推测滑坡体下滑的距离。由于滑坡壁陡峻，故常产生崩塌，在黄土区也为泻溜形成创造了条件。

滑坡体下滑时，因滑体各段移动速度的差异，产生分支滑动面，使滑坡体分裂成几个分体，呈现梯状排列而成滑坡阶地，由于滑体沿弧形滑动面滑动，故滑坡阶地原地面皆向内倾斜呈反坡地形。

(4)滑坡舌和滑坡鼓丘

滑坡体前缘，常形成舌状突出的滑坡舌。滑坡体在滑动过程中，滑坡舌前面常因受阻、挤压而鼓起，称滑坡鼓丘。

(5)滑坡洼地和滑坡湖

在滑坡体与滑坡壁之间构成滑坡洼地，有时积水成湖，称滑坡湖。湖水沿洼地两侧边沟排泄，后期滑坡陡壁坍塌，洼地呈封闭状而逐渐消失。

(6)滑坡裂隙

滑坡刚滑动时，地面裂缝纵横交错甚为破碎，按力的性质，滑动裂隙可分为4种：

①环状拉张裂隙　分布在滑坡壁后缘与滑坡壁方向大致吻合，因滑坡体向下滑动的拉力而产生，可能孕育着新的滑坡或崩塌形成。

②剪切裂隙　主要分布在滑坡体中部及两侧，系由滑动土体与相邻土体相对位移而成。在剪切裂隙两侧常伴有羽状裂隙。

③鼓张裂隙　分布在滑坡体的舌部，因滑体下滑受阻，土体隆起形成张开裂隙，其方向垂直于滑动方向。

④扇状张裂隙　在滑坡体最前缘，因滑坡舌向两侧扩散而形成扇状或放射状张裂隙。

4.4.2 影响滑坡的因素

(1)岩性和构造

松散堆积层中发生的滑坡，主要和黏土有关，特别是和蒙脱石、伊利石以及高岭石等亲水黏土矿物关系密切。这些矿物含量多的土体，内摩擦角 φ 值很小，因此最易产生滑坡。基岩滑坡多发生在千枚岩、页岩、泥灰岩和各种片岩等岩性区，因为这些岩石遇水时容易软化，在斜坡上失去稳定，产生滑坡。构造主要指的是断层面、节理面、岩层不整合面以及松散沉积物与下伏基岩的接触面等，因为它们的存在构成了天然的滑动面，如果岩层倾向与斜坡倾向一致，而岩层倾角小于斜坡倾角时最易形成滑坡。

黄土高原的黄土滑坡主要发生在晚更新世黄土与中、早更新世黄土的接触面，以及中、早更新世黄土与基岩的接触面上。其原因：一是这种接触面均向沟谷倾斜；二是两个接触面的上下岩性透水程度不同，形成了临时的潜水面，经长期的地下水分的渗透和渗漏，破坏了土层之间的凝聚力，上方黄土沿此倾斜的界面发生整体滑落。特别是晚更新世黄土与中、早更新世黄土的接触面，由于位置较高，更是滑坡常见的场所。

(2) 地形

地形对滑坡的影响主要表现在临空面、坡度和坡地基部受掏冲的程度。河流及沟谷水流对地表的切割，首先为滑坡创造了临空面，基岩沿软弱结构面滑动时，要求坡度为30°~40°；松散堆积层沿层面滑动时，要求坡度在20°以上。凡是河流冲刷坡地基部的地方，也是最易产生滑坡的地方。

(3) 气候

气候对滑坡的影响主要体现在降水，特别是与特大暴雨关系密切。据云、贵、川三省114个滑坡资料统计表明，90%以上的滑坡与降雨有关，一般具有大雨大滑、小雨小滑、无雨不滑的特征。另外冻融作用也对滑坡有一定的影响。

(4) 地下水

地下水的影响主要表现为：①降低土体内细颗粒的吸附力；②能溶解土体中的胶结物，如黄土中的碳酸钙，使土体失去黏结力；③饱和水的土体，增加土体单位面积的重量，因而加大平行滑动面的重力分力；④地下水运动时，产生动压力，能使土体发生滑动；⑤地下水沿滑动面运动，使摩擦系数减小，阻力降低。

(5) 人为因素

人工开挖坡脚形成高陡边坡，破坏了自然斜坡的稳定状态，这是引起滑坡的主要原因(图4-13)。另外，人工在坡顶堆积弃土、盖房，加大了坡顶荷载，也可促使滑坡的发生，不适宜的大爆破施工也能诱发滑坡等。戴敬儒等总结了人为活动造成的工程滑坡的主要原因为：斜坡超限开挖，坡角切坡过陡；建设场地选地不当；斜坡加载填土不当；环山引水渗漏和斜坡坡脚减载不当等。

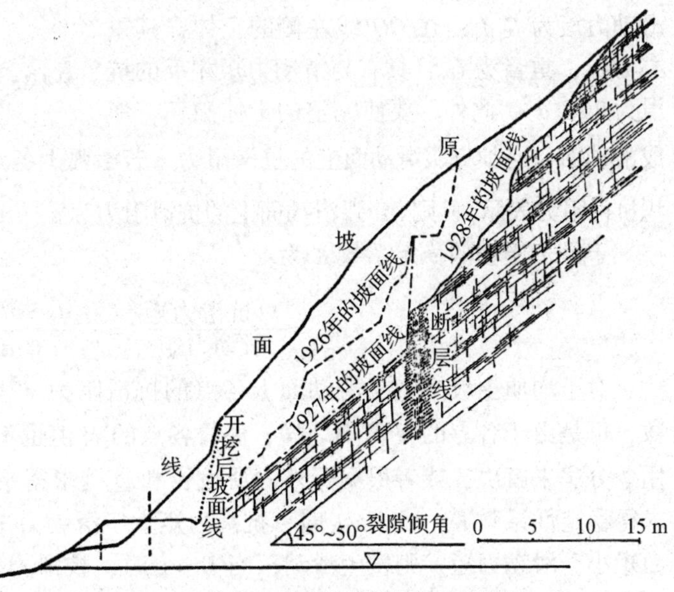

图4-13 人工开挖坡脚引起滑坡图示

(6) 地震

地震也可造成滑坡。

4.4.3　滑坡的形成过程

4.4.3.1　滑坡形成的力学机制

斜坡土体、岩体是否滑动，视其力学平衡是否遭到破坏。由于斜坡土体、岩体特性不同，滑动面的性质也不一样，力学分析的方法也不一样。

假设滑动面是直线形的(图 4-14)，则它平行滑动面的重力分力 $F = G\sin\alpha$，摩擦阻力为垂直滑动面上的重力分力 $N = fG\cos\alpha$，考虑到滑动面间的黏着力 c，所以滑坡体总阻力 $T = Nf + c$。当 $F > T$ 时，滑坡体向下滑动；反之，当 $F \leqslant T$ 时，滑坡体稳定或趋于平衡状态。

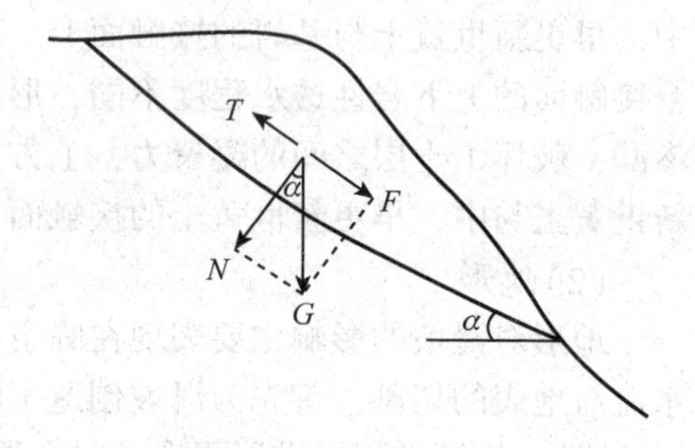

图 4-14　直线形滑动面滑坡作用图解

大量实际观察、试验与理论上计算证实，均质土体典型滑坡的滑动面大多是一个圆弧面，其力学特征为：

假定滑动圆弧面 AB(图 4-15)，相应的滑动圆心为 O 点，则 $OA = OB = R$。R 为滑弧半径。过圆心 O 作垂线 OO'，将滑体分成两部分，在 OO' 线右侧的土体，其重心为 O_1，重量为 G_1，它使斜坡土体具有向下滑动的趋势，其滑动力矩为 G_1d_1；在 OO' 线左侧的土体，其重心为 O_2，重量为 G_2，具有与滑动力矩相反的抗滑力矩 G_2d_2；此外，要使完整的土体破坏，形成滑动面，必须克服滑动面上的抗滑阻力。若滑弧上各点的平均抗滑阻力为 τ_f(以单位面积抗滑阻力表示)，则 AB 弧滑动面上的抗滑阻力为 $\tau_f \cdot \widehat{AB}$，其抗滑力矩为 $\tau_f \cdot \widehat{AB} \cdot R$。

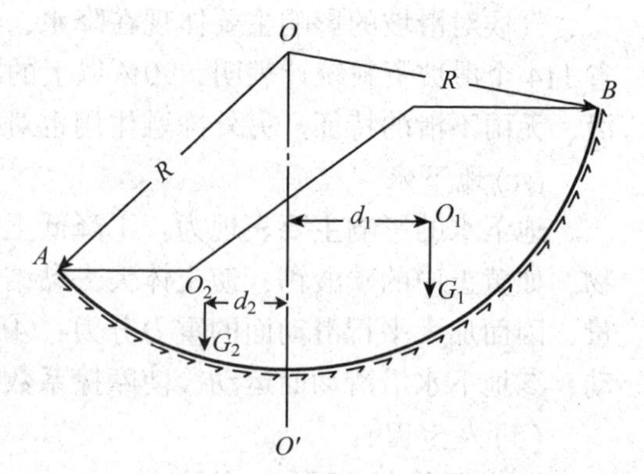

图 4-15　圆弧形滑动面滑坡的力学分析示意

于是，土坡的稳定系数 K 为：

$$K = \frac{\text{总抗滑力矩}}{\text{滑动力矩}} = \frac{G_2d_2 + \tau_f \widehat{AB}R}{G_1d_1} \tag{4-5}$$

对于均质土坡来说，滑动面上各点的抗滑阻力 $\tau_f' = N\tan\varphi + C$，式中的 C 和 φ 为常数，可是由于各点的 N 值不一样，使得各点的 τ_f' 值也不一样。这一问题，在工程上，采用条分法来解决，或者根据野外的滑坡资料直接求得平均抗滑阻力 τ_f'，再按照式(4-5)求得稳定性系数 K。当 $K>1$ 时，抗滑力矩大于滑动力矩，斜坡稳定；当 $K<1$ 时，抗滑力矩小于滑动力矩，则发生滑动；当 $K=1$ 时，抗滑力矩与滑动力矩相等，斜坡处于极限平衡状态。

4.4.3.2 滑坡的形成过程

滑坡的形成大致可分为三个阶段，即蠕动变形阶段、剧烈滑动阶段、渐趋稳定阶段。

(1)蠕动变形阶段

在斜坡内部某一部分，因抗剪强度小于剪切力而首先变形，产生微小的滑动。以后变形逐渐发展，直至坡面出现断续的拉张裂缝。随着裂缝的出现，渗水作用加强，使变形进一步发展。坡脚附近的土层被挤压，而且显得比较潮湿，此时滑动面已基本形成。蠕动变形阶段，长的可达数年，短的仅有几天。一般说滑坡规模愈大，这个阶段愈长。

(2)剧烈滑动阶段

在此阶段中，岩体已完全破裂，滑动面已形成，滑体与滑床完全分离，滑动带抗剪强度急剧减小，只要有很小的剪切力就能使岩体滑动。这时裂缝错距加大，后缘拉张主裂缝连成整体，两侧羽状裂缝撕开。斜坡前缘出现大量放射状鼓胀裂缝、挤压鼓丘。滑动面出口地方常常有浑浊的泉水出露，这时各种滑坡形态纷纷出现，这是滑坡即将开始整体下滑的征兆。然后发生剧烈滑动。滑动的速度，一般每分钟数米或数十米，这段时间持续最短，约为几十分钟。但也有少数滑坡以每秒钟几十米的速度下滑，这种高速度的滑坡已属崩塌性滑坡，它能引起气浪，发出巨大的声响。例如，发生在2009年11月山西省中阳县的滑坡。

(3)渐趋稳定阶段

经剧滑之后，滑坡体重心减低，能量消耗于克服前进阻力的土体变形中，位移速度越来越慢，并趋于稳定。滑动停止后，土石变得松散破碎，透水性加大，含水量增高，原有层理局部受到错开和揉皱，并出现老地层覆盖新地层的现象。滑坡停息后，在自重作用下，滑坡体松散土石又渐趋压实，地表裂缝逐渐闭合。滑动时东倒西歪的树木又恢复垂直向上生长，变成许多弯曲的所谓“马刀”树或“醉汉”树。滑坡后壁上逐渐生长草木，滑坡体前缘渗出的水变清。滑坡渐趋稳定阶段可能延续数年之久。已停息多年的老滑坡，如果遇到敏感的诱发因素，可能重新活动。

以上几个阶段并不是所有的滑坡都具备，有的只有二、三阶段比较明显，每个阶段持续时间长短也不一样。

4.4.4 滑坡分类

滑坡的分类方法很多，归纳起来有两种：一种是单因素分类；另一种是综合因素分类。

4.4.4.1 单因素分类

单因素分类是根据滑坡的某一重要特征对滑坡进行划分，现已有的方法如物质组成分类、结构分类、规模分类、动力成因分类、斜坡变形破坏机制及特征分类、斜坡土体运动特征分类、滑坡时代分类、滑动历史分类、变形破坏模式分类和其他分类10种分法。在这里主要介绍以下4种常用的分类方案。

1) 按滑动面与层面关系的分类

该方法将滑坡分为均质滑坡(无层滑坡)、顺层滑坡和切层滑坡 3 类。

(1) 均质滑坡

这是发生在均质的没有明显层理的岩体或土体中的滑坡。滑动面不受层面的控制，而是决定于斜坡的应力状态和岩土的抗剪强度的相互关系。滑面呈圆弧形或其他二次曲线形。在黏土岩、黏性土和黄土中较常见。如陕西省阳安铁路中段的西乡路堑滑坡即为此例(图 4-16)。

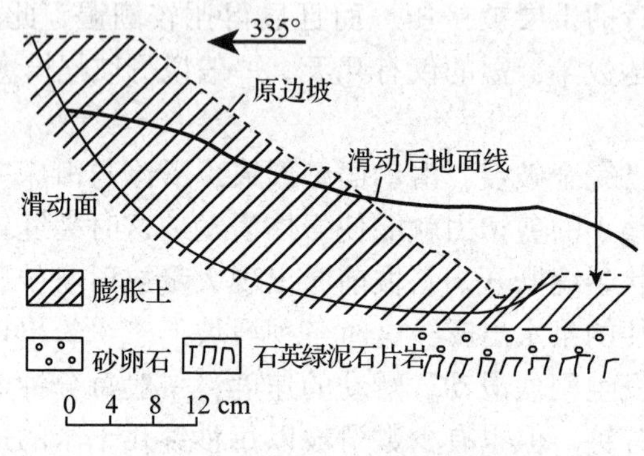

图 4-16　西乡滑坡纵剖面图

(2) 顺层滑坡

这种滑坡一般是指沿着岩层层面发生滑动。特别是有软弱岩层存在时，易成为滑坡面。那些沿着断层面，大裂隙面的滑动，以及残坡积物顺其与下部基岩的不整合面下滑的均属于顺层滑坡的范畴。顺层滑坡是自然界分布较广的滑坡，而且规模较大(图 4-17)。

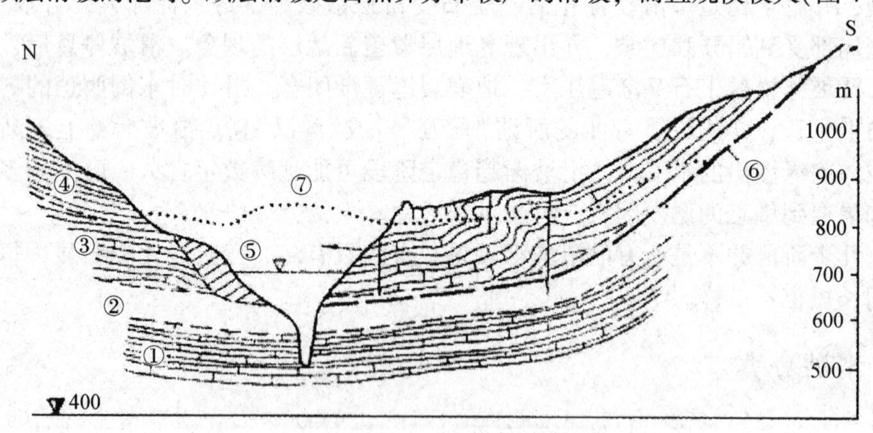

图 4-17　vajont 水库滑坡剖面图(据舍利，1964)

①灰岩；②含黏土岩夹层的薄层灰岩(侏罗系)；③含燧石的厚层灰岩(白垩系)；④泥灰质灰岩；⑤老滑坡；⑥滑动面；⑦滑动后地面线

(3) 切层滑坡

滑坡面切过层面而发生的滑坡称为切层滑坡。滑坡面常呈圆弧形，或对数螺旋曲线，如图 4-18 所示。

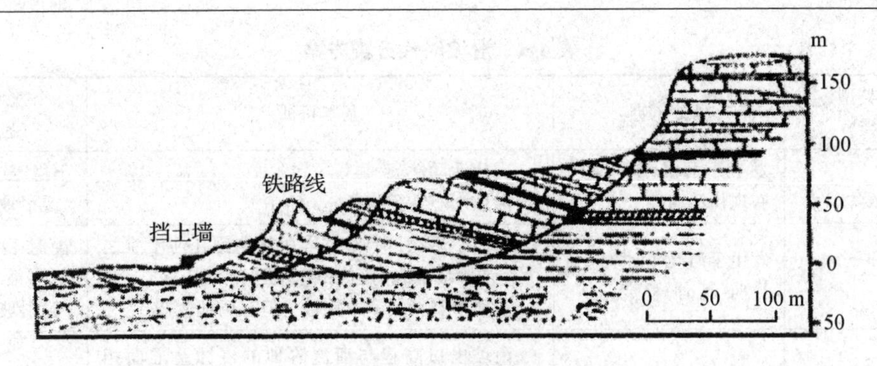

图4-18 切层滑坡

(据 Ward, 1945)

2) 按滑动力学性质分类

主要按决定于始滑位置(滑坡源)所引起的力学特征进行分类。一般根据始滑部位不同而分为牵引式、推落式、平移式和混合式等类型(图4-19)。

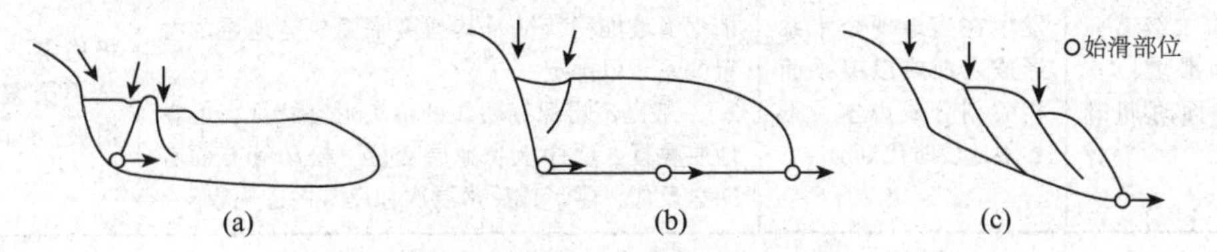

图4-19 始滑部位不同的各类滑坡

(a)推落式滑坡 (b)平移式滑坡 (c)牵引式滑坡

(1)推落式滑坡

这种滑坡主要是由于斜坡上部张开裂缝发育或因堆积重物和在坡上部进行建筑等，引起上部失稳始滑而推动下部滑动。

(2)平移式滑坡

这种滑坡滑动面一般较平缓，始滑部位分布于滑动面的许多点，这些点同时滑移，然后逐渐发展连接起来。

(3)牵引式滑坡

这种滑坡首先是在斜坡下部发生滑动，然后，逐渐向上扩展，引起由下而上的滑动，这主要是由于斜坡底部受河流冲刷或人工开挖而造成的。

(4)混合式滑坡

这种滑坡是始滑部位上、下结合，共同作用。混合式滑坡比较常见。

3) 按滑坡时代分类

卢螽撩等根据自然滑坡发育与河流侵蚀期的关系，建议可将河流侵蚀期作为区分滑坡发生时代的依据，分类方案详见(表4-5)。

表 4-5　滑坡时代分类方案

滑坡类型（亚类）	划分依据	基本特征	稳定性（别称）
新滑坡	发生于河漫滩时期具有现代活动性	1. 现代活动性 2. 滑坡形态特征完备	不稳定（或滑坡）
老滑歧	发生于河漫滩时期目前(暂时)稳定	1. 目前不活动，但滑坡堆积物掩覆在河漫滩之上，或滑坡前缘为河漫滩期堆积物所掩叠 2. 滑坡形态特征基本完备，但有局部改造	暂时稳定或稳定，很易复活（隐滑坡）
古滑坡(一级阶地时期滑坡，二级阶地时期滑坡)	发生在河流阶地侵蚀时期或稍后目前稳定	1. 滑坡出口高程与河流阶地的侵蚀基准面相当；或滑坡体掩覆在阶地堆积上，或后期的阶地堆积掩叠在滑坡体之上 2. 一般已不再保存明显的滑坡形态特征，但在地层叠置，层序上和地层变位、松动等方面有明显反应，常形成反常层次和反常构造现象	稳定，不易复活（稳滑坡）
始滑坡(二级夷平面时期滑坡，一级夷平面时期滑坡)	发生在当地现今水系形成之前或以夷平面相关划分或以上、下界限地层时代划分	1. 无法找到滑坡与当前水系的相关关系，仅能依据滑坡堆积特征及其与夷平面或老地层的叠置关系予以推定 2. 一般已不再保存明显的滑坡形态特征，但在地层叠置、层序上和地层变位，松动等方面有明显反应，常形成反常层次和反常构造现象	极稳定，几乎完全不会复活(死滑坡)

滑坡与河漫滩，河流阶地的相关是通过滑坡剪出口高程或滑坡堆积物与各时期河流堆积物的叠置关系确定的。如图 4-20 中的(a)~(d)滑坡分别定为一级阶地时期、二级阶地时期、三级阶地时期和河漫滩期滑坡。

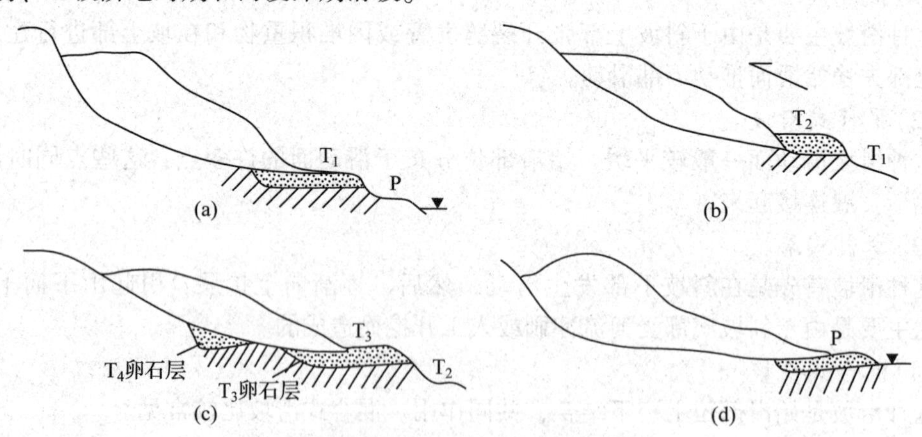

图 4-20　滑坡时代的确定

(a)一级阶地时期古滑坡　(b)二级阶地时期古滑坡
(c)三级阶地时期古滑坡　(d)老滑坡(河漫滩期)

4)按斜坡岩土类型分类

斜坡的物质成分不同，滑坡的力学性质和形态特征也就不一样，特别是表现在滑动面的形状及滑体结构等有所不同。所以按岩土类型来划分滑坡类型能够综合反映其特点，是比较好的分类方法。我国铁道部门按组成滑体的物质成分提出了分类方案，可分为：黏性土滑坡、黄土滑坡、堆填土滑坡、堆积土滑坡、破碎岩石滑坡、岩石滑坡六大类，其中基岩滑坡还可适当详细划分，有人认为可分为软硬互层岩组滑坡，软弱岩岩组滑坡，坚硬—半坚硬岩岩组滑坡和碎裂岩岩组滑坡等。

4.4.4.2 综合因素分类

刘广润等在系统总结前人分类方法与方案的基础上，按滑坡体特征、形成原因和活动情况等，并结合三峡库区的研究成果提出了一套多层次的滑坡分类体系，如图 4-21 所示。

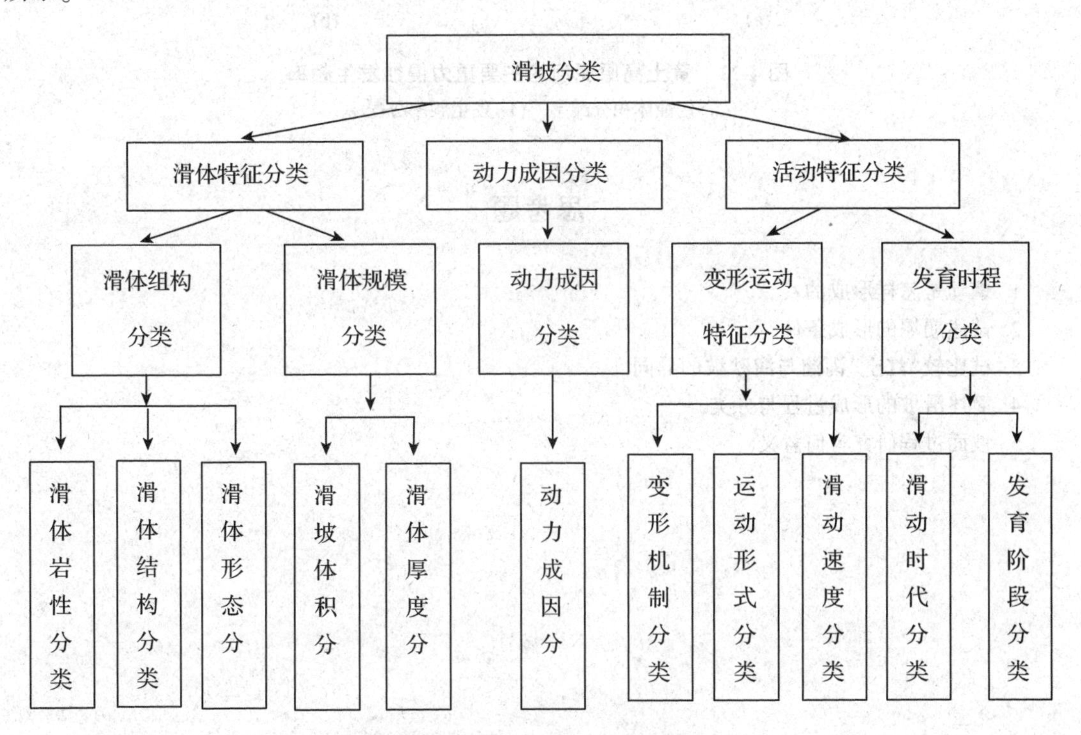

图 4-21 综合性滑坡分类体系框图

这里的滑体特征包括了滑体组构特征（物质组成与结构特征）、形态特征（平面形态的几何形状、剖面形态的高、陡、曲直状况）及滑坡体规模（大小、厚薄）等；动力成因主要为自然动力和人为动力；而变形活动特征则为斜坡变形与运动特征（破坏方式、运动形式、力学机制）及发育过程（滑坡发生时代、活动历史及所处发育阶段）。

在黄土高原，重力侵蚀发生于沟谷地内，往往是沟蚀的伴生产物。水力沟蚀和重力侵蚀都是沟谷地的主要侵蚀产沙方式，侵蚀模数在黄土丘陵沟壑区为沟间地的 1~4 倍，高原沟壑区为沟间地的 15 倍以上。

黄土高原沟道重力侵蚀发生的频率以泻溜为最大，其次为崩塌，滑坡最小；而侵蚀量滑坡最大，崩塌次之，泻溜最小（图 4-22）。

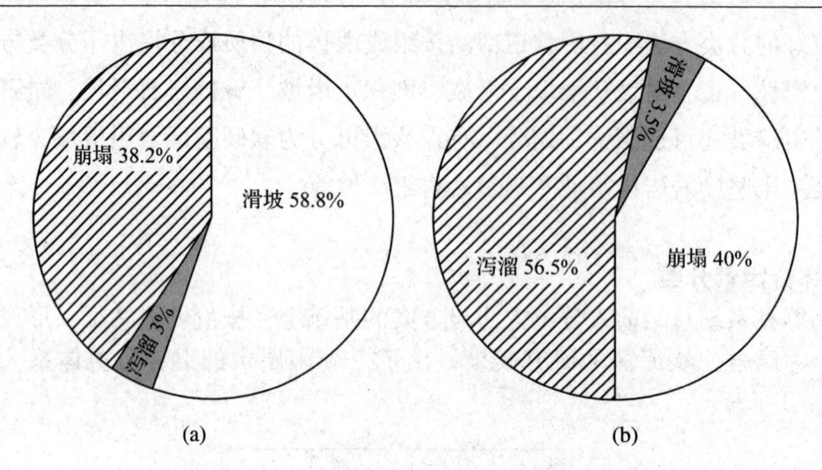

图4-22 黄土高原泥河沟主要重力侵蚀发生频率

(a)侵蚀体积分配率 (b)发生频率分配率

思考题

1. 蠕动是怎样形成的？
2. 试述崩塌的形成条件。
3. 试比较“红土”泻溜与溜砂坡的异同。
4. 简述滑坡的形成过程与分类。
5. 坡面过程研究有何意义？

第5章 混合侵蚀

【本章提要】 混合侵蚀的主要表现形式为泥石流。泥石流常发生于山区或丘陵区的坡面或沟谷中，破坏性极强。泥石流的形成条件、分布与分类、物质组成及动力学特征等是认识泥石流侵蚀的基础，而泥石流沟的判别是进行泥石流研究与防治的前提。

5.1 泥石流的形成

5.1.1 泥石流的特征

泥石流是一种含有大量泥沙和石块等固体物质，突然暴发，历时短暂，来势凶猛，具有强大破坏力的特殊洪流。泥石流中泥沙石块体积含量一般都超过25%，最高可达80%，其容重在1.3t/m³以上，最高可达2.3t/m³。

泥石流的流体性质主要表现为泥石流具有流速梯度 dV_c/dy（V_c为离沟底 y 处的流速），这说明泥石流体与沟底之间有流速逐渐变化的梯度层，而不存在破裂面，并以此与具有破裂面的崩塌、滑坡相区别。

泥石流的土体性质主要表现为具有起始静切力 τ_0。当土体起动后形成过渡性（亚黏性）泥石流时，其 τ_0 一般为0.50~2.55Pa；当形成黏性泥石流时，其 τ_0 一般为2.55~20.0Pa；但是，当形成稀性泥石流时，由于土体在流体中密度小，尤其是细粒物质含量少，在运动中因其结构容易遭到破坏而导致 τ_0 值很小，甚至趋近于零。但由于流体中的土体含量，尤其是细颗粒含量总是大于挟沙水流，细粒间的结构在遭到破坏后也可重建，从而总是保持 $\tau_0>0$，并以此与挟沙水流（高含沙水流）相区别。

泥石流是在径流冲刷和重力共同作用下的混合侵蚀。它既包括了崩塌、滑坡等重力侵蚀为其提供物质补给，又包括了水流的冲刷，尤其是挟带大量固体碎屑物质的浆体冲刷（侵蚀）、输移（搬运）、淤积、冲击、振动和磨蚀作用十分强烈。泥石流输移能力巨大，在5%的比降下，能将上游侵蚀物质全部搬至下游河流，可挟带直径1m以上的巨砾漂浮，一次固体径流总量 $195.1\times10^4m^3$。泥石流使下游沟床以每年2m左右速度抬升，最大达5m，其冲击力一般为200~800N/m²，最高达5 000N/m²，冲起的高度是“龙头”的3~5倍，可达10m以上。泥石流运动，还形成地面颤力和地声，咄咄逼人。由于容重大、流速快，使建筑物混凝土或浆砌体可磨蚀几厘米。由此可知，泥石流成为山区的巨大灾害。

5.1.2 泥石流的形成

泥石流的形成是各种自然因素与人为活动共同作用的结果。这些因素共同构成了泥石流形成的两大条件，即：基本条件和促发条件。

5.1.2.1 基本条件

(1)物源

物源条件是指物源区固体碎屑物的分布、类型、储备量以及补给距离等。通常情况下，区域地质构造越复杂、褶皱断层变动越强烈、规模越大时，岩体破碎就十分发育，提供碎屑物源也就十分丰富，为泥石流的发生创造了物质条件。如我国西部的安宁河断裂带、小江断裂带、波窑断裂带、白龙江断裂带、怒江断裂带、澜沧江断裂带、金沙江断裂带等，成为我国泥石流分布密度最高、规模最大的地带。

地层岩性的组成物质和软硬程度不同，其抗风化和抗侵蚀的能力就不同，从而影响到固体物源量的多少。一般软弱岩性层、胶结成岩作用差的岩性层和软硬相间的岩性层比岩性均一和坚硬的岩性层易遭受破坏，提供的松散物质也多，反之亦然。如长江三峡地区的中三迭统巴东组，为泥岩类和灰岩类互层，是巴东组分布区泥石流相对发育的重要原因。安宁河谷侏罗纪砂岩、泥岩地层是该流域泥石流中固体物质的主要来源。

花岗岩类，由于结构构造和矿物成分的特点，物理和化学风化作用强烈，导致岩体崩解，形成块石、碎屑和砂粒，形成大厚度的风化残积层，当其他条件具备时可形成泥石流。

石灰岩分布地区，灰岩只有经物理风化和经淋溶的残积红土以及经地质构造作用的破碎带，才可能成为泥石流的固体物源。由于石灰岩具可溶性，溶蚀现象发育，塌陷、漏斗等岩溶堆积松散土多见，难以成为泥石流的固体物源，再加上岩溶地区地表水易流入地下，故灰岩地区泥石流现象少见。

此外，当山高坡陡时，斜坡岩体卸荷裂隙发育，坡脚多有崩坡积土层分布；地区滑坡、崩塌、倒石锥、冰川堆积等现象越发育，松散土层也就越多；人类工程活动越强烈，人工堆积的松散层也就越多，如采矿弃渣、生产建设开挖弃土、砍伐森林造成严重水土流失等：这些均可为泥石流发育提供丰富的固体物源。

(2)水源

水既是泥石流的重要组成成分，又是泥石流的搬运介质。发生泥石流的水源主要有降雨、冰雪融水和水库(堰塞湖)溃决溢水。

降雨是我国云南、四川、重庆等20多个省(直辖市)泥石流形成的水源。我国大部分地区降水充沛，并且具有降雨集中、多暴雨和特大暴雨的特点，这为激发形成泥石流起了重要作用。尤其是特大暴雨是促使泥石流暴发的主要动力条件。处于停歇期的泥石流沟，在特大暴雨激发下，甚至有重新复活的可能性。1963年9月云南东川的老干沟，1h内降雨55.2mm，暴发了50年一遇的泥石流。连续降雨后的暴雨，是触发泥石流又一重要动力条件，因为泥石流发生与前期降水造成松散土含水饱和程度与1h、10min的短历时强降雨(雨强)所提供的激发水量有十分密切的关系。据有关资料，在日本，激发泥石流的小时雨强，一般在 30mm 以上，10min 雨强在 7~9mm 以上；滇西部地区激发泥石流的小时雨强 30mm 左右，10min 则在 10mm 以上。

冰雪融水是青藏高原现代冰川和季节性积雪地区泥石流形成的主要水源。特别是受海洋性气候影响的喜马拉雅山、唐古拉山和横断山等地的冰川活动性强，年积累量和消融量大，冰川前进速度快、下达海拔低，冰温接近融点，消融后为泥石流提供充足水源。当夏季冰川融水过多，涌入冰湖，造成冰湖溃决溢水面形成泥石流或水石流更为常见。

当水库溃决，大量库水倾泻，而下游又存在丰富松散堆积土时，常形成泥石流或水石流。特别是由泥石流、滑坡在河谷中堆积，形成的堰塞湖溃决时，更易形成泥石流或水石流。

(3) 地形

地形条件主要指的是泥石流沟或泥石流流域的地貌特征，主要包括沟床纵坡降、坡面地形、集水区面积和斜坡坡向等。通常凡是把发生过泥石流的流域或具备了形成泥石流形成条件的流域，都认定为泥石流流域。一个(条)典型的泥石流流域(沟谷)，通常可分为 4 个区，即清水汇集区、形成区、流通区和堆积区。

清水汇集区位于流域上游，因靠近分水岭，一般植被较好，人类活动轻微，地表状况完整，在暴雨作用下，通常仅形成清水汇流。

形成区一般位于流域上游下段和中游上段或中游，该段沟道和山坡均十分陡峻，崩塌、滑坡和坡面泥石流十分发育，土壤侵蚀特别严重，物质十分丰富，这些物质一旦与清水区和本区段共同形成的沟谷洪流相遭遇便起动形成泥石流。

流通区位于流域的下游或中下游，这一区段的沟道已达到泥石流运动的均衡纵坡，泥石流以通过为主，从总体来看处于不冲不淤状态。

堆积区一般位于流域下游，多数位于山口以外，由于这部分地区地势开阔平缓，泥石流运动的阻力增大而逐渐淤积，最后停止运动(图 5-1)。

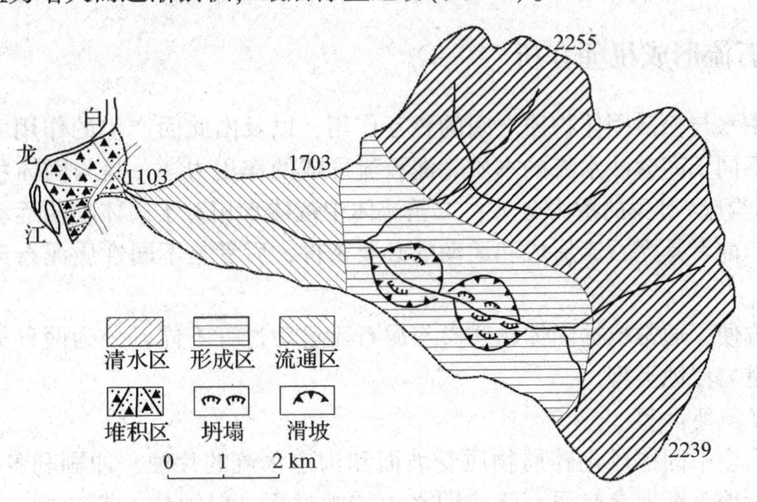

图 5-1 典型泥石流流域(武都甘家沟)分区示意

沟床纵坡降是影响泥石流形成、运动特征的主要因素。一般来讲，沟床纵坡降越大，越有利于泥石流的发生，但比降在10%~30%的发生频率最高，5%~10%和30%~40%的其次，其余发生频率较低。

坡面地形是泥石流固体物质的主要源地之一，其作用是为泥石流直接提供固体物质。沟坡坡度是影响泥石流的固体物质的补给方式、数量和泥石流规模的主要因素。一般有利于提供固体物质的沟谷坡度，在我国东部中低山区多为10°~30°，固体物质的补给方式主要是滑坡和坡洪堆积土层，在西部高中山区多为30°~70°，固体物质和补给方式主要是滑坡、崩塌和岩屑流。

集水区面积的大小对泥石流形成和活动具有不同程度的影响，泥石流多形成于集水面积较小的沟谷，面积为0.5~10km^2者最易产生，小于0.5km^2和10~50km^2其次，发生在汇水面积大于50km^2以上者较少。

斜坡坡向对泥石流的形成、分布和活动强度也有一定影响。阳坡和阴坡比较，阳坡具有降水量较多，冰雪消融快，岩石风化速度快、程度高等有利条件，故一般比阴坡易于发生泥石流。如我国东西走向的秦岭和喜马拉雅山的南坡产生的泥石流比北坡要多得多。

5.1.2.2 促发条件

促发条件包括了激发、触发或诱发条件等。激发条件是指泥石流发生基本条件中某一条件超过一般情况下的强度持续作用；触发条件则是泥石流发生基本条件以外的其他动力作用；诱发条件为影响泥石流发生基本条件的间接因素等。它们的主要表现为：①崩塌、滑坡、冰崩和雪崩等促使土体突然运动；②暴雨、冰川积雪强烈消融、水库等溃决、地下水运动压力增大等使水体和水压力突然增加并强烈推动和冲刷堆积物；③人类活动使坡度变陡、松散土体增高、破坏植被等促使土体发生泥石流运动；④大爆破和地震(烈度大于7度)等，促使泥石流体起动，或使水饱和土体发生液化流动。

5.1.3 泥石流形成机理分析

泥石流中水与松散固体物质之间的相互作用，以及由此而产生的作用力与变化，是泥石流形成不同于高含沙水流的本质。泥石流形成的作用力，一是与固体物质浓度和坡度(含坡面和沟床)有关的重力分力；二是流体中液体水相对于固体物质运动的性质所决定的输移力。前者是泥石流形成和运动的必要条件，后者是不同性质泥石流运动的差异条件。

为分析方便，通常依据固体物质参与泥石流运动过程不同，分为两种类型，即水力侵蚀类型和重力侵蚀类型。

(1)水力侵蚀类型

坡面、沟道中固体风化碎屑物质受坡面和沟道水流的片蚀、冲刷和各种侵蚀作用，固体物质逐渐地不断地参与泥石流，即水力侵蚀过程。侵蚀的不断加剧，挟带的泥沙、石块数量不断增加，而且在运动中又不断搅拌，当固体物质含量达到某一极限值时，且搅拌十分均匀，流体性质发生变化已不再是牛顿体，不同于挟沙水流，成为具有特殊性质和流态的流体，即为泥石流。由此我们看出，这类泥石流的形成实际上是一种水动力过程，其条件必须是水体的流动力P_m要大于固体碎屑颗粒间的总阻力，即

$$P_m > G\cos\alpha \cdot f + C \tag{5-1}$$

或

$$P_m > G\cos\alpha \cdot \tan\varphi + C$$

式中 P_m——水体流动沿坡面的动力；

G——被挟带的固体碎屑物总重量；

α——坡面的坡度；

f——摩擦系数；

φ——颗粒间内摩擦角；

C——颗粒间内聚力。

这类情况，径流量的大小以及坡度大小决定了水流动力，从而决定固体物质的多少，所以多形成稀性和过渡型泥石流。

(2)重力侵蚀类型

坡面和沟道中多成因的固体碎屑物质，受降水、径流的浸润、渗透和浸泡，含水量逐渐增加，于是自身重力将跟着增大，导致堆积碎屑物的内摩擦角和内聚力不断减小，逐步出现渗透水流和动水压力($P_{动} = \gamma JV$)，堆积的碎屑物因摩擦角和内聚力减小而出现液化，导致其稳定性破坏而沿坡面滑动或流动。经过一段时间和一段距离的混合搅拌，固液充分掺混而形成具有特定结构的泥石流体。这类情况是水和碎屑物本身重力作用而产生运动和搅拌的，泥石流的形成条件必须是固体碎屑的内应力τ大于其极限剪应力τ_0，即

$$\tau > \tau_0 \tag{5-2}$$

这类情况，主要是因土体充水使其重力发生变化而引起的运动，一开始就是泥石流的形成过程，多为黏性泥石流。

应当指出，自然界泥石流形成多呈复合型，既有水力侵蚀作用，也有重力作用，还会出现塞阻后溃决发生叠加作用，只不过在时、空变化上，以某一作用为主而已。

5.1.4 泥石流发生的特点

(1)突发性和灾变性

泥石流暴发突然，历时短暂，一场泥石流过程一般仅几分钟到几十分钟。这样给山地环境带来灾变，包括强烈侵蚀和淤积，强大的搬运能力和严重的堵塞，以及与滑坡等活动相促进造成的灾变性和毁灭性。例如，1986年9月22~25日云南南涧县城周围9条泥石流沟暴发泥石流，城镇街道淤沙1m，人民生活环境改变。

(2)活动性和周期性

我国泥石流活动时期时强时弱，具有波浪式变化特点，可划分活动期和平静期。例如，怒江自1949年以来，有明显三个活动期，分别是1949—1951年、1961—1966年、1969—1987年。泥石流的活动周期取决于激发雨量和松散物的补给速度，周期长的数十年至数百年暴发一次。例如，云南东川黑山沟、猛先河重现期为30~50年，四川雅安陆王沟、干溪沟重现期为200年。

(3)群发性和强烈性

由于降雨的区域性和坡体的稳定性，使泥石流发生常具“连锁反应”。1986年祥云鹿鸣山出现“九十九条破菁”同时出现泥石流。据中国科学院成都山地灾害与环境研究所东川站实测，一次泥石流侵蚀模数可达20×10^4~30×10^4t/km²，最大达50×10^4t/km²，平均侵蚀深10m。

(4)季节性和夜发性

泥石流的暴发主要是受连续降雨、暴雨，尤其是特大暴雨集中降雨的激发。因此，泥石流发生的时间规律是与集中降雨时间规律相一致，具有明显的季节性。此外，泥石流还有夜发特点。据统计，云南和西藏80%泥石流集中在夏秋季节的傍晚或夜间，这显然与阵性降雨和冰雪融化有关。

5.2 泥石流的分布与分类

目前，全球除南极洲外，其余六大洲都有泥石流分布。

5.2.1 世界泥石流分布

亚洲山区面积占总面积的75%，地表起伏巨大，为泥石流形成提供了巨大的能量和良好的能量转化条件，也有利于固体碎屑物源的储备，而且降水丰富、冰川发育，泥石流分布最密集。全洲有30多个国家有泥石流分布，泥石流分布密集或较密集的国家有中国、哈萨克斯坦、日本、印度尼西亚、菲律宾、格鲁吉亚、印度、尼泊尔、巴基斯坦等近20个国家。

欧洲地貌虽以平原为主，丘陵、山地只占40%，而海拔高于2 000m的山地仅占2%，但这些山地集中于南部，高耸、陡峭，多火山、地震，降水丰富，冰雪储量大，泥石流分布广泛。全洲20多个国家有泥石流分布，其中意大利、瑞士、奥地利、法国、斯洛伐克、罗马尼亚、保加利亚、塞尔维亚、克罗地亚和俄罗斯等10余个国家有泥石流密集或较密集分布。

北美洲西部为高原和山地，属高耸、陡峭的科迪勒拉山的北段，地震强烈、火山活动频繁，降水丰富，泥石流分布广泛。全洲有10多个国家有泥石流分布，其中美国、墨西哥、加拿大、危地马拉等国家有泥石流密集或较密集分布。

南美洲西部为陡峭、高耸的科迪勒拉山南段，火山活动频繁、地震强烈，有足够的降水和冰雪融水，泥石流分布广泛，危害严重，其分布密度和活动强度仅次于亚洲。全洲各国(地区)都有泥石流分布，其中委内瑞拉、哥伦比亚、秘鲁、厄瓜多尔、圭亚那、玻利维亚、阿根廷等国家有泥石流密集或较密集分布。

非洲为一高原型大陆，较高大的山脉矗立在高原的沿海地带。受地力强烈作用，在东非地区形成了世界上最大的裂谷。在东非和中非火山活动活跃、地震频繁，降水由赤道沿南北两侧逐渐减少，因此泥石流也由赤道(尤其在沿海地带)向两侧减少，但活动强度较低。全洲有近30个国家有泥石流分布，其中尼日利亚、喀麦隆、中非、加蓬、刚果(金)、刚果(布)、马达加斯加等近20个国家有泥石流集中或较集中分布。

大洋洲由1万多个大小不同的岛屿组成，除澳大利亚面积较大外，其余岛屿面积较小，泥石流活动强度较低。全洲仅新西兰、巴布亚新几内亚、印度尼西亚(大洋洲部分)、澳大利亚等国家及瓦胡岛地区有泥石流分布，其中新西兰分布较密集。

5.2.2 我国的泥石流分布

我国泥石流分布十分广泛，北起黑龙江和内蒙古北部，南至海南中南部，东起黑龙江东部和台湾闵林，西到新疆西部，广袤的国土上有31个省(自治区、直辖市)分布有几万条泥石流沟。

大致以大兴安岭—燕山—太行山—巫山—雪峰山一线为界分为两部分，西部的高原、高山、极高山是泥石流最发育、分布最集中、灾害频繁、危害严重的地区；东部除台湾中部高中山区、辽宁东南部低山丘陵区和吉林东南部中低山区有泥石流密集分布外，其余广大地区仅有零星分布，灾害也相对较轻。

把泥石流分布与前述的泥石流形成条件结合在一起进行综合分析后，可知我国泥石流的分布具有：①沿断裂构造带密集分布；②在地震活动带成群分布；③在软弱岩石和软硬相间岩石区成片集中分布；④沿深切割的高山峡谷区呈带状分布；⑤与暴雨和长历时高强度降水分布区域相一致等特点。此外，随海拔的升高，泥石流类型也出现了差异。低海拔(<2 100m)为暴雨型泥石流，海拔升高(2 100~3 500m)发展为冰雪融水——暴雨型泥石流，海拔继续升高(3 500~4 000m)多发生冰川型泥石流，海拔再升高(>4 000m)则会暴发冰湖溃决型泥石流。

5.2.3 我国泥石流的分类

目前，泥石流分类的依据、指标因不同分类的目的而尚未统一，形成了众多的方案。现就几个主要方案作一介绍：

5.2.3.1 按固体物质的组成分类

(1)泥石流

泥石流是指由浆体和石块组成的特殊流体，成分从粒径小于0.005mm的黏土粉砂到几米至一二十米的大漂砾。这种石流体的黏粒比例一般不少于3%~5%(重量比)，它在泥石流中起着十分重要的作用。

(2)泥流

泥流是指发育在黄土高原以细粒泥沙为主要组成物的泥质流。泥流中黏粒含量大于石质山区的泥石流，可达15%(重量比)以上，含有少量碎石岩屑，黏度大，呈稠泥状。在流动过程中，流体表面漂浮有大块土体，泥流体向两侧扩散能力较弱，停积时呈扁平的舌状体，无水流外溢，在泥流发育的沟道里或堆积区，可以看到大大小小的泥球或碎屑球。

(3)水石流

水石流是指发育在大理岩、白云岩、石灰岩、砾岩和部分花岗岩山区，由水和粗砂、砾石、大漂砾组成的特殊流体，黏粒含量小于泥石流和泥流，其形成和性质类似于山洪。

5.2.3.2 按泥石流的性质分类

(1)稀性泥石流

稀性泥石流的特点是：①流体内水含量多于固体颗粒含量，固体颗粒含量占总体积的10%~14%，容重为1.3~1.8t/m³；②运动中浆体是搬运介质，浆体流速较固体颗粒流速快，呈紊动状；③有冲有淤以冲刷为主，堆积扇上表现为大冲大淤，或集中冲，分散淤；④不易造成堵塞和阵流现象，亦无明显"龙头"，泥石流体在沟口处停积后，水与泥浆慢慢流失，形成表面比较平整的扇形体。东川大桥沟泥石流是这类的典型。

(2)黏性泥石流

黏性泥石流特点为：①流体内的固体物质含量很高，可达80%以上，容重为2.0~2.2t/m³；②流体内含大量黏土和粉砂，形成黏稠的泥浆；③流动时有明显的阵流，每次阵流时间只有几分钟，但有很大的能量，在泥石流前端，大石块被推成高耸的"龙头"；④侵蚀能力和搬运能力很强，常侵蚀岸坡和铲刮谷底，龙头能推动巨大石块向前移动，泥浆可顶托石块浮动。堆积物保持原有结构，含有大量泥球。蒋家沟泥石流为这一类代表。

(3)过渡性泥石流

过渡性泥石流特点介于以上二者之间。①固体含量较多，容重在1.8~2.0t/m³；②运动过程中有层流，也有紊流，或随时间、区段的不同，流态交替出现；③有时大冲大淤，有时以冲为主，具有较大冲击力和破坏作用。

5.2.3.3 按形成泥石流的原因或主导因素分类

这种类型的划分是以主导作用条件为依据的。所谓主导作用条件是指决定泥石流规模大小，控制泥石流发生与否，以及今后泥石流的活动趋势的因素。由于分类以主导作用来划分，又称成因类型。

(1)冰川泥石流

冰川泥石流指分布在高山冰川积雪盘踞的山区，其形成发展与冰川发育过程密切相关，在冰川的前进与后退、冰雪的积累与消融及其所伴生的冰崩、雪崩、冰碛湖溃决等动力作用下所发生的一种泥石流。按其水体和固体物质补给方式的不同，又可分为冰雪消融型、冰雪消融—降雨混合型、冰崩—雪崩型、冰湖溃决型4个亚类。

(2)降雨泥石流

降雨泥石流指在非冰川地区，以降雨为水体来源，以其他松散堆积物(如山崩滑坡堆积物、黄土堆积物、风化剥蚀岩屑物等)为固体物质补给来源而形成的泥石流。这类泥石流又可分为暴雨型、台风雨型、降雨型三个亚类。前两类是指达到暴雨标准或台风过境才发生泥石流；而降雨型泥石流是指无须达到暴雨标准亦可发生泥石流。我国西北、华北和东北山地多有暴雨型泥石流；台湾、海南以及东南沿海山地和东北、华北沿海某些山区多有台风雨型泥石流，西南山区多出现降雨型泥石流。

(3)共生泥石流

共生泥石流是一种特殊的成因类型，它往往与其他自然灾害相伴而生，是这些自然灾害直接作用的结果。如滑坡型泥石流、山崩型泥石流、湖库溃决型泥石流、冰崩雪崩型泥石流和地震型泥石流，这种共生泥石流的特点是动能和规模大，历时极短，整个过程只有几分钟，以致人们防不胜防而酿成巨大灾害。

5.2.3.4 按运动流型分类

(1)连续型泥石流

这类泥石流是从开始到结束都是连续过程，也就是说它的过程线是连续的(无断流)，仅有一个高峰，可有一定的波状起伏或不规则的阶梯，这种起伏与普通洪水相比要明显得多。连续流多见于稀性泥石流。

(2)阵流型泥石流

阵性流的基本特点是两阵流之间有断流，泥深、流速、流动过程线为锯齿状，两齿间流量为零(阵与阵之间有泥深，无速度，所以流量是零)，蒋家沟泥石流也是这一类代表。

5.2.3.5 按运动流态分类

(1)紊流型泥石流

紊流态运动的泥石流体可划分为浆体和固体两部分。水和细颗粒组成浆体，作为输送介质，粗颗粒作为被输送物质。这类泥石流容重一般在1.5~1.8 t/m^3，石块随浆体推移跳跃前进，整个流体波浪翻滚，流向破碎，紊动明显。

(2)层流型泥石流

此类泥石流浓度很高，一般容重达1.9~2.3 t/m^3，流体中除漂石外，石块与浆体同速，浪头有紊动，其后流面光滑平顺，层间有摩擦，流线受到干扰，石块略有转动。流速一般在4 m/s左右。

(3)蠕流型泥石流

此类泥石流容重高2.3 t/m^3以上，已接近极限浓度，所有的粗颗粒物料紧密镶嵌排列，粒间浆液黏滞力很大，流动时结构不受破坏，无层间交换，但速度缓慢，活像蟒蛇蠕动，其速度一般小于1 m/s。

5.2.4 我国泥石流危险性分区

根据泥石流发育的自然环境、灾害程度、沟谷的基本特征、发展趋势的相对一致性和区域范围的完整性，把全国划分为西南印度洋流域极大危险泥石流大区、东南太平洋流域最大危险泥石流大区、东北太平洋流域危险泥石流大区和内流及北冰洋流域一般危险或无危险泥石流大区4个大区15个小区(表5-1)。

表5-1 中国泥石流危险分区

大 区	亚 区
Ⅰ西南印度洋流域极大危险的泥石流区	$Ⅰ_{1A}$怒江最危险区 $Ⅰ_{2B}$雅鲁藏布江中等危险区
Ⅱ东南太平洋流域最大危险的泥石流区	$Ⅱ_{3A}$金沙江、澜沧江最危险区 $Ⅱ_{4A}$岷江最危险区 $Ⅱ_{5A}$嘉陵江最危险区 $Ⅱ_{6A}$雅砻江最危险区 $Ⅱ_{7B}$长江中等危险区 $Ⅱ_{8C}$珠江较危险区
Ⅲ东北太平洋流域危险的泥石流区	$Ⅲ_{9B}$泾河、洛河中等危险区 $Ⅲ_{10B}$黄河上游中等危险区 $Ⅲ_{11A}$黄河中游最危险区 $Ⅲ_{12B}$黄、淮、海中等危险区 $Ⅲ_{13C}$松花江、辽河较危险区
Ⅳ内流及北冰洋流域一般危险或无危险的泥石流区	$Ⅳ_{14D}$新疆、西藏、内蒙古内流微弱或无危险区 $Ⅳ_{15D}$额尔齐斯河微弱危险区

5.3 泥石流的粒度组成与作用

5.3.1 泥石流容重及粒度组成

5.3.1.1 泥石流容重

泥石流容重是指单位体积泥石流流体的质量(t/m^3)。它的大小反映了泥石流结构，影响泥石流的物理学性质，从而造成不同的侵蚀、输移和堆积。

一般稀性泥石流容重1.3~1.8t/m^3，黏性泥石流容重2.0~2.2t/m^3，过渡性泥石流在1.8~2.0t/m^3之间。不同容重其含沙量不同，一般含沙量在1 000kg/m^3以上，最高可达2 180.3kg/m^3。

泥石流容重受固液相组成、固体物质特性及土体特性影响(表5-2)。通常固体物中大颗粒含量高和比重大的颗粒多，容重大；反之，容重小。泥石流容重在同一阵次中随时空不同而变化。一般从上游到下游，容重随固体颗粒的加入而增大；同一流域不同次泥石流，因降水不同和固体物质供给的差异，表现不同的容重；对同一阵次而言，通常“龙头”容重较高，此后逐渐降低。

表 5-2 泥石流体容重和固液相组成特征值

类　型	挟沙洪水	稀　性 泥石流	过渡性 泥石流	黏性 泥石流	低浓度黏性 泥石流	中浓度黏性 泥石流	高浓度黏性 泥石流
容重(t/m^3)	1.17	1.57	1.73	2.12	2.04	2.20	2.23
体积比浓度(%)	10.00	33.52	43.92	65.85	61.15	70.56	72.32
质量百分含量(%)	23	57	67	84	81	87	88
固体绝对含量(t/m^3)	0.26	0.91	1.39	1.77	1.68	1.90	1.94
>2mm 石块含量(t/m^3)	0.0	0.28	0.67	1.09	0.99	1.22	1.25
<2mm 石块含量(t/m^3)	0.26	0.63	0.72	0.68	0.69	0.68	0.69
<0.005mm 黏粒含量(t/m^3)	0.12	0.19	0.19	0.18	0.18	0.18	0.17
泥浆容重(t/m^3)	1.05	1.40	1.57	1.67	1.62	1.71	1.75
结构紧密率	0.1	0.3	0.5	0.7	0.66	0.70	0.80
结构参数(cm)	0	0.02	0.10	0.31	0.16	0.40	0.87
结构类型	松散	较松散	过渡	紧密	较紧密	紧密	极紧密
水分含量(t/m^3)	0.90	0.66	0.34	0.35	0.36	0.30	0.29

注：引自吴积善．云南蒋家沟泥石流观测研究．科学出版社，1990。

5.3.1.2 泥石流粒度组成

泥石流流体中固体颗粒粒度范围很宽，从几微米到几米，但限于取样的困难，表 5-3中反映的粒度组成在 100mm 以下，实测到的最小粒径为 0.001 3mm，占固体颗粒总重的 3%~14% 左右。

一般挟沙洪水和稀性泥石流的粒度组成较均一，粒度范围窄，颗粒离散度小(离散度为未加分散剂与加入分散剂的黏粒累积百分数的比值)。99% 以上是小于 2mm 的泥沙，其中粗砂占 14%~37%、粉砂和黏粒占 82%~62%。

黏性泥石流粒度组成范围宽，离散度大。其中 >2mm 的石块占固体物质质量的 65% 以上，沙粒占 18% 左右，粉黏粒占 18% 左右。具体如图 5-2 和表 5-3。

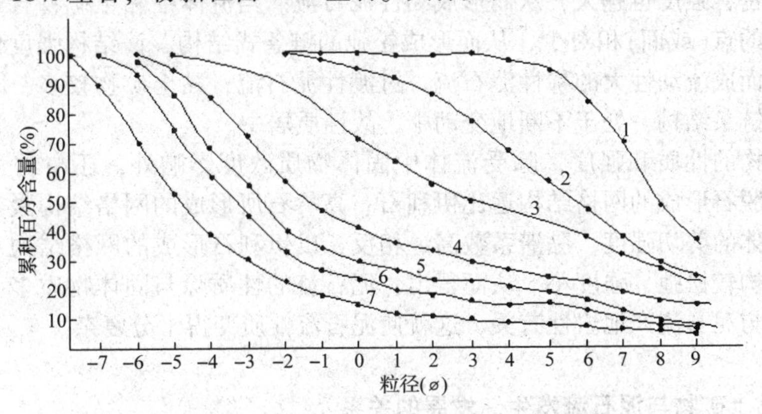

图 5-2 蒋家沟泥石流粒度累积百分含量曲线

1. 挟沙洪水 2. 稀性泥石流 3. 过渡性泥石流

4、5、6. 分别为低中、高浓度黏性泥石流 7. 形成区样品

表5-3 各类泥石流颗粒粒级组成

极值	挟沙洪水			稀性泥石流		
	>2mm 石块	2~0.05mm 砂	<0.05mm 粉黏粒	>2mm 石块	2~0.05mm 砂	<0.05mm 粉黏粒
最高值	0.80	43.61	96.50	0.71	59.29	82.00
最低值	0	3.50	55.50	0	18.00	40.00
平均值	0	14.68	85.42	0.30	36.93	62.53
极值	过渡性泥石流			黏性泥石流		
	>2mm 石块	2~0.05mm 砂	<0.05mm 粉黏粒	>2mm 石块	2~0.05mm 砂	<0.05mm 粉黏粒
最高值	68.90	37.51	47.00	75.30	30.00	29.95
最低值	14.67	18.00	12.00	40.00	9.50	6.40
平均值	41.11	27.60	28.10	65.23	18.32	18.04

5.3.2 黏土矿物组成与泥石流的关系

5.3.2.1 黏土矿物组成

粒径小于0.01mm的颗粒为黏土矿物，呈现出悬浮胶液性质，对泥石流性质影响颇大。主要的黏土矿物有：水云母(伊利石)、绿泥石、蒙脱石、高岭石、埃洛石和海泡石等。此外，还有非黏土矿物——赤铁矿、针铁矿、白云母、滑石、石英、长石、硅藻等矿物。

黏土矿物的亲水特性，加之比表面巨大和扁平的晶形特征，使泥石流性质各异。一般黏粒含量<3%时，为稀性泥流；>5%时为黏性泥石流，介于3%~5%间的为过渡性泥石流。

5.3.2.2 黏土矿物对泥石流性质的影响

黏土矿物颗物呈薄片状，具有亲水特性。由于水化膜厚度在颗粒表面的边缘处最薄，相互间产生很大吸引力，形成所谓网格结构。泥石流体中含有较多黏土矿物时，网格结构越紧密，强度也越大，从而形成黏性泥石流。当流体中黏土矿物含量较少时，因黏粒间接触的点(或面)相对少，从而形成松弛的链条式结构，该结构强度低，稍受扰动即被破坏，而成流动性大的稀性泥石流。过渡性泥石流，黏土矿物较多，既可形成网格结构，也有链条结构，处于不断地变动中，故性质居中。

网格结构的性质和强度，除受流体中固体物质浓度影响外，还与黏土矿物类型有关。一般蒙脱石形成的网格结构远比伊利石、高岭石所形成的网格结构紧密，且强度大得多，故流体的剪切强度、黏滞系数高。相反，以伊利石形成的网格结构、绿泥石等形成的网格结构较松弛，强度小。从而得出，泥石流的性质除与固体物质多少、黏粒含量有关外，还与泥石流产地岩性有关，这就使泥石流性质变得十分复杂。

5.3.2.3 黏土矿物与泥石流发生、发展的关系

①黏土矿物总含量虽不高，但比表面积大，可将比它大数万倍的砂、砾石块包裹起来，在一定的含水量和其他条件下，使源地土石体结构松散，摩擦力和凝聚力降低，极易流失，形成泥石流。

②黏土矿物的亲水特性，使源地土石体增重，易于发生重力侵蚀，并使泥石流在发展中易于获得大量固体物质，使其不断发展扩大。

③绿泥石、蛭石等吸水膨胀性强的矿物，一旦吸水后促进土岩体崩解、崩坍和滑动。因此，虽然流域面积不大，却可产生惊人的固体物质，从而由一般侵蚀转化为泥石流侵蚀。

5.4 泥石流的动力学特性

泥石流的动力学特性主要包括泥石流的流态、流速、流量、冲击力和冲淤变化等。

5.4.1 泥石流的流态

受泥石流性质、沟床条件、形成源地及供给量的影响，泥石流流态多样，主要有5种：

(1)蠕动流

蠕动流多为黏性泥石流体。泥石流暴发时在粗糙的沟床上“铺床”前进，或上游供给不足似蛇身匍匐缓慢前进，流速一般在0.3~0.5m/s。当沟床纵坡十分开阔平展时，泥石流龙头也会如此。

(2)层动流

泥石流体多为过渡性或黏性。在沟道平直、坡度不太大的情况下，高浓度的泥石流体呈整体运动，体内无物质的上下交换过程，表现层流运动。流速变化大，为5~15m/s，具有极大浮托力，使巨石像船一样漂浮。

(3)紊动流

稀性泥石流与部分过渡性泥石流的流态一般多呈紊动流。泥石流浆体较稀，或沟道比降大而导致流动湍急，浆体中石块运动多呈滚动、跃移或平移，石块间相撞击、摩擦，发出轰鸣。

(4)滑动流

近似层流的整体运动，是在高黏度泥石流“铺床”后，依惯性力作用在“润滑剂”上滑动前进。一般而言，底床坡度越大，床面越光滑平直，越容易产生滑动流。

(5)波动流

黏性泥石流与部分接近黏性的过渡性泥石流的流态一般多呈波动流。实质上是一种特殊的自动形态流，即当沟道泥石流残留层较厚时，在纵坡影响下，较厚浆体在重力作用下，向下形成一个波状流动体，并迅速下泄，与因堵塞形成的阵性流十分相似。

5.4.2 泥石流运动速度

泥石流沿坡面在自重分力作用下向坡下运动，除了受阻和初期发育时流速较小外，通常以极大的速度奔腾向前。一般流速在6~10m/s，最大达13m/s。泥石流在沟槽中运动，多数情况是属于龙头具有强烈扰动的惯性运动。日本学者高桥堡认为，一般的泥石流是以惯性为主的颗粒剪切流，因之在计算流速时，可概化为稳定均匀流，采用谢才—满宁公式为基础推导求出。目前的主要流速计算式按泥石流类型有以下几种。

5.4.2.1 稀性泥石流

(1)铁道部第一勘测设计院推荐适于西北地区公式

$$V_c = \frac{1.53}{a} \cdot R_c^{\frac{2}{3}} \cdot I^{\frac{3}{8}} \tag{5-3}$$

式中 V_c——求得的平均流速(m/s);

R_c——流体水力半径(可近似取泥石流泥位深)(m);

I——泥石流面坡降(‰);

a——阻力系数，其值计算式：

$$a = (\varphi \cdot r_s + 1)^{\frac{1}{2}}$$

$$\varphi = \frac{r_c - r_w}{r_s - r_c} \tag{5-4}$$

式中 φ——泥石流泥沙修正系数;

r_c——泥石流容重(t/m³);

r_w——清水容重(t/m³);

r_s——泥石流中固体物质容重(t/m³)，一般取2.4~2.7。

(2)铁道部第二勘测设计院推荐适于西南地区公式

$$V_c = \frac{1}{\sqrt{r_H^{\varphi+1}}} \cdot \frac{1}{n} \cdot R_c^{\frac{2}{3}} \cdot I^{\frac{1}{2}} \tag{5-5}$$

式中 $\frac{1}{n}$——清水河槽糙率;

其余符号意义同前。

(3)北京市政设计院推荐适于华北地区公式

$$V_c = \frac{m_w}{a} \cdot R_c^{\frac{2}{3}} \cdot I^{\frac{1}{10}} \tag{5-6}$$

式中 m_w——河床外阻力系数，见表5-4。

表5-4 河床外阻力系数

分类	河床特征	m_w	
		$I>0.015$	$I\leqslant 0.015$
1	河段顺直，河床平整，断面矩形，抛物线形漂石，砂卵石，或黄土质河床，平均粒径0.01~0.08m	7.5	40
2	较顺直，由漂砾碎石组成单式河床，河床质较均匀，大块石径0.4~0.8m，平均粒径0.4~0.2m，或弯曲不太平整的Ⅰ类河床	6.0	32
3	较顺直，巨石漂砾，卵石组成河床，大石径0.1~1.4m，平均0.1~0.4m，或较大弯曲不太平整的Ⅱ类河床	4.8	25
4	较顺直不平坦，由巨石、漂石组成，大石径1.2~2.0m，平均粒径0.2~0.6m，或较弯曲不平整的Ⅲ类河床	3.8	20
5	弯曲严重，断面不规则，有树、石严重堵塞	2.4	12.5

(4)东川泥石流流速改进计算公式

结合西南地区的特点，东川泥石流试验站将公式进行了改进，公式如下：

$$V_c = \frac{m_c}{a} \cdot R^{\frac{2}{3}} \cdot I^{\frac{1}{2}} \tag{5-7}$$

式中 m_c——泥石流沟床粗糙率系数；

其余符号意义同前。

式(5-7)为西南地区现行的泥石流流速计算公式。

5.4.2.2 黏性泥石流流速公式

(1)东川泥石流改进公式

陈光曦等根据东川站153阵次泥石流观测资料得出：

$$V_c = K \cdot H_c^{\frac{2}{3}} \cdot I_c^{\frac{1}{5}} \tag{5-8}$$

式中 K——黏性泥石流流速系数，由内插法查下表5-5求得；

H_c——平均泥深(m)；

I_c——泥石流水力坡度(‰)，可用沟床比降代替。

表5-5 流速系数 K 值

H_c(m)	<2.5	3	4	5
K	10	9	7	5

(2)中科院冰川所提出甘肃武都地区公式

$$V_v = m_c \cdot H_c^{\frac{2}{3}} \cdot I_c^{\frac{1}{2}} \tag{5-9}$$

式中 m_c——泥石流沟床粗糙率系数，由下表5-6可用内插法求得。

表5-6 m_c 值

类	河床特征	m_c			
		H_c(m)			
		0.5	1.0	2.0	4.0
1	黄土区沟，平坦开阔，流体中石块少，纵坡比降2%~6%，阻力低弱型	—	29	22	16
2	中小沟，一般平顺，含大石块较少，比降为3%~8%，阻力属中型	26	21	16	14
3	中小沟，狭窄弯曲，有跌坎，或虽顺直且含许多大石块的稀泥石流，比降4%~12%，高阻力型	20	15	11	8
4	中小沟，碎石河床，不平整，比降10%~18%	12	9	6.5	—
5	弯曲，多顽石跌坎，床面极不平顺，比降12%~25%	—	55	3.5	—

(3)通用公式

康志成等人根据西藏、东川、武都三地泥石流资料，分析得出：

$$V_c = \frac{1}{n_c} \cdot H_c^{\frac{2}{3}} \cdot I^{\frac{1}{2}} \tag{5-10}$$

式中 n_c——黏性泥石流沟床粗糙率，由表5-7查出；

其余符号意义同前。

表5-7 通用式 n_c 值

序号	泥石流流体特征	沟床状况	粗糙率	
			n_c	$1/n_c$
1	流体呈整体运动，石块径悬殊，多30~50cm，2~5m直径占20%，龙头由大石块组成，在弯道或开阔处易停积，后续流可超越通过，龙头流速小于龙身流速，堆积呈垅岗状	沟床极粗糙、有巨石和树木堆积，多弯道和大跌水，沟内不能通行，流通段比降10%~15%，高阻型河床	平均0.270； H_c <2m时， 0.445	3.570 2.570
2	流体呈整体运动，石块较大，一般粒径20~30m，含少量2~3m大石，流体搅拌均匀，龙头紊动强烈，有烟雾或火花，前后流速一致，停积成垅岗状	沟床较粗糙，凸凹不平，石块较多，有弯道跌水，流通段纵比降7%~10%，高阻型河床	H_c <1.5m时， 0.05~0.03， 平均0.04； H_c >1.5时， 0.05~0.10， 平均0.067	20~30 25 10~20 15
3	流体均匀，石块径在10cm上下，有个别2~3m大石，前后颗粒组成基本一致，龙头紊动强烈，浪花飞溅，停积石块与浆体不分，向四周扩散呈竹叶状	沟床稳定，床质均匀，粒径10cm上下，受冲刷沟床不平且粗糙，流水沟两侧平顺，但粗糙，比降5.5%~7%，阻力属中型或高阻型	0.1m< H_c <0.5m， 0.043； 0.5< H_c <2.0m， 0.077； 2.0< H_c <4.0m， 0.100	22 13 10
4	流体均匀，石块径在10cm上下，有个别2~3m大石，前后颗粒组成基本一致，龙头紊动强烈，浪花飞溅，停积石块与浆体不分，向四周扩散呈竹叶状	泥石流铺床黏附层为浆体，变得光滑平顺，利于运动，低阻型	0.1< H_c <0.5m， 0.023； 0.5< H_c <2.0m， 0.033； 2.0< H_c <4.0m， 0.050	46 26 20

5.4.3 泥石流的流量与输沙

泥石流的流量过程不同于洪水流，它可以是阵流也可以是连续流，其过程和峰值出现也与洪水差异极大。

5.4.3.1 泥石流流量计算

泥石流流量(搬运输移量)包括峰值流量和一次泥石流过程总量。由于流速计算方法不完善，需谨慎选取不同参数，才能有较高精度的结果。

1)泥石流峰值流量

最常用的有调查法和配方法。

(1)形态调查法

与洪峰流量调查法类似，选择沟道顺直，断面变化不大，无阻塞，无汇流，无回流的调查段，该段无明显冲淤变化，且泥痕清晰(由目击者指认，过境留下泥痕、擦痕等)，然后量测该段泥石流流面比降(不清时可用沟底比降代)、泥位高度 H_c(或水力半径)，量几个断面面积参数，求平均值，并用泥石流流速计算式求出 V_c后，即可用下式来求解：

$$Q_c = W_c V_c \tag{5-11}$$

式中　Q_c——泥石流流量(m^3/s)；

W_c——过流断面积(m^2)；

V_c——泥石流流速(m/s)。

(2)配方法

该法是假定泥石流与暴雨同频率且同步发生，计算出暴雨洪水流量全部转变为泥石流。这样先按水文法算出断面不同频率的小流域暴雨洪峰流量 Q_{pw}(参阅当地水文手册)，然后选用下列其中之一计算泥石流搬运流量。

①不考虑泥石流土体天然含水量：

$$\begin{cases} Q_{pc} = (1 + \varphi_c) Q_{pw} \\ \varphi_c = \dfrac{r_c - r_w}{r_s - r_c} \end{cases} \tag{5-12}$$

式中　Q_{pw}——频率为 p 的暴雨洪水流量(m^3/s)；

Q_{pc}——与 Q_{pw} 同频率泥石流峰值搬运流量(m^3/s)；

φ_c——泥沙修正系数；

其余符号意义同前。

②考虑土体天然含水量：

$$\begin{cases} Q_{pc} = (1 + \varphi_c) Q_{pw} \text{ 或 } Q_{pc} = (1 + \varphi_c - p_w) Q_{pw} \\ \varphi_c = \dfrac{r_c - 1}{[r_s(1 + P_w) - r_c(1 + P_S P_w)]} \end{cases} \tag{5-13}$$

式中　p_w——泥石流土体天然含水量(%)；

其余符号意义同前。

③考虑堵塞条件：

$$Q_{pc} = (1 + \varphi_c) Q_{pw} D \tag{5-14}$$

式中　D——泥石流堵塞系数，根据东川观测资料，其值在 1.0~3.0，D 值与堵塞时间 t_a呈正比，与泥石流流量 Q_c呈反比，其关系为：

$$D = 0.87 t_a^{0.24}$$

和

$$D = \frac{5.87}{Q_c^{0.21}} \tag{5-15}$$

当堵塞系数不易得到时，亦可查表 5-8。

2)一次泥石流过程总输移量

总输移量可通过堆积区调查和实测得出，在无条件时，可以用以下方法进行估算。

根据泥石流历时 T 和最大流量 Q，按其暴涨暴落特点，将泥石流过程概化成五角形(图 5-3)。这样通过某一断面一次泥石流总量(含水、泥沙) W_c 可计算。

表 5-8 堵塞系数 *D* 值

堵塞系数	特 征	容重（t/m³）	黏度（Pa·c）	堵塞系数 *D*
严重	河槽弯曲，河段宽不均，卡口陡坎多，大部分支沟交汇角度在，形成区集中，物质组成黏性大，稠度高，沟槽堵塞严重，阵流时间间隔较长	1.8~2.3	1.2~2.5	>2.5
中等	沟槽较顺直，宽窄较均匀，陡坎卡口不多，主支沟交角多小于60°，形成区不大集中，河床堵塞情况一般，流体多呈稠浆—稀粥状	1.5~1.8	0.5~1.2	1.5~2.5
轻微	沟槽顺直均匀，主支沟交汇角小，基本无卡口，陡坎形成区分散，物质组成黏稠度小，阵流时间间隔时间短而少	1.3~1.5	0.3~0.5	<1.5

$$W_c = \frac{19TQ_c}{72} \tag{5-16}$$

一次泥石流冲出搬运的固体物质总量 W_s 按下式计算：

$$W_s = C_v W_s = \frac{(r_c - r_w)W_c}{r_s - r_w} \tag{5-17}$$

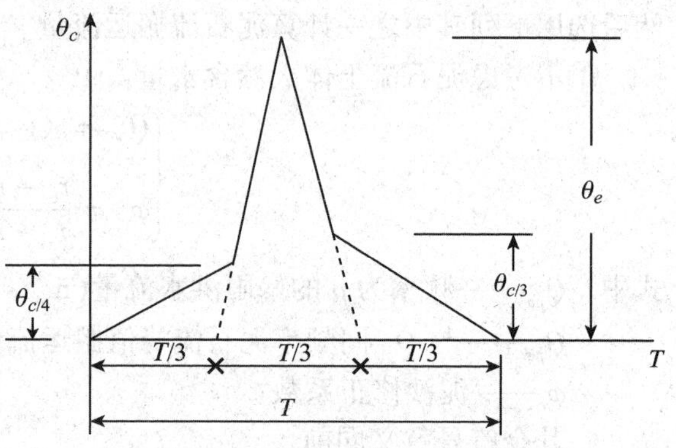

图 5-3 泥石流过程概化图

5.4.3.2 泥石流的输沙特性

一般泥石流中固体碎屑 90% 来自重力侵蚀，10% 来自坡面径流冲刷，其含沙量达 2 180kg/m³。

(1) 含沙量的变化

泥石流过程含沙量的变化可划分为：前期稀性泥石流含沙过程，黏性泥石流含沙过程，后期稀性泥石流含沙过程和挟沙水流含沙过程。

前期稀性泥石流含沙过程，是从水流正常含沙量（如 159kg/m³）很快增加到黏性泥石流含沙量（如 1 900kg/m³）。这一过程非常短暂，一般几分钟到 30min，或没有明显出现这一过程。黏性泥石流含沙过程线呈波状变化，一般波动范围在 1 580~2 180kg/m³，含沙量达最高，且较稳定，输沙率仅仅是流量的函数，因之称为主要的稳定输沙过程。这一过程的长短决定于降水量的强度。后期稀性泥石流输沙过程是泥石流结束阶段，含沙量从 1 600kg/m³ 下降到 800kg/m³，下降速度非常快。这是因流速流量骤降，大量固体碎屑物质落淤，使浓度很高的泥石流很快转化到挟沙水流，从 800kg/m³ 降到 150kg/m³ 的含沙量，却需要很长时间，一般为 8~10h。这是沟谷中正常水流冲刷停淤下来的细颗粒，直到河床充分粗化形成稳定的河床质为止，所以时间较长。

对于不同泥石流总输沙过程，如图 5-4 所示，能够看出黏性泥石流输沙过程变化相对小，但含沙量大；稀性泥石流输沙变化过程较大，以前期含沙量最大，后期渐小；挟沙水流输沙过程则呈上凹曲线。

(2) 泥石流输沙特性

泥石流的输沙特征表现为：①泥石流输沙率取决于泥石流流量和含沙量，输沙率的

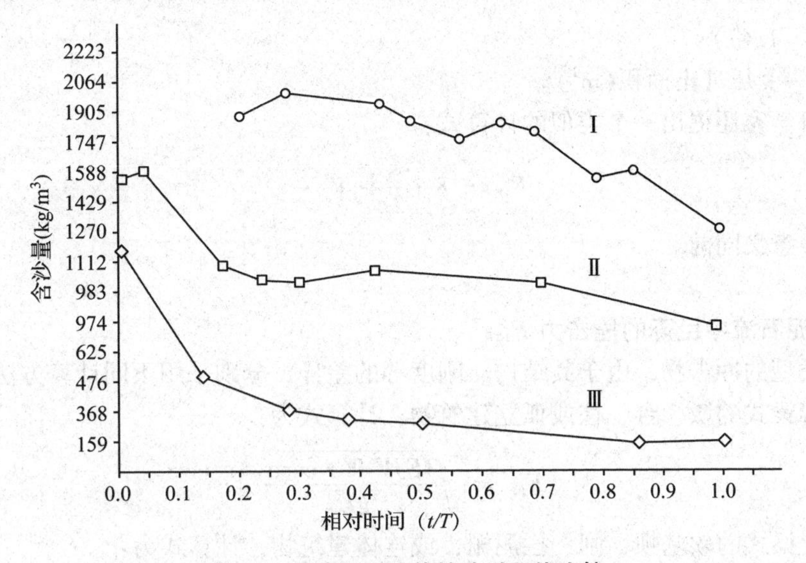

图 5-4 各类泥石流体输沙过程线比较

t. 测点历时 *T*. 总历时 Ⅰ. 黏性泥石流 Ⅱ. 稀性泥石流 Ⅲ. 挟沙水流

变化是它们的函数，即与流量、含沙量呈正相关。②泥石流输沙过程分为挟沙洪水、稀性泥石流和黏性泥石流，过程的变化取决于水源的水量和沙源的沙量，而主要输沙过程是黏性泥石流，输沙率和输沙量均高。③泥石流具有高强度的输沙能力，同黄河下游最高输沙相比，在流量同为 2 000m³/s 情况下，黄河输沙率 90t/s，泥石流输沙率 3 800t/s（蒋家沟），高出 40 倍以上。

5.4.4 泥石流的冲击力计算

泥石流含有大大小小的碎屑颗粒，在沟谷中快速运动，具有极大的破坏动能，称为冲击破坏。其冲击破坏力，称为泥石流的冲击力。冲击力具有叠加性（浆体运动的动压力和浆体中巨石的撞击力）、脉冲性和随机性等特征。

泥石流破坏对象主要是各类建筑物，如桥梁、楼、闸的墩、柱、坝基等，因而计算冲击力多以此为对象。

5.4.4.1 泥石流流体的压力 $F_{压}$

$$F_{压} = \lambda \frac{r_c}{g} \cdot V_c^2 \cdot \cos^2\alpha \tag{5-18}$$

$$F_{压总} = F_{压} S \tag{5-19}$$

式中 $F_{压}$——流体整体的压力（t/m²）；

r_c——泥石流容重（t/m³）；

V_c——泥石流流速（m/s）；

g——重力加速度（m/s²）；

α——冲击物受力与冲击方向的夹角；

λ——冲击物的形状系数（圆形建筑物为 1.0，矩形建筑物为 1.33，方形建筑物为

1.47)；

S——受压冲击面积(m^2)。

苏联科学家还提出一个类似的计算式：

$$F_{压} = K \cdot \frac{r_c}{2g} \cdot V_c^2 \cdot \alpha \tag{5-20}$$

各符号意义同前。

5.4.4.2 泥石流中巨砾的撞击力 $F_{撞}$

不同类型的冲击物，由于其结构、刚度等的差异，分别采用不同计算方法。

对悬臂梁式的墩、台、柱或孤立建筑物，计算式为：

$$F_{撞} = \sqrt{\frac{3EJV^2W \cdot \cos\alpha}{gL^3}} \tag{5-21}$$

对简支梁式的软基坝、闸、拦泥栅，或连体建筑物，计算式为：

$$F_{撞} = \sqrt{\frac{48EJV^2W \cdot \cos\alpha}{gL^3}} \tag{5-22}$$

式中 $F_{撞}$——石块撞击力(N)；

E——被冲物的弹性模量(t/m^2)；

J——被冲物截面中心轴的惯性矩(m^4)；

L——被冲物的长(m)；

V——石块运动速度(m/s)；

W——石块淹没后的有效质量(kg)，可由下式求得：

$$W = \left(r_s - \frac{1}{N}r_c\right)V \tag{5-23}$$

式中 $\frac{1}{N}$——石块淹没系数；

V——石块体积(m^3)；

r_s——石块容重；

r_c——泥石流容重(t/m^3)。

中国科学院成都山地灾害环境研究所1981年用利子达依沟大桥被毁来检验，认为流体整体冲压力一般较小，不足以破坏桥梁，而巨大砾石的集中冲击力却是惊人的，远远超过桥墩所能承受的最大剪力。巨石冲击力计算式为：

$$F = RV_c \cdot \sin\alpha \cdot \sqrt{\frac{W}{C_1 + C_2}} \tag{5-24}$$

$$F = \rho AV_cC \tag{5-25}$$

式中 C_1，C_2——巨石和桥梁墩的弹性变形系数，$C_1 + C_2 = 0.005$；

R——能量削减系数，对圆头墩正面撞击，$R = 0.3$；

ρ——石块密度(t/m^3)；

A——撞击接触面积，取$0.015m^2$；

V_c——石块速度(m/s);

C——石块弹性波传递速度，取4 000m/s;

W——石重(t)。

计算结果表明，式(5-24)冲击力达1 200t，接近剪切力，式(5-25)为2 100t，远大于抗剪强度，而流体以10m/s速度进行，总冲击力375t(单位面积23.5t/m^2)。显然，泥石流的巨大侵蚀力与所含石块尤其与大径石块是分不开的，这是和一般水力侵蚀不同的最大区别。

5.4.5 泥石流的输移和冲淤变化

5.4.5.1 泥石流的输移特性

泥石流的输移，是通过自身流动将其固体物质由一地移动到另一地的过程。泥石流输移固体颗粒的形式为悬移、推移和整体输移3种方式，与水流对泥沙的输移过程不尽相同，输移量非常巨大。

1)泥石流体的结构和悬浮承载能力

泥石流的网格结构，使结构体悬着在水体中，构成细粒泥浆。砂粒则与其形成具有网粒(粒膜)结构的粗粒浆体。石块粗粒与浆体结合构成框架结构。这种独特的结构体，使其具有强大有悬浮和承载力。

(1)稀性泥石流体

稀性泥石流的含沙量为447~1 271kg/m^3，其中黏性颗粒188~377kg/m^3，平均1m^3水中有黏性颗粒232~464kg/m^3。这样网格结构松弛，当泥石流静止时，石块、粗砂可像在水体中那样，分选下沉。通常沉速仅为水体中的$\frac{1}{50}$~$\frac{1}{10}$，非常缓慢。黏性颗粒因形成网格，不能单粒沉降，而是以结构体的缓慢“压缩”与水分离。

(2)黏性泥石流体

黏性泥石流含沙量1 588~2 065kg/m^3，其中黏性颗粒283~410kg/m^3，相当于1m^3水中有586~1 458kg/m^3黏性颗粒。网格和网粒结构强烈紧张，石块不能单独下沉，呈整个浆体“压缩”沉降。

(3)过渡性泥石流体

其性质介于上述两者之间，石块粗粒可以悬着，也可以低速沉降。

上述可见，泥石流体的悬浮和承载力是巨大的，尤其黏性泥石流，在含沙量极高的情况下，也能悬浮而不析出。

2)泥石流体的输移方式和能力

泥石流体中颗粒输移可分为单粒输移和整体输移两种形式，其中单粒输移又分为悬移和推移两类。泥石流因具特有结构，其输移能力巨大，对不同性质泥石流，随搬运条件变化，输移能力和输移形式也在变化。

(1)稀性泥石流

黏性颗粒构成浆体成为搬运介质，呈整体输移。而0.02~2.00mm的砂粒呈悬移质，

>2.00mm 粒径的石块以推移质前进。稀性泥石流总输移能力 S_c（又称挟沙能力）是由以下三部分构成，即悬着质（颗粒在水中不能因浮力上浮，也不会受重力而下沉，始终悬着于水体之中）、悬移质、推移质。

悬着质的输移能力 S_1 与泥石流的拖曳力和紊动强度有关，只要沟床有足够比降能使泥石流体运动，则悬着质可全部输移下游。因之 S_1 等于上游部分的来沙量。

悬移质的输移能力 S_2 与泥石流容重和紊动有关，可用修正的水流挟沙公式计算：

$$S_2 = K'\left(\frac{r_c^3}{gh\omega}\right)^m \cdot \frac{r_m}{r_H - r_m} = K\left(\frac{r_c^3}{gh\omega}\right)^m \tag{5-26}$$

式中 K'——系数，其中 $K = K'\left(\frac{r_m}{r_H - r_m}\right)$；

r_m——泥石流浆体容重（t/m^3），稀性泥石流采用 <0.02mm 的细粒浆体容重，黏性泥石流用 <2.0mm 粗粒浆体容重；

m——指数，一般为1；

其他符号意义同前。

推移质的输移能力 S_3 取决于拖曳力和浆体容重。钱宁用输沙强度参数和水流强度参数的函数关系表示挟沙水流的推移质输沙能力，泥石流研究中尚未找到二者的关系，因之通常用稀性泥石流中推移质含沙量 ρ_3 求得，即

$$S_3 = \rho_3 = r_s C_{VD} \tag{5-27}$$

式中 r_s——推移容重（t/m^3）；

C_{VD}——推移质平均体积比浓度，用实测资料点绘得出。

(2) 黏性泥石流

黏性泥石流体由于上述结构特征，细粒和粗粒共同组成网格结构体，静止时颗粒不上浮也不下沉，只要有比降，拖曳力（$\tau = r_c hj$）大于河床摩阻力（$\tau_f = r_c hf$），则流体不断向前运动。通常可见到 2.0m 以上巨砾漂流到沟口，可见输移能力之大（表 5-9）。

表 5-9 泥石流流速、流量、输沙一览表

类 型	泥深 (m)	流面宽 (m)	流速 (m/s)	流量 (m^3/s)	含沙量 (kg/m^3)	输沙量 (kg/s)	备 注
稀性泥石流	0.4	35	2.0	2.95	1 230	3 629	前后两次观测平均
黏性泥石流	1.4	40.3	9.4	613	1 921	1.2×10^6	前后三次观测平均

注：1983 年 6 月 12 日和 1985 年 8 月 20 日蒋家沟泥石流。

影响泥石流输移因素较多，但“流量大输沙大”的特点十分明显，在三类泥石流中以黏性泥石流输移最大。

3) 泥石流输移特征

(1) 输移能力巨大

泥石流的运动能量由构成泥石流的泥沙的重力或由构成泥石流的泥沙的重力与水的动力组成，因此动力源十分充足和强大。泥石流在运动过程中，除一部分能量耗散于流体内部及其与沟床之间碰撞、摩擦和侵蚀沟床外，其余能量成为推动泥石流自身运动的动力。由于泥石流沟谷分布在山南水深、沟坡陡急的山区，因此不仅固相物质和水的位

能巨大，而且位能转化成动能的条件也十分优越，加之在运动过程中，由于泥浆的润滑与减阻作用，耗散的能量较小，促进自身运动的能量很大，因而泥石流的输移能力巨大。

(2) 输移规模不等

尽管泥石流具有巨大的输移能量，但这巨大的能量能否成为泥石流的输移动力，还受构成泥石流的能量载体——泥沙石块和水的制约，在能量条件一致的情况下，泥石流的输移规模决定于能量载体的多寡。由于能量载体数量的不等，造成泥石流输移规模(输移量)的不等。

(3) 输移形态多样化

泥合流的输移形态是多种多样的，有紊动输移，蠕动、层动、滑动和波动输移，以及弱紊动和弱紊动层动输移等形态。多姿多态的泥石流输移，是由泥石流丰富多彩的性质决定的，是水流和其他流体所无法比拟的。

(4) 输移距离短

泥石流一般发生在山区小流域，小流域的地形远比其汇入的主河(沟)谷地陡峭，因此，当泥石流进入主河(沟)谷地时，由于地势变得平坦、开阔，流体能量迅速耗尽而形成堆积，或堵断主河(沟)，或被主河(沟)稀释而变性成高含沙水流。可见，泥石流受孕育其发生发展的小流域控制，输移距离通常是很短的。

5.4.5.2 泥石流的冲淤变化

泥石流的侵蚀和堆积是泥石流最大灾害的表现。上游的冲刷造成沟坡、沟床的后退和下切，产生崩坍、滑坡；下游的堆积，摧毁建筑，淹没粮田，损失惨重。了解这些对于防灾减灾十分重要。

1) 泥石流的冲淤方式

泥石流的冲淤方式具有挟沙水流和滑坡的特性。稀性泥石流的冲淤与挟沙水流较接近，呈单颗粒起动或淤积；而黏性泥石流接近滑坡，呈整体运动或堆积，过渡性泥石流介于上述二者之间，单颗粒起动、落淤和整体运动、堆积并存。

(1) 单颗粒的起动和落淤

稀性泥石流的冲刷随流速而增加，细颗粒被拖曳带走，使床面颗粒逐渐“粗化”，保护下部细颗粒免受冲刷。若流速减小，细颗粒落淤，形成较细的盖层。若再次暴发泥石流，流速很大(与流量有关)，则可把粗化层揭走，沟床急剧冲刷。

(2) 层状冲刷和堆积

黏性泥石流的冲、淤，除巨大石块之外，石砾、砂粒和浆体不发生分离，构成层状剥蚀和堆积。冲刷时无分选的成层被揭走，落淤时不以单颗粒形式进行，而是成层落淤。

(3) 整体侵蚀和停积

当泥石流流体十分黏稠时，石块、砂、粉砂和黏粒互不分离，形成整体极紧密的格架结构(如崩坍、滑体那样)。冲刷时整体下移，遇障碍可以停积，也可翻越连续前进，一般流体下部土体较稀，上部黏稠，停积时整体停积。

2) 泥石流的冲淤变化

(1) 泥石流运动的剪切力

泥石流运动的冲淤变化，表面为泥石流运动的剪切力和剪切阻力(包括颗粒间摩擦力、内聚力以及运动阻力等)之间的关系。若运动剪力大，运动中发生侵蚀；相反，运动剪力小，则发生淤积。

泥石流体在重力作用下沿坡面运动，设坡面与水平面的夹角为 θ，流体深度为 H_c，我们以坡面建立坐标系，坡面为 X 轴，法向为 Z 轴，若取一距坡面为 Z 以上流体对下层做相对运动(图5-5)，取一个单位长、宽、高泥石流体，其质量 $dm = [1]^3\rho_c$，其重心相对于剪切面沿 X 方向的相对运动速度 $\delta V_{xz} = \frac{[1]}{2} \cdot \frac{\mathrm{d}V_{xz}}{\mathrm{d}z}$，即重心距离与剪切速率的乘积，则该单位流体沿 Z 面的剪切力：

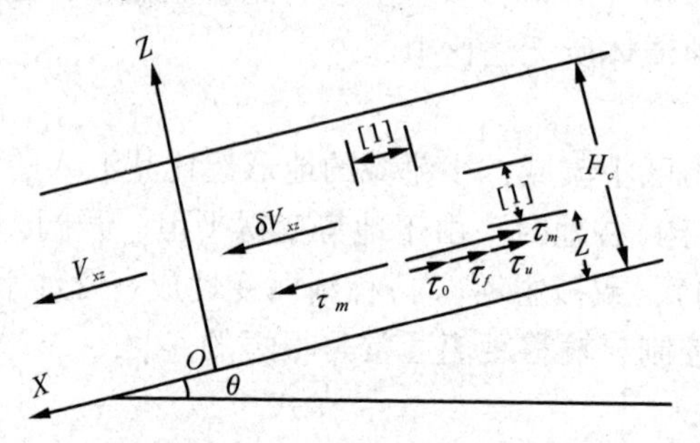

图5-5　泥石流流体剪力分析图

$$\tau = [1]^3\rho_c \cdot \frac{\mathrm{d}\delta V_{xz}}{\mathrm{d}t} = \tau_m - \tau_c \tag{5-28}$$

式中　ρ_c——泥石流容重；

$\frac{\mathrm{d}\delta V_{xz}}{\mathrm{d}t}$——流体在 Z 面沿 X 方向的相对加速度；

τ——剪切合力；

τ_m——作用在该单位流体底部的运动剪切力，$\tau_m = [1]^2(H_c - Z)\rho_c g \cdot \sin\theta$；

τ_c——作用在该单位流体底部的运动剪切阻力：τ_c = 底面内摩擦力 + 流体内聚力 + 运动阻力 $= [1]^2(H_c - Z)\rho_c \cdot \cos\theta \cdot \tan\varphi_m + [1]^2\tau_0 + [1]^4 a\rho_c\left(\frac{\mathrm{d}V_{xz}}{\mathrm{d}z}\right)^2$。其中，$a$ 为运动阻力系数，$a = (\sin\gamma \cdot \cos\gamma \cdot \tan\varphi_m + \cos^2\gamma)/2$，$\gamma$ 为流体运动方向与碰撞面法线方向的夹角。

(2) 影响冲淤变化的因素

影响泥石流冲淤变化的因素有泥石流性质及组成、比降、泥深和流量、侵蚀基准、沟谷形态和组成物质可运性等方面。

一般稀性泥石流流体容重愈大，挟沙能力愈大，冲刷就愈剧烈；而黏性泥石流，流体容重大，黏度高，泥深厚时冲刷概率大，泥深小时淤积可能性增加。

沟床比降大小，直接影响泥石流的挟沙能力。因此，比降愈大，无论何种泥石流，冲刷能力均增大，一般沟床比降 >10% 时，以冲刷为主；而 <5% 时，以淤积为主；而

不冲不淤的稳定比降为：

$$J = 0.17 \left(\frac{d_{50}}{F}\right)^{0.2} \tag{5-29}$$

式中 d_{50}——沟床组成物的中值粒体；

F——流域面积。

泥深和流量与冲刷呈正相关，无论何种性质泥石流均如此。当泥深 <0.2m 时，多发生淤积；泥深 >0.5m 时，多发生侵蚀。

侵蚀基准的影响是能够改变坡降的，通常有人工和自然侵蚀基准，在泥石流冲刷、淤积的变化中，可形成堆积临时基准或被侵蚀消失的变化。一般在狭窄的"V"形上游沟谷，沟床窄，下切侵蚀快。蒋家沟的门前支沟年平均下切近3.0m，中游呈"U"形，出现冲刷交替。由于沟床相对宽，一般在规模大且流速大时冲刷，流速小且规模小时淤积。沟口附近及以下，以淤积为主。

泥石流的冲淤变化还受沟道弯曲、支沟汇入及沟谷宽度变化的影响，形成局部的特殊冲淤现象。在沟道弯曲处，受主流顶冲泥面升高，增大其泥面比降，冲刷剧烈，尤其黏性泥石流，可形成20m深的侵蚀槽。当沟道束窄，或支流交汇处，泥石流速突然增大，造成强大的冲刷力。相应，弯道凸岸、沟床展宽等处会出现淤积。

(3)泥石流冲淤变化的时空特征

由于影响泥石流的诸因素在时空上的规律变化，导致了泥石流冲淤的时空变化。

①泥石流从上游到下游的冲淤变化，通称沿程变化。鉴于规模由小到大，沟床条件由窄陡到宽浅，因之上游为冲刷段，中游为冲淤交替段，下游为堆积段。

②在泥石流沟的局部会因弯曲、支流交汇、谷身束窄等变化而引起小范围的局部冲淤。通常弯道下游、主流顶冲段、束窄沟段、裂点下游、支游交汇口多出现冲刷，相应在弯道凸岩、沟谷宽段、束窄段上游多出现堆积。

③流域林草覆盖率高，冲淤变化不明显且微弱。若裸露面积扩大则冲淤变化明显，且加剧。

④一般在一年中规模大的泥石流冲刷，规模小泥石流多淤积，有的泥石流处于冲淤交替的动态平衡中。

⑤稀性泥石流每一次开始以冲刷为主，黏性泥石流多要"铺床"形成淤积，若规模很大，则转为冲刷。过渡性泥石流，初期以冲刷为主，中期冲淤交替出现，后期以淤积为主，其中细小颗粒被带至下游。

5.5 泥石流沟判别

泥石流沟判别的目的在于找出那些已经发生过泥石流或有产生泥石流条件、尚存潜在发生可能的沟谷，为泥石流防治提供具体对象。

目前，判别泥石流沟有基本条件和充分条件，基本条件是指泥石流发生的条件；充分条件是指泥石流运动遗迹和堆积物特征。

5.5.1 泥石流沟判识依据

泥石流的判别有以下 3 种结果：①某条沟是泥石流沟；②某条沟不是泥石流沟；③某条沟可能是泥石流沟。主要判别工作流程如图 5-6 所示。

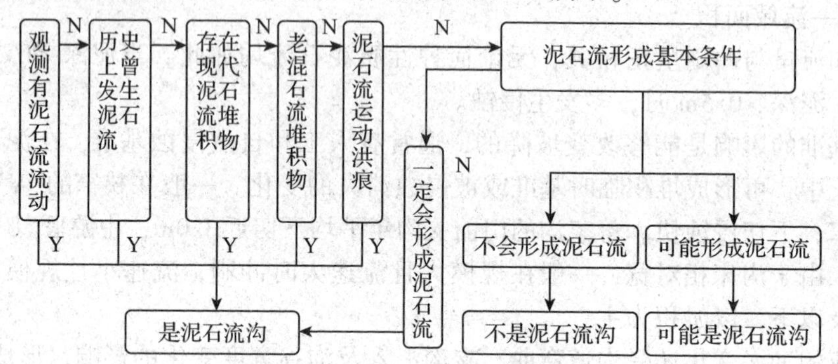

图 5-6 泥石流沟判别工作流程图

（据陈宁生 等，2011）

5.5.2 条件分析

5.5.2.1 松散固体物质的供给与储存条件

(1) 构造

沟谷处在活动大断裂附近；沟内有破碎带存在，断层、节理、裂隙发育，岩体比较破碎。

(2) 岩性

沟内裸露软硬相间或软弱易风化岩层，如泥岩、页岩、千枚岩、凝灰岩、胶结差的半成岩地层和土类堆积物、抗风化能力弱的花岗岩、玄武岩等；存在较厚的残破积层，并与其下基岩之间有相对不透水层。

(3) 侵蚀

沟内崩塌、坍塌、滑坡等重力侵蚀比较活跃，分布相对集中；水土流失、坡面侵蚀比较强烈；物理风化比较发育。

(4) 松散固体物质赋存

沟道中有大量滑塌等重力侵蚀和坡面侵蚀堆积物(往往为倒石堆)；存在初切去扇缘的支沟泥石流与坡面泥石流堆积扇；沟床上具有较厚的砂砾石层；谷坡上存在较厚的冰碛物或堆积台地。

5.5.2.2 地形地貌条件

(1) 流域特征

多为漏斗形、条形流域；相对高差一般在 300m 以上，坡面泥石流的相对高差一般在 200m 以上；沟谷切割比较强烈，沟多密度较大。

(2)沟道特征

沟床平均比降一般在10%以上，起动段沟床比降一般大于26%，部分衰退期泥石流沟沟床平均比降往往小于10%；沟道中部多为峡谷地形，存在陡坎和跌水。

(3)坡面坡度

山坡较陡，平均坡度一般大于25°。

5.5.2.3 水分供给条件

(1)降雨

沟谷所在地出现大于某一量值(称作临界降水量)的降雨，它随雨型、区域气候与松散固体物质补给条件而异。一般来说，秦岭、淮河以南稍小，以北稍大。表5-10列出我国部分地区泥石流形成降雨条件的经验标准。

表5-10 我国部分地区泥石流形成的降水条件

地区	年降水量(mm)	雨季降水量占年降水量的比例(%)	发生泥石流的一次最大降水量(mm)	激发泥石流的临界降水量(mm)	备注
东川	839.8	88		6.8~14.8	临界降水以10min计
大盈江	1 486.8	63.1		5~10	
西昌	1 042.6	96	127	>10	
武都	479.1	86.8	170	10	
兰州	328.5	80	120	30~50	临界降水以1h计
天水	554.9	80	101	30~50	
北京郊区	662.4		252	100	
秦岭	730.4		143.7	>16	

注：宝成铁路北段。

(2)冰雪消融

沟内存在冰川积雪，5~8月日平均气温在9~10℃时，会产生大量冰雪融水；若雨热同期出现，则更易激发泥石流。

(3)堤坝溃决

沟道上游存在稳定性较差的各种坝体，如强度不够或有结构病灶的塘库水坝，滑坡、崩塌、地震等堵沟形成的天然堆石坝，冰碛堰塞坝等。

(4)地下水活动

沟内有较强的地下水活动，地下水位在松散层与基岩界面上下波动。

凡具备上述固体物质、地形、供水三种条件相组合的沟谷，都有可能发生泥石流。

5.5.3 活动遗迹分析

5.5.3.1 堆积物特征

泥石流堆积扇在断面上呈锥形，在平面上呈扇形；其纵、横比降较大，前者为3°~12°，后者为1°~3°；表面垄岗起伏，坎坷不平，洪积扇纵、横比降小，分别为1°~3°；表面较为平整，泥石流常在沟道下游留下残留堆积和堤状堆积。

(1)堆积剖面

在堆积剖面上，一般可用表泥层或粗化层将泥石流堆积物分成若干层次，每层代表一次泥石流活动；层内黏土、砂、砾石粗细混杂，无分选，粒径相差悬殊，稀性泥石流堆积物的砾石粗看杂乱无章，仔细分析则可显示明显地定向排列。

(2)颗粒特征

泥石流体中的砾石往往存在碰撞擦痕。与冰川擦痕比较，泥石流擦痕短而浅，擦面粗糙，黏性和偏黏性泥石流堆积物中常常有泥球或泥裹石。

5.5.3.2 泥石流活动痕迹

(1)残积物

泥石流流过后，在沟道两侧地形变化处、基岩裂缝中、沟谷两侧较高部位、树杈、树皮、杂草间及建筑物上，都会遗留下泥石流物质。

(2)抛高和超高堆积物

泥石流在直进中，遇到障碍物(孤石、建筑物、陡坎等)形成上抛运动，在这些障碍物上留下高于正常流面(泥位)的堆积物；泥石流流经弯道时，在凹岸强烈碰撞产生超高，在低于超高高度的沟岸留下堆积物。

(3)擦痕

泥石流过后，在弯道凹岸和顺直段两岸基岩面上常留下冲蚀、刻蚀痕迹，如冲光面、冲击坑、擦痕等；沟道树干上留下撞击擦痕等，由于其他营力也可形成类似痕迹，这一指标应与其他指标配合使用。

(4)其他痕迹

泥石流过境后，还会留下一些具有特殊颜色和形态的特征，如寺庙、房屋墙壁上留下的泥痕，土墙被冲刷后留下的粗糙斑痕，青砖墙被浸润后表面由灰色变为褐色，建筑物被冲毁后留下的残迹，沟床两岸被泥石流冲刷后不易生长植物的区段等。

泥石流活动痕迹是判识泥石流沟的最有力标志，除擦痕不能单独作为判别依据外，在一个沟谷中，只要发现其中任何一种痕迹，即可判定为泥石流沟。

泥石流来势凶猛，破坏力强，往往给当地人民带来严重损失，群众对泥石流事件的记忆比较深刻，相传久远。判别泥石流沟，可进行群众访问、座谈、收集过去发生泥石流的情况，帮助确认。

谭炳炎在总结前人研究成果的基础上，选用地貌因素、河沟因素和地质因素3个一级指标，流域面积、相对高差、山坡坡度、植被、河沟扇形地貌、产沙区主沟横断面特征、纵断面特征、沟内冲淤变化、堵塞情况、泥沙补给段长度、岩石类型、构造特征、不良地质现象、产沙区覆盖平均厚度、松散物储量15个二级指标，27个三级指标和30

个四级指标，采用量化方法对沟道可能发生泥石流的严重程度进行了评判(表5-11)。

对表中的得分求和后，依据分值的大小可将发生泥石流的严重程度分为四级，即：严重的，$N>87$；中等的，$87>N>63$；轻微的，$63>N>33$；没有的，$N<33$。

表5-11 泥石流判别因素及其分析

因素	特征指标		泥石流沟						非泥石流沟	
			限界值	评分	限界值	评分	限界值	评分	限界值	评分
地貌因素	流域面积(km²)		0.2~2.0	4	2~5	3	<0.2	2	>100	1
	相对高差(m)		>550	4	500~300	3	300~100	2	<100	1
	坡面坡度(°)		>32	5	32~25	4	25~15	3	<15	1
	植被	覆盖率(%)	<10	8	10~30	6	30~60	4	>60	1
	植被	类型	裸山		草地		幼林		中龄林、成熟林	
	河流扇形地貌：扇形发育状况	完整	扇形完整，有舌状堆积，崩缘被大河切割，扇形不完整	12	扇形完整，舌状堆积明显，大河切割，前缘不凸出	9	扇形地保存不完整，无舌状堆积	6	无沟口扇形地，仅有一般河道边滩心滩	1
	河流扇形地貌：扇形发育状况	扇面坡度(°)	>6		6~3		<3		0	
	河流扇形地貌：扇形发育状况	发育程度	扇形地发育，新老扇形地清晰可辨，规模大		有扇形地，新老扇形规模不大		扇形地不发育，间或发生		无	
	河流扇形地貌：挤压大河程度	大河河型	河型受扇形地控制，发生弯曲或堵塞断流		河型无较大变化		河型无变化		河型无变化	
	河流扇形地貌：挤压大河程度	大河主流	主流明显受扇形地挤压偏移		主沟受迫偏移		主流大水不偏		主流不偏	
河沟因素	产沙区主沟横断面	断面形态	"V"形谷或下切"U"形谷、谷中谷	4	拓宽"U"形谷	3	平坦型	2	平坦型	1
	产沙区主沟横断面	泥沙堆集	沟岸多为不稳定松散物，沟内有厚层冲积洪积物		河岸不稳定，沟内有冲积洪积物		沟岸基本稳定，沟内为冲积洪积物		河岸稳定，沟内为洪积物	
	纵断面	纵断面形态	沟内有乱石堆，跌水等	8	沟内有少量乱石堆、跌水等	6	沟内无跌水、纵剖面陡缓相间	4	纵剖面平滑	1
	纵断面	主沟坡度(°)	>12		12~6		6~3		<3	
	堵塞情况	堵塞长与沟长比(%)	10	4	10~2	3	<2	2	0	1
	堵塞情况	堵塞程度	严重		中度		轻度		无	
	泥沙补给段长度比	泥沙补给河段长度与主沟长度比(%)	>60	12	60~30	9	30~10	6	<10	1
地质因素	岩石类型		黄土软岩、风化严重的花岗石	5		4		3		1

（续）

因素	特征指标		泥石流沟						非泥石流沟	
			限界值	评分	限界值	评分	限界值	评分	限界值	评分
地质因素	构造特征	抬升沉降	强抬升区	8	抬升区	6	相对稳定区	4	沉降区	1
		构造特征	构造复合部、大构造带、地震活跃带、6级以上地震区		构造带、地震带、4~6级地震区		构造边缘地带、地震影响场，4级以下地震区		构造影响无或很小	
		断层节理	断层破碎带、主干断裂带，风化节理严重发育区		顺沟断裂、中小支断层风化节理发育		过沟断裂、小断裂或无断裂、风化节理一般		无断裂	
	不良地质现象	崩坍滑坡	崩坍滑坡等重力侵蚀严重，多深层滑坡和大型崩坍	12	崩坍滑坡发育，多浅层滑坡和中小型崩坍	9	存在零星崩坍滑坡	6	无崩坍滑坡	1
		沟槽侵蚀	沟槽侵蚀严重		沟槽侵蚀中等		沟槽侵蚀轻微		一般泥沙搬运	
		人类不合理活动	严重		中度		轻度		无	
	产沙区覆盖层平均厚度(m)		>10	4	10~5	3	5~1	2	<1	1
	松散物储量	一次可能来量(m^3/km^2)	>5 000	4	5 000~2 000	3	2 000~1 000	2	<1 000	1
		单位面积蓄量(m^3/km^2)	>100 000		100 000~50 000		50 000~10 000		<10 000	
		年平均侵蚀模数(t/km^2)	>15 000		15 000~5 000		5 000~1 000		<1 000	

5.6 崩岗

崩岗系指岩体或土体在重力和水力的综合作用下，向临空方向突然崩落的现象。“崩”系指崩塌类的侵蚀方式，“岗”则指经常发生这种类型侵蚀的原始地貌类型，故崩岗具有发生和形态的双重涵义。崩岗主要分布在我国南方的广东、福建、江西、湖南等地的厚层花岗岩风化物地区，常常造成严重危害。

5.6.1 崩岗侵蚀的类型

崩岗侵蚀按其发生的地形部位和岩土性质的差异可划分为条形崩岗、瓢形崩岗和弧形崩岗3类，如图5-7所示。

(1)条形崩岗

多发生在陡峻的直形坡上，崩岗上下大致等宽，呈长条形，纵剖面与斜坡坡面一致，形成类似梳齿排列。相邻的条形崩岗可相互吞并而发展成大型条形崩岗。

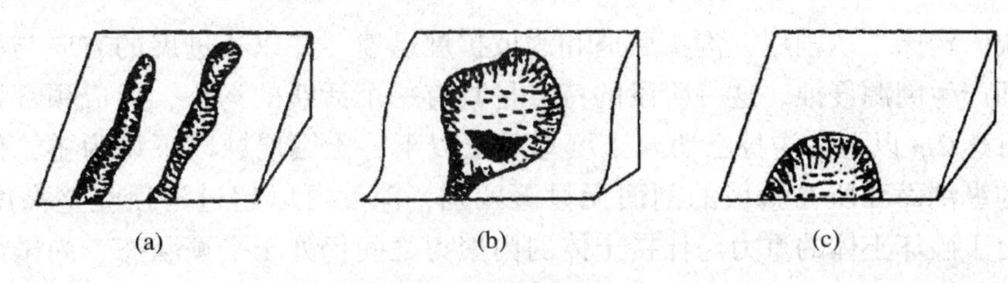

图 5-7 崩岗侵蚀类型

(a)条形崩岗 (b)瓢形崩岗 (c)弧形崩岗

(2)瓢形崩岗

主要发生在花岗岩风化物的凹形坡上，形成肚大口小的瓢状。在凹形坡径流呈扇形汇集，在坡的中下部形成汇集点发生水蚀穴，随着径流的继续汇集和冲刷作用，水蚀穴发展成切沟，沟壁陡峻，但尚未发生重力崩塌作用，此为发生崩岗侵蚀的前期。随着径流下切作用的加大，两岸沟壁愈益增高，沟头前进加速，向凹形坡的中上部发展。此时，由于该部位风化物是由不少土层和碎屑层组成，疏松深厚，抗冲力弱，陡壁失衡，极易发生崩塌，随之径流冲刷和重力崩塌相互促进，形成了上部开阔的崩塌面；下部则因组成物质由红黏土组成，抗冲力强，崩塌进展缓慢，出口处形成了狭小的巷沟，从而形成瓢状崩岗。当该崩岗继续向两岸扩展和前进而逼近分水岭时，分水岭侧斜坡出现崩岗群或相邻崩岗的吞并；两侧斜坡崩岗相遇而切割分水岭情况下，崩岗侵蚀即趋于停滞，并形成了较为宽阔的崩岗场，常成为农林业的优良用地。

(3)弧形崩岗

主要发生在河流或山圳(渠沟)的一侧，由于流水，尤其是曲流的掏冲作用所形成，故又称为曲流崩岗。其特点为没有对称的崩岗壁，只有单向坡，常伴随滑塌作用，具有一定的滑动面，纵断面呈弧形。

条形和弧形崩岗规模较小，且不多见；瓢形崩岗分布最广，也是崩岗侵蚀发展最严重的类型。

5.6.2 崩岗侵蚀的形成过程

崩岗侵蚀的过程可划分为 3 个阶段，即：深切期(或初期阶段)、崩塌期(或中期阶段)和平衡期(或末期阶段、夷平期)，如图 5-8 所示。

(1)深切期

侵蚀力以水蚀为主。当浅沟发育成切沟(崩岗的初期)时，汇集的径流更多，侵蚀沟

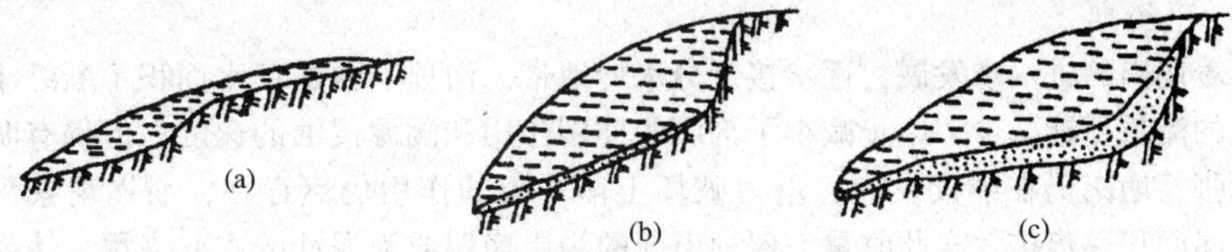

图 5-8 崩岗发育阶段剖面图

(据张淑光，钟朝章，1990)

(a)深切期 (b)崩塌期 (c)平衡期

的发育加快，沟床下切剧烈，沟头后退和沟坡扩展迅速，并以其进展的方向与股流的方向相反，即产生溯源侵蚀。这一阶段的特点是具有一个活跃的沟头，形成顶部跌水或陡壁，高度可达2m以上。沟身已切入土壤母质层以下，土壤侵蚀以下切为主，侧蚀不严重。切沟的纵剖面和所在斜坡的剖面无显著区别，深度可以超过沟顶陡壁高度的2~3倍，这时由于破坏土体的重力与保持土体的内聚力之间仍处于平衡状态，尚未发生沟岸崩塌，沟底崎岖不平，沟道狭窄，沟壁陡直，横断面呈“V”形或窄“U”形，沟底出现跌坎，沟底比降大，但基本上与坡面一致，此时仍以水蚀为主，尚未出现大量的重力侵蚀现象，只是为重力作用破坏土体的平衡创造条件。崩岗发展的速度与上方集水区的形状和大小有关，如果集水区较大，顶部和侧方集水区又同时向崩岗倾斜，沟谷发展快，只有沟头集水区没有侧方集水区发展就慢。除此之外，崩岗的走向和斜坡的倾向一致与否，也会影响崩岗的发展速度，一般来说走向与斜坡倾角一致的发展较慢，如果成角度相交发展较快，因为前者的集水区在沟头上方，后者增加了侧方集水区。

(2)崩塌期

崩岗发育的初期沟头形成的跌水和陡壁，随着径流的冲刷不断加深，陡壁增高，陡壁的减荷作用使原来存在于风化壳中的垂直节理进一步扩大，并产生垂直张性裂隙，雨水沿裂隙和节理下渗，使软弱面更加不稳定，当土体的负荷超过土体与沟壁的剪切阻力时，便产生大型土体崩塌，沟头以冲刷和崩塌作用不断加长，在流入崩岗的股流冲刷下，沟底不断加深的同时加宽，原来形成的陡壁不断加高，增加了沟壁的不稳定性，当内摩擦力所能支承的范围小于土体自身的重量时，崩塌现象发生。此外陡壁裸露，当雨淋风化，水流的下渗对红土垂直节理和裂隙的作用，更加强了土体的不稳定性，达到一定程度后，在重力影响下，也会出现崩塌。因此，沟坡的构成常常是上部保存着红土陡壁，下部是陡坡过渡到沟床，而在陡壁上发生崩塌，在陡坡上有土滑和泻溜，这些物质堆积在沟头和沟床两侧形成崩积锥，崩积锥受上方来水冲刷，表面上有细沟和浅沟，同时主沟的下切也导致崩积锥产生再崩塌，这些崩积物不易长久停留，在股流的冲刷下，崩积物为径流挟带外流，崩壁失去支撑而增加了不稳定性；崩落物一旦被流失后，崩塌和下切作用又重新活跃起来，随着下切作用加强，径流继续冲刷使沟底不断加深，而沟岸不断崩塌又使侵蚀沟不断加宽，横断面开始呈“U”形，沟口处呈“V”形，崩岗场扩大，形成肚大口小的崩岗。纵剖面比降比前一阶段显著减小，与坡面不相一致，沟头的后退形式是冲刷和崩塌，沟岸的扩展为伴随着加深而产生的崩塌为主要方式，侵蚀营力以重力侵蚀为主，水力作用为辅。崩塌期是崩岗发展的活跃期，流失量大，危害也最严重。

(3)平衡期

随着崩岗的进一步发展，逐步接近分水岭地带，沟顶上面的集水面积不断缩小，进入沟顶的流量逐渐减少，逐步减小了沟底的冲刷作用和溯源侵蚀的速度，但仍有明显的沟岸扩张，崩岗仍在继续发展，重力破坏土体平衡的作用仍然存在，崩塌现象仍在进行，崩岗面积逐步扩大，此时重力侵蚀引起的沟岸崩塌成为泥沙的主要来源，使崩岗形成高大开阔的“大肚子”。随着崩岗继续扩展，坡面上分叉逐渐靠近，并联合在一起，使一个个崩岗串通成更大的崩岗，在崩岗内形成了许多红土墙、红土柱，有时分水岭两侧的崩岗将分水岭割切成低矮的分水坳。由于横向侵蚀作用继续发展的结果，不断加大崩岗的宽度，同时也促使沟内堆积物质的增加，对崩壁起到了支撑作用，而侵蚀能力相应在减弱，沟内堆积物质更加增多，而且逐步保持稳定，崩塌逐渐减少，保持稳定的时间逐渐加长，有利于植物的恢复，有的崩壁已长起黑褐色的低等植物——地衣、苔藓，最后崩岗已不再发展，沟坡为自然植被所固定，沟底生长了植物，使崩岗发展到平衡阶段。

重力型崩岗，由滑坡产生的崩岗突发性强，一般为中层和厚层滑坡，滑坡面陡壁形成后，容易发生浅层滑塌和崩塌，但由于植被茂盛，滑坡上方缺乏径流冲刷，塌积物和崩积物易于保存，使这种崩岗容易进入平衡阶段；特别是大暴雨造成的厚层滑坡，滑坡体下滑距离比较长，滑坡床的本身就是一个大崩岗。如果植被遭到破坏，这类崩岗在上方径流的冲刷下，将会复活。

5.6.3 影响崩岗侵蚀的因素

(1)构造与岩性

构造对崩岗侵蚀的影响主要表现在岩体的节理和裂隙对风化壳发育程度和组成物质的稳定性等。花岗岩体的原生节理和风化壳中的次生裂隙的发育促使崩塌作用的产生，有助于崩岗的发育。节理构造多的地方，崩岗分布也多。此外，构造还在一定程度上控制着崩岗的分布。

研究表明，崩岗主要发生在20~50m厚的风化壳上，10~20m次之，2~10m仅少量出现，2m以下基本不发生，且85%的崩岗发育在花岗岩上，尤其是在燕山期的中粗花岗岩上。花岗岩含有大量的石英、长石和云母等矿物，当它们与水汽接触时极易风化，再在节理、裂隙的影响下，风化作用向深部发育，从而形成了疏松深厚的风化母质层。一般厚度达20~30m，有的可达上百米，为崩岗的发育提供了物质基础。

花岗岩风化壳中存在的软弱结构面又促使了崩岗的发生，这些结构面包括了构造节理、风化后残留下来的原生节理、风化过程中产生的风化节理，同时还包括干湿交错、冷热交替在土层中出现垂直或横向的裂隙。故在重力作用下土体极易产生崩岗。

(2)水蚀和重力侵蚀的相互效应

崩岗是在水蚀和重力侵蚀共同作用下形成的，二者互相联系又互相促进，使崩岗侵蚀不断发展，如图5-7所示。降雨产生的坡面径流，在花岗岩风化壳上汇成股流后，极易对坡面冲刷形成侵蚀沟。在浅沟向切沟演变的过程中，由于径流的作用，加大陡壁的高度和不稳定性，为加剧崩岗发生创造条件；同时径流对风化物中节理的破坏，不断扩大裂隙的宽度和深度，亦加速了崩塌的发展；地表水渗入地下变为层间水，形成滑动面，使滑坡现象增多。但是切沟和滑坡过渡到崩岗后，崩岗沟头后退和沟岸的扩展，主要营力是崩塌(滑塌)。降水量多、持续时间长，降雨强度大，土体吸水增重，并因土体水化而体积膨胀，沿着沟缘陡壁产生大致平行的裂隙，当土体重量大于其内聚力时，便失去平衡沿着这些裂隙或原有的节理方向发生崩塌，有植被的地方常常发生滑塌。当径流继续下切，崩岗陡壁不断加高，崩岗陡壁崩塌使陡壁下部形成了堆积锥，但是径流下切过程兼有强烈的冲刷作用，使崩岗陡壁下部的堆积锥被冲失殆尽；当堆积锥冲失后，崩岗陡壁又复加高，使崩壁失去支撑力，增加了崩壁的不稳定性。如此循环往复径流的下切和冲刷，使崩岗陡壁不断加高，边缘裂隙也不断加深，为下一次崩塌作用创造了条件。因此径流下切及冲刷过程与崩塌过程是交替进行，互相促进的，使崩岗不断地扩展。只有当崩岗发展到分水岭顶，沟顶上部集水面积减少，才能停止径流下切和冲刷作用，这时崩壁下部形成了堆积锥，崩壁得到支撑，崩塌也逐渐减少和消失。由此可见水蚀和重力侵蚀在崩岗形成发展过程中的互相联系、互相促进的作用；而崩岗发育后期又是互相减弱过程。

(3)人为因素

崩岗多数分布在村庄稠密，人口集中，交通便利的盆(谷)地边缘的低山丘陵中，而在交通闭塞、人烟稀少的边远山区少见，这主要是人为破坏植被所致。在我国南方山区，历来有以柴草为主要生活生产(如烧砖瓦、陶瓷及冶炭等)能源的习惯，近百年来随着人口的剧增，生产的发展，人们对林木的消耗大增，原始的亚热带植被遭到破坏而加剧崩岗发生。如在福建安溪县官桥地区，20世纪初该区莲美村只有5个数米规模的小崩岗，五六十年代由于植被遭到大量破坏，到1965年已发育成宽70m、深25m的大崩岗，岗头平均每年前进2.8m，目前崩岗面积已占坡地总面积的50%以上。此外，人类对土地资源的不合理开发，如开山采石、露天采矿、劈山修路等也可导致崩岗的发生。从崩岗发生的历史来看，多数崩岗是现代形成的，历史短，长的只有70~80a，短的只有30~40a，基本与近百年来自然植被遭到严重破坏的历史吻合。

思考题

1. 泥石流形成的基本条件有哪些？
2. 试论我国泥石流分布的特征？
3. 泥石流的粒度组成有何作用？
4. 如何进行泥石流动力学特征的描述与计算？
5. 怎样识判泥石流沟？
6. 简述崩岗的形成过程与影响因素。

第6章

风力侵蚀

【本章提要】 本章主要讲述风力侵蚀产生、发展、危害及其防治基本原理，包括近地层风及风沙流特征，风力侵蚀发生机制及其发展规律，风力侵蚀形式及影响因素，风沙灾害及预测预报等。

风蚀是形成荒漠化的主要原因，其结果常常形成风蚀劣地、粗化地表、片状流沙堆积，以及沙丘的形成和发展。在陆地上到处都有风和土，但并不是任何地方都会发生风蚀。严重的风蚀必须具备2个基本条件，即：一是要有强大的风；二是要有干燥、松散的土壤。因而风力侵蚀主要发生在蒸发量远大于降水量的干旱、半干旱地区及有海岸、河流沙普遍存在的、受季节性干旱影响的亚湿润干旱区。目前，因风力作用(侵蚀和堆积)形成的荒漠化面积占全球退化土地面积的41.7%，我国的风蚀荒漠化面积占荒漠化总面积的61.3%，而且仍在不断扩大，已成为主要环境问题之一。

6.1 风及风沙流特征

6.1.1 近地面层风

大气对流层属于大气层中直接与地表接触的部分，与地球表面的相互影响极其强烈，与人类的生产生活关系极其密切，历来受到人们的重视。大气对流层中贴近地面100m范围内的气层称为近地面层，一切风沙运动都与本层大气的性质及活动状况有关，因此也是风力侵蚀研究的重点。

由于地球表面热量分布的不均，出现气压差，空气由高压区向低压区流动，就产生了风。风具有流体的一般特性，即层流与紊流。

(1)层流和紊流

与其他流体一样，近地面层风也存在两种流态：层流和紊流。层流的空气质点运动轨迹平稳，邻近的空气质点平衡运动，互不干扰，但空气的这种流态，仅在地表平坦、风速很低的情况下才能见到。当风速稍大时，层流大气即失去其稳定性而变成紊流。紊流的空气质点运动不规则，并且互相干扰，各气流层层间夹杂了大小不同的涡旋运动。涡流的产生使得各层之间的动能更易交换，上下层之间的流速趋于一致，这对于沙粒的运动是非常重要的。

层流大气是否失去其稳定性取决于流体的惯性力与黏滞力之间的比例关系。对于黏度低、密度小的空气来说，当雷诺数 R_e 超过 1400 时，就会使层流过渡到紊流。据勃兰特(D. Brunt)估算，在室外大气中如果风速超过 1.0m/s，则不管它看来是怎样平稳地流过，空气流动必然是紊流。特别是引起沙粒运动的风几乎都是紊流运动。

(2)湍流与地表粗糙度

湍流运动是一种叠加在一般流动上的不规则的旋涡状的混合运动。旋涡的大小各不相同，可从几毫米到几百米。湍流发生时，分子群代替了单个分子的运动，空气分子不再恒定地向前移动，而是不断地改变着运动的方向和速度，通过这种旋涡运动进行风的动能的传递和交换。其中最明显的就是风吹过地表时，受地面摩擦阻力的影响，风速减小，并把这种阻力向上层大气传递，由于摩擦阻力随高度增加而减小，故风速随高度而增大(图 6-1)。

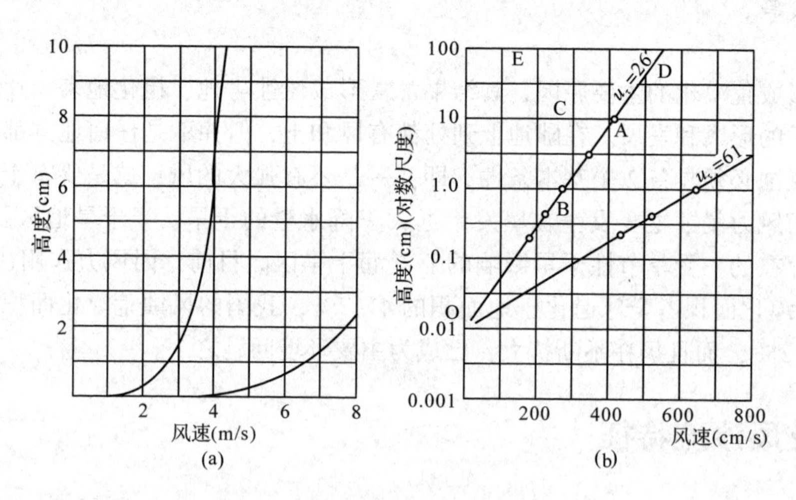

图 6-1 风速垂直分布图

(3)不同下垫面的风速分布

由于地表粗糙度的影响，必然对沿地表运动的气流产生阻力，其表面阻力的大小为：

$$\tau = \rho u_*^2 \tag{6-1}$$

式中 τ——单位面积上的阻力，即地面剪切力(N)；

ρ——空气密度(kg/m³)；

u_*——摩阻流速(m/s)。

摩阻流速(或剪切速度)不是一个真实速度，而是一个具有速度量纲的物理量，u_* 值大小和风速对高度的对数值的递增呈正比，说明风速廓线是随高程呈对数分布的，这个分布规律符合流体力学中的速度对数分布规律，即

$$u = \frac{u_*}{k} \cdot \ln \frac{z}{z_0} \tag{6-2}$$

式中　u——高度 z 处的风速(m/s)；

u_*——摩阻流速(m/s)；

z——距地面的高度(m)；

k——卡曼常数(常取 $k=0.4$)；

z_0——空气动力学粗糙度(m)。

近地层紊流交换强弱影响了风速在垂直方向上的分布特性。紊流越强，上下层空气动量交换越剧烈，风速变化就越小；反之，风速垂直变化就越大。在中性层结条件下，气流在各高度上都相同，风速在垂直方向上呈对数分布，可用下式表示：

$$u = 5.75u_* \cdot \ln\frac{z}{z_0} \tag{6-3}$$

由式(6-2)可知，z_0是风速等于零的某一几何高度随地表粗糙度变化的常数，z_0的大小与地表粗糙程度有关。对于某一固定地点来说，z_0可以直接从对数公式计算出来。即已知两个高度的风速时，可根据式(6-2)推导出：

$$\lg z_0 = \frac{\lg z_2 - \dfrac{u_2}{u_1} \cdot \lg z_1}{1 - \dfrac{u_2}{u_1}} \tag{6-4}$$

式中　u_1，u_2——分别为高度 z_1、z_2处的风速(m/s)。

拜格诺研究发现，z_0值接近于地面沙粒直径的1/30，怀特则认为是1/9，虽然两人的实验结果差异较大，但他们提出了一个在野外确定地表粗糙度的方法。大量研究表明，不同下地面情况下的z_0值不同，z_0值的大小取决于地面的性质，但在有植被覆盖存在时，其值主要决定于风速。因此，z_0值虽然称作为常数，实际上也是一个变数。

当气流吹过裸露地面进入有植被地面时，受植被影响而被迫抬升。此时，风速廓线将相应地发生位移，好像把原来在裸地上的风速廓线抬升到某一新的高度，相应的风速廓线分布可表示为：

$$u = 5.75u_* \cdot \ln\frac{z-D}{z_0} \tag{6-5}$$

式中　D——零平面位移值(m)；

其余符号意义同前。

6.1.2　起动风速与起沙风

风沙流中的沙粒是从运动气流中获取运动动量的，只有当风力条件能够吹动沙粒时，沙粒才能脱离地表进入气流形成风沙流。假定地表风力逐渐增大，达到某一临界值后，地表沙粒脱离静止状态开始运动。使沙粒沿地表开始运动所必需的最小风速称为起动风速(或称临界风速)，它是沙粒运动的直接动力。一切大于起动风速的风都称为起沙风。

气流对沙粒的作用力为：

$$P = \frac{1}{2}C\rho v^2 A \tag{6-6}$$

式中 P——风的作用力(N);

C——与沙粒形状有关的作用系数;

ρ——空气密度(km/m^3);

v——气流速度(m/s);

A——沙粒迎风面面积(m^2)。可见，随风速增大，对沙粒的作用力也增大。

拜格诺(R. A. Bagnold)根据风和水的起沙原理相似性及风速随高程分布的规律，得出起动风速理论公式，其表达式为：

$$V_t = 5.57A\sqrt{\frac{\rho_s - \rho}{\rho} \cdot gd} \cdot \lg \frac{y}{k_0} \tag{6-7}$$

式中 V_t——任意点高度 y 处的起动风速值(m/s);

A——风力作用系数;

ρ_s，ρ——分别为沙粒和空气的密度(kg/m^3);

d——沙粒粒径(m);

y——任意点高程(m);

k_0——地表粗糙度(m)。

据研究，风对粒径 >0.1mm 的沙粒起动值为 0.1，若风中携带的沙粒冲击地表的松散沙粒时为 0.08，即风沙流的冲击起动沙粒风速比风起动地表沙粒的风速要小 20%，也就是说风沙流更容易使沙粒起动。

起动风速的大小与沙粒的粒径大小、沙层表土湿度状况及地面粗糙度等有关。一般沙粒愈大，沙层表土愈湿，地面越粗糙，植被覆盖度越大，起动风速也愈大。

在一定粒径范围内，随粒径增大，起动风速也增大(表 6-1)。起沙风速与粒径平方根呈正比。但对特别大和特别细的粒径，受附面层的掩护和表面吸附水膜黏着力的作用都不易起动。据实验测定，粒径约为0.015~0.5mm 时，0.1mm 左右的沙粒最容易起动。随着大于或小于 0.1mm 的粒径增大或减小，其起动风速都将增大。因此，风的吹蚀能力与地表物质粒径的起动风速大小直接相关，风速超过起动风速愈大，吹蚀能力愈强。一般组成地表的颗粒愈小、愈松散、干燥，要求的起动风速愈小，受到的吹蚀愈强烈。粒径为 0.1~0.25mm 的干燥沙，起动风速值仅为 4~5m/s(指 2m 高处风值)。

表 6-1 沙粒粒径与起动风速值(新疆莎车)

沙粒粒径(mm)	起动风速(m/s)
0.1~0.25	4.0
0.25~0.5	5.6
0.5~1.0	6.7
>1.0	7.1

注：风速为距地表 2 m 处的测值。

地表土壤含水状况对起动风速也有明显的影响。在沙粒粒径相同时，湿度越大，由于受表面吸附水膜黏着力的影响，沙子黏滞性团聚作用增强，起动风速也相应增大(表 6-2)。同时，地表粗糙状况对起动风速大小也有显著影响(表 6-3)。

表 6-2　不同含水率时沙粒的起动风速值

沙粒粒径(mm)	不同含水率下沙粒的起动风速(m/s)				
	干燥状态	1%	2%	3%	4%
2.0～1.0	9.0	10.8	12.0	–	–
1.0～0.5	6.0	7.0	9.5	12.0	–
0.5～0.25	4.8	5.8	7.5	12.0	–
0.25～0.17	3.8	4.6	6.0	10.5	12.0

表 6-3　不同地表状况下沙粒的起动风速

地表状况	起动风速(m/s)
戈壁滩	12.0
风蚀残丘	9.0
半固定沙丘	7.0
流沙	5.0

注：风速为距地表 2 m 处的测值。

6.1.3　沙粒的运动形式

6.1.3.1　沙粒起动的机制

半个多世纪以来，中外科学家对静止沙粒受力起动机制进行了深入的研究，并形成了多种假说，如冲击碰撞说、压差升力说及湍流的扩散作用说等，但都没有圆满地解决这一问题。1980 年，吴正和凌裕泉在风洞中用高速摄影方法对沙粒运动过程进行了研究。他们认为在风力作用下，当平均风速约等于某一临界值时，个别突出的沙粒在湍流流速和压力脉动作用下，开始振动或前后摆动，但并不离开原来位置，当风速增大超过临界值后，振动也随之加强，迎面阻力(拖曳力)和上升力相应增大，并足以克服重力的作用，气流的旋转力矩促使某些最不稳定的沙粒首先沿沙面滚动或滑动。由于沙粒几何形状和所处空间位置的多样性，以及受力状况的多变性，因此，在滚动过程中，一部分沙粒碰到地面凸起沙粒的冲击时，就会获得巨大冲量。受到突然冲击力作用的沙粒，就会在碰撞瞬间由水平运动急剧地转变为垂直运动，骤然向上(有时几乎是垂直的)起跳进入气流运动，沙粒在气流作用下，由静止状态达到跃起状态(图 6-2)。

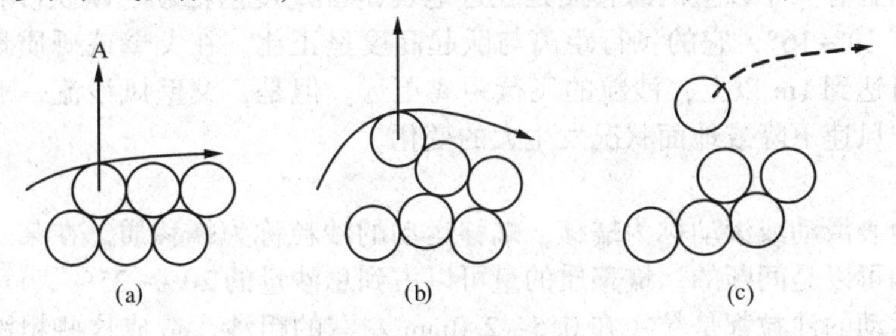

图 6-2　沙粒跃移起动过程

(a)滚动沙粒撞击沙粒　(b)滚动沙粒向上垂直运动　(c)滚动沙粒进入气流运动

6.1.3.2　沙粒运动形式

据观测研究，风沙流中沙粒依风力大小、颗粒粒径、质量不同而以悬移、跃移、蠕移 3 种形式向前运动(图 6-3)。

(1)悬移

当沙粒起动后以较长时间悬浮于空气中而不降落，并以与风速相同的速度向前运动时称为悬移。悬移运动的沙粒称为悬移质。悬移质粒径一般为小于 0.1mm 甚至小于 0.05mm 的粉沙和黏土颗粒。由于其体积小质量轻，在空气中的自由沉降速度很小，一旦被风扬起

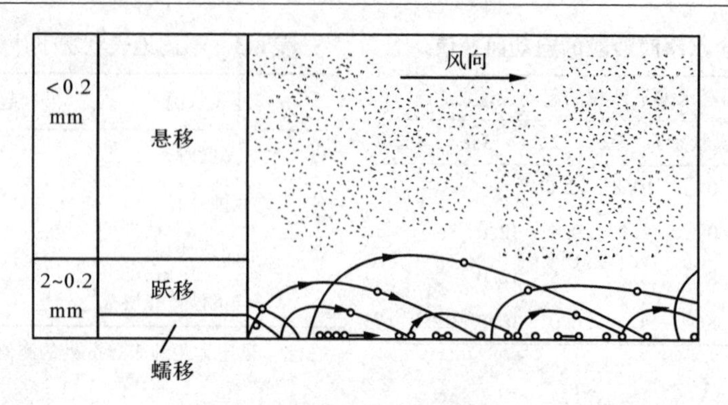

图 6-3 风沙运动 3 种基本形式

就不易沉落，因而可长距离搬运。如中国黄土不但可从西北地区悬移到江南，甚至可悬浮到日本。悬浮沙量在风蚀总量中所占比例很小，一般不足 5%，甚至 1% 以下。

(2) 跃移

沙粒在风力作用下脱离地表进入气流后，从气流中取得动量而加速前进，又在自身的重力作用下以很小的锐角落向地面。由于空气的密度比沙粒的密度要小得多，沙粒在运动过程中受到的阻力较小，降落到沙面时有相当大的动能。因此，不但下落的沙粒有可能反弹起来，继续跳跃前进，而且由于它的冲击作用，还能使其降落点周围的一部分沙粒受到撞击而飞溅起来，造成沙粒的连续跳跃式运动。沙粒的这种运动方式称为跃移，跃移运动的沙土颗粒称为跃移质。

跃移运动是风沙运动的主要形式，在风沙流中跃移沙量可能达到运动沙量总重量的 1/2 甚至 3/4。粒径 0. 1 ~ 0. 15mm 的沙粒最易以跃移方式移动。在沙质地表上跃移质的跳跃高度一般不超过 30cm，风沙流含沙量中约有 70%~ 80% 是在地面 10cm 内以跃移方式运动的，而且有一半以上的跃移质是在近地表 5cm 高度内活动。跳跃沙粒下落时的角度一般保持在 10°~ 16°，它的飞行距离与跃起高度呈正比。在戈壁或砾质地面上，沙粒的跃起高度可达到 1m 以上，沙粒的飞行距离更远。但是，戈壁风沙流一般是不会达到饱和的，除非风速下降或地面状况发生大的变化。

(3) 蠕移

沙粒在地表滑动或滚动称为蠕移，蠕移运动的沙粒称为蠕移质。在某一单位时间内蠕移质的运动可以是间断的。蠕移质的量可以占到总沙量的 20%~ 25%。

呈蠕移运动的沙粒都是粒径在 0. 5 ~ 2. 0mm 左右的粗沙。造成这些粗沙运动的力可以是风的迎面压力，也可以是跃移沙粒的冲击力。观测表明，以高速运动的沙粒在跃移中通过对沙面的冲击，可以推动 6 倍于它的直径或 200 倍于它的重量的粗沙粒。随着风速的增大，部分蠕移质也可以跃起成为跃移质，从而产生更大的冲击力。可见，在风沙运动中，跃移运动是风力侵蚀的根源。这不仅表现在跃移质在运动沙粒中所占的比重最大，更主要的是跃移沙粒的冲击造成了更多悬移质和蠕移质的运动。正是因为有了跃移质的冲击，才使成倍的沙粒进入风沙流中运动。因此防止沙质地表风蚀和风沙危害的主要着眼点，应放在如何控制或减少跃移沙粒的运动方面。

6. 1. 3. 3 风沙流结构

风沙流是指沙粒被风扬起并随风沿地面及近地空间搬运前进形成的挟沙气流，即气流与沙粒的混合流，它的形成依赖于空气与沙质地表两种不同密度物理介质的相互作用，而它的特征对于风蚀风积作用的研究及防沙措施的制定有重要意义。当风速达到起沙风速时，沙粒在风的作用下，随风运动形成风沙流。风沙流是风对沙粒输移的外在表现形式。风沙流中沙粒在搬运层内随高度的分布状况称为风沙流结构。风沙流的结构和强度，与沙的输移和沉积直接相关。

(1)沙粒粒径随高度的分布特征

风沙流中不同高度分布的粒径大小不同。一般离地表越高，细粒越多，主要为悬移；越近地表粗粒越多，主要是跃移和蠕移。风沙流中沙粒大小随高度的分布见表6-4和图6-4所示。

表6-4　风沙流中沙粒粒径随高度的分布特征(%)

高度(cm)	粒径 >0.1 mm	粒径 <0.1 mm	高度(cm)	粒径 >0.1 mm	粒径 <0.1 mm
1	20.96	79.04	6	7.92	92.08
2	18.25	81.75	7	4.49	95.51
3	12.80	87.20	8	2.19	97.81
4	10.55	89.45	9	2.02	97.98
5	8.72	91.28	10	1.75	98.25

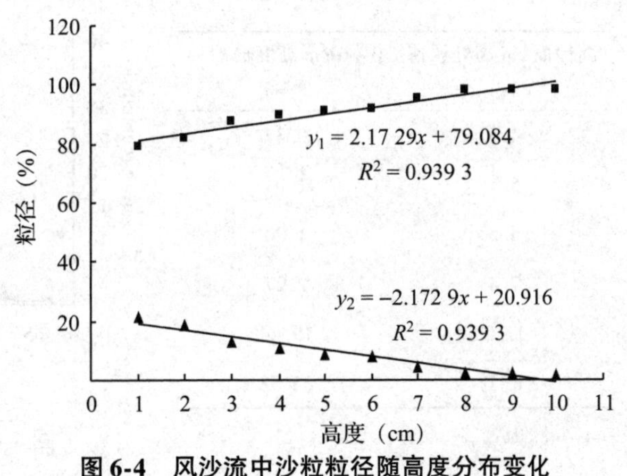

图6-4　风沙流中沙粒粒径随高度分布变化

(2)输沙量随高度的分布特征

由于沙粒粒径和运动方式的差异，造成了气流中的含沙量在距地表不同高度的密度不同，含沙量随高度迅速递减，呈幂函数关系(表6-5和图6-5)，在较高气流层中搬运的沙量少，而贴地面含沙量大。大量实验观测表明，气流搬运沙量的绝大部分沙粒(约90%)都在离地表30cm的高度内通过的，尤其是集中在0~10cm的高度(约占80%)，也就是说风沙运动是一种近地面的沙粒搬运现象。

表6-5　不同高度风沙流中含沙量的分布($v=9.8$m/s)

高度(cm)	0~1	10~20	20~30	30~40
沙量(%)	79.32	12.3	4.79	1.50
高度(cm)	40~50	50~60	60~70	
沙量(%)	0.95	0.40	0.74	

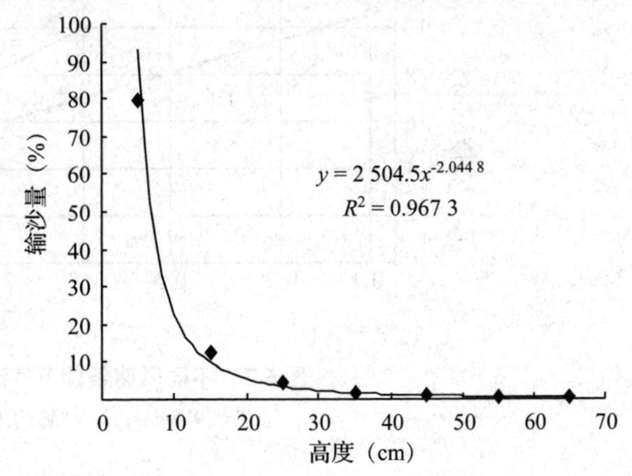

图6-5　风沙流中沙粒粒径随高度的分布特征

(3)输沙量随风速变化

风沙流中含沙量不仅随高度变化，也随风速变化，当风速显著超过启动风速后，风沙流中的含沙量急剧增加(表6-6和图6-6)。它们之间呈指数函数关系：

$$q = 0.0863\mathrm{e}^{0.4086v} \tag{6-8}$$

式中 q——绝对含沙量[g/(cm·min)]；

v——风速(m/s)；

e——常数(e=2.718)。

表6-6 不同风速输沙量变化

离地面2m高处风速(m/s)	0~10cm高度输沙量(%)
4.5	0.37
5.5	1.04
6.5	1.20
7.4	2.27
13.2	19.44
15.0	35.58

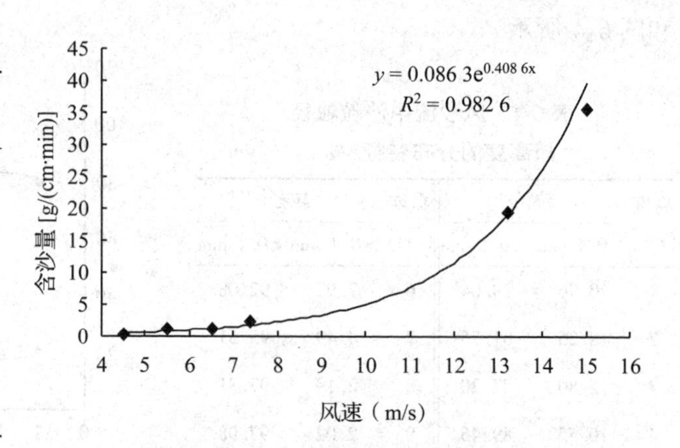

图6-6 风速与含沙量的关系(新疆莎车)

随风速变化，在近地表10cm内的含沙量分布也不是均匀的。含沙量随高度迅速递减，而且高度与输沙量(百分比值)对数尺度之间呈线性关系(图6-7)。

在同一粒径沙粒组成的地表上，无论风速大小，近地表气流中总有一层(2~3cm处)的含沙量是相对稳定的(约占15%~20%)，随着风速增大，下层气流中的沙量(%)相对减少，上层沙量(%)相对增加，但由于输沙总量随风速增大而增大，所以上下层绝对输沙量都增加(表6-7和图6-7~图6-8)。

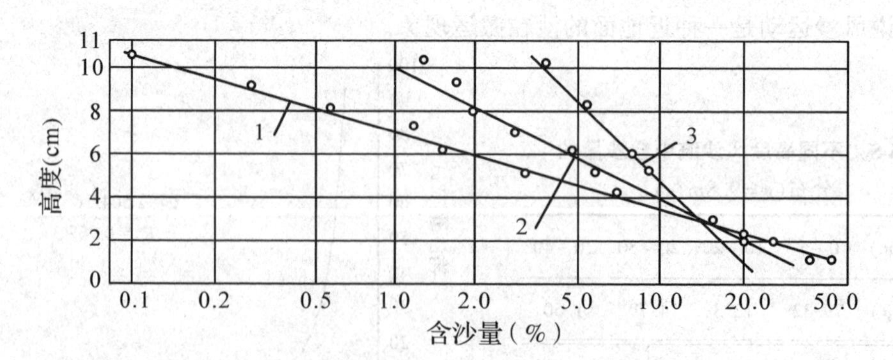

图6-7 不同风速条件下气流中含沙量随高度分布

1. 风速4.5m/s；2. 风速7.3m/s；3. 风速13.3m/s

表 6-7 不同风速不同高度输沙量

高度(cm)	输沙量(%) 风洞轴部气流速度(cm/s) 21	35	46	57
10	0.96	1.65	1.67	1.87
9	1.30	2.10	2.16	2.49
8	1.78	2.65	2.55	3.16
7	2.38	3.52	3.56	4.15
6	3.36	4.52	4.85	5.40
5	4.84	6.11	6.88	7.59
4	7.70	8.88	9.70	9.45
3	12.14	12.95	13.70	13.20
2	20.96	20.18	21.21	19.96
1	44.58	37.44	33.73	32.73

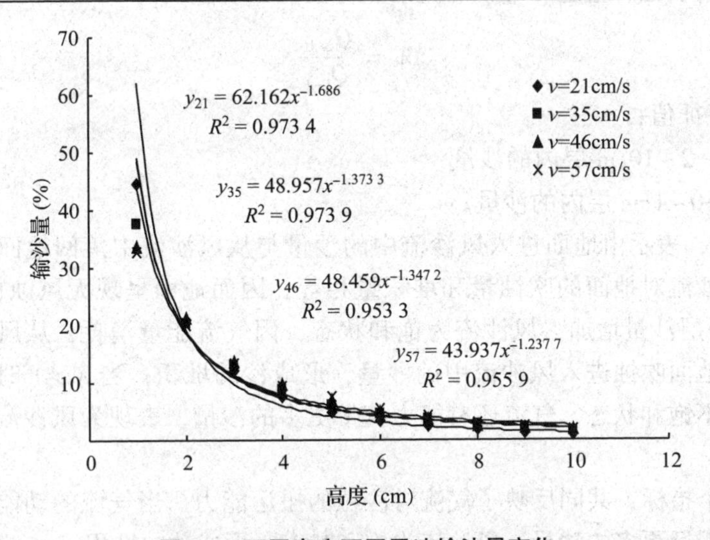

图 6-8 不同高度不同风速输沙量变化

(4)风沙流结构数与特征值

近地表气流层沙粒分布性质，即风沙流的结构决定着沙粒吹蚀与堆积过程的发展。通过风洞对风沙流结构特征与沙粒吹蚀和堆积关系的实验研究发现，在不同风速下 0~10cm 气流层中沙粒的分布特点为：地面以上 0~1cm 的第一层沙量随着气流速度的增加而减少；不管速度如何，第二层(地面之上 1~2cm)的沙量保持不变，等于 0~10cm 层总沙量的 20%；平均沙量(10%)在 2~3cm 层中搬运，这一高度保持不变，并不以速度为转移；气流较高层(2~10cm)中的沙量随着速度的增加而增加。

为了反映上述风沙流结构特征，前苏联学者兹纳门斯基提出用结构数 S 表征，并以此作为判断风蚀过程的方向性，即判断地表的蚀积搬运状况。其表达式为：

$$S = \frac{Q_{\max}}{Q} \tag{6-9}$$

式中 S——风沙流结构数；

Q_{max}——气流0~1cm层内的输沙率，也是0~10cm高度层内的最大含沙量；

$\bar{Q}$——气流中0~10cm内的平均含沙量，约等于0~10cm层总输沙量的10%。

随着S增大，表明近地面风沙流的含沙量所占比例增加。当S值增大到某一值时，近地面的含沙量会达到饱和，这时将有部分沙粒脱离气流而沉积下来。因此，S值就成为判别风蚀发展趋势的指标。研究发现，在正常搬运情况下(非堆积搬运)，S的平均值为2.6；当有部分沙粒出现下落堆积时，S平均值为3.8。对各种粗糙表面，临界值$S_{临}$如下：粗糙表面为3.6，沙质表面为3.8，平滑表面为5.6。但是，在实际工作中，不好确定下垫面的临界值$S_{临}$，所以结构数只能作为理论和实验研究的参数。

我国一些学者观测发现，在0~10cm高度范围内，1~2cm层的沙量在各种风速下保持在20%左右，在该层以上和以下两层中的沙量各占约40%。据此，吴正、凌裕泉等人提出特征值λ，即以风沙流中0~1cm和2~10cm两层沙量的比值来判断风沙流的饱和程度，反映沙子的吹蚀、搬运和堆积的关系。特征值λ表达式：

$$\lambda = \frac{Q_{2\sim10}}{Q_{0\sim1}} \tag{6-10}$$

式中 λ——特征值；

$Q_{2\sim10}$——2~10cm层内的沙量；

$Q_{0\sim1}$——0~1cm层内的沙量。

当$\lambda=1$时，表示由地面进入风沙流中的沙量与从风沙流中落回地面的沙量基本相等，表现为风沙流对地面的吹蚀量和堆积量相等，因而地面呈现无风蚀也无堆积状态；当$\lambda<1$时，下层沙量增加，风沙流为饱和状态，因气流能量消耗，从风沙流中落回地面的沙量大于地面吹蚀进入风沙流中的沙量，形成沙的堆积；当$\lambda>1$时，下层沙量减少，风沙流为不饱和状态，气流还有能力携带更多的沙量，表现为风沙流对地面的继续吹蚀。

S和λ两个指标，共同反映了气流对沙粒的搬运能力。当气流的动能小于沙的阻力时，气流无力搬运更多的沙量，风沙流为饱和状态，形成沙的堆积。

马世威、高永根据0~10cm层内沙量随高度分布的特征，直接用0~1cm、1~2cm、2~10cm三层内的输沙量和输沙率来反映风沙流的结构特征，称为结构式，其表达式为：

$$\begin{aligned} &\sum \rightarrow Q_{2\sim10} \rightarrow 40\%\ \text{变动} \\ &\sum \rightarrow Q_{1\sim2} \rightarrow 20\%\ \text{略变} \\ &\sum \rightarrow Q_{0\sim1} \rightarrow 40\%\ \text{变动} \end{aligned} \tag{6-11}$$

此式不是等式，而是一个图示形式。式中“$\sum$”表示垂直于地面0~10cm高度内的总沙量，$Q_{0\sim1}$、$Q_{1\sim2}$、$Q_{2\sim10}$分别表示0~10cm高度层内上(2~10cm)、中(1~2cm)、下(0~1cm)3个层内的含沙量；40%变动、20%略变、40%变动是对上、中、下三层的相对输沙量的特征及变化规律的描述；百分数为稳定态值。在任何情况下，中层(1~2cm)的含沙量基本稳定在20%不变，上层和下层含沙量则是随下垫面和风速状况而变动的，但总数把保持在80%。当上、下层含沙量各为$\sum$40%，则风沙流呈饱和态，地面视为无蚀无积；当下层含沙量大于上层（超过40%）时，风沙流可视为过饱和态，地面产生堆积；当下层含沙量小于上层（低于40%）时，可视为非饱和风沙流，地面产生风蚀。因此，可利用上下两层输沙量和输沙率的变化表示风流沙的变化规律，反映地表风蚀或堆积沙埋特征。

6.1.3.4 输沙率

风沙流搬运的沙粒，搬运强度可用输沙率表示。输沙率是指气流对沙粒的搬运能力，风沙流在单位时间通过单位宽度断面所搬运的沙量称为输沙率。单位为g/(s·cm)。计算输沙率不仅有理论意义，而且是合理制定防沙治沙措施的主要依据。

影响输沙率的因素是很复杂的，它不仅取决于风力的大小、沙粒粒径、形状及其比重，而且也受沙粒的湿润程度、地表状况及空气稳定度的影响，所以要精确表示风速与输沙率的关系是较困难的。到目前为止在实际工作中对输沙率的确定，一般仍多采用集沙仪在野外直接观测，然后运用相关分析方法，求得特定条件下的输沙率与风速的关系。各国学者在风洞试验和野外观测基础上推导出许多经验公式或半经验公式。主要有：

(1)拜格诺公式

拜格诺根据沙粒在运动过程中动量的变化，推导出输沙率与摩阻流速的三次方成正比的关系，即

$$Q = 1.1\frac{\rho}{g}\cdot V_*^3 \tag{6-12}$$

式中 Q——输沙率[g/(s·cm)]；

ρ——空气密度(kg/m^3)；

g——重力加速度(m/s^2)；

V_*——摩阻流速(m/s)。

用平均粒径为0.25mm的均匀沙进行风洞实验，证明由上式计算出的输沙率与实测的输沙率基本一致。用不同粒径的沙在风洞中实验，细沙的输沙率小于粗沙，粒径在0.1~1.0mm之间的沙，输沙率与粒径的平方根呈正比。这样需要引入实验系数C，修正式(6-12)为：

$$Q = C\sqrt{\frac{d}{D}}\cdot\frac{\rho}{g}\cdot V_*^3 \tag{6-13}$$

式中 D——0.25mm标准沙的粒径(mm)；

d——所研究沙的粒径(mm)；

C——经验系数(对均匀沙$C=1.5$，天然不均匀沙$C=1.8$，粒径变化很大的沙$C=2.8$)。

将摩阻流速用风速代替，式(6-13)可改写成：

$$Q = C\sqrt{\frac{d}{D}}\cdot\frac{\rho}{g}\cdot(VV_t)^3 \tag{6-14}$$

式中 V——实际风速(m/s)；

V_t——起动风速(m/s);

α——常数，取值为$\left[\frac{0.174}{\lg(z/z_0)}\right]^3$。

(2)津格公式

津格(A. W. Zingg)在风洞实验中，测定了直接作用在被蚀床面的剪切力，提出输沙率公式:

$$Q = 0.83\left(\frac{d}{D}\right)^{0.75}\frac{\rho}{g}\cdot V_t \tag{6-15}$$

式中 各符号意义同前。

该式在推导过程中没有包括地表蠕移质，因而所得输沙率偏小。

(3)河村公式

河村把作用于风蚀床面上的剪切力分解为沙粒冲击作用所造成的摩擦力和沙粒的起动剪切力两部分，得出输沙率公式:

$$Q = K\rho(V_* - V_{*t})(V_* + V_{*t})^2 \tag{6-16}$$

式中 V_{*t}——起动摩阻流速(m/s);

K——常数，取值为2.84×10^{-3};

其余符号意义同前。

6.2 风蚀与影响因素

6.2.1 风力作用过程

风力作用过程包括风对土壤物质的侵蚀分离、输移搬运和沉降堆积3个过程。

6.2.1.1 风力侵蚀作用

风和风沙流对地表物质的吹蚀和磨蚀作用，统称为风蚀作用。其中风将地面的松散沉积物或基岩上的风化产物吹走，使地面遭到破坏，称吹蚀作用；而风沙流以其所含沙粒作为工具对地表物质进行冲击、磨损的作用称磨蚀。如果地面或迎风岩壁上出现裂隙或凹坑，风沙流还可钻入其中进行旋磨，其结果是大大加快了地面破坏速度。

风的侵蚀能力是摩阻流速的函数，可用下式表示:

$$D = f(v_*)^2 \tag{6-17}$$

式中 D——侵蚀力;

v_*——侵蚀床面上的摩阻流速。

地表附近风速梯度较大，使凸出于气流中的颗粒受到较强的风力作用。颗粒越大，凸出于气流中的高度越高，受到风的作用力也越大，然而，这些颗粒由于质量较大，需要更大的风力才能被分离。能够被风移动的最大颗粒粒径，取决于颗粒垂直于风向的切面面积及本身的质量。粒径为0.05~0.5mm的颗粒都可以被风分离，以跃移形式运动，其中粒径为0.1~0.15mm的颗粒最易被分离侵蚀。

风沙流中跃移的颗粒，增加了风对土壤颗粒的侵蚀力。因为这些颗粒不仅将易蚀的土壤颗粒从土壤中分离出来，而且还通过磨蚀，将那些小颗粒从难蚀或粗大的颗粒上分离下来带入气流。

磨蚀强度用单位质量的运动颗粒从被蚀物上磨掉的物质量来表示。对于一定的沙粒与被蚀物，磨蚀强度是沙粒的运动速度、粒径及入射角的函数：

$$W = f(V_p, d_p, S_a, \alpha) \tag{6-18}$$

式中 W——磨蚀量(g/kg)；

V_p——颗粒速度(cm/s)；

d_p——颗粒直径(mm)；

S_a——被蚀物稳定度(J/m²)；

α——入射角(°)。

哈根(L. J. Hagen)用细砂壤、粉壤和粉黏壤土作磨蚀对象，以同一结构的土壤及石英砂作磨蚀物进行研究，结果表明沙质磨蚀物比土质磨蚀物的磨蚀强度大；磨蚀度随磨蚀物颗粒速度 V_p 按幂函数增加，幂值变化范围为 1.5~2.3；随着被蚀物稳定度 S_a 的增加，磨蚀度 W 非线性减小。当 S_a 从 $1J/m^2$ 增加到 $14J/m^2$，W 约减小 10；入射角 α 为 10°~30°时，磨蚀度最大；当磨蚀物颗粒平均直径由 0.125mm 增加到 0.715mm 时，磨蚀度只有轻微的增加。

风对土壤颗粒成团聚体的侵蚀过程是一个复杂的物理过程，特别是当气流中挟带了沙粒而形成风沙流后，侵蚀更复杂。

6.2.1.2 风力输移作用

当风速大于起动风速时，在风力作用下，土壤和沙粒物质随风运动，其运动方式有悬移、跃移、蠕移 3 种形式，运动方式主要取决于风力强弱和搬运颗粒粒径大小。

风沙运动与水流中泥沙运动不同，以跃移运动为主。造成这种差异的原因，是风和水的密度不同。在常温下，水的密度($1g/cm^3$)要比空气的密度($1.22 \times 10^{-3} g/cm^3$)大 800 多倍，所以水中泥沙反弹不起来。沙粒在水中的跳跃高度只有几个粒径，而在空气中的跳跃高度却有几百或几千个粒径。沙粒在空气中跳跃高，便会从气流中获得更大的能量。因之，下落冲击地面时，不但本身会反弹跳起，而且还把下落点附近的沙粒也冲击溅起。这些沙粒在落到地面以后，又溅起更多的沙粒。因此，沙粒在气流中的这种跳跃移动具有连锁反应的特性。高速跃移的沙粒通过冲击方式，靠其动能可以推动比它大 6 倍或重 200 多倍的表层粗沙粒(>0.5mm)蠕移运动。蠕移速度较小，每秒仅向前 1~2cm；而跃移的速度快，一般可以达到每秒数十到数百厘米。

在一定条件下，风的搬动能力主要取决于风速，与被搬动物的粒径关系不密切。同样的风速可搬运多数量的小颗粒或较少的大颗粒，其搬动总重量基本不变。

切皮尔(W. S. Chepil)研究了悬移质、跃移质和蠕移质的搬运比例，不同土壤中团聚体及颗粒的大小有不同搬运比例，而与风速无关。在团聚良好的土壤上，无论其结构很粗或很细，悬移质都很少而蠕移质较多；在粉沙土和细沙土上悬移搬运相对增多。对各种土壤，跃移质搬运总是大于蠕移质和悬移质。3 种搬运方式的土壤颗粒所占比例大约为悬移质占3%~38%，跃移质占55%~72%，蠕移质占7%~25%。

拜格诺研究了沙丘沙和土壤的搬运，得出风的搬运能力与摩阻流速的三次方成正比，即

$$Q = f\left(\frac{\rho}{g}V_*^3\right) \tag{6-19}$$

式中 Q——输沙量；

V_*——摩阻流速。

而自然界影响风搬运能力的因素十分复杂，它不仅取决于风力的大小，还受沙粒的粒径、形状、比重、湿润程度、地表状况和空气稳定度等影响。因此，目前多在特定条件下研究输沙量与风速的关系。我国研究了新疆莎车一带近地表10cm高度内输沙量与2m高度的风速关系为：

$$Q = 1.47 \times 10^3 \times V^{3.7} \tag{6-20}$$

式中 Q——输沙率［g/(cm·min)］；

V——风速(m/s)。

气流搬运沙量的多少是由风力大小决定的。在一定风力条件下气流可能搬运的沙量称为容量(相当于水流的挟沙力)，气流中实际搬运的沙量称风沙流的强度，容量和强度的单位可取 $g/(cm^2 \cdot h)$。强度与容量之比称为风沙流的饱和度，这也是一个无量纲参数。此比值越小风沙流的风蚀能力就越大。若风沙流容量减少，则侵蚀力下降或发生沙粒的堆积。土壤颗粒被风搬运的距离取决于风速大小重量，以及地表状况。土壤颗粒或团聚体的粒径和路径。风沙流从侵蚀到堆积所经的距离称为风沙流的饱和路径。

从搬运方式来看，蠕移质搬运距离很近，若被磨蚀作用崩解成细小颗粒，可转化成悬移和跃移方式。跃移质多沉积在被蚀地块的附近，在灌丛、土埂的背后堆成沙垄。沙丘沙中的粗粒堆积于沙丘迎风坡，细粒沉积在背风坡。悬移质及受打击崩解而进入气流中的悬浮颗粒，搬运距离最长。这部分颗粒数量虽少，但多是含有大量土壤养分的黏粒及腐殖质。

6.2.1.3 风力沉积作用

风沙流运行过程中，由于风力减缓或地面障碍等原因，使风沙流中沙粒发生沉降堆积时称风积作用。在风沙搬运过程中，当风速变弱或遇到障碍物(如植物或地表微小起伏)，以及地面结构、下垫面性质改变时，都会影响到风沙流容量而导致沙粒从气流中跌落堆积。经风力搬运、堆积的物质称为风积物。

(1)沉降堆积

当风速减弱，使紊流旋涡的垂直分速小于重力产生的沉速时，在气流中悬浮运行的沙粒就要降落堆积在地表，称为沉降堆积。沙粒沉速随粒径增大而增大(表6-8和图6-9)。

(2)遇阻堆积

如果地表具有障碍物，气流在运行时会受到阻滞而发生涡漩减速，从而削弱了气流搬运沙粒的能量(容量减少)，使风沙流中多余部分的沙粒在障碍物附近大量堆积下来，形成沙堆。这种因障碍(包括地表的急剧上升或下降)形成的堆积，称之为遇阻堆积。堆

表 6-8　沙粒直径与沉速的关系

沙粒直径(mm)	沉速(cm/s)
0.01	2.8
0.02	5.5
0.05	16.0
0.06	50.0
0.10	167.0
0.20	250.0
2.0	500.0

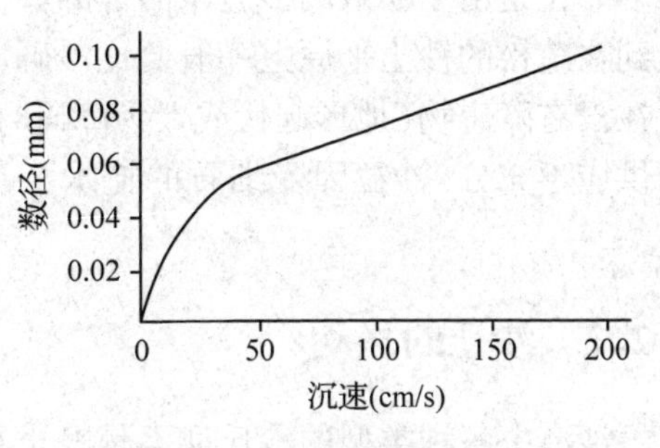

图 6-9　空气中沙粒自由沉降

积的强度取决于障碍物的性质和尺度，障碍物愈不透风，涡流减速范围愈大，沙粒的堆积愈强烈，形成较大的沙堆。风沙流因遇障阻发生减慢，可以把部分沙粒卸积下来，也可能全部(或部分)越过和绕过障碍物继续前进，在障碍物的背风坡形成涡流(图 6-10)。

图 6-10　遇阻堆积

风沙流遇到山体阻碍时，可以把沙粒带到迎风坡小于 20°的山坡上堆积下来。当风沙流的方向与山体成锐角相交时，一股循山势前进，另一股沿着山体迎风坡成斜交方向上升，并因与山坡摩擦而减缓风速，沙粒就卸堆在迎风坡上。地表的草木和沙丘本身，也都成为使风速降低和沙粒堆积的障碍。

另外，风沙流在运行过程中，遇到了湿润或较冷的气流会被迫上升，这时部分沙粒不能随气流上升而沉积下来。两股风沙流相遇，即或在风向几乎平行的条件下，也会发生干扰，降低风速，减小输沙的能力，从而使部分沙粒降落下来。在风沙流经常发生的地区，粒径小于 0.05mm 的沙粒悬浮在较高的大气层中，遇到冷湿气团时，粉粒和尘土成为雨滴的凝结核随降雨大量沉降，成为气象学上的尘暴或降尘现象。

(3)停滞堆积

地面结构、下垫面改变，地表风逐渐变弱，使容量减少而引起沙粒堆积，称为停滞堆积。这种堆积主要是由于不同表面结构具有不同的输沙率和不同的风沙流结构所致。根据风洞实验和野外观察，沙粒在坚硬的细石床面(如沙砾戈壁)上运动和在疏松沙床上运动是不同的。前者沙粒产生强烈地向高处弹跳，增加了上层气流搬运的沙量，并且沙粒在飞行过程中飞得更远，在沿下风方向的一定范围内，和地面冲撞的次数减少了，因而气流因补给沙粒动量而消耗的能量也减少了，所以，对于气流的阻力减少。后者沙粒的跃移高度和水平飞行距离都较小，在搬运过程中向近地面贴紧，下层沙量增加很大，也就增加了近地面气流的能量消耗，减弱了气流搬运沙粒的能力。

因此，在一定风力作用下，松散沙床面上的输沙率比坚硬细沙床面上的输沙率要少得多。正是由于松散的沙质床面上的输沙率低，风易被沙所饱和。所以我们在野外常会看到在疏松的沙土平原上一般要比沙砾质戈壁上积沙多，易于形成沙堆。当然沙砾戈壁上在没有障碍物(地形起伏或人为障碍)的情况下，一般不易于积沙的原因，还与其沙粒的供应不充分(沙粒因受细石的掩护，在一般风力下不易起沙)、风不易为沙粒所饱和有关。

6.2.2 沙丘的移动

沙漠中各种类型的沙丘都不是静止和固定不变的，而是运动和变化的。沙丘的移动是通过沙粒在迎风坡风蚀、背风坡堆积而实现的。沙丘的移动是相当复杂的，它与风力、沙丘高度、水分、植被状况等因素有关。

6.2.2.1 沙丘移动的方向

沙丘移动的方向取决于有一定延续时间的起沙风的风向，随着起沙风方向的变化而变化。移动的总方向是和起沙风的年合成风向大致相一致，但不完全重合，二者之间有一交角。根据气象资料，我国沙漠地区，影响沙丘移动的风主要为东北风和西北风两大风系。受它们的影响，沙丘移动方向，表现在新疆塔克拉玛干沙漠广大地区及东疆、甘肃河西走廊西部等地，在东北风的作用下，沙丘自东北向西南移动，其他各地区，都是在西北风作用下向东南移动。

6.2.2.2 沙丘移动的方式

沙丘移动方式取决于风向及其变律，分为下面3种情况(图6-11)：第一种方式是前进式，这是单一的风向作用产生的，即在单一的风向作用下终年保持向某一方向移动。如我国新疆塔克拉玛干沙漠和甘肃、宁夏的腾格里沙漠的西部等地，是受单一的西北风和东北风的作用，沙丘均以前进式运动为主。第二种是往复前进式，它是在2个方向相反而风力大小不等的情况下产生的往复向前移动。如我国沙漠中部和东部各沙区(毛乌素沙地等)，则都处于2个相反方向的冬、夏季风交替作用下，沙丘移动具有往复前进的特点。冬季在主风西北风作用下，沙丘由西北向东南移动；在夏季，受东南季风的影响，沙丘则产生逆向运动。不过，由于东南风的风力一般较弱，所以不能完全抵偿西北风的作用，故总的说来，沙丘慢慢地向东南移动。第三种是往复式，是在2个方向相反风力大致相等的情况下产生的往复移动，这种情况一般较少，沙丘将停在原地摆动或仅稍向前移动。

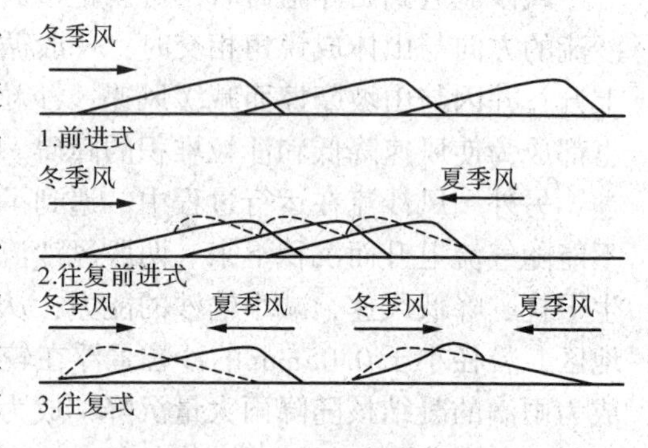

图6-11 沙丘移动的方式

6.2.2.3 沙丘移动的速度

沙丘移动的速度主要取决于风速和沙丘本身的高度，如果沙丘在移动过程中，形状和大小保持不变，则向风坡吹蚀的沙量，应该等于背风坡堆积的沙量。在这种情况下，沙丘在单位时间里前移的距离与背风坡一侧堆积的总沙量 Q 有如下关系(图 6-12)：

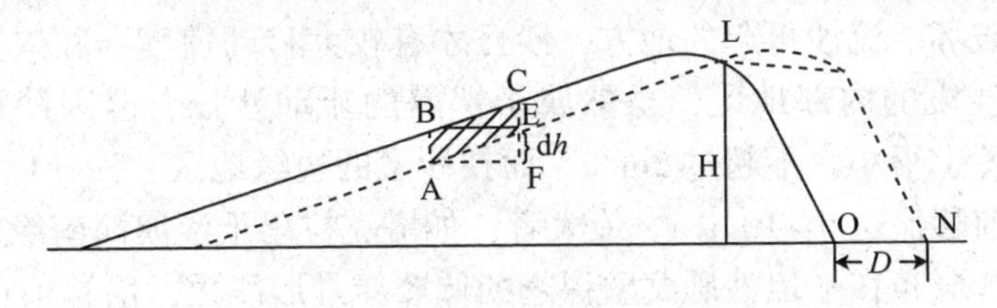

图 6-12　沙丘移动的几何图解

$$Q = \gamma DH \quad 或 \quad D = \frac{Q}{\gamma H} \tag{6-21}$$

式中　Q——单位时间内通过单位宽度，从向风坡搬运到背风坡的总沙量；

D——单位时间内沙丘前移的距离；

H——沙丘的高度；

γ——沙子的容重。

由式(6-21)可以看出，沙丘移动速度与其高度呈反比，而与输沙量呈正比。沙丘移动速度除了主要受风速和沙丘本身高度的影响外，还与风向频率、沙丘的形态、密度和水分状况以及植被等多种因素有关。因此，在实际工作中，通常采用野外插标杆、重复多次地形测量、多次重合航片的量测等方法，以求得各个地区沙丘移动的速度。

不同类型的沙丘，其移动速度和方向不同。横向沙丘由于走向与主风向垂直，在同等风力条件下有效作用面积最大，因此在各种类型的沙丘中移动速度是最快的。纵向沙丘除横向移动外，还有纵向移动的特点，以新月形沙垄为例，它不仅沿着垂直于沙脊的方向移动，还沿着脊线方向移动。在两个锐角相交风的作用下，运动的总方向既不与沙垄垂直，也不单纯地沿着沙垄纵向伸展，而是与沙垄构成一个斜交的角度，交角介于25°~40°之间，移动速度比横向沙丘要慢得多。复合型沙垄的运动是通过覆盖其上的新月形沙丘和沙丘链的运动来实现的，根据航空相片查明，整个复合型沙垄基本上平行于合成风向，或两者呈小角度的斜交关系，而其上叠加的次生新月形沙丘和沙丘链，它们和整个垄体构成90°的交角，且与风向近于垂直。金字塔沙丘是多向风作用下的一种典型沙丘类型。它虽属裸露沙丘地貌形态，但因其形成的动力条件是多方向风的作用，且各个方向风的风力较为均衡，故沙丘来回摆动，但总的移动量并不大。复合型横向沙丘(如复合型新月形沙丘和复合型新月形沙丘链等)表面层层叠置着次一级的新月形沙丘和沙丘链，沙丘的移动则是通过覆盖在其上的次一级沙丘的移动来实现的。这种复合型沙丘移动速度比简单类型沙丘慢许多。

沙丘移动速度除了受风速和沙丘本身高度的影响外，还与沙丘的水分含量、植被状况及下伏地貌条件的差异性等多种因素有关。沙丘在湿润时，沙粒的黏滞性和团聚作用较强不易被吹扬搬运，所以影响到沙丘移动的速度降低。沙丘下伏地面有起伏时也能降低其上沙丘移动的速度。植被对沙丘移动速度的影响，在于沙丘上生长了植被后增加了其粗糙度而削弱了地表风速，减少了沙粒吹扬搬运的数量，从而使沙丘移动速度大大减慢，甚至完全静止。根据观测研究，在古尔班通古特沙漠、腾格里沙漠中许多湖盆附近、乌兰布和沙漠西部、毛乌素沙地的大部、浑善达克沙地、科尔沁沙地以及呼伦贝尔沙地等，由于水分、植被条件较好，沙丘大部分处于固定、半固定状态，移动速度很缓慢；只有在植被破坏、流沙再起的地方，沙丘才有较大移动速度。在广大的塔克拉玛干沙漠和巴丹吉林沙漠的内部地区，虽然属于裸露的流动沙丘，但因沙丘十分高大、密集，所以移动速度也很小，不超过2m/a。而在沙漠的边缘地区，沙丘低矮且分散，移动速度较大，通常前移值达5~10m/a。最大者，如塔克拉玛干沙漠西南缘的皮山和东南缘的且末地区，那些分布在平坦沙砾戈壁裸露的低矮新月形沙丘，前移值可达40~50m/a。沙丘移动，常常侵入农田、牧场、埋没房屋、侵袭道路(铁路、公路)，给农牧业生产和工矿、交通建设造成很大危害。所以植物固沙是治理沙漠的重要措施。

6.2.3 风蚀的影响因素

风蚀作用的大小、强弱除与风力有关外，还受土壤抗蚀性、地形、降水、地表状况等因素影响。

(1)土壤抗蚀性

土壤抵抗风蚀的性能主要取决于土粒质量、土壤质地、有机质含量等。

风力作用时，受作用力的单个土壤颗粒(团聚体或土块)的质量(或大小)足够大，不能被风力吹移、搬运；若颗粒质量很小，极易被风吹移。因之，常把粗大的颗粒称为抗蚀性颗粒，把轻细的颗粒称为易蚀性颗粒。抗蚀性颗粒不仅不易被风吹移，还能保护风蚀区内的易蚀性颗粒不被移动。由此可见，土壤中抗蚀性颗粒的含量多少，能够表示土壤抗蚀性强弱。

在持续风力的作用下，任何表面相对平滑的地表都会随风蚀过程而变得粗糙不平。这是因为抗蚀性颗粒不仅难以起动，而且保护下边的颗粒免受风蚀，阻碍了风蚀的发展，只有那些易蚀性颗粒随风搬迁，使风蚀得以继续，从而造成地表细微起伏。

抗蚀性颗粒的机械稳定性，影响风蚀的进一步发展。若抗蚀性颗粒(或团聚体)形状大(或成复粒)，在风沙流的冲击和磨蚀作用下，仅被分离成较大的颗粒或不易分离，表示颗粒稳定性高；相反，易分离的颗粒稳定性差。颗粒稳定性与土壤质地、有机质含量有关。

在不同质地的土壤中，沙土和黏土是最易被风蚀的土壤。因为，质地较粗的沙土中缺少黏粒物质，不能将沙粒胶结成有结构的土壤；黏土易于形成团聚体和土块，但稳定性很差，特别是冻融作用和干湿交替而使其破碎。切皮尔的分析表明，当土壤中黏粒含量约在27%时，最有利于抗风蚀性团聚体或土块的形成；小于15%时，很难形成抗风蚀的团聚结构。极粗沙和砾石很难被风所移动，有助于提高土壤的抗蚀性。

我国干旱区风成沙的粒度成分，以细沙(0.25~0.10mm)为主，其次为极细沙和中沙，粉沙含量不多，粗沙最少，几乎不含极粗沙(表6-9)。半干旱风沙区，受风沙的侵蚀和埋压，地带性土壤发育很弱，且与风成沙相间分布，从毛乌素沙区各地带性土壤的粒度组成可看出，表层土壤中黏粒含量均在10%以下(表6-10)。这样的土壤质地很难形成抗风蚀的结构单位，因而造成干旱、半干旱风沙区土壤极易被吹蚀的特点。

表 6-9 我国干旱区主要沙漠沙的粒度组成

沙漠名称	各粒级组成(%)					
	>1.00mm	1.00~0.50mm	0.50~0.25mm	0.25~0.10mm	0.10~0.05mm	<0.05mm
塔克拉玛干沙漠	—	0.02	4.54	34.15	41.97	19.32
古尔班通古特沙漠	—	—	8.70	68.20	19.10	4.00
巴丹吉林沙漠	—	3.40	23.40	61.40	9.82	1.98
腾格里沙漠	0.01	1.60	6.61	86.88	4.90	—
乌兰布和沙漠	0.01	0.78	17.31	72.11	9.52	0.27
库布其沙漠	—	1.10	1.90	85.30	11.70	—
宁夏河东沙地	—	0.16	17.99	75.05	6.16	0.67
平　均	微量	1.00	11.49	69.01	14.74	3.75

表 6-10 毛乌素沙地地带性土壤的机械组成

土壤名称	表层各粒级组成(%)						
	1~0.25mm	0.25~0.05mm	0.05~0.01mm	0.01~0.005mm	0.005~0.001mm	<0.001mm	质地
普通淡栗钙土	5.44	80.53	2.08	0.90	3.81	7.24	砂壤土
薄层淡栗钙土	13.18	58.41	20.69	1.66	2.87	3.19	紧砂土
碳酸盐淡栗钙土	11.08	61.36	17.64	1.43	6.67	1.81	紧砂土
原始栗钙土	57.68	38.00	1.60	1.04	0.50	0.28	松砂土
碳酸盐棕钙土	5.29	51.86	34.52	2.26	3.93	2.14	紧砂土
原始棕钙土	37.26	55.16	1.29	0.31	0.97	2.98	松砂土

土壤有机质能促进土壤团聚体的形成，对增强土壤结构稳定性和土壤抗蚀性有积极意义。因而，在生产中常通过增施有机肥及植物秸秆来改良土壤结构，提高抗蚀能力。

(2)地表土垄

由耕作过程形成的地表土垄，能够通过降低地表风速和拦截运动的泥沙颗粒来减慢土壤风蚀。阿姆拉斯特(D. V. Armbrust)等研究了不同高度土垄的作用得出：当土垄边坡比为1:4、高5~10cm时，减缓风蚀的效果最好，低于这个高度的土垄在降低风速和拦截过境土壤物质方面，效果不明显，而当土垄高度大于10cm时，在其顶部产生较多的涡旋，摩阻流速增大，从而加剧了风蚀的发展。

(3)降雨

降雨使表层土壤湿润而不能被风吹蚀。切皮尔在美国大平原地区的研究表明，当地上15cm高处风速为8.9~14.3m/s、表层土壤实际含水量相当于水分张力在1 520Pa时土壤含水量0.81~1.16倍的状态下，风蚀可能发生。比索尔(F. Bisal *et al.*, 1966)等在加拿大的研究也得出类似的结果。然而，表层土壤湿润持续时间很短，在强风作用下很快干燥，即使下层很湿，风蚀也会发生。

降雨还通过促进植物生长间接地减少风蚀，特别是在干旱地区，这种作用更加明显。由于植物覆盖是控制风蚀最有效的途径之一，作物对降雨的这种反应也就显得特别重要。

降雨还有促进风蚀的一面。原因是雨滴的打击破坏了地表抗蚀性土块和团聚体，并使地面变平坦，从而提高了土壤的可蚀性。一旦表层土壤变干，将会发生更严重的风蚀。

(4)土丘坡度

在水平地面及坡度为1.5%的缓坡地形上，一般风速梯度和摩阻流速基本不变。但对于短而较陡的坡，坡顶处风的流线密集，风速梯度变大，使高风速层更贴近地面。这就使坡顶部的摩阻流速比其他部位都大，风蚀程度也较严重。切皮尔计算出不同坡度土丘顶部及坡上部相对于平坦地面的风蚀量见表6-11。

表6-11 沙丘不同部位相对风蚀量

坡度(%)	相对风蚀量(%)	
	坡上部	坡顶
0~1.5	100	100
3.0	150	130
6.0	320	230
10.0	660	370

(5)裸田地块长度

风力侵蚀强度随被侵蚀地块长度而增加，在宽阔无防护的地块上，靠近上风的地块边缘，风开始将土壤颗粒吹起并带入气流中，接着吹过全地块，所携带的吹蚀物质逐渐增多，直到饱和。把风开始发生吹蚀至风沙流达到饱和需要经过的距离称饱和路径长度。对于一定的风力，它的挟沙能力是一定的。当风沙流达到饱和后，还可能将土壤物质吹起带入气流，但同时也会有大约相等重量的土壤物质从风沙流中沉积下来。

尽管一定的风力所携带的土壤物质的总量是一定的，但饱和路径长度随土壤可蚀性的不同而不同。土壤可蚀性越高(抗蚀性越低)，则饱和路径长度越短。切皮尔和伍德拉夫的观测表明，当距地面10m高处风速约18m/s时，对于无结构的细沙土，饱和路径长度约50m，而对结构体较多的中壤土，则在1 500m以上。

若风沙流由可蚀区域进入受保护的地面时，蠕移质和跃移质会沉积下来，而悬移质仍可能随风飘移；风沙流再进入另一可蚀性区域时，又会有风蚀发生。

(6)植被覆盖

增加地面植被覆盖(生长的作物或作物残体)，是降低风的侵蚀性最有效的途径。

植被的保护作用与植物种类(决定覆盖度和覆盖季节)、植物个体形状和群体结构、植物行的走向等有关。高而密的作物残茬，其保护作用常与生长的作物相同。

当地面全部为生长的植物覆盖时，地面所受的保护作用最大；单独的植物个体或与风向垂直的作物也能显著地降低风速，减少风蚀。因之，在植物周围和风障前后，常可见土壤物质的堆积现象。

风障及防风林带降低风速的作用与其高度及孔隙度(疏透度)有关，这一点有关防护林的书籍中都有详细的论述，此处不再赘述。

6.2.4 风蚀的危害

风蚀作用是由风的动压力及风沙流中沙粒的冲蚀、磨蚀作用，使地表物质被吹蚀和磨蚀，造成土壤养分流失、质地粗化、结构变差、生产力降低、沙丘及劣地形成等土地退化的作用过程。因而风蚀荒漠化的实质就是土地的风蚀退化过程。强劲的风是风蚀荒漠化形成的主要营力，是塑造荒漠地表形态的动力。在风力侵蚀作用下，土地退化表现在如下几个方面。

(1)土壤流失

由于风及风沙流对地表土壤颗粒剥离、搬运作用，使土壤产生严重流失。赵羽等根据沙土开垦后风蚀深度的调查，推导出科尔沁大青沟地表风蚀量可达23 250t/(km^2·a)；林儒耕推算出乌盟后山地区伏沙带风蚀量为56 250t/(km^2·a)，吕悦来等用风蚀方程估算出陕北靖边滩地农田土壤风蚀量为1 450t/(km^2·a)。大量的土壤物质被吹蚀，使土壤质地变差、生产力降低、土地退化。同时，被吹蚀的土壤物质的沉积又造成淤塞河道，埋压农田、村庄，甚至堆积形成流动沙丘，如呼伦贝尔地区的磋岗牧场，20世纪50年代初期，开垦的23 333hm^2耕地中，到80年代形成的流动沙丘及半流动沙丘面积占复垦区面积的39.4%；从宁夏中卫区到山西河曲段，由于风蚀直接进入黄河干流的沙量达5 321×10^4t/a。

(2)土壤质地变化

由于风力搬运的分选作用，导致土壤质地的变化，最细的土壤物质以悬移状态随风漂浮到很远距离；跃移物质则沉积在地边及田间障碍物附近；粗粒物质停留在原地或蠕移到很短的距离。这种侵蚀分选过程使土壤细粒物质损失，粗粒物质相对增多(表6-12)，原有结构遭受破坏，土壤性能变差，肥力损失，地力衰退，导致整个生态系统退化并出现风沙微地貌。这种粗化过程随风力的变化而间隙式发生，在大风初期持续一定时间，当风力不再增加，处于相对稳定状况时，风蚀强度随之减弱，只有当风力再度增加时，粗化又重复出现。多次的风蚀粗化作用使土壤耕作层不断粗化，直至不能继续耕作而被迫弃耕，甚至最终形成风蚀劣地、砾石戈壁和沙丘分布等荒漠景观。

表6-12 不同类型荒漠化土地表层沙粒含量的变化

(内蒙古科尔沁沙地)

荒漠化土地类型	土层深(cm)	沙粒(1~0.01mm)含量(%)
固定沙地	0~10	79~89
半固定沙地	0~10	91~93
半流动沙地	0~10	93~98
流动沙地	0~10	98~99

风蚀的这种粗化作用，在粒径变化幅度较大的土壤中，表现得尤为突出。

(3)养分流失

土壤中的黏粒胶体和有机质是土壤养分的载体，风蚀使这些细粒物质流失导致土壤养分含量显著降低。对于质地较粗的土壤来说，随风蚀过程的继续，土壤质地变得更粗，养分流失导致肥力的下降更为严重。表土中的养分含量较底土高，而表土又在侵蚀过程中首先流失，从而使土壤肥力不断下降，直至接近母质状态(表6-13)。

(4)生产力降低

土壤生产力是土壤提供植物生长所需要的潜在能力，是土壤物理、化学以及生物性质的综合反映。风蚀通过养分的流失、结构的粗化、持水能力的降低、耕作层的减薄以及不适宜耕作或难以耕作的底土层的出露等方面降低土壤生产力。对不同的土壤，在同样侵蚀条件下，生产力降低的途径及程度有所不同。

作物产量是衡量土壤生产力最直观的指标。为评价风蚀对生产力的影响，莱尔斯、朱震达等建立了风蚀深度与作物产量的关系，再根据风蚀方程推算的风蚀量来预测作物产量的变化过程。

表6-13 内藏古伊盟牧场不同沙质荒漠化程度土壤养分含量

沙质荒漠化程度	上层深(cm)	有机质(%)	全N(%)	P_2O_5(%)	K_2O(%)
潜在	0~10	0.491	0.121	0.112	2.39
中度	0~10	0.177	0.032	0.085	2.35
极度	0~10	0.173	0.037	0.088	2.50

(5)磨蚀

由风力推动沙粒沿地面的冲击力而引起的磨蚀作用，不仅使土壤表层的薄层结皮被破坏，造成下层土壤暴露出来，使不易蚀的土块和团聚体被冲击破碎，变得可蚀了。同时，磨蚀作用也对植物产生危害(俗称“沙割”)，影响苗期的存活率以及后期生长和产量，作物受害程度取决于作物种类、风速、输沙量、磨蚀时间及苗龄。

6.3 沙尘暴、扬尘及其影响因素

6.3.1 扬沙与沙尘暴

沙尘天气分为浮尘、扬沙、沙尘暴和强沙尘暴4类。

扬沙和沙尘暴是两种常见的风沙天气想象。当风力增大，将地面沙尘吹起，出现空气相当混浊，水平能见度为1~10km的天气现象，称为扬沙；而当强风将地面大量沙尘卷入空中，出现空气特别混浊，水平能见度低于1km的恶劣天气现象，则称为沙尘暴。沙尘暴是一种强烈的风力侵蚀现象。

当大风将地面尘沙吹起，使空气很混浊，水平能见度小于500m的天气现象，称为强沙尘暴。黑风暴是一种特强沙尘暴天气，它是大风吹扬起的沙尘使最小水平能见度降到0级(≤50m)，瞬间风速大于25 m/s的一种灾害性天气现象。由于发生强度为特强沙尘暴时天色昏暗，甚至伸手不见五指，所以人们又根据天色昏暗的程度形象地称为“黄风”和“黑风”。

沙尘暴前锋呈高墙状称其为沙尘壁，沙尘壁移动迅速，呈现上黄、中红、下黑三种颜色的旋转式沙尘团。这种呈现不同颜色的天气现象主要与沙尘暴中悬浮颗粒对太阳光的反射、散射、遮挡等作用有关。

沙尘暴多发区是指沙尘暴发生的频率高、强度大、灾情重的地区。根据我国西北地区各气象台站的沙尘暴日数，规定年平均沙尘暴日数接近或超过10d的地区为沙尘暴多发区，其中10~20d为中频率区，20d以上的为高频率区。沙尘暴天气按其发生的范围可以分为区域性和局地性。区域性可以进一步分为小范围和大范围。由系统性天气引发邻近地区2站以上的沙尘暴天气，称为区域性沙尘暴天气；由非系统性天气(如局地强对流等)引发的零星1~2站沙尘暴天气，称为局地性沙尘暴天气。

6.3.2 沙尘天气的分布

(1)沙尘暴的空间分布

沙尘暴天气主要分布在我国西北地区的巴丹吉林沙漠、腾格里沙漠、塔克拉玛干沙漠、乌兰布和沙漠、黄河河套的毛乌素沙地周围。尤其是塔克拉玛干沙漠、古尔班通古特沙漠、巴丹吉林沙漠、腾格里沙漠是我国沙尘暴的主要沙尘源区。

我国西北、华北大部、青藏高原和东北平原地区沙尘暴年平均日数普遍大于1d，是沙尘暴的主要影响区，其中110°E以西、天山以南大部分地区沙尘暴年平均日数大于10d，是沙尘暴的多发区；塔里木盆地及其周围地区、阿拉善和河西走廊东北部是沙尘暴的高频区，沙尘暴年平均日数达20d以上，局部接近或超过30d，如新疆民丰36d、柯坪31d、甘肃民勤30d等。

我国沙尘暴移动路径一般分为4条：西路、西北路、北路和东路。沙尘暴的移动路径除受高空气压场制约外，地形是不可忽视的因子，西路、西北路沙尘暴东移，主要是受秦岭及阴山纬向构造山系的导向作用。北路、东路沙尘暴所以能暴发式南下，主要是内蒙古高原地形坦荡，使源于贝加尔湖的冷空气能长驱直入。

(2)扬沙天气空间分布

扬沙是指风将地面尘沙吹起，使空气相当混浊，水平能见度在1～10km以内的天气现象。扬沙的影响范围比沙尘暴要广，一直延伸到长江中下游地区，扬沙年平均日数≥20d的多发区涵盖了西北大部、青藏高原大部、内蒙古中西部、辽河平原和海河平原地区，其中塔里木盆地及其周围地区、阿拉善、鄂尔多斯及河西走廊的东部和北部是扬沙的高频区，年平均日数达40d以上，局部接近或超过80d，如内蒙古吉兰泰96d、宁夏盐池85d、新疆皮山93d、民丰81d等。

(3)浮尘天气的空间分布

浮尘是指尘土、细沙均匀地浮游在空中，使水平能见度小于10km的天气现象。浮尘的影响范围更广，其影响区域一直延伸到四川盆地和南岭北侧。

沙尘暴和扬沙的易发区大多属中纬度干旱和半干旱地区，这些地区受荒漠化影响和危害比较严重，地表多为沙地和旱地，植被稀少，大风过境，容易形成沙尘暴和扬沙天气。沙尘天气在我国分布的一般特点表现在：影响面积大，受沙尘暴、扬沙和浮尘不同程度影响的省(自治区、直辖市)分别为17个、25个和27个；高频区集中在塔里木盆地周围地区、阿拉善高原、河西走廊东北部及邻近地区；与沙漠和沙地密切关联，沙漠和沙地为沙尘暴和扬沙天气的出现提供了极为丰富的物质源；天气系统、地形走向、地表覆被状况、雨量分布等都对沙尘天气的地理分布产生显著影响。

6.3.3 沙尘暴形成因素

沙尘暴形成的基本条件：一是大风，二是地面上有裸露沙尘物质，三是不稳定的空气，三者同步出现时方能产生沙尘暴。三因素中强风是引起沙尘的动力，丰富的沙尘源是形成沙尘暴的物质基础，而不稳定的空气乃是局地热力条件所致，使沙尘卷扬得更高。因此，可以说沙尘暴是特定气象和地理条件相结合的产物。

(1)天气因素

干旱少雨，大风频繁，冷热剧变，寒潮过境，不稳定的空气在对流层底部形成强对流天气等，均为沙尘暴的形成提供了有利的天气背景。

大风是沙尘暴产生的动力，大风频繁是干旱地区的重要环境特点，由于具备了此环境特点，才有利于沙尘暴的形成。据报道，强沙尘暴风速达30 m/s时，地面粗沙通过跃移进入地面以上数厘米高度，细沙可进入地面高度2.0m以上，粉沙可带到1.5km以上，粉粒悬浮于整个对流层中，可搬运到1.2km之遥。显而易见，大风可形成强沙尘暴。

不稳定空气是沙尘暴产生的热力条件，在沙尘暴多发区局地不稳定的大气条件具有触发沙尘暴的作用。如果低层空气稳定，受风吹动的沙尘将不会被卷扬得很高，如果低层空气不稳定，那么风吹动后沙尘将会卷扬得很高。如果两个地方风力、沙源条件相同，那么空气是否稳定对黑风暴发生与否起决定性作用。

(2)地形因素

沙尘暴的路径除受高空气压场制约外，地形是不可忽视的因子。我国沙尘暴路径主要分为4条：西路、西北路沙尘暴东移，主要是受秦岭及阴山纬向构造山系的导向作用。沿途所经过的下垫面主要为戈壁、沙漠，不仅为沙尘暴提供丰富沙源，而且由于湍流热交换量的增加，造成强烈热力对流，从而增强了沙尘暴动能，强化了沙尘暴强度。由于秦岭纬向山系及大兴安岭—太行山系斜接，形成沙尘暴的东壁南界，一般沙尘暴很难逾越这两条地形界线。

北路、东路沙尘暴所以能暴发式南下，主要是内蒙古高原地形坦荡，使源于贝加尔湖的冷空气能长驱直入，肆虐于内蒙古高原、鄂尔多斯高平原。但一般很难危害大兴安岭太行山以东地区。

(3)物质因素

沙尘暴的沙尘源分为两大类：一类是自然的第四纪沉积物，如沙漠风成沙、戈壁砂砾、第三纪红色砂砾岩、现代流水冲积物、湖积物、黄土、沙黄土；另一类是人类生产活动的人工堆积物，如尾矿砂、废弃土堆积等。当发生沙尘暴滚滚而来的“黑风墙”过境时，这些物源类型将为其提供大量尘埃。

(4)人为因素

沙尘暴自古以来就存在，从历史上看16世纪以前发生次数较少，16世纪以后突然增多，到20世纪发展到高峰。这种现象同气候的周期性变化也许有一定联系，但与人类活动影响环境的关系非常密切。沙尘暴乃系统性锋面大风天气过程与地形效应、地面沙尘物质相互作用而形成。人为过度垦荒、过度放牧、滥伐森林、不合理利用水资源、土地不合理经营方式、工业废弃物的堆放等，是加强和诱发沙尘暴的重要因素。

人为建设绿洲边缘林带，在降风、固沙、积沙、阻沙方面作用显著。就目前而论，人类对系统性锋面大风天气过程控制能力有限，而加强和诱发沙尘暴的人为不合理活动这一重要因素是可以控制的。所以防治沙尘暴灾害的实质是对人类活动的控制和管理。

研究人为因素与沙尘暴的关系，尤为重要。

思考题

1. 近地面风的特征是什么？
2. 何谓起动风速？
3. 沙粒运动机制是什么？
4. 风沙流特征有哪些？
5. 土壤风蚀形成机制是什么？
6. 土壤风蚀的危害有哪些？
7. 沙尘暴的形成因素有哪些？
8. 风力侵蚀的影响因素有哪些？

第 7 章

冻融与冰川侵蚀

【本章提要】 冻融与冰川侵蚀主要是在温度变化作用下形成的。冻融侵蚀的发生一方面是由于土体中形成一层不透水层，当积雪融化或发生降雨时，表层水分不能正常入渗而加剧了地表径流；另一方面，冻融作用能够通过改变土壤的容重、孔隙度等物理性质及土壤剪切强度等力学性质而使其侵蚀加剧。冰川侵蚀主要发生在高寒与高山地区，其侵蚀方式可分为拔蚀和磨蚀两种。

7.1 冻融侵蚀

土壤冻融侵蚀大多发生在冬春季节，作为侵蚀形式的一种，它是指土壤在冻融交替作用下发生的侵蚀现象。冻融侵蚀的发生一方面是由于当土层处于冻结状态时，土体的孔隙被冰晶充填，导致土体中形成一层不透水层，当积雪融化或发生降雨时，表层水分不能正常入渗而加剧了地表径流；而另一方面，土壤在反复的冻融作用下，其理化性质、结构和质地等会发生改变，从而降低了土壤的抗蚀性和土体稳定性。国内外的许多研究结果都表明，冻融作用能够通过改变土壤的容重、孔隙度等物理性质及土壤剪切强度等力学性质而使其侵蚀加剧。

7.1.1 冻土作用机制

7.1.1.1 冻土基本特征

冻土是指温度在 0℃以下，含有冰的土(岩)层。处在大陆性气候条件下的高纬度极地或亚极地地区，以及高山高原地区，降水量极少、温度低，由于缺少冰雪覆盖，土层直接暴露于地表，从而导致土层中热量不断散失(年平均吸热量 < 放热量)，引起地温的逐步下降，因此在土层下部形成了多年不化的冻结层。冻土的主要外力作用是冻融作用。有些土层的温度很低，但没有冰的存在则不能称为冻土，只能称为低温寒土。

根据冻土存在时间的长短，地球上主要分布着两种冻土：一种称为多年冻土，两年以上处于冻结状态，只有表层几厘米的土层处于夏融冬冻的状态。另一种称作季节冻土，只在地表几米范围内冬季冻结、夏季消融。

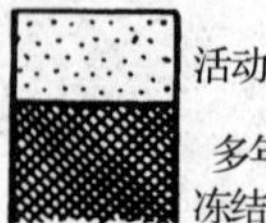

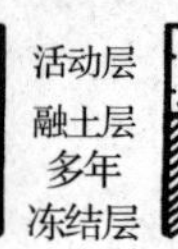

图 7-1 冻土结构

这两种冻土一般分为两层，上层为夏融冬冻的活动层，下层才是常年(多年)不化的永冻层。活动层在夏季融化后称为季融层，而在冬季再冻结后称为季冻层。因此，季融层和季冻层实际上是活动层的两种状态。如果某年冬季气温较高，冻结深度小于夏季融化厚度时，那么在季冻层下面就会出现一个未冻结的融区；反之，如果冬季较冷而夏季较凉，则夏季的融化深度可能小于冬季冻结层的厚度，结果便在季融层的下面留下一层未融化的隔年冻结层。隔年层很薄，在来年夏季气温转暖时就可能消失(图7-1)。

活动层每年冻结时均由上层开始，上层土的冻结膨胀，会对下面还未冻结的含水土层(融区)施加压力，使未冻结层在刚性的永冻层上面发生塑性流动而产生揉皱变形(图7-2)，这种现象称为冻融搅动构造。

多年冻土的分布面积约占全球陆地面积的23%，主要分布在俄罗斯、加拿大、中国和美国的阿拉斯加等地，我国是世界第三冻土大国，多年冻土分布面积约占世界多年冻土分布面积的10%，占我国国土面积的21.5%，同时我国的多年冻土主要分布在中、低纬度的号称世界第三极的青藏高原上。季节冻土则遍布纬度高于24°的地区，我国季节冻土分布面积占国土面积的53.5%。因此，冻土首先被视作宝贵的土地资源。

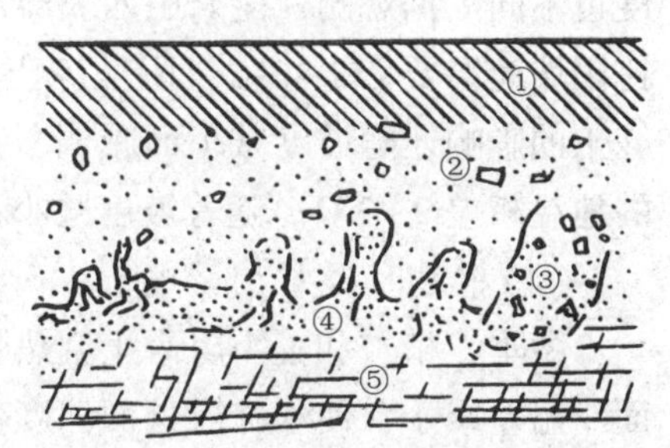

图7-2　冻融搅动构造示意(格诺维)

①表面冻结层；②粗砂粒层因聚冰作用而脱水；③袋形砂砾也脱水；④被扰动的含水层；⑤永冻层

7.1.1.2　冻土厚度

多年冻土的厚度从高纬度到低纬度逐渐减薄，以至完全消失。例如，北极的多年冻土厚达1 000m以上，年平均地温为－15℃，永冻层的顶面接近地面。向南到连续冻土的南界，多年冻土厚度降到100m以下，地温－5～－3℃，永冻层的顶面埋藏加深。大致在48°N附近是多年冻土的南界，这里年平均地温接近0℃，冻土厚度仅1～2m。

多年冻土从高纬度向低纬度方向延伸，不仅厚度变薄，而且由连续的冻土带过渡到不连续的冻土带。多年冻土不连续带是由许多分散的冻土块体组成，有人把这些分散的冻土块体称为岛状冻土。

中、低纬度的高山高原地区，多年冻土的厚度主要受海拔的影响。一般来说，海拔越高冻土层越厚，地温也越低，永冻层顶面埋藏深度较小。海拔每升高100～150m，年平均地温约降低1℃，永冻层顶面埋藏深度减小0.2～0.3m，冻土层的厚度增加30m。

多年冻土的厚度虽然受纬度和海拔的影响，但在同一纬度和同一海拔处的冻土厚度还有一定差别，这和以下自然地理条件有关。

(1)海陆分布

大陆性半干旱气候较有利于冻土的形成，而温暖湿润的海洋性气候不利于冻土的发育。因此，在地处欧亚大陆内部的半干旱气候区的冻土南界(47°N)，比受海洋性气候影响较大的北美冻土南界(52°N)要更南一些。另外，在纬度和海拔相同条件下，大陆性半干旱气候区的冻土比海洋性气候区的冻土要厚一些。

(2)岩性

砂土导热率较高，且易透水，不利于冻土的形成；熟土导热率低，且不易透水，有利于冻土的形成；泥炭的导热率最低，最有利于冻土的发育。在连续冻土带，往往在潮湿黏土区的永冻层顶面埋深比砂砾石区的要浅，厚度比砂砾石区的要大。在不连续冻土带，泥炭熟土组成的地区往往发育许多岛状冻土。

(3)坡向和坡度

坡向和坡度直接影响地表接受太阳辐射的热量多少。阳坡日照时间长，受热多于阴坡，因而在同一高度不同坡向的冻土，其深度、分布高度和地温状况都不同，冻土的厚度也不同。据观测，昆仑山西大滩不同坡向的山坡，在同一高度和同一深度的阴坡地温比阳坡地温要低2~3℃，阴坡冻土的厚度要大一些，分布高度较阳坡低100m。坡向对冻土的影响还随坡度减小而减弱，如大兴安岭当坡度为20°~30°时，南北坡同一高度处的地温相差2~3℃。随着坡度减小，不同坡向的同一高度地温相差减小。

(4)植被和覆雪的影响

冬季，植被和覆雪阻碍土壤热量散失；夏季，植被和覆雪减少地面受热。因此，地面年温差减小，使永冻层顶面深度变浅。例如大兴安岭落叶松、桦木林和青藏高原的高山草甸，能使地表年温差降低4~5℃。

7.1.2 冻土基本物理性质

土是复杂的多相体系，由固、液和气三相物质组成。未冻土或融土中的固相物质通常包括矿物质和有机质、液相物质(水溶液)和气相物质(空气)等。当温度降至0℃以下，此时土壤称之为冻土，冻土中增添了一种新的固相物质——冰，冰的胶结作用带来土体结构与性质的巨大变化，使其物理性质有别于一般融土。国内外的许多研究结果都表明，冻融作用能够通过改变土壤容重、孔隙比、渗透性和土壤团聚体水稳性等物理性质使其侵蚀加剧。

7.1.2.1 固体土骨架

固体土骨架是多成分体系冻土的基础，对冻土性质的影响极为重要。无论是矿物颗粒的尺寸、形状，还是反映土颗粒表面物理力学性质的交换性离子的交换容量及成分，都会对土的结构特性、冻结时的土壤水分迁移、聚集与冰晶析出产生重大的影响。

土颗粒形状对冻土性质的影响也很重要，因为它决定着冻土传递外荷载的局部应力大小。如俄国冻土学家 Цытович 和 Сумгин 曾列举说明，当外压力为0.2MPa时，直径1mm的圆形石英颗粒与片状冰夹层相接触处的应力为1 170MPa，而按同样直径的两固体颗粒相接触处计算得到的应力则要大许多倍。由于石英颗粒的弹性模量为3×10^5MPa，而冰夹层的为3×10^4MPa，因此只有在弹性变形的短时荷载下才有这样的压力。随着时间的增长，由于冰夹层具有蠕变性，即使在极小的压力下它都会发生“塑性流动”，以使其接触面处的应力减小。

土体矿物颗粒的分散度，在于颗粒中产生的不同的物理化学表面现象，并取决于颗粒的比表面积。如高岭土的比表面积约 $12m^2/g$，而蒙脱土可达 $800m^2/g$。其比表面积越大，化学结合能就越高，对土壤孔隙水的影响就越深。

在其他条件相同时，交换性阳离子的性质对冰晶形成和冻胀过程的影响力依次为：$Fe^{3+} > Al^{3+} > Ca^{2+} > K^{+} > Na^{+}$，$Fe^{3+}$影响最大，$Na^{+}$最小。

7.1.2.2 冻土层中地下冰和地下水

1) 地下冰

冻土内所含的冰称为地下冰。按照成因及埋藏方式，地下冰可分为构造冰、洞穴冰和埋藏冰等 3 种类型。构造冰又分为胶结冰、分凝冰、侵入冰及裂隙冰等。不同类型的构造冰可以形成不同类型的冻土构造。

(1) 构造冰

构造冰具有明显的垂直分带性，它反映出在土层的不同深度上冻结条件、水分补给条件及土层本身的岩性和构造的差异。

①胶结冰　一般分布于土层的上部，由土层颗粒间的孔隙水直接冻结而成。这种冰可以把松散颗粒胶结起来形成坚硬的冰体，故称胶结冰。胶结冰的表现形式有：在水分充足的细粒土中，冰粒将土粒均匀地胶结起来，形成整体状构造冻土；在水分不充足的碎石亚砂土中，冰晶不均匀地散布在土层中，形成团粒状构造冻土；在透水性极强的残积碎屑物中，只有在接近永久冻土层的地方，岩石碎块才可能被冰所包围胶结，称作砾岩状构造冻土。

②分凝冰　是通过聚冰作用在土层中形成的冰体。聚冰作用是由土层的不均匀冻结作用所引起的。当土层中同时存在已冻结的冰和未冻结的水时，一般来说已冻结冰周围温度较低，饱和蒸汽压较小，而未冻结水周围则温度较高，饱和蒸汽压较大。在这种条件下，液态水中升华出的水分子就要向蒸汽压小的冰体上凝结起来，从而不断加大了固态冰的体积。这种通过气态水分子的移动不断加大冰体的作用称为聚冰作用。通过聚冰作用形成的冰称为分凝冰。分凝冰一般分布在土层下部或胶结冰的下部，大部分呈水平层状或透镜状，组成水平层状构造冻土。冰层的厚薄不等，上部薄(1～10mm)，呈微层状到薄层状，向下逐渐加厚，出现十几厘米到 2～3m 厚的厚层状到巨厚层冰层，再向下冰层又渐变薄。造成这种变化的原因与冻结面移动速度和水分供应的强弱有关。当土层由上向下逐渐冻结时，由于土层上部温度梯度大，冻结面向下移动迅速(停顿时间很短)，聚冰作用进行的时间很短，所以冰层薄，冰层间距小。往深处，温度梯度变小，冻结面停留时间长，聚冰作用充分，因此冰层较厚。再往下，由于水分的转移减弱，冰层又变薄了。在上述的分凝冰层中，中部的巨厚冰层具有极大的意义。它是一种含有亚黏土、石块和大量水的冰层。这种冰层是永冻层的一个组成部分，其顶面往往就是永冻层的上界面，所以在野外常根据其埋深来确定最大季节融化深度。

③裂隙冰　可分为冰脉和冰楔两种。充填于岩土裂隙中的冰称为冰脉。冰脉对基岩的破坏力极大，当水渗透到基岩裂隙中后，因冻结而膨胀，其膨胀率一般可达 9.07%，

因此，冰就会对裂隙壁产生巨大压力，把围岩胀裂开来称其为冰劈作用。

疏松潮湿土层的冻结与基岩略有不同，它在冻结之初，首先是整个土体发生膨胀；当完全冻透以后，如果土层进一步冷却，那么土体就开始收缩；在收缩应力作用下，土层常破裂为多边形裂隙网(或称裂隙多边形体)，这是冻土区常见的地面结构形式。组成裂隙网的裂隙称为寒冻裂隙。当水充填冻结于寒冻裂隙中时，就形成冰脉。冰脉的形成使寒冻裂隙进一步加宽加深，有的甚至可以贯穿到冰冻层的深处。来年融化时，只有冰脉的上部融化，而永冻层中的那一部分则得以保存；当寒冷气候再次到来时，又在原来的位置上产生下伸的寒冻裂隙，它重新把永冻层中的早期冰脉劈开，形成新的冰脉。如此年复一年，每年冰脉都要经历一次劈开—充水—冻结的过程，这种被多次充填的冰脉称为冰楔(图7-3)。随着新冰脉的不断贯入，冰楔就逐渐向两侧张开，致使两侧围岩受挤压而向上弯曲，形成冰揉皱。如果冰楔是在多边形寒冻裂隙网基础上发展起来的话，它就会形成冰楔多边形网，而且在地形上也有所表现(图7-4)。如果该地区气候总趋势向着温暖的方向转化，脉体就会完全融化，并在冰楔中充填土状堆积。这种被土充填的冰楔又可以被更新的沉积所掩藏成古冰楔。这种古冰楔在地层中的存在是研究古气候的重要标志，它至少代表了当时的年平均温度低于－6℃，属严寒的冰冻气候。

④浸入冰　是承压的地下水侵入到冻土中凝固而形成的冰，如冰丘冰等。

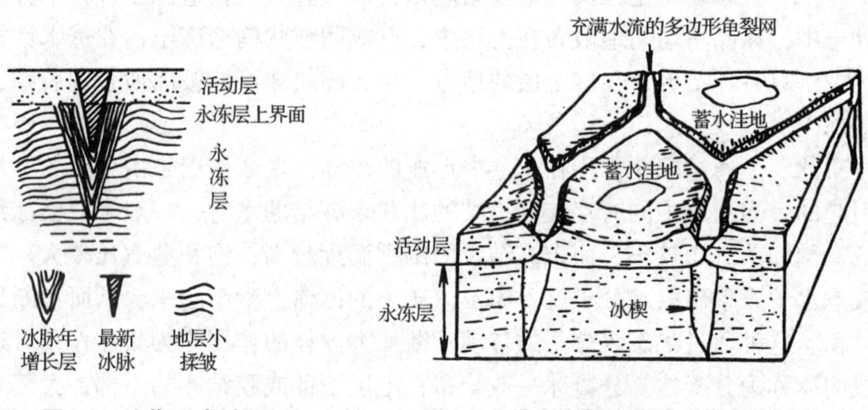

图7-3　冰楔形成过程　　图7-4　具有隆起边缘的冰楔多边形网

(2)洞穴冰

在永冻土分布的地区，存在着一些地下洞穴，这些洞穴可以是岩溶洞穴，也可以是埋藏冰融解以后产生的“热岩溶”洞穴，充填在这些洞穴中的冰称为洞穴冰。

(3)埋藏冰

主要分布在冰川前缘地区，是冰川融化后残留下来的“死冰”，后来又被新的沉积物所覆盖而形成。

2)冻土区地下水

冻土区内，冰和水是不可分割的整体，它们按一定条件相互制约、相互转化，形成各种结构的冻土和各种形式的地下冰及各种地貌形态。

冻土区地下水按其与永冻层的关系分为3种：

(1)层上水

分布在活动层中的地下水，它以永冻层为隔水底板，每年都发生一次融化和冻结。层上水的另一特性是具有季节承压性。当秋季冻结时，冻结作用从上层开始，因此首先在上层形成一个隔水顶板，从而使下层未冻结的水失去自由水面，并且缩小了活动空间，在一定条件下，下层水就会产生承压性。例如，在低地中，这种承压性就表现得特别明显(图 7-5)。来年解冻以后，承压性就消失了。

(2)层间水

永冻层中个别融层和融道中的地下水，它在永冻层中的连续运动是使其保持液态的主要原因。层间水可以看作层上水与层下水的联系纽带(图 7-6)。

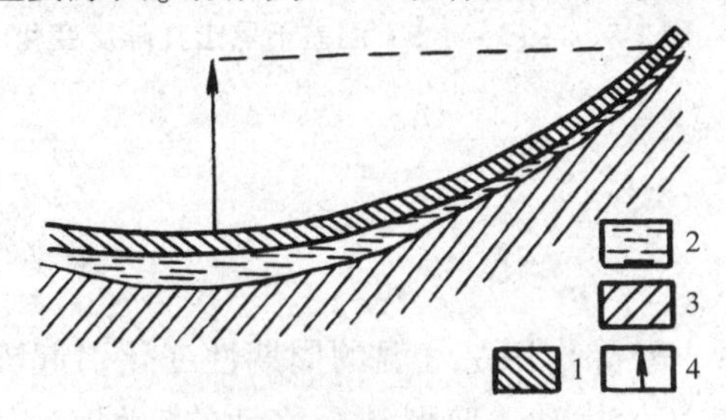

图 7-5 层上水在低地中的承压性

(据高尔什科夫)

1. 季冻层；2. 季融层；3. 冰冻层；
4. 层上水的承压力

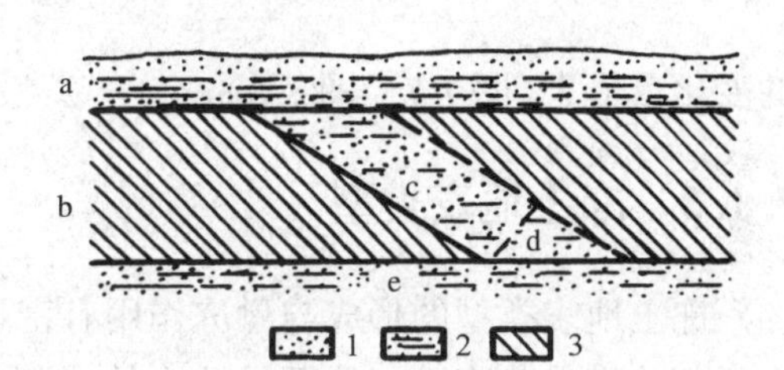

图 7-6 层上水、层下水和层间水的相互关系

(据特尔斯奇亨)

a. 层上水；b. 向层间水过渡；c. 层间水；
d. 向层下水过渡；e. 层下水
1. 砂；2. 含水砂；3. 冰冻层

(3)层下水

层下水是位于永冻层以下不冻层中的地下水，它们大多数都具有一定的承压性。

由于温度周期性地发生正负变化，冻土层中的地下冰和地下水不断发生相变和位移，使土层产生冻胀、融沉、流变等一系列应力变形，这一复杂过程称为冻融作用。冻融作用是寒冷气候条件下特有的外营力作用。它使岩石遭受破坏，松散沉积物受到分选和干扰，冻土层发生变形，从而塑造出各种类型的冻土地表类型。

7.1.2.3 冻土容重与孔隙比

容重和孔隙度是衡量冻土结构性质的重要参数，反复的冻融循环能够破坏土体原来的孔隙比而使其容重发生变化。很多研究都用不同的试验方法证明，经过冻融循环后的土壤其孔隙度会有所减小，尤其是对于松散土来说，冻融会使孔隙度降低从而增加其密实度；而对于密实土则相反。另外多数研究都发现土壤的孔隙度和容重经几次冻融循环后趋于稳定。范昊明等通过冻融循环试验观测黑土容重及孔隙度的变化规律，结果表明，随着冻融循环次数的增大，土壤的容重和孔隙度分别呈现缓慢减小及增大趋势且变化幅度越来越小，最后达到基本稳定的状态；冻融温差越大，冻结温度越低，同一含水率土壤的容重变得更小而孔隙度相对较大，并且两者的变化量最大；在同一冻融温差下，高含水率土壤经过冻融循环后较之低含水率土壤容重更低，而孔隙度更高，且数值

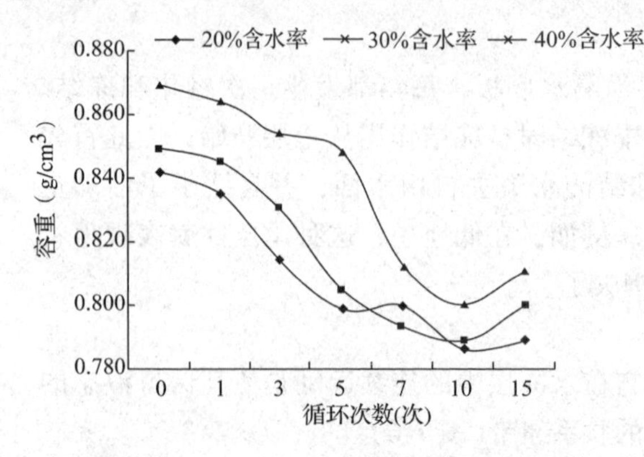

图 7-7 －13～－5℃温差下黑土容重变化

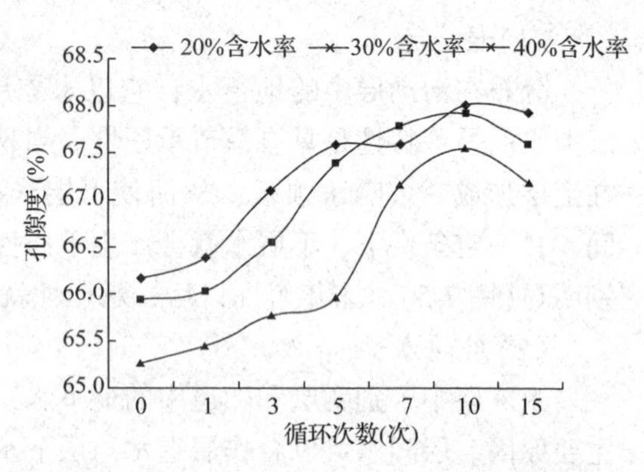

图 7-8 －13～－5℃温差下黑土孔隙度变化

的变化量最大(图7-7、图7-8)。

7.1.3 冻土地表类型

冻土地表类型的形成与融冻作用有密切联系。融冻作用是气温的周期性变化引起冻土反复的融化与冻结，从而导致土体或岩体的破坏、扰动、变形甚至移动的一种作用。融冻是高寒冻土区塑造地形的主要营力。融冻作用主要表现为3种形式：冰冻风化、冰冻扰动和融冻泥流。

冰冻风化是冻土区最普遍的一种特殊物理风化作用。渗透到基岩裂隙中的水冻结时不仅可以把岩石胀裂(冰劈作用)，而且由于膨胀所产生的压力还可以向外传递，把裂隙附近的坚硬岩层压碎成石块和更细的物质，从而为其他外力作用的进行创造有利条件。

(1) 石海与石川

石海是冰冻风化作用的直接结果。在平坦而排水较好的山顶或山坡上，经冰冻风化形成的大小石块，直接覆盖在基岩面上。这种平坦山顶上布满石块的地形称为石海。

石川是在不太陡的山坡和凹地中，大量的风化产物——巨砾块在重力作用下沿着下伏的湿润细粒土层表面整体地或部分地向下滑动，这移动着的石块群体称为石川或石河。石川的运动主要发生在春季以后，因为这时下伏细粒土层开始解冻变为湿润的土体。这种土体为石块的移动提供了极好的滑动面。

(2) 冰冻结构土

在冻土层表面，常出现碎石按几何图案作规则排列的现象(图7-9)，具有这种现象的冻土称为冰冻结构土。按照碎石排列形态，冰冻结构土还可进一步划分为石环、石圈、石多边形、石条等类型。一般来说，水平地面上发育石多边形或石环；平缓的凸坡上发育石圈；而较陡的斜坡上发育石条。

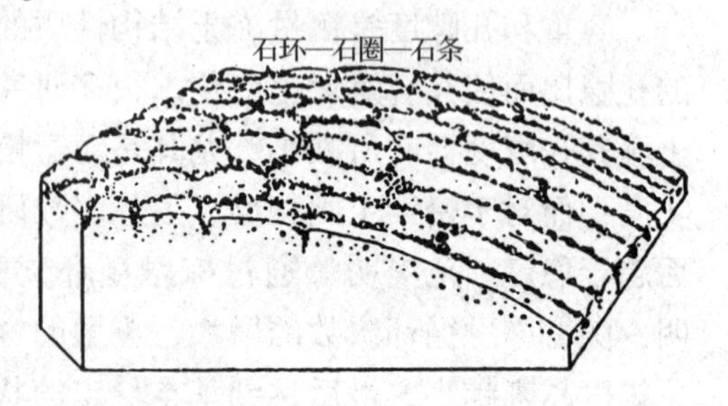

图 7-9 小型冰冻结构土类型

(据 C. F. Stemanl Sharpe)

冰冻结构土的形成是冰冻搅动所产生的分

选作用结果(融冻分选)。这种分选作用有两种形式，即垂直分选和水平分选。垂直分选的实质是冻结提升作用(图7-10)。每年秋季冻结开始以后，冻结面(AB)逐渐下降到某砾石处，当冻结面以上的土层由于冻结而向上膨胀时，砾石也就随之上升，在上升砾石的下面自然就留下一个空隙，这个空隙马上就会被周围未冻结的土所填满。因此，在下一次解冻时砾石就不能回到原位，而被抬高了。当这种作用长期地进行下去时，活动层下部的砾石就会被抬升(分选)到地表。

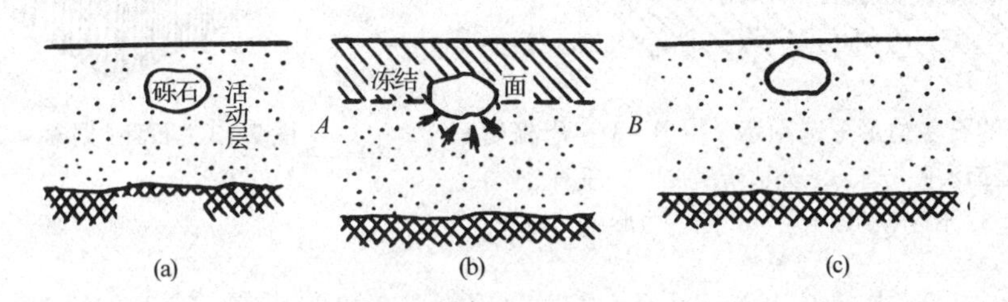

图7-10 垂直融冻分选示意

(a)冻结前 (b)冻结膨胀 (c)抬升

水平分选的发生是由于土体中物质粗细和含水量的差异所引起的(图7-11)。含水量较多的细粒土，冻结时膨胀比含水少的地方强烈，成为一个膨胀中心[图7-11(a)]。分布在膨胀中心中的2块砾石，也随着土体在水平方向上的膨胀从A移动到A'；B移动到B'[图7-11(b)]。当土层融化时只有细粒土松散开来，而大块的砂石则因本身的堕性而不能回到原来的位置上去[图7-11(c)]。当冻结与融解反复进行时，膨胀中心中部的砾石就逐渐被推到土体的边缘集中起来，而膨胀中心地带就成为无砾石或少砾石的地带。在垂直分选和水平分选联合作用下，不断把活动层深部的砾石抬举到上部，然后又推到土体边缘集中起来(图7-12)，形成一个被砾石所环绕的无砾石(或很少)的细粒土带(分选殆尽带)。这种细粒土带的外围砾石，在地表上常排列呈多边形，称为石多边形。石多边形还可以向下延伸到一定深度，在三维空间上成为以粗砾碎屑为外缘的石多边形柱体。当许多石多边形体结合在一起时，在地表上就形成了石多边形网。水平地面上，当各多边形体之间互不接触时，则多边形体的石边就会加宽，最后趋向于圆形形成石环(图7-13)。石环直径一般为1~2m或更小，向下延伸几十厘米后就逐渐变得不清楚了。坡度为2°或更缓的斜坡上，融冻分选伴有沿坡下滑的泥流作用，使石环或石多边形拉长呈椭圆形称石圈；坡度在6°以上时，融冻泥流的下滑作用加强，并导致环圈散开，成为碎石与细粒土带相间的、并顺山坡延伸的石带(图7-9)。坡度为15°左右时，融冻泥流逐渐使石带瓦解。25°以上的斜坡上，石带甚至可以完全不存在。所以冰冻结构土一般发育在0~15°的坡度范围内。

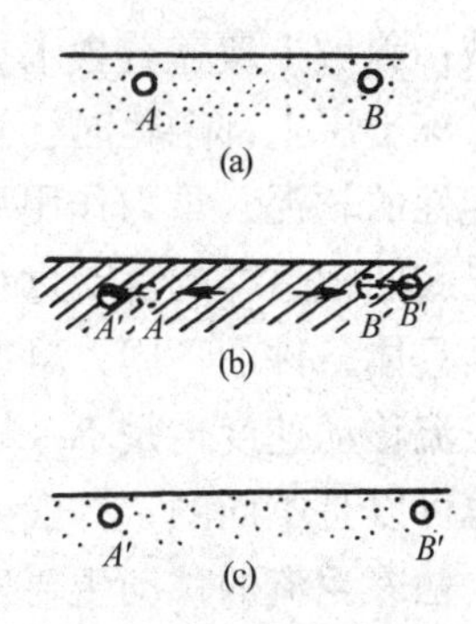

图7-11 水平融冻分选示意

(a)膨胀中心 (b)膨胀移动 (c)水平分选

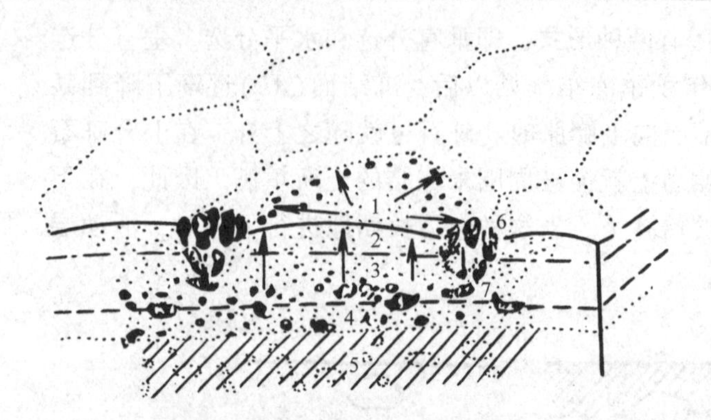

图7-12 典型的石多边形分选图示（据R·D·恩格曼）

1. 侧向移动和表面水平分选 2. 分选殆尽带 3. 垂直分选带 4. 未分选带 5. 不透水的冻土层 6. 石多边形 7. 地表下

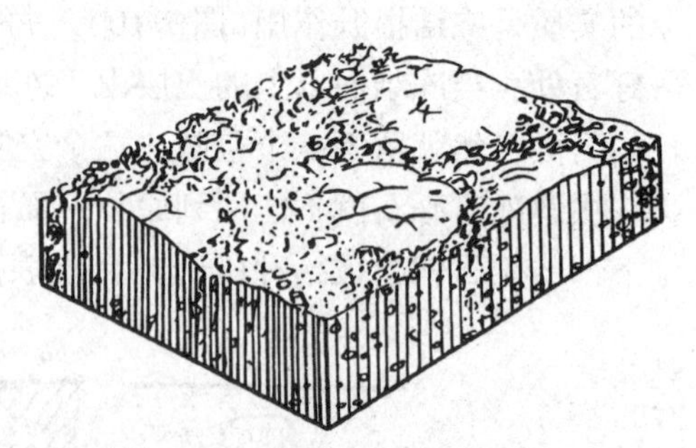

图7-13 石环（据C·T·博奇）

（3）融冻泥流

冻土区内产生融冻泥流作用的条件为：地形上是一个平缓至中等（17°~27°）坡度的斜坡；斜坡上覆盖着含水量很高的细粒土或含碎石的细粒土。在这样的条件下，当每年夏季冻土层上部融化时，就使上部土层充满了过饱和的水，这种水使土体变成一种具有可塑性的软泥，重力作用下，这些软泥沿着下伏的冰冻层表面或基岩面向坡下缓慢地滑动。我们把这样的滑动过程称为融冻泥流作用，而把缓慢滑动着的土体称为融冻泥流。根据具体条件的不同，融冻泥流的移动速度每年都可能有所变化。另外，不同地点的融冻泥流移动速度也是不一样的，甚至同一条融冻泥流的不同部位在同一时间里的运动速度也可以是不同的。一般变化在几十厘米到几十米之间。

融冻泥流的移动主要发生在融水丰富的夏季；到冬季冻结后移动停止，到来年夏季解冻后移动又重新发生。因此，融冻泥流总是随着土层的融冻交替而有节奏地、间歇性地向坡下运动着。但是在平缓的斜坡上（3°~4°或更缓），泥流移动主要发生在春秋两季。这是因为在坡度太缓的条件下，土层沿斜坡向下的滑动力太小，不足以引起土层的明显滑动。只有在春秋两季，温度经常在0℃左右波动，使上部土层发生往复多次的冻融交替，从而引起土层体积频繁的胀缩变化，再加上土层的重力作用才能引起土层的明显滑动。融冻泥流在大于27°的陡坡上很少见，因为在这样的斜坡上，面状冲刷作用较强烈，易把细粒物质冲走，而没有细粒物质存在是不能发生融冻泥流的。总之，融冻泥流作用是发生在冻土区平缓至中等斜坡上的一种最主要的外力作用。

融冻泥流作用下，形成的堆积物称为融冻泥流堆积。它的厚度一般是1.5~4m。融冻泥流堆积物的一般特征是没有层理和分选性差。

融冻泥流堆积物成分与上部坡地的组成物质相同。有时泥流堆积物可以由几个泥流层组成，这种现象是由于多次泥流作用重叠堆积。在泥流层之间往往分布着平行斜坡排列的小碎石层、细粒土层、泥炭土和埋藏土壤层。这些夹层似乎又使无层理的泥流堆积物显现出一定的“成层性”。由于泥流的不均衡运动和挤压，又往往使这些夹层发生揉皱和断裂（图7-14）。

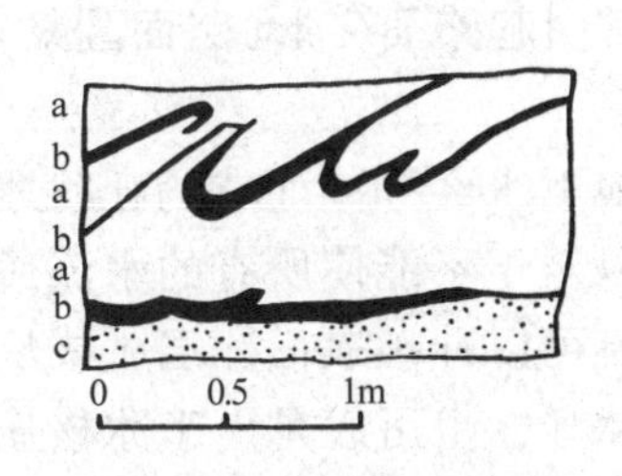

图 7-14 泥流褶皱

a. 土壤层 b. 腐殖质夹层 c. 风化层

图 7-15 泥流阶地群

融冻泥流作用可以形成多种地貌形态，最典型的是泥流阶地。泥流阶地发育在5°~10°甚至更陡的斜坡上。当土体在泥流作用下向下滑动的过程中遇到阻挡，如基底地形的凸起等，就会停滞不前，积累成为台阶状小高地，可称为泥流阶地。另外，由于斜坡上不同部位的泥流体流经的地形不同或由于流动性能(黏滞性大小)的差异就会使泥流体在斜坡的不同部位上停留下来，形成很多高度各不相同的台阶，称为泥流阶地群(图7-15)。单个阶地的形态呈舌状，前缘有一坡坎(阶梯)，其高度一般为0.3~6m。阶坎前缘常由于泥流的挤压作用在堆积物中常有小揉皱和断裂发生。

与融冻泥流相类似的一种现象是融冻滑塌。当各种自然因素或人为的作用(如在山坡上进行工程建筑等)使山坡下部形成陡坎以后，山坡上部解冻了的土体就会失去平衡，沿着永冻土层表面向坡下迅速地顺层滑动，称为融冻滑塌。滑塌体以很快的速度(一年内即可达几十米到几百米)冲向公路或铁路，对交通安全危害极大。因此，在高原冻土区进行工程建筑时，要特别注意这个问题。

(4)冻胀丘与冰丘

冻土地区，由于冻结膨胀作用使土层产生局部隆起常形成丘状地形。这是由于水分在土层中分布不均所致，水分多的地方冻结速度快，冻结深度大，由于冻结而产生向下的膨胀压力也大；水分少的地方则出现相反的现象(图7-16)。因此，下部未冻结的岩土和地下水就会从冻结压力大的地方向压力小的地方集中，结果就会在冻结深度小的地方把地面鼓起来形成丘状地形称为冻胀丘。如果冻胀丘内形成冰透镜体，它对地表也起着巨大的冻胀作用，这样的冻胀丘称为冰核丘，冰核丘顶面常因冻胀而产生裂隙，沿着裂隙常有地下水喷出地表。冰核丘的规模不等，大者其高度约10~20m，基部长150~200m，它们可以存在几十年或几百年，但是一旦其中冰核融化，丘体就会消失，甚至在

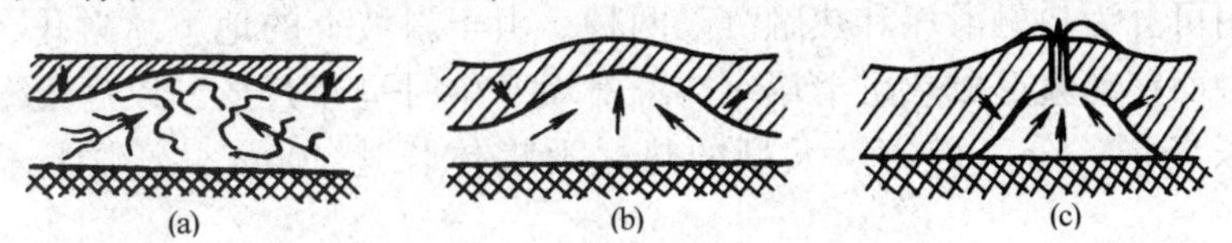

图 7-16 冻胀丘的生成(据E·B·善采儿)

(a)活动层中的含水土层从压力大的地方向压力小的地方移动，逐渐集中

(b)由于土层的集中，从而对地表产生鼓胀作用，冻丘开始形成

(c)鼓胀作用过大时，冻丘顶部可能破裂，地下的含水泥土沿裂缝冲出地表堆积在裂缝两侧

地表出现洼地。冻胀丘内，由于土层的流动挤压产生融冻搅动形成搅动构造——小型的揉皱和断裂。冻土区内，由于地面的这种不均匀冻胀常引起路面变形（路面翻浆）等不良现象。

冰丘是溢出到河湖冰面、雪面、地面的地表水或地下水经冻结而成的丘状冰体。溢出的原因可以是由于河流的冻结，使过水断面收缩，以至于不能使所有的水流通过该断面，从而产生很大的水压力。在这种压力作用下，水流可以冲破表面冰层，或从河床两侧穿过尚未冻结的河流冲积物而冒出地表经冻结而成冰丘，也可以是由于冰核丘内的承压水沿顶部裂隙喷出地表冻结而成等。

上面介绍了各种各样的冻土地表形态，如果按照冻土产生的地貌位置或垂直分带性，可用图7-17来加以概括。

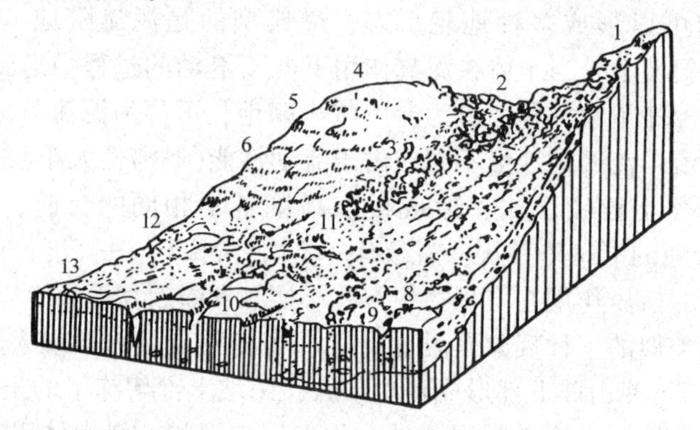

图7-17 冻土区地貌组合（据C·Γ·博奇）

1. 冻蚀台地 2. 石川源 3. 石川（石河） 4. 石圈 5. 土溜阶地（泥流阶地）
6. 土溜堤 7. 石块沿湿润土层滑动 8. 石带 9. 石多边形网状土 10. 冰楔
11. 大冻丘 12. 小冻丘 13. 网状土

7.1.4 热融作用

7.1.4.1 冻融界面的热融机理

自然因素（如气候转暖、温度差增大）或人为作用（如砍伐森林、开辟荒地、修水库蓄水、挖水沟、铲除草皮进行工程建筑等），破坏了地面上原有的保温层，使土层中温度升高而致使地下冰融化，土体在重力作用下沿冻融界面移动或产生各种负地貌的过程，称为热融作用。

热融作用可分为热融滑塌和热融沉陷两种。由于斜坡上的地下冰融化，土体在重力作用下沿冻融面移动就形成热融滑塌。热融滑塌开始时呈新月形，以后逐渐向上方溯源发展，形成长条形、分叉形等。大型的热融滑塌体长达200m，宽数十米，后壁高度1.5~2.5m。

7.1.4.2 热融作用的负地貌过程

平坦地表因地下冰的融化而产生各种负地貌，称为热融沉陷。随着冰冻层的融化，冰冻层以上的土层随之产生沉陷。这种沉陷作用所形成的地形称为热融地形。热融地形以负地形为主，由热融沉陷形成的地貌有沉陷漏斗（直径数米）、浅洼地（深数十厘米至数米、径长数百米）、沉陷盆地（规模大者可达数平方千米）等。当这些负地貌积水时，就形成热融湖塘。我国青藏高原多年冻土区，热融湖塘分布很广泛。热融现象还可以引起路基沉陷、路面松软、水渠垮塌等不良工程地质现象，是一个必须认真对待的问题。

7.1.5 融雪及解冻期降雨侵蚀

（1）融雪侵蚀

融雪侵蚀的发生是由于当土层处于冻结状态时，冰晶堵塞了土体的空隙，使土壤中存在一难透水的土层，表土融化后的水分或融雪水等不能下渗，使已经融化了的表层土壤水分含量过多，融雪水等很容易产生地表径流，加剧土壤的侵蚀。同时，土壤冻融作用还具有时间和空间的不一致性，进而影响坡面土体的稳定，部分冻融侵蚀区，春季融雪径流侵蚀量占全年水土流失量的绝大部分。

（2）解冻期降雨侵蚀

地球上中纬度大部分地区都经受季节性冻融过程，而解冻期是土壤季节性冻融过程发生强烈的时期。这一时期，土壤对融雪和降雨侵蚀都十分敏感，尽管大部分解冻期降水量一般不大，但对于解冻不完全、渗透能力很差的坡面土壤来说，降雨的侵蚀能力相对较强。当土体表层解冻而底层未解冻时，土层中会形成一个不透水层，水分沿交接面流动，使两层间的摩擦阻力减小，此时即便原本不具有侵蚀性的降雨，也有可能导致土壤侵蚀的发生。

7.2 冰川侵蚀

7.2.1 冰川分布与类型

7.2.1.1 冰川分布

高纬度和高山地区，气候严寒，年平均气温0℃以下，常年积雪。当降雪的积累大于消融时，地表积雪逐年增厚，经过一系列物理过程，积雪就逐渐变成微蓝色透明冰川冰。冰川冰是多晶固体，具有塑性，受自身重力作用沿斜坡缓慢运动或在冰层压力下缓慢流动，就形成冰川。

现在世界上冰川覆盖面积约为 $1\,550\times10^4\mathrm{km}^2$，占陆地总面积的10%左右，总体积约为 $2\,600\times10^4\mathrm{km}^3$；主要分布于高山和南极、北极地带。现代冰川的水量约占全球淡水的85%。据估计，如冰川全部融化可使世界洋面上升66m。第四纪冰期时，冰川覆盖面积可达世界陆地面积的1/3。

我国现代冰川覆盖面积约为 $5.7\times10^4\mathrm{km}^2$，主要集中分布在青藏高原及西北高山地带，如喜马拉雅山、天山、昆仑山、祁连山和川西诸山地等。青藏高原是我国现代冰川分布最多的地区，全部青藏高原及边缘山地的现代冰川为 $94\,554\mathrm{km}^2$，其中我国境内现代冰川占49%（表7-1）。

表7-1 青藏高原现代冰川面积统计

地　区	冰川面积（km^2）	中国境内		雪线高度（m）	资料来源
		面积（km^2）	百分比（%）		
喜马拉雅山	29 685	11 055	37	4 300~6 200	卫片
冈底斯山	2 188	2 188	100	5 800~6 000	卫片、航测图
念青唐古拉山	5 898	5 898	100	4 200~5 700	航测图
岗日嘎布	1 638	1 638	100	4 300~5 000	卫片、测量图
横断山脉	1 456	1 456	100	4 600~5 600	航测图
唐古拉山	2 082	2 082	100	5 400~5 700	航测图
羌塘高原	3 566	3 188	100	5 600~6 000	航测图
昆仑山	11 639	11 639	100	4 700~5 800	航测图
祁连山	2 063	1 973	100	4500~5250	冰川目录
喀喇昆仑山	17 835	3 265	18	5 100~5 400	航测图
帕米尔高原	10 304	2 258	22	5 500~5 700	卫片
兴都库什山	6 200	0	0	4 000~5 100	Eva Horvath
总　计	94 554	46 640	49	4 000~6 200	

7.2.1.2 冰川类型

雪线以上的积雪，积累到一定厚度并转化成冰川冰后，如地面或冰面有一坡度，则冰川冰就能沿坡向下移动，形成各种冰川。按冰川的形态、规模和所处的地形条件，把冰川分为以下4种类型。

(1)山岳冰川

山岳冰川是发育在高山上的冰川，主要分布在中纬度和低纬度地区。山岳冰川形态和所在的地形条件有很大的关系，根据冰川的形态和部位可分为冰斗冰川、悬冰川和山谷冰川3种。冰斗冰川是分布在雪线附近或雪线以上的一种冰川。这种冰川的规模大的可达数平方千米，小的不及1km^2。冰斗冰川的三面围壁较陡峭，一方有一短小的冰川舌流出冰斗，冰斗内常发生频繁的雪崩，这是冰雪补给的一个重要途径。悬冰川是发育在山坡上的一种短小的冰川，或当冰斗冰川的补给量增大，冰雪开始向冰斗以外的山坡溢出，形成短小的冰舌悬挂在山坡上，称悬冰川。这种冰川的规模很小，面积往往不到1km^2。悬冰川的存在取决于冰斗供给的冰量，所以悬冰川随气候变化而消长。当山谷冰川有大量冰雪补给时，冰斗冰川迅速扩大，大量冰体从冰斗中溢出，进入山谷形成山谷冰川，山谷冰川以雪线为界，有明显的冰雪积累区和消融区。山谷冰川长可达数千米至数十千米，厚度达数百米。单独存在的一条冰川，叫单式山谷冰川；由几条冰川汇合的叫复式山谷冰川。

(2)大陆冰川

大陆冰川是在两极地区发育的面积广、厚度大的一种冰川。它不受下伏地形影响。如冰川表面中心形状凸起似盾状，称为冰盾。还有一种规模更大的、表面有起伏的大陆冰体，称为冰盖。格陵兰冰盖和南极冰盖是目前世界上最大的两个冰盖。南极洲东部冰层最厚达4 267m，冰面平均海拔为2 610m，下伏陆地平均高度为-500m。南极洲西部冰面平均海拔1 300m，但下伏地面大部分在海面以下，平均为280m。由于大陆冰川有很厚的冰体，在强大的压力下，从冰川中心向四周呈放射状流动。

(3) 高原冰川

高原冰川是大陆冰川和山谷冰川的一种过渡类型，发育在起伏和缓的高地上，所以称为高原冰川，又称冰帽。有时，高原冰川的周围伸出许多冰舌。斯堪的纳维亚半岛的约斯特达尔冰帽，长90km，宽10~12km，面积达1 076km^2，冰帽的东西两侧伸出许多冰舌。冰岛东南部的伐特纳冰帽规模更大，面积达8 410km^2。我国西部高山地区，常在古夷平面发育一种平顶冰川，和高原冰川属同一种类型，祁连山西南部最大的平顶冰川面积达50km^2。

(4) 山麓冰川

当山谷冰川从山地流出，在山麓带扩展或汇合成一片广阔的冰原，称为山麓冰川。阿拉斯加在太平洋沿岸就有许多山麓冰川，最著名的是马拉斯平冰川，它由12条冰川汇合而成，面积达2 682km^2，冰川最厚处达615m，冰川覆盖在一个封闭的低洼地上，这个洼地的地面比海面低300m。马拉斯平冰川目前处于退缩阶段，冰面多冰渍，生长着云杉和白桦，有些树木已有100年左右。

各种不同类型的冰川可以相互转化。当雪线降低，山岳冰川逐渐扩大并向山麓地带延伸，就成为山麓冰川。如果气候不断变冷变湿，积雪厚度加大，范围扩展，山麓冰川则不断向平原扩大，同时由于冰雪加厚而掩埋山地，就成了大陆冰川。当气候变暖时，则向相反的方向发展。但是，并不是所有冰川都按上述模式发展。例如北美第四纪大陆冰川的古劳伦冰盖中心在哈得逊湾西部，周围没有高地可作为古冰川的最初发源地，因而认为劳伦冰盖的发育主要是受西风低压槽的控制，冰期时这里南北气流交换频繁，降雪量大增，在平原上首先形成常年不化的雪盖，然后逐年增厚形成广阔的大陆冰流。

7.2.2 冰川运动

冰川运动速度比河流水流流速要小得多，一年只前进数十米至数百米。即使有一些突然性的快速运动冰川，运动速度也不及河流水流速度。例如，喀喇昆仑山的哈拉莫希峰，南坡有几条小冰川流入库西亚谷地，1953年3月21日，几条小冰川突然前进，汇成一条大冰川向前流动，直到6月11日冰川才停止前进，总共向前移动了12km，平均每天也才前进150m。

冰川运动主要通过冰川内部塑性变形和块体滑动来实现(图7-18)。冰川塑变的力源，来自冰川本身的重力。一般来说，规模大的冰川，常可分为上部脆性带和下部塑性带，冰川表层裂隙深度多小于50m，在此深度下，冰处于可塑状态。但对小冰川而言，塑性流动常不明显，冰川运动主要依靠基底滑动。冰川运动方式还取决于温度的变化，冰川的温度越高，虽然有利于塑性变形，但因冰雪融水的积极参与，增加了冰川底部的润滑作用，导致基底滑动的比例提高；而当冰川温度越低时，冰与冰床的冻结强度超过冰自身的剪切强度，则往往发生冰内剪切滑动。

冰川运动是由冰川的厚度、冰川下伏地形坡度和冰川表面坡度等因素控制的，因而在冰川的不同部位将产生不同形式的运动。总的来说，冰川运动由内部流动和底部滑动

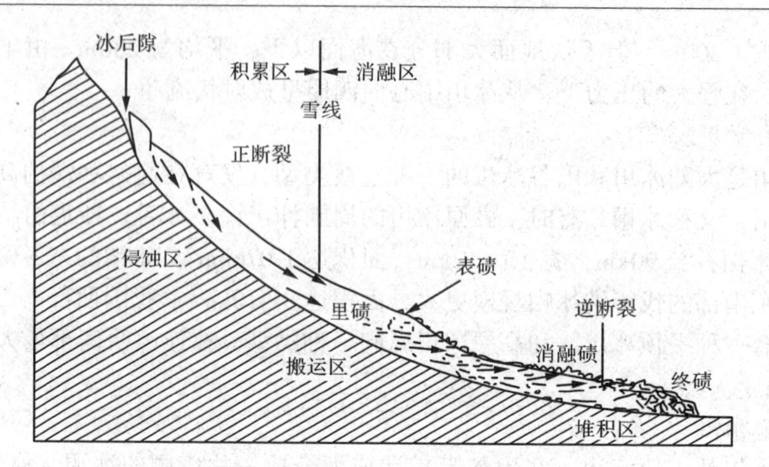

图7-18 山谷冰川的运动(据 A. L. Bloom, 1978)

两部分组成。一条坡度均一和断面相同的山谷冰川，其表面最大流速在粒雪线附近。粒雪线是冰川上粒雪的下限。它是零平衡线与粒雪面和冰面接触线一致时粒雪和冰之间的界线。海洋性冰川粒雪线和零平衡线的位置比较吻合；大陆性冰川由于粒雪线和零平衡线之间有一个附加冰带，粒雪线通常高出零平衡线数10～200m。粒雪线以下，冰川流速递减。实际上，冰川谷的横断面和纵向坡度都不可能是相同的，这将影响冰川纵向的流速变化。在冰川谷的坡度变缓的段落，冰层挤压而加厚，形成压缩流；反之，冰层发生拉张，形成伸张流。奥斯特达冰川瀑布的上段沿着冰瀑布冰川伸张流的流速为2 000m/a，在冰瀑布的下端由于坡度变缓，形成压缩流，流速下降到20～100m/a。

冰川横剖面的运动速度以中央部分最快，向两边减小。在萨喀彻斯万冰川表面测量到的速度是：在冰川边缘50m以内的速度为中央部分的1/5～1/4。此外，冰川运动速度在垂直方向上也不一样。大多数是从表面向底部运动速度逐渐降低。但由于某些特殊原因，在底部也可达到很高的流速。

冰川运动速度随季节发生变化。消融区冰川运动的趋势是夏天快，冬天慢，一般夏季速度要大于年平均流速的20%～80%，冬季则小于年平均流速的20%～50%；白天快，夜间慢，但其变化幅度小。产生这种现象的原因是夏季冰川表面消融，融水在润滑冰川上起着重大作用，这样就加强了滑动过程。但在粒雪区没有这种现象。

冰川运动速度还与冰川冰的补给量和消融量有关。补给量大于消融量，冰川厚度增加，流速加快，冰川尾端向前推进；补给量小于消融量，冰川厚度减薄，流速减慢，冰川尾端往后退缩；补给量等于消融量，冰川就出现稳定状态。不管冰川处于上述何种状态，冰川始终向前运动。

7.2.3 冰川侵蚀过程

7.2.3.1 冰川侵蚀作用

冰川具有很强的侵蚀力。根据对冰岛河流含沙量的分析，冰源河流含沙量超过非冰源河流的5倍，说明冰川的侵蚀作用很强。从理论上讲，冰的硬度小(0℃时，硬度为1～2；－15℃时，硬度为2～3；－40℃时，硬度为4；－50℃时，硬度为6)，抗压强度低(0℃时为$2kg/cm^2$)，纯粹的冰侵蚀力非常有限。实际上冰川极强的侵蚀力主要依赖于所夹的坚硬岩块，与冰川一起运动时，在强大的挤压下而表现出巨大的侵蚀作用。冰川的侵蚀方式可分为拔蚀作用和磨蚀作用两种。

冰川的拔蚀作用，主要是由于冰川自身重量和冰体的运动，导致冰床底部或冰斗后背的基岩沿节理反复冻融而松动、破碎，冰雪融水渗入节理裂隙，时冻时融，从而使裂隙扩大，岩块不断松动和破碎，如这些松动的基岩和破碎的岩块再与冰川冻结在一起时，冰川向前运动就把岩块拔起带走。冰川的拔蚀作用可以拔起很大的岩块，因而所形成的冰碛物比较粗大。大陆冰川作用区的大量漂砾，多半是冰川拔蚀作用的产物。

冰川的磨蚀作用是由冰川对冰床产生巨大压力所引起的。如冰川厚度为100m时，每平方米的冰床上将受到90t左右的压力。冰川运动时，冻结在冰川底部的碎石突出冰外，像锉刀一样，不断地对冰川底床进行消磨和刻蚀。当冰川运动受阻或遇到冰阶时，磨蚀作用表现更为突出，可在基岩或砾石上形成带有擦痕的磨光面。在磨光面上常常有冰川擦痕、磨蚀沟和新月形裂隙，这些擦痕一般只有数毫米。

在冰川活动区，除了拔蚀和磨蚀作用之外，由于寒冻分化作用极为强烈，加之雪、冰的积累，常常发生雪崩、冰崩以及山坡上的块体运动，既给冰川带来大量的碎屑物质，也大大加剧了冰川侵蚀的强度和范围。

7.2.3.2 冰川搬运作用

冰川运动过程中，不仅具有强大的侵蚀力，还能携带冰蚀作用产生的许多岩屑物质，接受周围山地因冻融风化、雪崩、泥石流等作用所造成的坠落堆积物。它们不加分选地随着冰川的运动而位移，这些大小不等的碎屑物质，统称为冰碛物。冰碛物中的巨大石块叫做漂砾。

冰川搬运能力极强，成千上万吨的巨大漂砾能随冰流而运移，但搬运距离差别很大。一般冰川的堆积物，尤其是底碛搬运距离小，往往是就地附近的石块；而规模巨大的冰川，则可将抗蚀力强的漂砾搬运得很远。例如，欧洲第四纪大陆冰川曾把斯堪的纳维亚半岛上的巨砾搬运到千里之外的英国东部、德国、波兰北部和俄罗斯东欧部分；我国喜马拉雅山冰川夹带的漂砾直径可达28m，重量为万吨以上。同时，冰川还有逆坡搬运的能力，把冰碛物从低处搬到高处，我国西藏东南部一座大型山谷冰川，曾把花岗岩漂砾抬举到200m的高度。苏格兰的冰碛物曾被抬举到500m高度，而在美国有些冰碛物甚至被抬举到1 500m的高度。大陆冰川作用区，冰川运动不受下伏地貌的控制，冰碛物的逆坡运移现象更为普遍。

7.2.3.3 冰川堆积作用

在冰川运动的后期，冰的消融占据主导地位，冰川所携带的冰碛物就相应地被堆积下来。当冰川的冰雪积累与消融处于相对平衡阶段时，冰川边缘比较稳定，冰川源源不断地将上游的表碛、中碛、内碛等各类冰碛物，向下游运送，直至冰川末端堆积，部分底碛还沿着冰川前沿剪切滑动面上移，它暴露于冰面，当冰体消融后，也堆积于冰川边缘地带；若冰川迅速消退，冰体大量融化后，表碛、中碛、内碛等各类冰碛物就地坠落，即运动冰碛物转化为消融堆积冰碛，从而形成各种冰碛地貌类型。

冰川堆积物的粒度相差悬殊，大漂砾的直径可达数十米，粒级很小的黏土粒径仅有0.005mm。这些颗粒大小不一的冰碛物，它们的比例在不同地区和不同时代的冰碛物中是不同的。同一时代不同地区的冰碛物粒度变化与基岩有密切关系，结晶岩区的冰碛物中砂含量比较大，沉积岩区的冰碛物中黏土占优势；不同时代冰碛物的粒度可能不同，这与冰川流路变化或后期风化有关；山岳冰川因搬运距离近，冻融风化和拔蚀作用明显，因而岩块或岩屑所占的比例大，细颗粒和黏粒的比例小。例如，珠穆朗玛峰地区的冰碛物中，无论时代是新或老，其中黏粒所占的比例均不到2%；而大陆冰川因远距离搬运，磨蚀作用强，能形成较多的细粒物质，大陆冰川的底碛多为泥碛。

思考题

1. 何为冻土？冻土地表有哪些类型？
2. 冻融侵蚀有何特征？
3. 冰川侵蚀有何特征？

第8章 化学侵蚀

【本章提要】 化学侵蚀分为岩溶侵蚀、淋溶侵蚀和土壤养分流失，其外营力主要是水的化学溶解作用。岩溶侵蚀又分为地表岩溶侵蚀和地下岩溶侵蚀，其影响因素包括水的溶蚀力、岩石的可溶性和岩石的透水性等。淋溶侵蚀的影响因素包括水中溶解物质的多少、溶质分子的极性、水的溶解能力及土壤的透水性等。土壤养分流失的影响因素主要包括降雨强度、历时、土壤理化性状、地形地貌(坡度和坡长)、土地利用方式及农业耕作措施等。

化学侵蚀是以水的化学溶解作用为主的侵蚀作用，表现为岩溶现象的发育及土壤中盐分和有机质的淋溶流失。

可溶性岩石在地表水和地下水的共同作用下，发生溶蚀的过程及所形成的地貌景观，称为岩溶(或称喀斯特 Karst)。它多发育于气候湿热和可溶性岩石分布的地区，世界陆地面积中约34%是岩溶分布区。在我国，碳酸盐岩分布面积约为 $125 \times 10^4 km^2$，著名的云南石林和以"山水甲天下"著称的桂林景观都是岩溶现象。

化学侵蚀通过淋溶造成土层中孔隙增多，水分运动增强和机械潜蚀，导致土壤养分大量流失，降低土地生产力，在黄土区可诱发黄土塌陷。

8.1 岩溶侵蚀

岩溶，是指可溶性岩层在水的作用下发生以化学溶蚀作用为主，伴随有塌陷、沉积等物理过程而形成独特地貌景观的过程及结果。

8.1.1 岩溶侵蚀特征

8.1.1.1 岩溶侵蚀地貌特征

依据岩溶发育的位置分为地表岩溶和地下岩溶两类，如果地下岩溶出露于地面，应归于地表岩溶。地表岩溶形态有溶隙、石牙、石脊、漏斗、洼地、岩溶槽谷、岩溶谷地、干谷、盲谷、岩溶障谷、穿洞、天生桥、溶峰、石柱、石林等(图 8-1)。溶隙、石牙、石脊广泛分布于洼地、槽谷边缘斜坡上；溶蚀漏斗、洼地、槽谷、谷地是广泛分布的岩溶负形态，它们类型多样，形态复杂，漏斗有碟状、盆状和井状，洼地有近圆形、椭圆形、长条形和多边形，分布有孤立型、串珠型和网络型，槽谷有浅切型和深切型。

地下岩溶形态主要有竖向落水洞和水平溶洞。落水洞是由间断性垂直下渗水流沿高

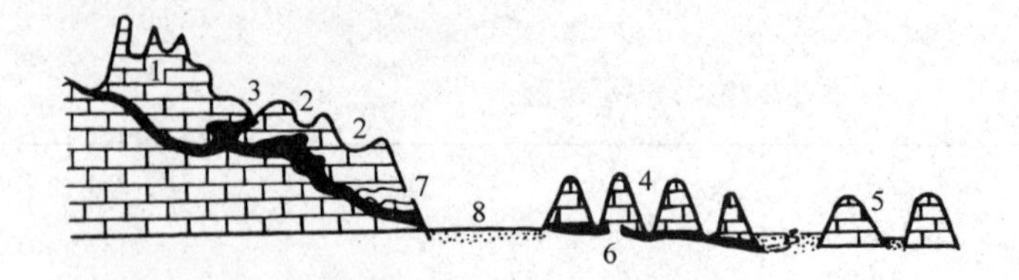

图 8-1 岩溶地貌简图

1. 峰丛 2. 溶蚀洼地 3. 漏斗 4. 峰林 5. 孤峰 6. 地下河 7. 溶洞 8. 溶蚀谷地

倾角裂隙或其交汇处不断溶蚀拓宽、有时还伴有围岩不稳定岩块崩塌而形成的洞穴，洞口与地面相通，常是大气降水形成之股流消水处，也有的是现代暗河的入口，它们主要分布于洼地、槽谷、谷地的中央和边缘，按形态落水洞可分为裂隙状和竖井状两类。水平溶洞是地下水流沿可溶性岩体的近水平构造面长期溶蚀而形成的洞穴。

8.1.1.2 岩溶侵蚀水文特征

碳酸盐岩的变形和裂隙发育以及碳酸盐岩本身的溶解性质，使得岩溶地区地表水文网出现一系列特殊变化，水循环形成一种特殊的地表地下二元径流系统格局，水环境具有脆弱的特征。以峰丛洼地和峰丛盆地为主的岩溶山区，地形崎岖不平，地表破碎，漏斗、溶洞、溶隙、溶洼及地下河广为分布，地表水渗漏严重。由丰沛雨量补给的地表水不易拦集、储蓄，常由漏斗、溶隙等渗漏补给埋深不一、分布散乱的地下河。这种水文格局一方面易使地表生境干旱缺水；另一方面，由于各地段地下管网的通畅性差异很大，一遇大雨又很容易在低洼处堵塞造成局部涝灾。根据碳酸盐岩类的埋藏条件及其地貌特征，岩溶地下水主要有裸露型岩溶水、覆盖型岩溶水、埋藏型岩溶水。

(1)裸露型岩溶水

裸露型岩溶水主要指岩溶含水层组由岩溶山地补给区延伸至盆、洼、谷地排泄点或带，基本上呈裸露分布。该类岩溶含水层组内岩溶发育极不均匀，导、储水空间以洞管为主，岩溶水主要为暗河流，沿暗河有许多落水洞、天窗、溶井、脚洞与其沟通，岩溶水主要通过这些通道获得补给，岩溶水系统储存调节能力弱，水位流量季节变化剧烈。岩溶水流以快速流为主，多以大泉、暗河形式排泄。

(2)覆盖型岩溶水

覆盖型岩溶水主要指岩溶水含水层被一层松散土层所覆盖。该种类型岩溶水多分布于断陷盆地和底部存在近期沉积的谷地、洼地区。该种类型的岩溶地下水补给条件好，地下水循环交替较快；且水资源大部分从山边暗河出口或大泉排泄出地表，覆盖区往往处于断陷区，岩溶发育深度大，有较大的储水空间和储存量。该种类型岩溶水又可以根据地下水分布的不均匀程度分为覆盖不均匀型和覆盖均匀两种类型。其中前者的岩溶地下水的分布很不均匀，岩溶地下水的运动具有明显的各向异性；后者的岩溶地下水的分布具有相对均匀，地下水运动的各向异性也不很明显。

(3)埋藏型岩溶水

埋藏型岩溶水指岩溶含水岩组被埋藏在非可溶岩以下数百至数千米以上的岩溶含水层。这类系统，富含承压水，其富水性、水温、水质主要受埋深和构造控制，基本不受气象、水文、地形地貌条件的影响，富水性均匀，地下水循环周期长。

8.1.1.3 岩溶侵蚀土壤特征

岩溶地区，由于土壤的发育主要来源于灰岩碳酸盐岩中少量不溶物的残积，成土过程十分缓慢，土壤质地黏重，通透性差，土壤结构密实，具有强烈胀缩性，脱水则干裂成柱状，以及土层薄且与母岩接触界面分明等性质。

(1)土壤不可再生性

岩溶区多以石山的形式出现，所以又称为石山地区、石灰岩区或喀斯特区。石灰岩的矿物组成主要是方解石、白云石与黏土矿物、石英，石灰岩的溶蚀风化过程主要是$CaCO_3$与$MgCO_3$的淋溶而将一部分含Fe、Al的黏土矿物残留下来的过程，残留量一般为1~3g/kg，随酸不溶解物含量而变。由于石灰岩溶蚀慢，酸不溶解物含量低，其风化成土速率是很慢的。目前的气候条件和人类活动作用下岩溶山区的物理侵蚀速率大于溶蚀成土速率，区域土壤层不可能继续增加，而只会逐渐流失殆尽，同时土被的损失也必将加剧岩溶性干旱。从人类活动尺度来看，极低的成土速率决定了岩溶生态系统的土壤资源是不可再生的。

(2)土壤侵蚀的特殊性

①绝对侵蚀量小　岩溶山区土壤分布零星、浅薄，基岩裸露率高，土壤有效面积低，不可能形成连续的、深厚的土壤层这一特殊性决定了其土壤绝对侵蚀量低；随着土壤侵蚀过程的发展，土斑面积不断减少，土层更加浅薄而残存于岩隙和岩面深凹处，土壤侵蚀模数将进一步减小。从全球来看，这是相对低的土壤损失率，但对土壤厚度有限、种子库和养分仅存于土壤剖面顶部20~30mm的岩溶土壤来说，这是土壤资源的永久损失。岩溶生态系统土壤低成土速率、低允许侵蚀量导致区域土层处于负增长状态，这是碳酸盐岩与其他岩类出露区域物理侵蚀的重要差别。

②短距离“土层丢失”　岩溶区特殊的水文地质条件决定了厚层连续的风化壳只能发育在地下水以水平运移方式为主的地区，在地下水以垂向运移为主的地区，残余物质体积(只占原岩体积的百分之几)不断被裂隙吸纳，地表只能出现不连续的薄层有机土。岩溶区的“土壤丢失”与地下水垂直溶蚀运移引起的岩溶裂隙的开放有关，在重力和水的作用下，土粒沿垂直和水平方向搬运到低洼部位或消失于裂隙系统、地下空间中，土壤丢失作为一种自然过程为石漠化创造了条件。

8.1.1.4 岩溶侵蚀植被特征

岩溶区普遍具有：生境基岩裸露，土体浅薄；水分下渗严重，生境保水性差；基质、土壤和水等环境富钙的生态特征。岩溶生境的这一特点对植物种类成分有强烈的选择性：喜钙性、耐旱性及石生性的植物种群；具发达而强壮的根系，能攀附岩石、穿窜裂隙，在裂隙土壤、土壤水、岩溶水中求得水分、养分的补充。如广西木论喀斯特林区常绿落叶阔叶混交林以单叶、革质、中型叶为主，树皮光滑颜色较浅，板根不发达，绞杀现象较少为其特征。植物体的钙含量较高，“树包石”现象普遍存在，坡脚因人为干扰，次生林多，部分沦为藤刺灌丛、灌草丛和草丛。贵州石灰生境中灌丛是分布最广的植被类型，其种类多具旱生结构和耐瘠抗旱的生态特性，使灌丛群落表现出藤本、有刺灌木发达，落叶种类与常绿种类混杂等一系列特殊的外貌特征。可划分为山地常绿灌丛、山地常绿落叶藤刺灌丛、山地落叶灌丛和山地肉质多浆灌丛4个植被型，以专性钙土植物与喜钙植物最具代表性，占较大比重。重庆地区石灰岩以草本占优势，木本多落叶成分，纸质叶最多，小型叶占极大比例，有均质叶，多中性耐旱阳生植物，在形态上表现出适应，如枝叶呈刺状，或叶变硬、革质化、变小，密被茸毛、白粉、鳞片和角质；石灰岩上的禾本科植物以卷叶对干旱适应；喜钙植物丰富，这与石灰岩地区的干旱和土壤含钙丰富以及土层瘠薄、有机质含量少是相适应的。

8.1.1.5 岩溶侵蚀生态环境特征

喀斯特生态环境是岩石圈、大气圈、水圈和生物圈相互联系、相互影响形成的一个通过碳、水、钙(镁)循环和生物作用来维持的脆弱的岩溶系统，保持着生态系统微弱的动态平衡。岩溶生态系统是指受岩溶环境制约的生态系统，它包括岩溶动力系统和遗传信息系统两个方面。同非岩溶地区相比，岩溶环境系统有两个基本特点：一是从地球化学角度讲它是一种富钙的碳酸盐三相平衡的环境；二是其大气圈、水圈和生物圈都具有地表地下双层结构。水、土壤和植被是岩溶生境中对干扰最为敏感的自然要素。岩溶区的生态系统十分脆弱，当有着与其相适应的、一定量的植被覆盖时，可以维持系统的平衡，进行生态系统内部物质流和能量流的良性循环，在可允许阈值内进行熵的变换，而不超出临界状态。但当外界因素激发环境因子发生自身变化超出其很小的稳定阈值时，就会出现能量交换的逆向过程，使熵变由负熵流变为正熵流，系统稳定性降低，生物多样性减少，生态环境恶化，水土流失，出现石漠化。

8.1.2 影响岩溶侵蚀的因素

可溶性岩石在地表水和地下水的溶蚀下生成各类岩溶景观的过程，要受到岩石本身的性质和水的溶蚀力两方面的影响。那么，岩石的可溶性、透水性和水的溶蚀性、流动性就成为岩溶发育的基本条件。此外，还应考虑地质构造、生物岩溶和人为的土地利用方式等因素。

8.1.2.1 岩石的可溶性

可溶性岩层是发生溶蚀作用的必要前提，一般质纯、层厚的石灰岩岩溶十分发育。岩石的可溶性是指构成岩石的所有矿物或部分矿物的可溶性。岩浆岩主要由硅酸盐矿物组成，难溶于水。变质岩除大理岩外，也难以被水溶解。这就决定了地表水、地下水在岩浆岩和绝大多数变质岩分布地区难以进行化学溶蚀作用。而化学沉积或生物沉积的碳酸盐类岩石、硫酸盐类岩石便成为溶蚀作用的主要对象。

依据岩石的化学成分，可溶岩分为3大类：碳酸盐类岩石，如石灰岩、白云岩、硅质灰岩、泥灰岩等；硫酸盐类岩石，如石膏、硬石膏和芒硝等；卤盐类岩石，如石盐和钾盐。

虽然卤盐类和硫酸盐类岩石溶解度最高，但它们溶蚀速度过快，分布不广。而在碳酸盐类岩石中岩溶发育得最好，类型也最齐全。

构成石灰岩的矿物以方解石($CaCO_3$)为主。白云岩以白云石($MgCaCO_3$)为主。硅质灰岩是含有燧石结核或条带的石灰岩，燧石矿物主要是石髓和石英或蛋白石(成分均为SiO_2)。泥灰岩是黏土岩与碳酸盐之间的过渡岩石，泥灰岩中的黏土矿物常呈胶体状态。一般来说，其溶蚀顺序依次为石灰岩、白云岩、硅质灰岩及泥灰岩。在含有CO_2的水溶液中，若令纯方解石的溶解度为1，随着CaO/MgO值在1.2~2.2(相当于白云岩)时，相对溶解度变化最大，为0.35~0.82；当值0.80~0.99；当CaO/MgO比值大于10.0(相当于石灰岩)时，相对溶解度趋近于1。

岩石的结构与岩石的可溶性也有密切的关系。结晶质碳酸盐岩的颗粒越小，相对溶解速度越大。而结晶质灰岩中又以致密结构的岩石相对溶解度值为最大。此外，不同结构类型对岩石的相对溶解速度有一定影响，如鲕状结构的石灰岩相对溶解速度很快，与隐晶质——结晶质结构的石灰岩相似，而不等粒结构的石灰岩比等粒结构的石灰岩相对溶解度要大(表8-1)。

表8-1 广西不同结果碳酸盐的相对溶解度

石灰岩			白云岩[$CaMg(CO_3)_2$]类型		
结构特征	CaO/MgO	相对溶解度	结构特征	CaO/MgO	相对溶解度
隐晶质微粒结构	18.99	1.12	细晶质生物微粒结构	2.13	1.09
细晶质微粒结构	27.03	1.06	隐晶质间镶嵌结构过渡	1.44	0.88
鲕状结构	21.04	1.04	细晶及隐晶质镶嵌结构	1.65	0.85
细粒及中粒结构	21.43	0.99	中晶及细晶质镶嵌结构	1.53	0.71
中晶质镶嵌结构	25.01	0.56	中晶质镶嵌结构	1.36	0.66
中、粗粒结构	14.97	0.32	中粗粒镶嵌结构	1.73	0.65

8.1.2.2 岩石的透水性

水要在岩石中运动，就要受到岩石透水性的限制。可溶性岩石的透水性，主要取决于岩石的孔隙度和裂隙发育及连通情况。岩石中的孔隙及裂隙的存在，一方面可以为流水提供通路，另一方面也增大了岩石与水的接触面积，使溶蚀作用更快和更容易发生。

碳酸盐类岩石中有许多原生孔隙，如颗粒之间的孔隙，或生物骨架间、生物体腔间的孔隙，还有晶粒之间的孔隙。石灰岩的孔隙度一般在0.2%~34%，变化非常大。碳酸盐岩的初始透水性取决于原生孔隙，但这些孔隙比较小，连通性不好，所以对岩石透水性起的作用不如裂隙大。具溶蚀能力的水，首先沿裂隙进入岩石内部，在不断进行溶蚀循环的情况下，裂隙逐步扩大。裂隙越发育，水循环条件越好，溶蚀条件也越好。因而裂隙密集带和未胶结的断层破碎带都是岩溶发育的有利地段。

岩溶发育之前，可溶岩中可能分布着张开性与密度不等的裂隙。具有侵蚀性的水在裂隙中流动，溶解隙壁上的$CaCO_3$，使裂隙逐步扩大。细小的裂隙阻力大，水流缓慢，溶蚀扩展速度也就慢。宽大的裂隙水流畅通，溶蚀扩宽迅速，反过来又促使水流更加迅

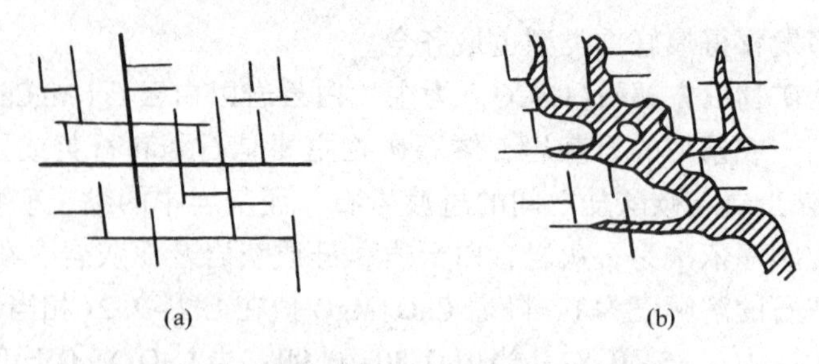

图8-2 可溶岩中的裂隙经溶蚀改造示意

(a)溶蚀前 (b)溶蚀后

速，为宽大裂隙的进一步扩宽创造条件，最终发展成为溶蚀管道(图8-2)。这些管道本身是岩溶的一部分，同时也为更大规模的岩溶发育提供了可能。

褶皱轴部，尤其是背斜轴部，岩层比较破碎，裂隙发育，岩石的透水性非常好，所以岩溶的发育较两翼岩层强烈，如风光秀丽的桂林漓江及其两岸岩溶景观，就发育在一个轴向近南北的背斜轴部。

在断层发育的地方，特别是张性断裂发育的部位，岩石结构松散，孔隙大，透水性佳，有利于溶蚀作用的发育，所以在断裂带两侧常见到成串分布的溶洞。

节理是碳酸盐岩中主要的流水通道，节理越多延伸越远，张开性越好，岩石的透水性越好，岩溶也就越容易发育，没有节理的致密石灰岩内部很少有岩溶。

岩层面往往具有比岩层内部更好的透水性，尤其是在可溶岩与下伏隔水层的接触面上，往往集中发育成层的溶洞，这主要是因为水流下方受阻，流水密集于接触界面上所致(图8-3)。

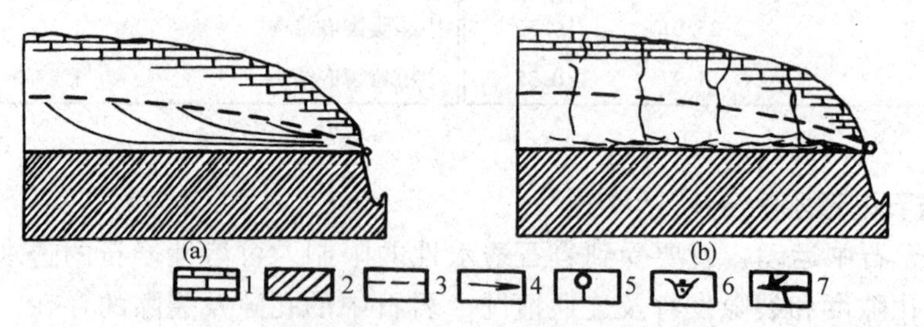

图8-3 石灰岩下与下伏隔水层界面上岩溶发育示意

(a)流线示意分布 (b)岩溶示意分布

1. 石灰岩 2. 隔水层 3. 地下水位 4. 流线 5. 泉 6. 河流(局部侵蚀基准面) 7. 溶蚀管道及裂隙

8.1.2.3 水的溶蚀力

近年来的研究表明，碳酸盐的溶解是涉及气、液、固三相体系化学平衡的复杂过程，仅以$CaCO_3$为例来看，它的溶蚀过程，实际上是CO_2—H_2O—$MeCO_3$(Me代表Ca、Mg等阳离子)三相体系相互作用的复杂过程(图8-4)。

矿物溶解过程中可分为五个阶段：

a. 从溶液到矿物—水溶液界面的分子扩散；

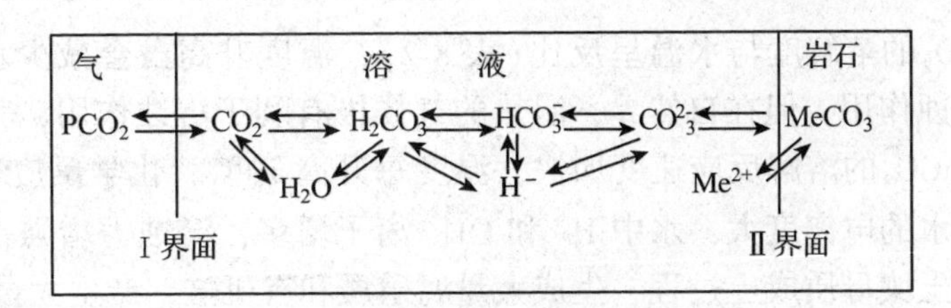

图 8-4 三相体系相互作用过程

b. 矿物表面反应物或晶体质点的吸附;

c. 被吸附的质点与岩石矿物的分子或原子进行反应;

d. 反应产物解吸;

e. 反应产物由于分子扩散迁移至远离矿物—水溶液界面的溶液区。

矿物反应的阶段性的速度常受到水的 pH、水中 CO_2 的含量、温度、压力、水动力条件、矿物比表面积、矿物成因结构、外来离子等诸多因数的影响。

(1) CO_2 气体对水溶蚀力的影响

碳酸盐的溶解作用及其可逆过程——碳酸盐的沉积作用，通常发生于开放的三相 $CaCO_3$(固)、$2CO_2$(气)、$2H_2O$(液)不平衡系统，如图 8-5 所示。可见 CO_2 气是岩溶作用发生的重要驱动力：CO_2 进入水中发生碳酸盐的溶解作用，表现为水中 Ca^{2+} 和 HCO_3^- 浓度增加。反之，若 CO_2 自水中逸出，将发生碳酸盐的沉积作用，水中 Ca^{2+} 和 HCO_3^- 浓度降低。$CaCO_3$ 在含有不同 CO_2 水中的溶解度是极不相同的。水中 CO_2 含量越高，$CaCO_3$ 的溶解度越大(图 8-6)。

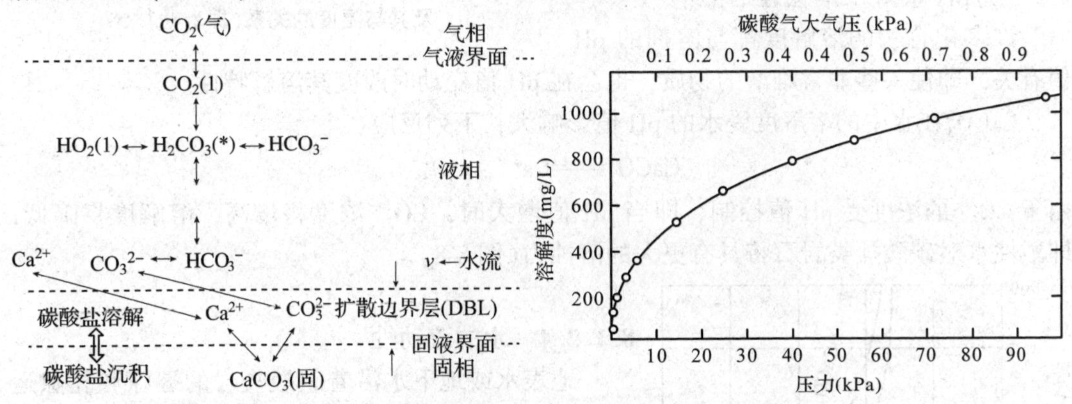

图 8-5 岩溶作用概念模型(据 Bogli 修改)

图 8-6 $CaCO_3$ 在溶有不同数量 CO_2 水中的溶解度(16.1℃)

(据 Adams Swinnerton, 1937)

除了水中溶解 CO_2 生成的碳酸，其他酸类同样解离 H^+ 而提高水中 $CaCO_3$ 的溶解度。天然条件下，对提高水的溶蚀能力有意义的是植物腐殖质产生的有机酸。

(2) 温度和压力的影响

温度和压力对碳酸盐类被水溶蚀的能力大小的影响主要是间接的，是通过对 CO_2 在不同温度压力下溶解于水中特性的变化起作用。

一般来说 CO_2 的溶解度与水温呈反比(表8-2)，温度升高虽会减少水中 CO_2 的溶解度，从而减弱溶蚀作用，但在自然界，湿热的气候极有利于溶蚀作用，其原因是：①温度升高可促使 $CaCO_3$ 的溶解反应速度加快，温度每升高10℃，化学反应速度就可加快1倍；②温度高，水的电离度大，水中 H^+ 和 OH^- 离子增多，溶蚀力增强；③湿热地区植物繁盛，可促成土壤母质成土过程，生成大量腐殖质和有机酸，产生大量的 CO_2。所以，气候湿热的我国南方，岩溶远较干燥寒冷的北方发育。

表8-2 地下水中 CO_2 溶解度与水温的关系

水温(℃)	0	10	20	30	40	50	60
CO_2溶解度(g/L)	3. 346	2. 318	1. 683	1. 257	0. 973	0. 761	0. 576

在温度不变的条件下，压力与水中 CO_2 的含量呈正比。

由于气体溶解于水中将伴随着较大的体积减小，所以当压力较大时，气体将更多地溶解于水中以抵消或者说顺应这种外界作用。

当温度相同时 P_{CO_2} 越高，CO_2 在水中的溶解度就越大，同时，也会有更多的 $CaCO_3$ 溶解于水中(图8-7)。

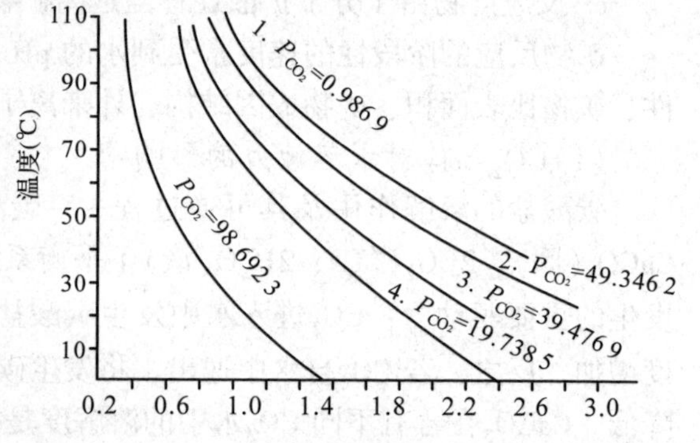

图8-7 不同 CO_2 分压下方解石在水中的溶解度及其与温度的关系(据米勒)

(3)pH值对水溶蚀性的影响

许多化合物的溶解度都与溶剂的pH值有关，即使一些非常难溶的物质，也会在pH值变动时改变其溶解特性。

$CaCO_3$ 在水中的溶解度受水的pH值影响大，下列反应：

$$CaCO_3 \rightleftharpoons Ca^{2+} + CO_3^{2-}$$

由于 CO_3^{2-} 的浓度受pH值控制，即当pH值增大时，CO_3^{2-} 浓度将增高，溶解度将降低，即酸性水对碳酸盐类岩石将具有更大的溶蚀力(图8-8)。

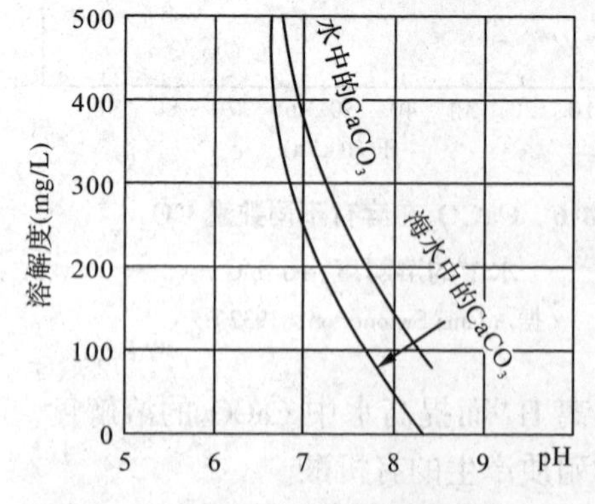

图8-8 $CaCO_3$ 的溶解度与pH值的关系

8.1.2.4 水的流动性

地表水或地下水沿着碳酸盐岩的裂隙和孔隙运动，如果水量得不到补充或流动受阻，很有可能部分或全部被 $CaCO_3$ 所饱和，从而丧失对可溶岩的溶蚀力。但如果水一直处于流动状态之中，各处的水量能得到不断地补充，溶蚀下来的物质能源源不断地被输送走，水就能始终具备对岩石的溶蚀力，保持这种化学侵蚀作用连续不断地进行。

依据 $CaCO_3$ 与 CO_2 的平衡曲线(图8-9)，曲线以上的区域为溶解区，以下为饱和区，即沉淀区。若将两种不同溶解度的 $CaCO_3$ 饱和溶液 W_1 和 W_2 相混合，比如，W_1 含73.9mg/L的 $CaCO_3$，1.2mg/L的平衡 CO_2；W_2 含

272.7mg/L 的 $CaCO_3$，47.0mg/L 的平衡 CO_2；W_1 和 W_2 混合的比例为 1:1，则 1L 混合溶液中获得 173.3mg 的 $CaCO_3$ 和 24.1mg 的 CO_2。但查平衡曲线可知，溶解 173.3mg 的 $CaCO_3$ 只需 9.9mg 的平衡 CO_2 就够了，由此，多余的 CO_2 将处于游离状态，使混合后的水又重新获得了溶蚀力。

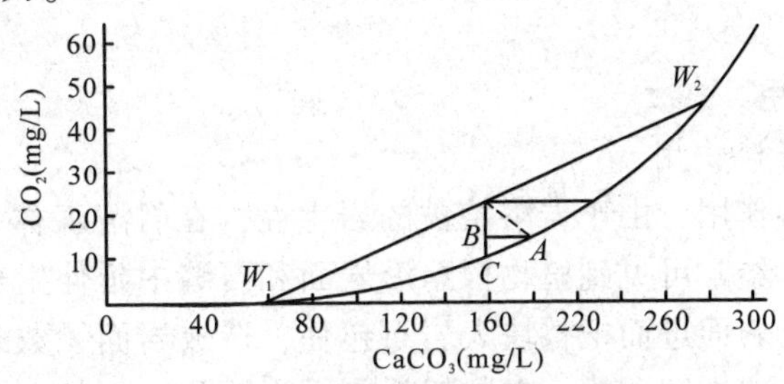

图 8-9 $CaCO_3$ 和 CO_2 的平衡曲线

上例说明了，两种饱和的 $CaCO_3$ 水溶液混合后就可以使水重新具有对可溶岩的溶蚀力，如果在岩溶化岩体中，水总是处于不断地流动中，即使各处的水都处于 $CaCO_3$ 饱和状态，也依然会因为不断的混合而具有溶蚀力。一旦这种混合是在饱和溶液和非饱和溶液或是纯水之间进行，那么这种溶蚀力的恢复就会变得更为显著。

岩溶化岩体中，水具有持久的溶蚀能力，原因就在于水是流动的。水的流动性一方面取决于岩石的透水性，另一方面也受到补充水量（主要是降水量）的控制。补充水量往往与气候有关，所以在湿热地区，由于雨量丰富，地表水补给充分，而地表水渗入地下，又使地下水得到经常的补充，这都使得水溶液不易饱和，或者饱和之后很快又被稀释，因而能够保持较高的溶蚀力。在干旱地区，降水量较小，地表水和地下水的补给不足，尤其是地下水流动缓慢，岩溶水溶液都趋于饱和几乎丧失了溶蚀力。在高寒地区，降水多以固体为主，土层长期冻结阻碍了地下水的流动，所以也就更少有岩溶发育。

8.1.2.5 地质构造因素

地质构造因素对岩溶发育的影响是通过岩体破裂和变形表现出来的，构造裂隙的延伸方向常常控制着地下岩溶的发展方向。可溶性岩石中的构造裂隙，为地下水的运动提供了有利条件，地下水不断沿着岩石裂隙运移，对可溶岩进行化学溶蚀、机械冲蚀等，从而形成溶隙、溶缝、溶槽以至于空洞或暗河。

地质构造对岩溶发育的影响主要表现在以下 5 个方面：

a. 岩溶沿断层破碎带发育；

b. 断层与裂隙是岩体在构造应力作用下形成的破裂构造形迹，对岩溶发育起控制作用；

c. 可溶岩层的断层破碎带，特别是张性断层破碎带，利于地下水的运移，地下岩溶特别发育，常发育有地下暗河等大型岩溶，在断层交叉的部位常形成大型溶洞、地下河天窗及地下湖、池等；

d. 岩溶沿着褶皱轴部发育。在褶曲构造的轴部，纵张裂隙（断层）较多，有利于地下水活动，地下水易沿着张裂隙溶蚀扩展，形成溶蚀裂隙和溶洞，进一步发展成为大型岩溶或暗河；

e. 岩溶沿着层面构造裂隙发育。在原状水平岩层褶皱过程中，往往发生层间错动或滑动，在层间可产生层面张裂隙或层面扭裂隙，为地下水活动提供运移通道，易发育顺层岩溶。

8.1.2.6 生物岩溶作用

(1)生物的直接岩溶作用

①植被的机械岩溶作用 由于岩溶植被的岩生性，在岩溶森林中，如广西弄拉，贵州茂兰、小七孔等地，经常可见到植物根系沿岩面和石缝中延伸生长，并造成特殊的岩溶现象。有的树盘结于岩面进而把整块大岩石包住，造成岩面无数条深痕；有的树根沿陡崖镶嵌于岩壁中，形成岩壁凹槽；多数树根则沿岩石裂隙下伸，使裂隙扩大。这种植物根系的机械作用存在着不均匀性，并与水流随之渗入的溶蚀作用相结合。植物根系除了穿透作用之外，还有重要的导致岩石崩解的作用。据报道，植物根系对周围岩石可产生 10~15kg/cm^2的压力，对于性脆的灰岩或白云岩来说，易产生崩解。

②低等植物的岩溶作用 低等植物如地衣、苔藓、真菌、藻类等也能够产生强的岩溶作用，它们主要形成地表岩溶微形态，如溶孔、溶盘和结合岩溶水化学过程产生地表钙华沉积。

(2)生物的间接岩溶作用

森林生物产生的有机酸和某些地层中的无机酸也是溶蚀力增强的因素。岩溶森林下的土壤中微生物活跃，其结果，一方面造成大量的土壤空气 CO_2，另一方面有机质相当丰富，土壤有机酸含量也较高，这就大大地加强了下渗水的溶蚀能力。土壤空气 CO_2的溶蚀作用，表现在不同季节、不同植被条件下的土壤 CO_2浓度的较大差异引起地下水中的 Ca^{2+}和 HCO_3^-浓度也有较大差异。土壤 CO_2含量越高，地下水中的 Ca^{2+}和 HCO_3^-浓度也越高；反之，土壤 CO_2含量越低，地下水中的 Ca^{2+}和 HCO_3^-浓度也越低。这些都反映了土壤 CO_2对岩溶作用的驱动。

8.1.2.7 不同土地利用方式

林地对岩溶作用有驱动作用，主要是通过植物根系呼吸作用产生的 CO_2来进行，或者通过微生物对土壤的枯枝败叶分解产生的能量，进而影响岩溶水循环过程中的某些化学反应进程。林地枯枝落叶较多，表层岩溶带调蓄能力及微生物活动较强，土壤表层有机质含量较高，土壤 CO_2随深度增加而增加，且植被的演替可改善岩溶动力系统的三相条件，从而促进岩溶作用的进行。耕地表层扰动孔隙度的增大有利于表层土壤 CO_2的逸出，不利于溶蚀作用的进行。总的来说，人类活动在一定程度影响着岩溶作用的进行。其影响方式可能是起促进作用的，如施用有机肥增加土壤有机质，促进生物岩溶作用；也可能是起制约作用的，如耕地表层扰动导致土壤孔隙度增大，CO_2逸出。不同土地利用类型下溶蚀量存在显著差异。其中至少有两个主要控制因素：土壤有机质和土壤 CO_2。

8.2 淋溶侵蚀

水分在土壤剖面中垂直运动，携带可溶盐和有机质在土壤中上升或下降。当携带总量过大，产生可溶盐和有机质向土壤剖面深层的迁移聚集甚至流失进入地下水体中，或者可溶盐在土壤表层发生积盐现象都会导致土地生产力的下降。前者称为淋溶侵蚀作用，后者称为土地的盐渍化，若起因是人为的，则称为次生盐渍化。

8.2.1 淋溶侵蚀的特征

淋溶侵蚀源于地表水入渗过程中对土壤上层盐分和有机质的溶解和迁移，水分在这一过程中主要以重力水形式出现。当地下水位深、降水量较少时，淋溶强度较小，土壤中有效养分的淋溶会大大降低土壤的肥力；当地下水位高或降水较多时，尤其在有灌溉条件的地区，淋溶深度大，不仅造成土壤肥力下降，更会使土壤盐分和有机质进入地下水中，构成新的污染源。我国西北黄土区因土质以粗粉砂为主，土壤孔隙度达45%~50%，且具有大孔隙和垂直节理，十分利于降水和地表水的下渗，因此淋溶侵蚀比较严重，不仅造成土壤肥力下降，而且破坏土壤结构，促进机械潜蚀作用发生造成黄土塌陷。

气候干旱、地下水位高而排水不畅地区，地表附近蒸发量大，土壤中的毛管水垂向运动强烈，将下部盐分带至土壤表层沉积，从而导致土壤盐碱化。这对农业生产危害极大，并导致区域内物种多样性退化，恶化生态环境，因此，对土地盐渍化的机理和防治措施的研究历来深受人们的重视。

8.2.2 影响淋溶侵蚀的因素

无论是淋溶侵蚀还是土壤次生盐渍化，都受到土壤本身性质和水盐运动规律的控制。这包括了土壤的透水性、土壤水分垂向运动规律以及盐分动态等因素。

8.2.2.1 土壤的透水性

水分能否在土壤中运动及运动速率的大小取决于土壤的透水性。其代表性指标是渗透系数。土壤的渗透系数或者说透水性主要受土壤的孔隙性质及孔隙连通性、土壤质地、结构、有机质含量以及土壤湿度这些因素的控制。

(1)土壤孔隙性质及孔隙的连通性

孔隙度是指单位土体中孔隙体积占土体总体积的百分数。一般来说，当其他条件类似时，土壤的孔隙度越大，其透水性就越好。但如果仅以孔隙度大小来判定某些土壤透水性能的好坏是片面的，实际上，有些黏土的孔隙度高达40%~50%，但却是不透水的土壤，而有些土壤(如砂土)孔隙虽小，但透水性却极强。

这是因为土壤透水性还取决于孔隙的类型和孔隙的连通性，所以透水性更大程度上是取决于土壤中非毛管孔隙的多少，而其连通性决定了土壤水分是否可以运动及运动速度的快慢，对土壤的透水能力也起着重要的作用。

(2)土壤质地

土壤质地主要指其颗粒构成以及颗粒级配情况。土壤孔隙的大小实际是由土壤颗粒的大小决定的。颗粒大则粒间孔隙也就大。但对那些大小颗粒混杂的土壤来说，由于细小颗粒填塞了粗大颗粒的孔隙，故孔隙度较小，颗粒级配不良的土壤孔隙度就大，相应的透水性就可能大一些。

土壤孔隙度的大小还受颗粒排列(堆积紧密程度)的控制。理论研究表明，等大圆球作四面体紧密堆积时，其孔隙度仅 29.5%，而当其作八面体紧密堆积，孔隙度可达 47.6%，上述两种理论最大孔隙度平均约为37%，与自然界许多松散土的实际孔隙度接近。实际上，自然界并不存在由完全等同的颗粒构成的土壤，其实际孔隙度都不等于理论值。自然界也很少完全球形粒，其形态越不规则，棱角之间的架空越多，孔隙度可能越大。而由许多扁平颗粒相互叠置(如黏土)，其孔隙度则可能变得较小。

(3)土壤结构

土壤结构体的组成，尤其是土壤团聚体的存在，可使细小的单颗粒黏结成较大的球形土粒。这将使土壤的孔隙性质得到极大的改善，增加了土壤中的大孔隙，增强土壤的透水性能。研究表明，黄土地区黑垆土团粒含量在40%时的渗透能力，比松散无结构的耕作层(其团粒含量一般 <5%)要高 2~4 倍。生长林木的黄土，含团粒结构 60% 以上，透水能力比一般耕地高出十几倍。但如果由单粒黏合成的团聚体直径仍小于 0.05mm(称微团聚体)，那么所增加的粒间孔隙大多数将仍属于毛管孔隙，对增加重力水的透过能力产生不了多大作用。所以，团聚体本身也应该有较大的直径(0.05~10mm)，这样才能增加粒间的非毛管孔隙，从而增大土壤的透水性(表 8-3)。

我国东北的黑土，由于具有良好的团粒结构，表土总孔隙度在 60% 左右，其中非毛管孔隙达 16%~20%，因此具有较好的透水性。

表 8-3 土壤团聚体大小与孔隙性质的关系

项目	团聚体直径(mm)				
	<0.5	0.5~1.0	1.0~2.0	2.0~3.0	3.0~4.0
总孔隙度(%)	47.5	50.0	54.7	59.6	61.7
非毛管孔隙(%)	2.7	24.5	29.6	35.1	37.8
毛管孔隙(%)	44.8	25.5	25.1	24.5	23.9

(4)有机质含量及土壤原有含水量

土壤有机质因本身多孔，而且又可成为团聚体的胶结物，所以对土壤孔隙状况的影响也较大。一般来说，有机质含量的适当增加可以增大土壤的孔隙度，增强土壤透水性，但含量过多，由于其本身及黏结后的土壤孔隙连通性变差，反而会使土壤透水性能下降。

土壤原有含水量对土壤的透水性也有一定影响，一般来说，原有含水量较高，透水性也就越差，这主要表现在渗透速率的变化上(表 8-4)。原因在于土壤颗粒在湿润情况下会吸水膨胀，使孔隙缩小。黏土含量高的土壤这种现象尤为突出。

表 8-4 土壤含水量与透水性的关系

土壤含水量(%)	前 30min 平均渗透速率(mm/min)	稳定渗透速率(mm/min)
12.46	32.4	13.0
16.33	28.2	12.5
19.13	19.4	8.5

8.2.2.2 水分垂直运动对土壤可溶性物质的影响

在土壤中，重力水和毛管水垂直方向上发生着下行和上升的迁移，而土壤中的易溶物质按照其流动性大小随之迁移，并发生再分配和局部积聚，导致各种物质在土壤剖面中的显著分异。

当水分的运动以重力水的下行为主时，流动性最大的一些易溶盐类(包括硝酸盐、氯化物、硫酸盐)将进入土壤剖面的最深层，有时可以进入地下潜水中，在重力水的下行运动较长时期占优势的情况下，在土壤剖面的最上层，将只残余黏土、铝和铁的氧化物、氢氧化物以及石英、碳酸钙和石膏将在土壤淀积层中聚集，而硫酸钠和氯化钠则被淋滤至土壤剖面的最深层甚至地下水中。当然，土壤类型不同，这种迁移分布的具体特征也略有不同。发育于深厚残积风化壳上的氯化物、硫酸盐以及碳酸盐类都会被淋滤到土壤剖面以外，而对一些较薄的黏壤土来说，各类易溶盐类在重力水作用下发生的分异则非常不明显。

重力水下行运动的强烈和长期进行会使表层土壤肥力下降，土地生产力由此受到削弱。但由于淋滤侵蚀具有隐蔽性，其危害性至今还未引起广泛的重视。在土壤中毛管水的上升运动占优势的情况下，各类土壤易溶物质的迁移分布表现出与各类化合物的溶解度和水迁移能力有关的规律性。特别是在地下潜水位较高和气候炎热干燥的条件下，毛管水的上升运动和溶解盐类的上行聚积最为显著。当潜水埋深仅 2~3m 时，上升的毛管水主要消耗在蒸腾和蒸发作用上。土壤易溶盐类以溶解形式进入潜水和土壤水中，通过毛管水流向土壤表面迁移，并随其蒸发和蒸腾在土壤剖面的上层产生溶解物质的沉淀分异。在含水层及其上覆的土层中，铁、锰的化合物以及氧化铝和二氧化硅相互作用的产物，呈次生黏土矿物形式沉淀下来。再上面沉淀碳酸钙，然后是溶解度比较大的石膏。溶解度最高的硫酸盐和氯化物沿剖面上升到接近土壤表层的高度，而钠、钙和镁的氯化物则上升到土壤表面。若潜水位的埋深更小一些，如仅 1.0~1.5m，则潜水中所有溶解的成分都会上升迁移到土壤表面，发生土壤表层积盐，形成钙、铁、石膏和盐类硬壳，即发生土壤的盐渍化。土壤中各类易溶盐类在土壤剖面中的分异还取决于潜水和土壤水的化学成分。当某一区域的土壤水为钙质硬水时，形成碳酸钙的下行或上升聚积。而当土壤水中含盐分较高时，剖面中则主要形成易溶盐类的聚积。

8.2.2.3 土壤钙积层及其对土地生产的影响

钙积层是指在土壤剖面的某一层位上碳酸钙、碳酸氢钙淀积，形成具有特殊结构和特征的土壤层。钙积层在我国华北、西北地区的褐土、黄绵土、塿土及棕钙土中广泛存在，是土壤剖面的重要构成部分(图8-10)。

(1)钙积层的形成

钙积层的形成是碳酸钙的淋溶与聚积过程，在适宜的温度和湿度条件下，土壤某一深度的原生矿物进行强烈的分解，表现出“土内风化”，强烈的土内风化作用会使一些原生矿物释放出较多的金属元素，在半干旱条件下，土壤内的淋溶作用不是很强，但在雨季，重力水下行占优势，多余的水分就往深层渗透，这种弱度的淋溶可以将溶解度大的金属如K^+、Na^+带至土壤下层或地下水中，而作为碱土金属只能被带到一定部位淀积下来，淀积下来的钙一般以碳酸钙和重碳酸钙的形式存在。钙质成分具有较强的胶结性能，可以将土壤颗粒黏合起来，形成特殊的网状结构或核状结构。

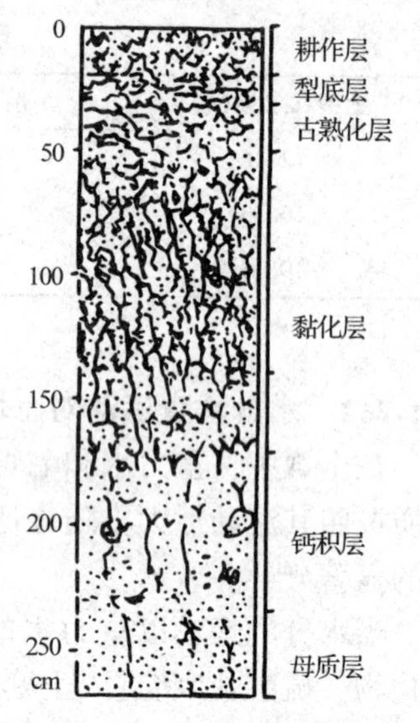

图8-10 西北塿土剖面及钙积层

土壤的水分强烈上升蒸发是土壤钙积层形成的另一机理。在干旱季节中，土壤水分强烈蒸发，地下水通过毛管不断上升进入土壤剖面或直接到达土壤表面。土壤溶液在上升和蒸发过程中浓缩，土壤溶液中首先达到饱和的是碳酸钙和碳酸镁，水中重碳酸钙也会因随水上升过程中温度的变化，转化成溶解度较低的碳酸钙，饱和析出的$CaCO_3$和新形成的$CaCO_3$会在土壤的某一层位形成碳酸钙的积淀层。

在我国西北地区的黄土层中广泛存在钙积层，其成因既有淋溶积淀的，也有蒸发浓缩积淀的。

(2)钙积层对土地生产力的影响

土壤剖面中钙积层的存在对土地生产力的影响有利有弊。

钙质成分是土壤中常见的胶结成分，它可以促进土壤颗粒之间的相互黏结，形成土壤团粒结构。土壤剖面中钙积层的存在，一方面增加了其所在层位中土壤团粒的数量，另一方面也成为土壤钙质成分的稳定来源。

厚度较大、延展范围较广的钙积层是土壤中较好的隔水层。这是因为钙积层有比土壤剖面中其他层位更小的孔隙度，当钙质成分淀积较多时，钙积层的透水性将大为降低。研究表明，西北地区黄土中古土壤层的透水性小于黄土的透水性，钙积层的透水性又是古土壤层中最小的。因此，钙积层往往成为黄土区良好的隔水层，可以防止水分的深层渗漏和为农业生产储备地下水源。

但是，钙积层的存在，对土地生产力也会造成损害。首先，钙积层中的土壤可能因钙质的胶结构作用发生团粒之间的黏结形成块状结构(坷垃)，土块与土块间相互架空使土壤中较大孔隙增多，造成土壤透风跑墒，不利于农田蓄水抗旱。由于土块间架空也会使作物新出幼苗根系悬空不能扎到土壤中吸取养料与水分，直接影响到作物的出苗。其次，钙积层的存在可增大局部土壤的黏重程度，会使土壤透水性降低，作物根系因此不能吸取到足够的水分，也妨碍作物根系的生长和作物本身的发育。

8.2.3 土地次生盐渍化

8.2.3.1 概述

在干燥炎热和过度蒸发条件下，土壤毛管水上升运动强烈，致使地下水及土中盐分向地表迁移，在地表附近发生积盐的过程及结果就称为土地盐渍化或土地盐碱化。如果由于灌溉不当等人类活动原因引起一些非盐渍化的土地发生盐渍化，则称为次生盐渍化。

盐渍化是盐化和碱化的总称。发生盐渍化的土壤中，包括了各种可溶盐离子，主要的阳离子有钠(Na^+)、钾(K^+)、钙(Ca^+)、镁(Mg^{2+})；阴离子有氯(Cl^-)，硫酸根($SO_4{}^{2-}$)、碳酸根(CO_3^{2-})和重碳酸根($HCO_3{}^-$)。阳离子与前两种阴离子形成的盐为中性盐，而与后两种阴离子则形成碱性盐。

盐渍化对农业生产构成严重的危害，高浓度的盐分会引起植物的生理干旱，干扰作物对养分的正常摄取和代谢，降低养分的有效性和导致表面土壤板结。

我国盐渍化土地面积约$9\,913\times10^4hm^2$，广泛分布于长江以北的广大内陆地区和北起辽宁、南至广西的滨海地带，台湾、海南的沿海地区也有盐渍化土地呈带状分布。

8.2.3.2 影响因素

(1)干旱的气候

我国主要的盐渍化发生区，如华北和东北，年降水量只有400~800mm，年蒸发量则超过1 000mm，内蒙古、宁夏等地年降水量仅100~350mm，而年蒸发量却达2 000~3 000mm，为降水量的10~15倍。在这种气候条件下，成土母质中的可溶盐类无法淋滤下移，而蒸发作用又将地下水、土壤盐分提升上来聚积于表层土壤内，导致土地盐渍化。

(2)地下水位高，矿化度大

盐渍土中的盐分，是通过水分运动带来的，而且主要是地下带来的。所以，干旱地区地下水位的埋深和地下水含盐量(矿化度)的大小，密切影响着土壤盐渍化的程度，地下水位越高，矿化度越大，土壤表层积盐就越严重(表8-5)。

表8-5 地下水埋深及矿化度对土壤盐渍化程度的影响

盐渍化程度	地形	地下水埋深(m)	地下水矿化度(g/L)	土壤及地下水盐分组成
非盐渍化土地	缓岗	>3	0.5~1	Cl^-、HCO_3^-、SO_4^{2-}、CO_3^{2-}
轻盐渍化土地	微斜平地交接洼地边缘	2~3	1~2　2~5	HCO_3^-、SO_4^{2-}、CL⁻
重盐渍化土地	洼地边缘	0.5~2	5~10	Cl^-、SO_4^{2-}

在干旱季节，不至于引起表土积盐的最小地下水埋深，称为地下水临界埋深，它是设计排水沟深度的重要依据。地下水临界深度受土壤毛管性能影响较大，一般毛管水上升高度大、速度快的土壤都容易发生盐渍化。因此，壤质土、粉沙质土较沙质土或黏质土要求更深的临界深度(表8-6)。

表8-6　土壤质地与地下水临界深度的关系

土壤质地	砂土	砂壤土~轻壤土	中壤土	重壤土~黏土
临界深度(m)	1.5	1.8~2.1	1.6~1.9	2~1.4

(3)地势低洼，排水不畅

在干旱地区，盐渍土多分布于地势较低的河流冲积平原和低平盆地、洼地边缘、河流沿岸、湖滨及部分低平灌区，而在地势较高的岗地及坡地则很少发生盐渍化。

在低洼的冲积平原和封闭盆地，地下水径流坡降小，流速缓，排水不畅，地下水位较高，土壤水分运动以上升为主，因此易发生盐渍化。从小地形来看，在低洼地区的局部高处，由于蒸发快，盐分聚积就更强烈一些。

(4)母质的影响

母质本身的含盐量和土壤质地也对盐渍化的发生产生影响，如滨海盐渍土就是滨海或盐湖的含盐量沉积物受海水和盐水浸渍而形成的。

在同样气候、地下水位和矿化度条件下，壤质、粉砂质的母质较砂质、黏质的母质更易于盐渍化，因为前者更利于水盐的毛管运动。

(5)生物的影响

有些植物耐盐力很强，能从深层土壤或地下水中吸取大量的可溶性盐类。植物死亡后，就把盐分保留在岩土中或地面上，从而加速土壤的盐渍化。

土地的次生盐渍化过程中引发地下水位升高的主要原因有：①灌溉系统不配套，排水不畅，只灌不排或重灌轻排，使大量灌溉水补给了地下水；②大水漫灌，灌水量不加节制，造成过度灌溉而提高了地下水位；③渠道渗漏严重，长期引水后，渠道两侧地下水位即升高；④水库蓄水不当，平原水库水位一般都高于地面，若水库两侧地下水位运作不利，势必导致水库周围地下水位升高；⑤水旱田相邻分布，水田周围无截渗设施，使旱田区地下水位升高引发土地盐渍化。另外，耕作粗放，种植和施肥不合理，比如不注意平整土地、增施有机肥和适时种植，也会造成土壤返盐。

利用含盐量较高(矿化度一般为1~5g/L)的咸水进行灌溉，可解决一些缺乏淡水资源地区的农田灌溉问题，但如果不注意排水，没有相应的农业措施(如土地平整，增施有机肥等)和不采取有效的灌溉方式(如咸淡灌溉，适时淡水冲洗等)，咸水灌溉就会引发盐分在土壤表层的快速积累，形成土地的次生盐渍化。

8.3　土壤养分流失

土壤养分流失是指土壤中(尤其表层)的养分随地表径流和流失泥沙移动，迁出耕地，进入河流水网的自然输出。在特定的土壤养分状况下，这种输出变化与水土流失紧密相关。

8.3.1　土壤养分流失的特征

土壤养分流失一方面导致土壤退化、土地瘠薄、生产力低下，另一方面污染下游河道，恶化生态环境，危害性很大。在侵蚀条件下，土壤养分发生双向流失：一方面养分随着土壤流失而流失，另一方面土壤中的可溶性养分离子以溶解质的形式随入渗水分沿垂直方向迁移和随地表径流而迁移。多数研究表明，泥沙流失是养分流失的主要形式，防止泥沙流失是防治土壤养分衰减的关键。

土壤养分流失具有两方面的特征：流失泥沙中的养分含量远高于径流中的养分含量；流失泥沙有养分的“富集”现象，流失泥沙的养分含量高于表土中的养分含量，称为“富集”，这是由于流失的泥沙多细粒和复粒。在平缓的坡耕地中通过人为肥料“输入”，变化不明显，对于陡坡地或远离村庄的土地就会“入不敷出”而逐渐退化。

8.3.2 土壤养分流失的机制

径流是土壤养分流失的动力，又是载体，它既能随土粒迁出迟效养分，又能溶解迁出速效养分。在降雨侵蚀条件下，土壤中可溶性养分离子既可随水分入渗而向下迁移，又可进入地表径流中。径流液中的养分离子是在水土流失过程中，径流与土壤混合作用后，溶于径流液中的土壤可溶性养分离子，这些养分离子以溶解质的形式随径流而流失。就一次产流过程而言，产流初，径流中的养分浓度较高，随着产流量的增加，径流中养分浓度稍有降低，随着洪峰流量的出现，养分浓度上升，不久即出现最高浓度；而后产流量减少，养分浓度相应减少；产流结束，养分流失随之停止。径流中养分浓度的变化与产流流量变化过程相近。以全年降水产流来说，每年第一次产流平均养分浓度最高，以后稍有降低，由于影响土壤养分变化的因素多，因此，径流中各养分浓度变化亦不同。流失泥沙是土壤肥力降低的主要方式，尤其流失土壤中的细颗粒具有极大的比表面积和强烈的吸附作用，成为养分流失的主体。

(1)径流中养分浓度的变化

同一雨强条件下，径流中主要养分浓度随时间和径流量而变化。径流中主要养分浓度变化主要集中在产流初期，这是因为产流初期径流携带表层疏松肥沃的土壤，这些土壤养分含量相对较高，径流挟带的泥沙颗粒较细而吸附较高的养分，水溶态养分也较高，从而导致径流中的养分浓度也较高，随着产流产沙的进行，表层细颗粒土壤逐渐被带走，较深层的土壤开始流失，这些土壤养分含量较浅表层土壤低且含量变化不大，径流挟带的泥沙逐渐粗化，致使泥沙和径流中养分含量下降。当径流出现瞬时峰值时，养分浓度也随之出现峰值。当产流量出现瞬时谷值时，养分浓度也随之降低。由此可见，径流中养分浓度的变化与坡面产流过程相一致，即养分流失主要集中在产流初期，后期均匀稳定。在大雨强条件下，养分流失以泥沙携带为主，其流失量的大小还受到泥沙流失量的约束。

(2)养分在流失泥沙中的富集

流失泥沙中养分含量除以被侵蚀土壤养分含量，即得养分富集率。富集率可表征养分在泥沙中的富集状况。养分在流失泥沙中存在着一定的富集现象。水土流失的泥沙多来自土壤表层，由于表层土壤受肥力和植被凋落物等因素的影响，养分含量较高，同时植被覆盖度的增加有利于径流泥沙中细颗粒的富集，因而和原土壤相比，这些剥离运移的土壤颗粒形成的侵蚀泥沙往往会富集养分。由此可见，水土流失降低土壤肥力的关键是土壤流失，它使耕作层变薄，土壤结构恶化，还挟带走大量营养元素付诸东流。

8.3.3 影响土壤养分流失的因素

土壤中含有作物所需的营养成分，土壤养分流失随着土壤的流失而流失，所以影响土壤侵蚀的因素与土壤养分流失过程具有密切的关系。影响土壤养分流失的因素包括土壤性质、降雨、坡度、植被、气候和土地利用状况等。

(1)土壤性质

土壤结构发育较好的土壤，由于其团聚体含量高，土壤大孔隙也较为发育，因而入渗性能较好，地表径流量与产沙量会相对减少，从而相对减少了养分的坡面流失量。目前有关土壤性质对养分流失的研究，主要集中在土壤颗粒组成方面，四川紫色土区土壤表层养分与颗粒含量之间有一定的相关性，其中土壤有机质、全氮、碱解氮与粉粒(0.002~0.02mm)含量之间呈显著的正相关，与砂粒(0.02~2mm)含量之间呈极显著的负相关，而土壤全磷情况正好相反，只有碱解氮与黏粒(<0.002mm)含量之间的相关性达到了5%显著水平。王洪杰还证实泥沙中小于0.02mm的微团聚体和小于0.002mm的黏粒是养分流失的主要载体。土壤的容重越大，总孔隙度和非毛管孔隙度越小，通透性就越差，入渗能力越弱，则地表径流越大，冲刷能力越强，侵蚀和养分流失量越多。因此，降低地表土壤容重、保持良好的孔隙度、提高土壤入渗率是减轻地表水力侵蚀强度的重要途径。

(2)降雨

土壤养分与降雨的相互作用表现为两种形式：一种是表层土壤养分在雨滴击打作用下，向径流水中释放，另一种是土壤表层养分随雨水往下层土壤入渗。降雨是土壤侵蚀的动力，雨水是可溶性养分的溶剂，当雨水汇集成径流后，它又是携带其他形态养分的介质。刘秉正将降雨条件下的击溅定义为，降雨雨滴动能作用于地表土壤而做功，产生土粒分散，溅起和增强地表薄层径流紊动现象。雨滴溅蚀对于土壤侵蚀的主要贡献有三点：①破坏土壤结构，分散土体成土粒，造成土壤表层空隙减少或阻塞，形成板结，导致土壤渗透性下降，有利于地表径流的形成和流动；②直接打击地面，产生土粒飞溅和沿坡面迁移；③雨滴打击增强地表薄层径流的紊乱程度，导致侵蚀和输沙能力的增大。

上述三个方面均与养分流失有直接关系，其过程大致可以分为四个阶段：①降雨初，地表土壤水分含量较低，雨滴打击使干燥土粒溅起；②随着表层土壤逐渐被雨水饱和，土壤养分逐渐被水浸提；③在击溅的同时，土壤团粒和土体被分散和破碎；④随着降雨的继续，地表出现泥浆，细颗粒出现移动或下渗，阻塞空隙，促进地表径流的产生，雨滴打击使泥浆击溅。在这四个过程中土壤中的可溶性养分向径流水中释放，吸附于土粒上的养分也随之扩散，因而溅蚀是土壤养分流失的起始阶段。

大量的研究结果表明，土壤养分流失与雨强呈正比。随着降雨强度的增加，雨滴对坡面的打击和分散力增加，导致侵蚀量增大。大雨强导致的土壤和养分流失都比小雨强大，见表8-7，所以降雨强度应是坡地养分流失的主要影响因素之一。在雨强较大时，初始产流携带泥沙和后期携带泥沙含量表现较高，流失泥沙养分含量较高是由于降雨开始与雨后径流中黏粒含量较高所致；养分流失以泥沙为主，泥沙对养分有富集作用；雨强较小时，以可溶态和泥沙结合态为主，可溶性养分流失量占流失养分总量比例较大。

表 8-7 不同雨强条件下的养分流失量和土壤流失量

雨强 (mm/min)	全氮 (g/m^2)	全磷 (g/m^2)	全钾 (g/m^2)	铁 (g/m^2)	铜 (g/m^2)	有机质 (g/m^2)	土壤流失量 (g/m^2)
0.650	0.254	0.202	6.716	9.582	0.007	3.407	273.003
0.917	0.283	0.258	8.363	12.148	0.008	3.868	344.143
1.417	0.687	0.597	20.779	28.305	0.022	9.735	818.070
1.867	1.434	1.313	41.798	62.870	0.039	19.155	1 727.203
2.333	1.568	1.289	42.326	60.092	0.050	20.518	1 741.803
2.667	1.639	1.504	47.044	69.216	0.051	22.519	1 928.023

许多干旱地区每年一半以上的泥沙流失量甚至90%以上是几次乃至一次暴雨事件产生的。

坡面降雨时间是降雨过程始末的标志，通过降水量直接影响到坡面径流量与养分流失量的变化。在降雨初期，表层土壤干燥，水分入渗量较大，坡面径流量小，随着土壤水分的饱和与雨滴溅蚀作用堵塞部分土壤孔隙，使水分入渗量明显减少，坡面径流量加大，水土流失加剧，养分流失量也相应增加。有研究表明，有效养分流失集中在降雨初期，后期较为平稳，有效养分的流失累积呈对数形式增加，土壤养分流失随时间变化与泥沙流失的趋势一致，随时间推移，不同降雨次数进行比较，泥沙中平均养分含量逐渐降低。在黄土区，泥沙流失是养分衰减的主要方式，养分含量远远高于径流中养分含量，防止泥沙流失是防治土壤肥力衰减的关键。

(3)地表状况

地表植被能够接纳和缓冲雨滴对地面的击打，调节雨水落在土壤表面的水量，在一定范围内，增加土壤入渗量，植物的根系对水分也有吸收作用，同时能够减少径流和泥沙的产生，对保持水土是有作用的。研究发现，植被能够改善土壤理化性状、促进土壤团粒结构的形成、减轻雨滴对地面的冲击、保护表土的结构、增加雨水入渗、防止径流对土壤的冲刷，还可以减少研究坡面对上坡面下来径流的冲蚀，增加径流流动时的阻力，减少水土流失。植被覆盖度越大，土壤侵蚀量越小，植被能够很好地减少雨水对土壤的侵蚀。植被的覆盖度小于60%时，土壤的侵蚀量急剧增加，覆盖度增长到60%时，土壤侵蚀量明显减少，当覆盖度增到90%时，土壤侵蚀基本不发生。因此，减少土壤养分流失，增加植被覆盖是非常重要的。

(4)坡度和坡长

坡度是影响坡地土壤侵蚀的重要地形因素之一。坡度对土壤侵蚀的影响主要表现为，坡度影响着降雨入渗的时间，对坡面的入渗产流特征具有明显的效应。在产流情况下，坡度与径流的速度有关，从而影响到坡面表层土壤颗粒起动、侵蚀方式和径流的挟沙能力。多数研究表明：随坡度的增加，土壤流失量和养分流失量随之增大，但不是随坡度的增加而始终增加。在相同的降水、土质、植被覆盖及生产管理等条件下流失强度随地形坡度的增加呈幂函数增大，径流流失如此，土壤流失亦如此。但径流中养分浓度却随坡度增大而减小，当减至一定浓度后，几乎保持浓度不变，尤其是速效肥。因此，坡度对坡面土壤养分流失有重要的影响作用。

坡长影响降雨在坡面的再分配，沿坡面各断面的径流量不尽相同，由坡顶至坡脚，径流量沿程增加，径流侵蚀作用不断叠加，侵蚀加剧，土壤养分流失也不断增加。研究表明，坡长对水土流失的影响主要表现为：一方面，坡长对降雨强度具有明显的响应，雨强影响着侵蚀随坡长而变化的趋势；另一方面，在由一定雨强而引起的超渗产流情况下，由坡面上部至下部沿程各断面的径流量不相等，从而引起坡面各部位的侵蚀方式和遭受的侵蚀程度不同。据野外调查发现，在坡面下部细沟侵蚀程度大于上部，而且随着坡长的增加，这种现象更加明显，所以，坡长明显影响着土壤养分的流失特征。

(5)不同土地利用方式

不同利用方式影响了土壤结构和肥力状况，加上植物吸收的差异都会影响土壤的养分流失过程。土地利用方式对养分的影响主要表现在土地种植结构上，坡面作物种植在施肥处理下，部分元素养分流失会高于休闲裸坡处理。李俊然等利用地理信息系统研究了小流域不同土地利用结构与地表水质的关系，结果表明：在单一土地利用类型为主控制的流域中，林地和草地控制的小流域地表水质明显优于以耕地为主的小流域，随着耕地比例的升高，非点源污染有逐渐增大趋势。

(6)耕作措施

耕作措施对土壤侵蚀有较明显的影响，不同的耕作措施，对径流的调节作用不同。如果某一措施能利于降雨入渗，增大径流方向上的糙率，那么就可以起到拦沙、蓄水的作用，减小养分流失。在坡度为10°条件下，直线坡平均侵蚀量为473. 38 t/km^2，等高耕作为303. 00 t/km^2。可以看出采用等高耕作的方法，产生的侵蚀量较小，而直线坡产生的侵蚀量较大。

土壤养分流失的影响因素除了降雨、植被覆盖、坡度和农业管理措施外，还受到其他因素的影响，如多雨地区养分淋溶和北方旱地氨挥发就是重要的损失途径。淋溶是土壤养分损失的一个重要途径，在雨水较多的地区，由于土壤水在土壤层间活动强烈，雨水在下渗的过程中，将易溶性养分也带入下层土壤，到达作物根系不能吸收利用的深层土壤，进入地下水，造成地下水养分含量上升，污染地下水。国外有研究表明，科学合理地施用氮肥，不会在土壤中积累而造成淋失。

综合以上可以看出，影响坡地土壤侵蚀的因素与养分流失均存在着密切关系，雨强、坡度、降雨时间、地表状况以及土地利用方式等共同作用于养分流失，在不同的制约条件下，各因素发挥的主导作用也各不相同。伴随坡地土壤侵蚀过程的发生，径流成为养分流失的主要载体，泥沙与径流水是养分流失的主要途径。

思考题

1. 什么是化学侵蚀？化学侵蚀的主要形式有哪些？
2. 岩溶侵蚀的表现形态有哪些？岩溶侵蚀发生的原因是什么？岩溶侵蚀主要受哪些因素影响？
3. 淋溶侵蚀的主要特征有哪些？淋溶侵蚀主要受哪些因素影响？
4. 土壤养分流失的特征与机制是什么？

第 9 章

人为侵蚀

【本章提要】 人为侵蚀指人们在改造利用自然、发展经济过程中引起的各种土壤侵蚀过程，包括了因人类生产活动对自然植被的破坏而诱发的土壤侵蚀和生产建设项目与耕作活动直接造成的土壤侵蚀等，其侵蚀方式特殊、强度大，对自然生态环境的影响大，因而也成为当前水土流失研究和防治的重点内容之一。

9.1 植被破坏引发加速侵蚀

据联合国环境规划署(UNEP)和联合国粮食及农业组织(FAO)的调查研究，地球2/3的陆地曾被森林所覆盖，面积达 $76 \times 10^8 hm^2$，现在仅剩下 $26.4 \times 10^8 hm^2$。

9.1.1 人口增长导致的生态环境变迁

土壤侵蚀形成既有自然因素，也有人为因素，其中人为因素对土壤侵蚀发展起到了激发促进作用。人口增加意味着物质需求的增加，为了满足这种生存需求，必然要加大土地的承载力，提高总的生产力水平，其结果是导致原本就脆弱的生态系统失衡，植被破坏。因此，人口增长是土壤侵蚀发展的首要原因。

黄河流域是中华民族的文化发祥地，在隋、唐盛期，黄土高原地区(黄土高原和阴山以南地区共 $62 \times 10^4 km^2$)的人口占全国人口的25%，见表9-1。自汉代至明代的1 500年间，全国人口数量的变动范围为4 000万~6 000万，而黄土高原人口变动较大，由几百万到1 500万。到了明代，黄土高原又是战乱和地垦的中心，黄河干流及其支流成为人口集中区，生态环境遭到了破坏，加剧了土壤侵蚀的发展，致使黄河灾害频频发生(表9-2)。

1949年，黄土高原地区总人口约为3 639.5万人，占全国人口的6.7%，人口密度为58人/km^2，略高于全国的人口密度(56人/km^2)；1982年全国人口普查时，该地区的人口达到7 811.3万人，占全国总人口的比重上升到7.8%，人口密度增至125人/km^2，比全国(大陆)的人口密度105人/km^2多20人。

表9-1 黄土高原地区历史人口简表

时 期	年 代	全国人口（万人）	黄土高原地区人口（万人）	人口占比（%）
西汉	2	5 959.5	1 128.5	19.6
隋	609	4 601.9	1 195.2	25.4
唐	742	5 143.4	1 015.2	19.9
北宋	1102	4 532.4	650.3	14.3
明	1457—1571	6 259.5	1 515.7	24.2
清	1820	35 340.0	2 995.6	8.4
	1840	42 126.7	4 100.2	9.7
中华民国	1928	44 185.0	3 132.9	7.1
中华人民共和国	1949	54 167.0	3 639.5	6.7
	1982	100 402.1	7 811.3	7.8
	1985		8 139.2	

注：据陈松宝．黄土高原地区人口问题．中国经济出版社，1990。

表9-2 黄河流域的土地利用方式和灾害频率

年 代	土地利用方式	植被变化	洪旱		决堤	
			次数	频率（百年）	次数	频率（百年）
1978BC	牧业	林草丰茂	—	—	8	0.4
229BC—148AD	牧业转农业	森林破坏	29	13	13	5.5
148—609	牧业	植被恢复	9	1	8	1.2
609—1220	牧业转农业	林、草破坏	45	5.9	509	67.1
1368—1911	农业大发展	林、草严重破坏	116	21.4	934	172
1912—1936					103	439.2

注：据黄河水利委员会黄河水利史述要编写组．黄河水利史述要．水利出版社，1982。

据1953年人口普查数和1985年公安部统计数据，在子午岭林区的富县和甘泉县人口增长率达4.42%和6.52%。正是人口的剧增和大批人口迁入林区进行毁林开荒，导致子午岭林区林线每年约后退0.5km，其中富县境内的林线年均后退2.4km。据林区内合水县柳沟水文站的观测资料显示，1959—1962年的平均最大流量61.6m^3/s，平均含沙量59.6kg/m^3；1969—1971年的平均最大流量增至151.9m^3/s，平均含沙量增至126.3kg/m^3，二者较10年前分别增加了1.5倍和2.1倍。

江西省在20世纪50年代初全省人口1 568万人，1991年增至3 865万人，增加了1.46倍；全省水土流失面积由50年代的$110 \times 10^4 hm^2$增至80年代末的$382.5 \times 10^4 hm^2$，增加了2.48倍。

长江流域大部分地区的森林处于过度砍伐的状态，目前全流域森林覆盖率只有20.3%。在该流域的中上游，144个县属水土流失严重的少林县，其中14个县森林覆盖率只有9%，有5个县在5%以下。

东北地区，1840年以来，森林资源遭破坏，损失很大。20世纪50年代初期，由于管理不善，曾多次出现盗伐、滥伐、毁林毁草开荒，致使森林又再次遭到破坏。黑龙江省的森林面积由50年代的$2\ 000 \times 10^4 hm^2$降至80年代的$1\ 600 \times 10^4 hm^2$，减少了20%。

在黑土区因毁林毁草开荒，坡耕地水土流失面积占流失总面积的86%。

我国喀斯特地区主要分布在贵州、云南、广西、四川、湖南、湖北、重庆和广东等8省(自治区、直辖市)，总计约51 $\times 10^4 km^2$。喀斯特地区的面积虽然比西北沙漠戈壁和黄土高原小，但居住人口稠密。由于人口较多，人们为了生存，对自然植被的破坏严重，导致局地土壤流失殆尽，岩石裸露，形成石漠化现象，从而破坏人类的基本生存条件。以贵州省为例，20世纪50年代以前，全省森林覆盖率为45%左右，且有大片原始林，到20世纪80年代森林覆盖率一度下降至12.6%，石漠化面积达全省土地面积的73%。

9.1.2 陡坡开垦加速土壤侵蚀

我国丘陵山区占总土地面积的2/3，人口增长致使农民向丘陵山区要粮，开垦的土地愈来愈多，坡度也愈来愈陡，造成水土流失愈来愈严重，并引发和加剧了洪旱灾害。

江西省的坡耕地由20世纪50年代的9.89 $\times 10^4 hm^2$增至80年代末的33.81 $\times 10^4 hm^2$，大于25°的坡耕地由0.6 $\times 10^4 hm^2$增至7.14 $\times 10^4 hm^2$，增长了10倍以上。

贵州省大于25°的坡耕地占全省耕地的28.6%，其土壤流失量占全省总流失量的77.9%。全省因坡耕地形成石漠化的面积达133.3 $\times 10^4 hm^2$，每年以11.5 $\times 10^4 hm^2$的速度在增长。由于丧失了生存的土地，当地农民被迫迁移。

四川省大于25°的陡坡耕地达66.7 $\times 10^4 hm^2$，水土流失面积由50年代的9.3 $\times 10^4 km^2$增至80年代的24.7 $\times 10^4 km^2$，占长江上游水土流失总面积的70.1%。

黄土高原地区坡耕地的面积占耕地总面积50%以上，在黄土丘陵沟壑区的坡耕地占耕地总面积的70%~90%，其中大于25°的陡坡耕地占15%~20%，是该区坡面泥沙的主要策源地。

9.1.3 农村能源短缺引发土壤侵蚀

据1980年调查，江西省兴国县全县9万多农户平均每年缺柴4个半月，农村缺柴人口占全县总人口的62.5%。为了解决生活必需的燃料，群众不得不上山砍树、割草来用作燃料，致使山丘长期光秃裸露，水土流失愈来愈严重。1979年，兴国县的砍伐量超过林木生长量的2.32倍，全县砍伐树木12.8 $\times 10^4 m^3$，其中用作燃料的9.9 $\times 10^4 m^3$，占总采伐量的80.5%。按兴国县现有林地可供薪柴用量计算，再加上基建等其他农用材，每年需砍伐林地0.8 $\times 10^4$~1 $\times 10^4 hm^2$，为同期造林面积的1.5~1.8倍。

宁夏回族自治区的西海固地区也因缺乏燃料而引起饲料亏缺、生态环境更加脆弱，水土流失愈加严重的恶性循环。据西吉县1981年调查和实测，全县65.9%的畜粪及24.6%的秸秆用作燃料被烧掉，也只能维持5个月的燃料需求，其余7个月所需生活燃料要靠上山割野草、铲草皮、挖草根勉强对付。如此掠夺性的破坏植被、破坏生态，致使人民生活愈益贫困。

9.1.4 过度放牧加剧土壤侵蚀

草地是土地资源的重要组成部分，土地利用方式往往以放牧为主。在放牧持续践踏作用下，地上植被组织遭到破坏，植物在失去光合作用后物质能量循环中断，导致植被死亡，草地出现大量无植被斑块，引发草地植被退化。草地植被退化必然导致土壤侵蚀加剧或土地荒漠化发展。其次，缺少植被覆盖的土层在践踏作用下，土壤容重增加，孔隙度减少，蓄水能力变差，径流侵蚀作用增加。第三，牲畜粪便分解导致土壤微生物活性加强，土壤颗粒从连续的整体变为质地疏松的分散体，土壤黏结力变弱，土壤可蚀性增大，抗侵蚀能力变弱，从而在风、水等自然力的作用下发生土壤侵蚀。因此，过度放牧是导致草地土壤侵蚀的主要驱动力。

内蒙古位于我国北疆，是京津地区和环渤海经济圈的重要生态屏障，全区沙漠化土地面积约4.7×10^8亩。据测算，内蒙古1985年有退化草地$2.5\times10^3\ hm^2$，1999年发展到$4.4\times10^3\ hm^2$，可利用草地的退化面积以每年14%的速度增加(表9-3)。

表9-3 内蒙古人口、放牧与草地退化的关系

年 代	人口(万人)	牲畜(万头)	退化草地($\times10^4hm^2$)
1960	1 191.1	4 000	—
1989	2 122.2	5 576.7	2 500(1985数据)
1999	2 325.7	7 387.2	4 445

注：据闫德仁数据整理。

三江源位于我国的西部青藏高原的腹地、青海省南部，是长江、黄河和澜沧江的源头汇水区。近年来，随着西部大开发政策的实施，源区人口、牲畜数量明显增加，水土流失已成为源区的主要的草地退化形式，对我国生态安全及区域内牧民的生存发展构成极大威胁。

9.2 生产建设项目中的土壤侵蚀

生产建设项目土壤侵蚀是指土壤及其母质在以人类生产建设活动为主要外营力的作用下，被破坏、剥蚀、搬运和沉积的过程。它不同于岩土侵蚀，岩土侵蚀的范围较广，不仅包括由于人类作用而造成的土壤侵蚀，还包括由于水力、风力、重力等外营力而造成的土壤侵蚀。生产建设项目造成的水土流失主要体现为项目建设区的水资源、土地资源及其环境的破坏和损失，包括岩石、土壤、土状物、泥状物、废渣、尾矿、垃圾等多种物质的破坏、搬运和沉积，是人类生产建设活动过程中扰动地表和地下岩土层、堆置废弃物、构筑人工边坡而造成的水土资源和土地生产力的破坏和损失，是一种典型的人为加速侵蚀。近年来随着我国工业化、城市化步伐的加快，生产建设项目造成的水土流失问题相当突出，已经引起全社会的广泛关注。

9.2.1 生产建设项目分类

生产建设项目分为建设类项目和生产类项目，建设类项目为一次扰动地表，生产类项目一般有两部分，一部分为一次性扰动，如厂区、道路等建设，另一部分为逐渐扰动，如矿山开采、电厂的灰渣场等。在工程建设和生产运行中，扰动和破坏原地貌，产生大量的弃土弃渣，加剧了人为水土流失。建设项目水土流失常以“点状”或“线型”、单一或综合的形式出现，具有水土流失量大、集中突发性强、危害大等特点。经调查统计，“十五”期间共有规模以上建设项目 76 810 个，其中点式工程共有 51 872 个，占地面积 $395.4\times10^4hm^2$，线性工程共有 24 938 个，占地面积 $157.4\times10^4hm^2$(表 9-4)。就区域分布来说，西部 12 省市最多，各类建设项目数共计 29 772 个，占到全国总数的 38.76%；而占地面积达到 $223.5\times10^4hm^2$，占到全国建设项目区总面积的 40.43%。东北 3 省最少，各类建设项目数和占地面积分别占到全国总数和全国总面积的 11.18% 和 11.78%(表 9-5)。从各地貌类型分布来看，丘陵区和山区分布面积最大，分别占到全国总面积的 39.46% 和 32.64%；风沙区分布面积最少，只有全国总面积的 6.53%(表 9-6)。各类生产建设项目的区域分布和地貌类型分布现状一方面分别与我国的行政区域划分情况和地貌分布情况相一致，另一方面也与我国西部大开发的基本事实密切相关。

表 9-4 “十五”期间我国各类生产建设项目统计

项目类型		项目数量(个)	占地面积($\times10^4hm^2$)
点式工程	火(风、核)电工程	1006	3.9
	井采矿工程	5130	24.6
	露天矿工程	7818	20.2
	水利水电工程	9097	29.3
	城镇建设工程	24727	108.1
	农林开发工程	2440	204.8
	冶金化工工程	1654	4.5
线性工程	公路工程	13229	119.6
	铁路工程	391	7.3
	管线工程	3321	10.6
	渠道和堤防工程	4882	15.5
	输变电工程	3115	4.4
合计		76810	552.8

表 9-5 “十五”期间我国生产建设项目区域分布

区域	省(自治区、直辖市)	项目数量(个)	占地面积($\times10^4hm^2$)
西部	甘肃、陕西、内蒙古、广西、四川、贵州、云南、西藏、重庆、青海、宁夏、新疆	29 772	223.5
东部	北京、天津、上海、河北、江苏、浙江、福建、山东、广东、海南	24 634	144.8
中部	山西、河南、安徽、湖北、湖南、江西	13 820	119.4
东北	黑龙江、辽宁、吉林	8 584	65.1
合计		76 810	552.8

表9-6 "十五"期间我国不同地貌类型区各类生产建设项目分布情况

项目类型	各地貌类型占地面积(hm²)				总占地面积(hm²)
	平原地区	山区	丘陵区	风沙区	
公路工程	324 061.2	372 180.7	380 824.3	118 676.4	1 195 742.6
铁路工程	14 663.8	22 694.1	27 274.9	8 811.0	73 443.8
管线工程	30 218.1	19 321.2	24 293.7	31 721.9	105 554.9
渠道和堤防工程	69 828.0	1 5 133.3	52 181.8	17 342.5	154 575.6
输变电工程	13 745.3	11 583.5	17 968.3	968.1	44 265.2
火电核电工程	13 871.9	5 736.6	18 076.9	1 708.7	39 394.1
井采矿工程	36 489.0	115 871.7	76 977.5	16 582.6	245 920.8
露天矿工程	12 305.5	103 560.4	80 112.1	6 218.2	202 196.2
水利水电工程	41 566.0	120 153.7	120 838.3	10 044.1	292 602.1
城镇建设工程	310 552.8	293 021.1	423 037.3	54 595.8	1 081 207.0
农林开发工程	293 576.5	718 699.5	946 049.3	90 133	2 048 458.3
冶金化工工程	20 087.6	6 688.7	14 148.3	4 137.9	45 062.5
合　计	1 180 965.7	1 804 644.5	2 181 782.7	361 030.2	5 528 423.1

9.2.2 各类生产建设项目土壤侵蚀的差异性及特征

生产建设项目水土流失是以人类生产活动作为外营力而产生的一种特殊的水土流失类型，它既有常规水土流失的共性，也有其自身的特殊性。生产建设项目水土流失的特征主要包括以下几点：①建设项目水土流失是由人类开发建设活动引起的。属于人为侵蚀的范畴，它产生的区域是特定的(包括项目区和其影响范围)。②建设项目水土流失的对象不仅包含自然土壤，也包含各种人工土。③建设项目水土流失的形成过程包括渐进式和突发式两种。不管哪种形式，较之常规水土流失，均具有流失强度大、时空变化速度快等特点。④建设项目水土流失形式更为复杂，对水土资源的破坏范围更广，影响程度更大。水土流失形式除面蚀、沟蚀等常规形式的水土流失外，还包括伴随着生产建设活动而产生的特殊形式的水土流失，如岩石、土壤、固体废弃物的混合流失和地基下沉、地下水位下降所引起的大范围地面非均匀沉降以及采空区塌陷等。水资源的损失和破坏不仅包括地表水的流失，也包括深层地下水的破坏，土壤资源的损失和破坏则包括表层土壤、深层土壤甚至基岩。⑤建设项目水土流失分布规律特殊，不同于自然水土流失呈规律性分布，而与生产建设项目特性有关，它可能是点、线、面中的一种，也可能是多种形式的组合。⑥建设项目水土流失潜在危害严重。生产建设项目具有很大的潜在性和危害性，具体包括水资源破坏，水土流失加剧，土地占压，土地生产力下降或丧失，毁坏工程；弃土弃渣侵占河道，抬高河床，影响行洪，山洪泥石流、崩塌、滑坡的潜在发生率增大，威胁建设和生产安全以及周围环境。

生产建设项目水土流失的共同特点主要表现为水土流失地域分散性、水土流失形式多样性、水土流失的突发性、水土流失强度大和危害严重等。不同的建设项目水土流失各有其特点，表9-7归纳出常见各类生产建设项目的工程特点，以及造成水土流失的主要时段和重点部位。

表9-7 不同类型生产建设项目水土流失特点

工程类型	工程特点	主要水土流失时段	重点水土流失部位
公路、铁路工程	路线长，穿越的地貌类型多，取土弃土和土石方流转的数量大	建设期、运行初期	路堑和路基边坡，取土(料)场，弃土(渣)场
水利水电工程	位于河道峡谷，移民安置数量大，土石方移动强度大	施工准备期、建设期	弃渣(土)场，取料(土)场，主体工程区
火电核电工程	工程占地集中，建设周期短	施工准备期、建设期、运行期	厂区，贮灰场区
管线工程	路线长，穿越河流、铁路和公路等工程多，作业带宽，临时堆土量大，施工期短	建设期	临时堆土区，线路穿越区
井采矿工程	地面扰动小，沉陷范围大，排矸多	建设期，运行期	排矸场，工业广场，沉陷区
露天矿工程	扰动强度大，排土量大	建设期，运行期	内外排土场，采掘坑
城镇建设工程	位于人口密集区，扰动面积集中，砂石料用量大	施工准备期，建设期	砂石料场区，建筑工地
农林开发工程	多位于丘陵山地，面积大，多连片集中	施工准备期，建设期，运行期	林下，破坏面等
冶金化工工程	扰动面积集中，砂石料用量大	施工准备期，建设期，运行期	渣场，尾矿库

由表9-7可知，尽管不同类型的工程特点存在很大差异，建设和运行过程中所产生水土流失的部位也不同，但对于造成水土流失的主要时段来说，除部分工程在生产运行期产生灰渣(包括煤矿矸石、电厂粉煤灰、金属尾矿等)外，大部分工程所产生的水土流失主要在施工准备期和建设期。

各类生产建设项目水土流失的不同特征决定了其水土流失量的不同，表9-8列出了“十五”期间各类生产建设项目的水土流失量。

表9-8 “十五”期间各类生产建设项目水土流失量

项目类型	水土流失量($\times 10^8$t)	占总量的比例(%)
公路工程	1.43	15.1
铁路工程	0.15	1.6
管线工程	0.08	0.9
渠道和堤防工程	0.21	2.2
输变电工程	0.02	0.2
火电核电工程	0.05	0.5
井采矿工程	0.28	3.0
露天矿工程	0.77	8.2
水利水电工程	1.08	11.4
城镇建设工程	2.81	29.7
农林开发工程	2.52	26.6
冶金化工工程	0.06	0.6
合　计	9.46	100.0

由表9-8可知，“十五”期间，城镇建设工程、农林开发工程、公路工程和水利水电工程等开发项目造成的水土流失是全国生产建设项目水土流失的主要来源，这4种开发建设工程产生的水土流失量占到全国各类生产建设项目水土流失总量的82.8%，达到7.84×10^8t。

随着我国人口增长和经济的迅猛发展，人为水土流失还在不断加剧，对人为水土流失的防治要求也越来越高，这就要求在工程建设和生产运行的同时，布设相应的水土流失防治措施，不断提高防治水平，有效控制人为水土流失，保护和改善生态环境。通过人为措施有效控制生产建设项目造成的水土流失显得更突出重要。

9.2.3 生产建设项目水土流失的成因

生产建设项目造成水土流失主要有两种因素：一是生产建设活动通过开挖、占压土地(如对地表土的剥离、搬运，修筑永久性建筑物等)直接造成土壤的移位和土壤功能的丧失。二是生产建设活动通过改变自然因素(局部小气候、地质、地形地貌、土壤和植被等)加剧水土流失。这两种因素具体可体现在8个方面，如图9-1所示。

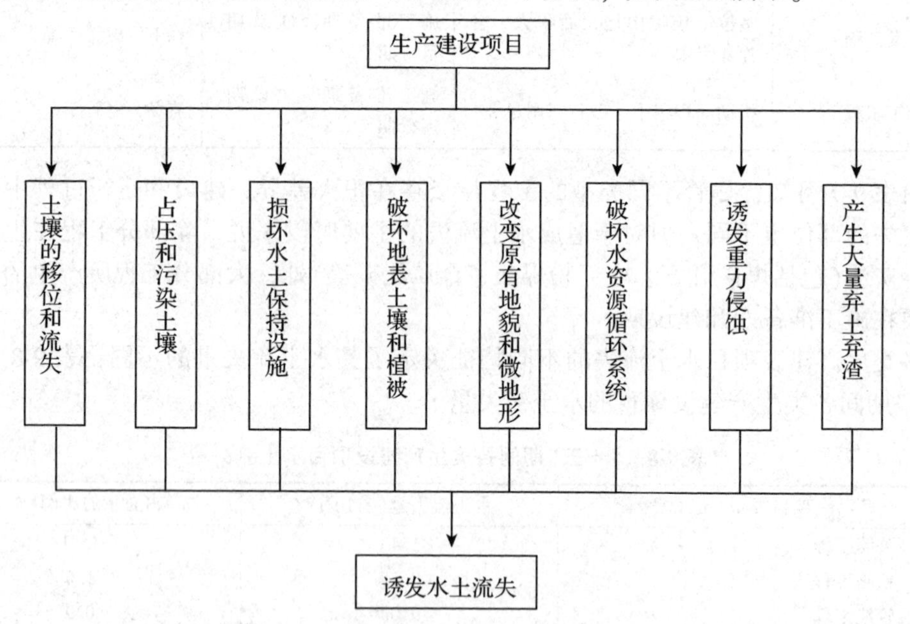

图9-1 生产建设项目水土流失成因图

这8方面的成因可具体表述为以下几点：

(1)直接造成土壤的移位和流失

生产建设活动常常要将富含有机质的大量表土层甚至整个土壤层，从基岩上剥离出来，从甲地搬运到乙地。这种人为的搬运过程，造成了原始地表土壤的移位和土地生产力的下降，属水土流失的范畴。几乎所有的生产建设活动都不同程度地存在这种情况，其中以矿产资源的露天开采最为严重。

(2)破坏地表土壤和植被，使地表抗侵蚀能力下降

地表覆盖物可以保护土壤免受雨滴的直接冲击，显著地减少侵蚀。雨滴的能量通过植被冠层缓冲后到达土壤表面时大大降低，减弱雨滴的溅蚀作用。同时覆盖物还会减缓径流速度，减少沟间侵蚀。另外，植被通过对土壤水分的利用可以降低土壤含水量，从而增加土壤入渗，并减少径流量和径流速率，降低沟间侵蚀作用。生产建设活动清除地表覆盖物(包括砍伐植被和清理地表枯枝落叶层)，降低林草覆盖度，造成大量的土地裸露，为水土流失创造了条件。

(3)建设活动诱发重力侵蚀

建设项目由于开挖、堆垫、采掘等活动，形成大量的人工坡面、悬空面和采空区等，破坏了岩土层原有的平衡状态，在水力等因素的共同作用下，极易引发泻溜、崩塌、滑坡等重力侵蚀，造成严重的水土流失。

(4)建设活动产生大量弃土弃渣

建设活动产生的大量弃土弃渣，不可避免地加剧了水土流失。首先，生产建设活动剥离、搬运、堆弃的废弃岩石土壤，为水土流失提供了大量的松散堆积物。其次，这些堆积物往往随意倾倒，堆积在山坡、沟渠和河道，改变了水势，影响了行洪能力，在强降雨下容易诱发泥石流和洪水灾害，造成严重的水土流失。再次，一些细颗粒的松散堆积物(如粉煤灰)，由于缺少植被覆盖，极易产生风力侵蚀。

(5)损毁水土保持设施，削弱区域水土保持能力

生产建设项目在生产建设过程中，不可避免地要永久性或临时性征占土地，损坏大量水土保持设施(如梯田、坝地、水保林、草地等)，并且毁坏具有水土保持和滞留水土功能的农田、湿地、水域等，削弱了项目区及其周边地带的水土保持功能，产生了严重的水土流失。

(6)改变项目区原有的地貌地形和地面组成物质

地形地貌情况(地面起伏状况、地表破碎程度、地面组成物质、坡度、坡长、坡型、坡向等)是影响水土流失的重要因素。坡度和坡长对水土流失的产生起到了举足轻重的作用。虽然在水平面同样可以发生侵蚀，但坡地条件下侵蚀量显著增加，而且在一定范围内，地面的坡度愈大，径流速度愈大，水流冲刷能力愈强，水土流失就越严重。生产建设项目因为人为的扰动，短期内改变了项目区中小尺度的地形地貌，形成许多人工地形和地貌。而地形地貌因素的变化，改变了区域水土流失的运行规律，既有可能加剧水土流失，也有可能减少水土流失。首先是场地高程的变化。其次是坡度、坡长等地形要素的变化。生产建设活动对地形的再塑往往使地面的坡度出现极化现象，如在场地平整时，为了使大部分地面坡度变缓，会增加边缘或局部地带的坡度。另外，随着生产建设活动的扰动再塑，坡面的形状、长度、坡向等都会发生剧烈变化，从而加剧水土流失的形成。第三是改变地面组成物质。生产建设活动在再塑地形地貌的同时，使地表的组成物质发生极大变化。有些地表因为表土剥离，岩石外露；有些地表因为倾倒弃渣，而被岩土混合物所覆盖；有些地面因为硬化，被混凝土所代替。再塑地貌、地面物质复杂，种类繁多，各组分的物理化学性质存在明显差异，造成的水土流失强度也不同。

(7)破坏水资源循环系统，造成水资源大量损失

水既是人类赖以生存的珍贵资源，同时也是水土流失的主要动力。因此，防止水的

流失既是水土保持的一个重要目标，也是控制土壤侵蚀的主要手段。生产建设活动扰动、破坏、重塑了地形地貌和地质结构，特别是大量生产建设工程给排水设施的建设，改变了原有水系的自然条件和水文特征，减少了地下径流的补给，地表径流量增大汇流速度加快，使珍贵的降水资源常常以洪水的形式宣泄，造成大量地表水的无效损失。同时，生产建设活动通过对地面及地下的扰动，破坏隔水层和地下储水结构，造成大量地表水的渗漏损失和地下水位的下降。水的大量流失一方面加剧了土壤侵蚀，另一方面又导致地表严重干旱，植物干枯死亡，加剧了土地沙化和荒漠化。如陕北神府煤田许多煤矿由于采空塌陷对地下水造成了严重影响，使地下水位下降，表层土壤干燥，地表植被退化，水土流失加重。

(8)占压、污染等造成土壤功能的丧失

土壤的流失不仅包括土壤的移位，也包括土壤功能的丧失。后者，虽然土壤没有发生位移，但由于功能的丧失，同样无法为人类利用，失去了自身的价值，也是土壤资源的一种损失。生产建设活动大量征用土地，在地表上构建各种建筑物，堆放废弃物质和建筑材料，占用、压埋表土层，使原地表的土壤失去了利用价值(耕种)。如公路、铁路路基、工矿企业的生产生活设施、城市建筑等。另外采矿业废水、废气等污染土壤，也可造成土壤功能的丧失，出现土壤虽然未“流”，但已经“失”了的情况。

9.3 耕作侵蚀

耕作侵蚀是人类耕作活动过程中由耕作机具直接造成的土壤物质发生移动(分离、搬运、沉积)的过程。耕作活动包括机耕与非机耕，掏挖、等高与顺坡耕作等多种方式。由于耕作是涉及地域最广的人类活动，所以，耕作侵蚀也是分布范围最广，占据面积最大的人为侵蚀。虽然在耕作侵蚀过程中，土壤物质主要在耕地内部发生再分布，但它却是导致坡耕地土壤退化、土壤可蚀性增强，使坡耕地出现严重水土流失的极其重要的一种侵蚀。早在1934年，Nichols和Reed测定了耕作引起的土壤位移的大小，而后，Mech和Free(1942)测定了坡度对耕作位移的影响，1963年，Weinblum和Stokelmather在以色列完成了耕作侵蚀的有关研究。自此以后再没有人继续他们的工作。直到20世纪80年代末90年代初，几位西欧和北美的学者才开始研究耕作引起的土壤位移及其相应的侵蚀，并在国际上召开了多次有关耕作侵蚀的研讨会议。我国在该领域的研究相对较少，主要研究于21世纪初起步，但目前对这一现象是否属于侵蚀意见还不统一。这里仅作为一个新知识点进行介绍。

9.3.1 耕作侵蚀的概念

据研究，采用铧式犁耕地时，土壤存在3种运动形式：①牵拉运动。土壤因与耕作工具接触而被搬运，耕作工具施加的牵拉力是唯一重要的力；②掷跳运动。土块被耕作投掷而在重力及其瞬间投射速度的作用下自由下落；③翻滚运动。在重力、阻力、紧接掷跳运动(如果没有掷跳运动，则为牵拉运动)的速度共同作用下，土块将滚动(或滑动)一段时间。这种运动特征可用耕作位移和耕作侵蚀两个术语来描述。

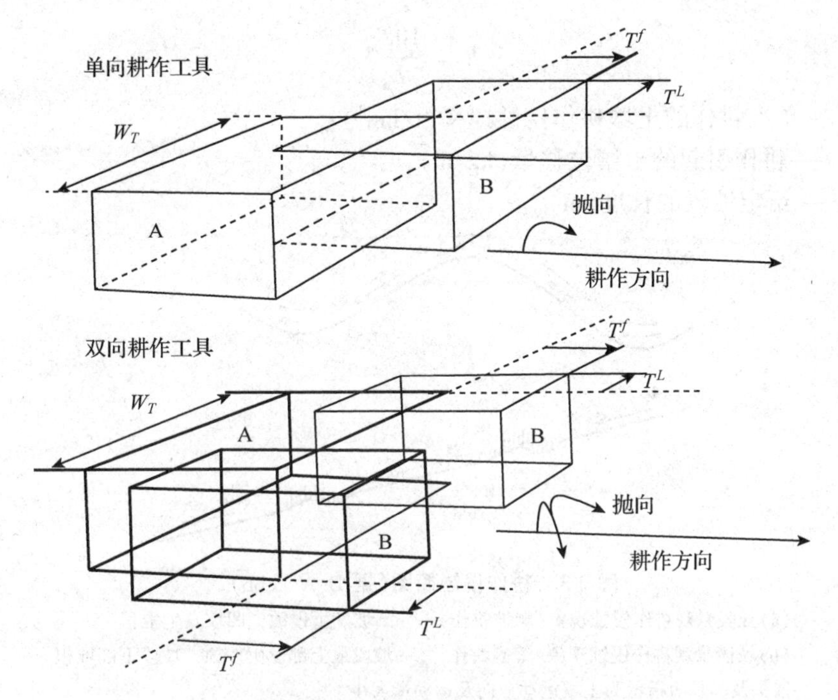

图 9-2 耕地引起土壤位移简图(据 D. A. Lobb)

A 为土壤原始位置；B 为土壤移动后位置；T^f为向前移动；T^L 为侧向移动；W_T为单位耕作宽度

(1)耕作位移

耕作位移系指因耕作造成的土壤位置的移动(图 9-2)。可以用相对于耕作方向的某一特定方向的土壤移动量来表征，即单位耕作宽度土壤向前(与耕作方向平行)的位移量或单位耕作长度土壤向侧面(与耕作方向垂直)的输送量(单位：kg/m)。也可以用耕作层向前或向侧面移动的距离来表示。土壤位移因耕作工具的宽度不同有很大差异。因此，所有耕作位移的度量都是以单位耕作宽度为基础的。耕作位移是非常重要的，其重要性在于它直接影响到土壤组分的扩散或混合的距离。

据 Lobb 等(1995，1999)的研究，坡地的耕作位移可由下式计算：

$$T_m = \int_0^L \left[1 - \frac{C(x)}{C_0}\right] M_s \mathrm{d}x \tag{9-1}$$

式中 T_m——通过小区基线($x=0$)的每单位耕作宽度总土壤位移量(kg/m)；

$C(x)$——耕作后回收小石子质量(kg)；

C_0——耕作前标记区的小石子质量(kg)；

M_s——耕作层的土壤比质量(kg/m^2)；

L——取样的最大距离(m)。

(2)耕作侵蚀

耕作侵蚀主要是指在耕地景观内，由于耕作机具作用使土壤发生净移动的再分布现象(图 9-3)。耕作侵蚀速率可用每年单位面积净土壤移动量来度量，单位为：t/(hm^2 · a)。土壤耕作侵蚀速率可表达为：

$$R = \frac{10T_m}{L_d} \tag{9-2}$$

式中 R——单次耕作的土壤耕作侵蚀速率(t/hm^2)；

T_m——耕作引起的土壤位移量(kg/m)；

L_d——给定坡段的长度(m)。

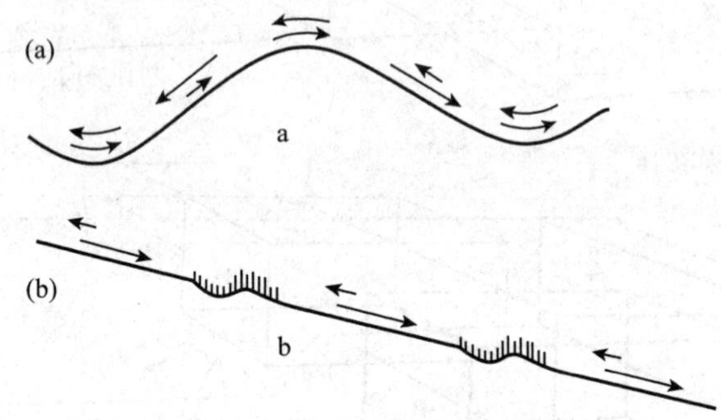

图 9-3 耕作侵蚀简图(据 D. A. Lobb)

(a)丘陵景观耕作侵蚀现象(顺坡耕作)——凸坡发生侵蚀，凹坡发生堆积

(b)坡段景观耕作侵蚀现象(等高耕作)——坡段最上部发生侵蚀，坡段下部堆积

箭头及其长短指示为土壤运动方向及运动量大小

耕作侵蚀导致土壤从田间直接流失很少，流失现象只出现在田边。在复合地形上，凸型部位发生侵蚀，凹型部位出现堆积；在直线型坡上，土壤主要从坡上部向下部移动；在平坦的耕地上耕作也主要产生耕作位移。

张建辉等(2001)对利用以上公式计算我国南方丘陵区土壤耕作侵蚀结果见表 9-9。可以看出南方丘陵区单次耕作的土壤位移量为 43. 70 ~ 64. 47 kg /m；平均土壤耕作侵蚀速率为 65. 05 ~ 97. 05 t/hm^2。

表 9-9 不同坡度耕作侵蚀特征统计量

坡 度 (%)	土壤平均位移距离 (m)	耕作深度 (m)	土壤位移量 T_m (kg/m)	耕作侵蚀速率 R (t/hm^2)
37. 14	0. 2165	0. 23	64. 74	43. 16
36. 42	0. 2158	0. 23	61. 11	40. 74
14. 64	0. 2061	0. 20	49. 47	32. 98
12. 50	0. 1930	0. 22	52. 31	34. 87
7. 14	0. 1736	0. 22	49. 66	33. 11
4. 29	0. 1544	0. 23	43. 70	29. 13

注：耕作侵蚀速率 R 为以沿下坡方向坡体长度 L_d = 15 m 计算的单次耕作土壤侵蚀速率。

9. 3. 2 耕作侵蚀的影响因素

研究证实耕作侵蚀主要受地形(坡度、曲率与坡长)、耕作方向、耕作机具、土壤埋深和耕作前的土地利用状况等因素的影响。

(1)地形

坡度是影响耕作侵蚀的因素之一，现已证实耕作位移大多与坡度呈线性正相关，可用下式表示：

$$D = A + BS \tag{9-3}$$

式中 D——耕作位移量；

S——坡度；

A，B——待定系数。

地形曲率是指地形高度随距离变化的二阶倒数。地形越不规则、越有起伏变化，曲率就越大，发生的耕作净侵蚀与堆积速率也就越大。

坡长对耕作侵蚀也具有重要影响，坡长越短，耕作导致的单位坡长土壤流失量就越多，坡面地形演变就越快，坡度越容易变小。田间不同坡段沿等高线出现的地埂就是这种作用的结果。

(2)耕作方向

耕作方向不同，引起土壤移动的距离、数量等皆不同(表9-10)，从表9-10中可以看出，相同耕作工具和坡度条件下，顺坡耕作的平均位移距离和位移量及侵蚀速率均大于等高耕作。

表9-10 耕作方向对耕作位移的影响

耕具	坡度(m/m)	平均位移距离(m)		位移量(kg/m)		侵蚀速率(t/hm^2)	
		顺坡耕作	等高耕作	顺坡耕作	等高耕作	顺坡耕作	等高耕作
铁锹	0.140 5	0.191 2	0.082 1	42.78	18.54	85.56	37.08
	0.176 3	0.230 8	0.095 4	51.64	21.55	103.27	43.11

注：据贾红杰等资料整理。

(3)耕作机具

耕作机具的种类、大小决定了耕作深度及一次耕作的宽度，从而决定着一次耕作移动的土壤量，以及土壤运动的方向。总体而言，机耕导致的耕作侵蚀强度远大于非机耕。试想，一个挂上24个巨大铧犁的拖拉机一次顺坡耕作要导致多大的土量向坡下移动。

(4)土壤埋深

王占礼在研究黄土丘陵沟壑区的耕作侵蚀时发现，耕层土壤在耕作时，无论是水平位移，还是垂直位移均随土壤在耕作前所处深度增加而递减，并可用下式描述：

$$D = 22.64 - 0.02P - 0.07P^2 \tag{9-4}$$

$$H = 14.30 - 1.69P + 0.05P^2 \tag{9-5}$$

式中 D——耕层土壤水平位移距离(cm)；

H——耕层土壤垂直位移距离(cm)；

P——耕作深度(cm)。

(5)土地利用状况

土地利用类型不同，林草和作物根系对土壤的缠绕固结强度不同，从而影响到耕作位移大小的不同。Muysen(1999)研究发现草地和耕地的耕作位移相差较大。草地向下坡的和侧向的土壤平均位移为0.23m和0.29m，耕地的则为0.43m和0.41m，后者是前者

1.8 倍和 1.4 倍。

9.3.3 耕作对土壤侵蚀环境的影响

所有的农业耕作活动都会发生不同程度的耕作侵蚀，进而对土壤侵蚀环境造成一定的影响。

(1)耕作侵蚀对地形地貌的影响

耕作侵蚀导致地形高程变化，增加地形起伏度。苏正安等(2012)在我国川中丘陵区坡地研究表明，随着耕作侵蚀次数增加，地块顶部土层厚度明显变浅。通过断面调查发现，在连续耕作 10~15 次后，地块顶部会形成约 2 m^3 大小的土坑。在一些修建梯田、缓冲带的简单山坡，耕作侵蚀可能更为严重。在山区坡耕地，田地边界将斜坡切为几段，耕作导致土壤在每一个边界上坡位流失而在下坡位堆积。总的土壤流失量在整个坡地上的土壤流失量随斜坡分段数量的增加而增加。无论使用何种耕作工具，即任何形式的耕作均会发生耕作侵蚀。耕作次数越多，耕作侵蚀的严重性和危害性也就越大。

(2)耕作侵蚀对土壤剖面的影响

在坡耕地上，耕作侵蚀对土壤的再分布作用，造成土壤剖面土壤特征差异明显(图 9-4)。在连续多次耕作后，土壤剖面出现了缺失、混匀、翻转和形成新耕层。坡顶和坡脚的土壤发生层及其深度变异最大，表现为坡顶土壤发生层完全消失，坡脚则由于大量土壤堆积形成新的耕层覆盖在原耕层和淀积层之上，土层深度显著增加；上坡经过强烈耕作之后虽然保留了耕层，但是耕层深度出现显著下降；中坡的耕层经过强烈耕作之后也出现一定的下降，淀积层也受到一定的影响，但淀积层的深度变化趋势不显著；下坡的土壤发生层经过强烈耕作之后，耕层深度出现轻微下降，但淀积层没有受到明显影响，仍然具有显著的淀积特征，淀积层深度也未出现显著变化。苏正安等(2010)经过 5 次和 15 次耕作，线性坡坡顶的土层深度从 10.0 cm 变为 0 cm，而坡脚土层深度相对于耕作前分别增加了 4.9 cm 和 18.0 cm；复合坡的土层深度从耕作前的 20.0 cm 变成0 cm，而坡脚的土层深度分别增加了 8.8 cm 和 22.6 cm。

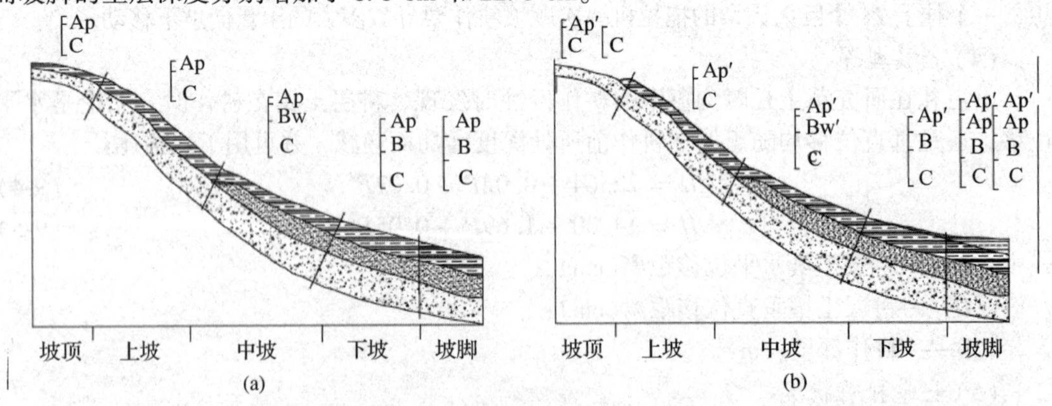

图 9-4 耕作对土壤剖面的影响(据苏正安)

(a)耕作前土壤发生层 (b)耕作后土壤发生层

Ap. 土壤耕层 B. 沉积层 C. 土壤母质层 Bw′，Ap′和 Ap″. 土壤耕作层，沉积层随耕作的变化

(3)耕作侵蚀对地表土壤抗蚀性的影响

耕作侵蚀使可蚀性高的芯土或亚表土层出露地表，加速了土壤水蚀和风蚀。耕作侵蚀具有对水蚀输送物质的作用机制，将土壤输送到地表径流会聚的区域，即细沟和集水地带。对细沟侵蚀的物质输送来说，耕作侵蚀所起的作用要比细沟间侵蚀所起的作用更为重要。

(4)耕作侵蚀对土壤景观生物物理过程的影响

与水蚀和风蚀对作物生产的影响比较，耕作侵蚀对土壤景观的生物物理过程具有重要的潜在影响。在坡上部景观位置表层土壤的流失及由此引起的土壤性质的变化影响了整个景观的水文学过程。典型的情况是，侵蚀土壤入渗能力的下降增加了坡下部的地表径流。此外，这些侵蚀土壤的持水性显著降低，土壤水分条件的变化影响了土壤温度的变化。在景观内土壤重新分配过程中，耕作侵蚀使得凸坡位置的营养物质如碳、氮等被流失耗尽，而在凹坡位置发生营养物质的堆积和富集，这种组合作用对诸如温室气体的产生和释放等生物物理过程具有重要的影响。

9.4 耕作方式的水土保持作用

耕作措施是否具有水土保持作用是当前水土保持学与土壤侵蚀学领域研究的热点问题之一。在我国黄土高原地区，人工锄耕、人工掏挖和等高耕作是农业生产过程中普遍采用的耕作措施。吴发启等通过人工模拟降雨实验证明，人工锄耕、人工掏挖和等高耕作等耕作措施与直线坡相比，产流量与产沙量显著降低。由于这些耕作措施能够降低土壤侵蚀的发生，故又称之为水土保持耕作措施。

耕作措施对土壤侵蚀的影响，实质上是其改变了地表微地形，增加了地表糙度，从而引起地表产流与汇流的变化，导致土壤侵蚀量的变化。因此，对地表糙度的研究可以揭示耕作措施水土保持作用机理和特征。

9.4.1 地表糙度的概念

地表糙度作为描述地表地形或起伏状况的物理指标，对不同的学科，有不同的含义。在自然界，大到山峦起伏，小到土壤颗粒都是地表糙度的构成要素。地表糙度分为4个空间尺度：①由单个土壤颗粒、土壤团聚体引起的地表起伏变化。这种糙度在各个方向上是均匀的，地表起伏在mm(毫米)级，范围可能在0~2 mm。②由土块引起的地表起伏。这种糙度通常是生产中使用耕具对土壤进行翻耕时形成的，地表起伏在cm(厘米)级，最大起伏差可能达到20 cm。通常情况下，这种糙度没有明显的方向性，又称之为随机糙度。③由耕具造成的地面有规则的起伏变化，比如犁沟、点坑等。这种糙度往往是单向分布在整个地块上，犁沟深度有可能达到10~20 cm，又称之为方向糙度。④大尺度糙度，一般指地块、流域尺度上地形地貌的变化。种糙度是地形、地貌学家的研究内容。

在坡耕地上，地表糙度指空间尺度在厘米级上变化的地表起伏，它是由分布在土壤表面的土块、植物残留物与农业生产中耕作管理等人为因素造成的地表起伏共同构成的

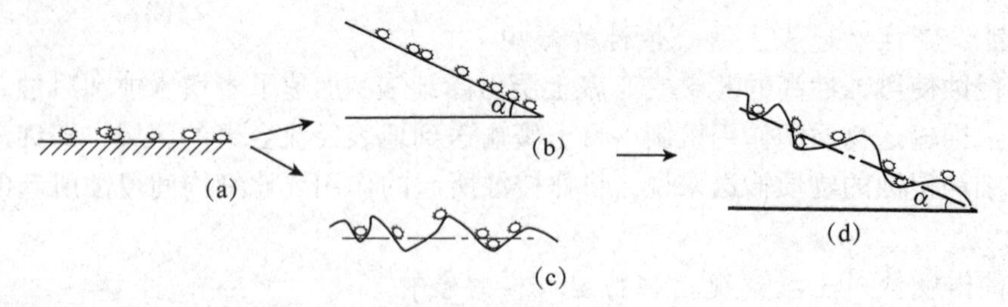

图 9-5 耕地上地表糙度构成示意(引自赵龙山，2015)

一种地表状况，因此通常是前三种糙度的组合(图 9-5)。

9.4.2 地表糙度计算方法

到目前为止，地表糙度的测量与计算方法很多，而且还在不断的完善之中。总的来看，地表糙度的测量方法可分为接触式测量和非接触式测量两大类。接触式测量是利用链条和钢钎作为工具进行的测量，主要包括链条法和测针法；非接触式测量是指在不接触地表的情况下，对地表糙度进行测量的方法，如激光扫描仪法，近景摄影技术等。地表糙度的计算方法较多(表 9-11)。

表 9-11 地表糙度计算方法

编号	指标	公 式
1	随机糙度 *RR*	$MUD=\sum_{i=1}^{m}(\sum_{j=1}^{n}\Delta Z/n)/m$ 式中，Z_i为空间位置 i 处的高程；k 为高程总数
2	弯曲度指数 *T*	$T = 100\times(1-L_1/L_0)$ 式中，L_1为地表断面的水平距离；L_0为地表断面长度
3	平均上坡蓄水量 *MUD*	$MUD=\sum_{i=1}^{m}(\sum_{j=1}^{n}\Delta Z/n)/m$ $\Delta Z = Z_r - Z_a$ for $Z_a < Z_r$；$\Delta Z = 0$ for $Z_a \geqslant Z_r$ 式中，Z_i为地表分断面高程；Z_0为地表分断面参考点高程；m 为每个地表断面的分断面数；n 为每个地表分断面的高程数
4	微地形指数 *MIF*	$MIF = MI\times F$ 式中，MI 为测量的地表剖面与回归直线相交部分单位长度对应的面积；F 为每单位断面长度内高程最大数
5	有限高差和有限坡度指数 *LD*，*LS*	$LD=1/a$；$LS=1/b$ $1/\Delta Z_h = a + b(1/h)$ 式中，a，b 为回归参数；h 为空间间隔；ΔZ_h为高程的一阶方差
6	分形指数 *D*，*l*	$D=3-H$ $\lg(\gamma) = 2H\log(h)+l$ 式中，H，l 为回归参数；γ 为半方差函数；h 为空间间隔
7	多分形指数 $\Delta f(\alpha_{\min})$，ω_a	$f(a)=q\alpha-\tau(q)$；$\alpha=\partial\ [\tau(q)]/\partial\ q$ $\Delta f(\alpha_{\min})$为 $f(a)$ 的最小值；$\omega_a = a_{\max} - a_{\min}$

注：引自 Kamphorst *et al.*，2000；赵龙山，2015。

近几年来，又有一些学者提出了计算地表糙度特征的 Markov-Gaussian 模型、随机布朗运动、阴影分析等，并试图从自仿射几何学、神经网络技术、图形图像学和分形分维理论等方面入手构造新的模型。

郑子成等(2004)利用有限高差和有限坡度指数(即 *LD*，*LS*)计算了黄土高原地区不同耕作措施下地表糙度大小，结果见表 9-12。由表可知，黄土高原地区，坡耕地地表糙度在 0.1～28.0 之间。不同耕作措施下坡地，地表糙度的差别较大。随着耕作频率的增加或耕作后对地表耙磨，地表糙度逐渐减小。

表 9-12　不同耕作措施下黄土坡地地表糙度计算结果

耕作措施	数量特征	地表糙度	备注
免耕地	有少量细沟(<3 cm)分布	>0.1	有秸秆覆盖
裸地翻耕	深 20 cm 左右	8.5	轮休地
人工锄耕	4 cm 左右	1.5	浅耕或除草
等高耕作	宽 20 cm，深 15～20 cm，垄距 80～100 cm	6.9～8.9	玉米沟垄种植或立夏翻耕
人工掏挖	长、宽、深约为 50 cm 左右	28.0	套插或点种

注：据郑子成 2004 年数据整理。

9.4.3　地表糙度的水土保持作用

增加地表糙度具有延缓坡面产流时间的作用，如在 60 mm/h 降雨强度条件下，直线坡的产流时间为 5.2 min，人工掏挖、人工锄耕、等高耕作坡面的产流时间比直线坡分别延后了 2.1 min、3.5 min 和 7 min(图 9-6)。在地表径流产生后，粗糙坡面的总产流量较直线坡小。当产流趋于稳定后，人工锄耕、人工掏挖、等高耕作等耕作措施下地表产流量较直线坡分别减少 9.43%、17.88%、37.17%。

产沙是径流对地表土壤侵蚀作用的结果，产沙量越大，说明地表径流的侵蚀作用强；反之，则弱。与直线坡相比，有耕作措施的地表产沙量低，如在 60 mm/h 降雨强度条件下，等高耕作、人工掏挖、人工锄耕等耕作措施下地表产沙量较直线坡分别减小 65.6%、36.3%、23.4%。

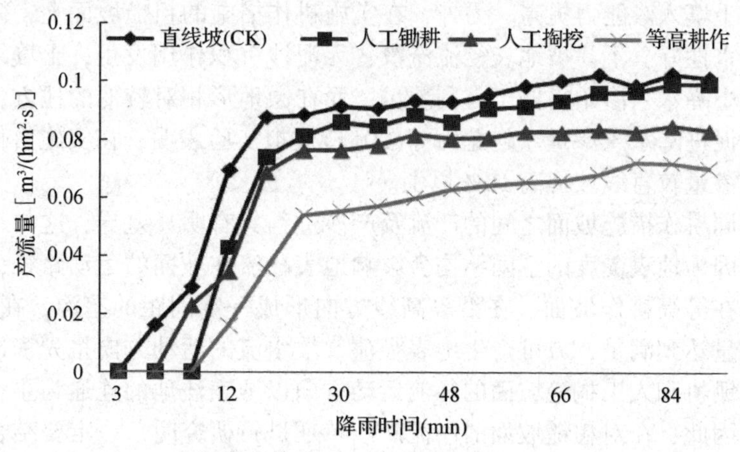

图 9-6　耕作方式对产流量的影响

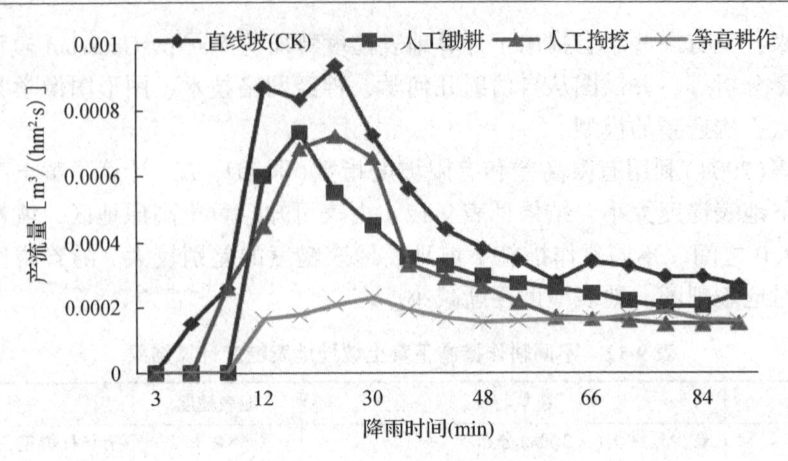

图 9-7 耕作方式对产沙量的影响

由于耕作措施增加了地表起伏，在降雨侵蚀过程中，地表起伏会阻断雨滴溅蚀距离，从而影响雨滴溅蚀量。吴佳等(2016)模拟实验中用溅蚀板分别测量来自上坡和下坡溅蚀量，结果表明实施耕作措施的坡面向下坡净溅蚀量较直线坡减小 50% 以上。

事实上，对有耕作措施的粗糙坡面，地表洼地蓄水与泥沙沉积是产流量与产沙量减小的重要原因。但是，由于不同耕作措施下，地表洼地的空间分布特征不同，洼地蓄水量差异较大，导致不同耕作措施坡面地表糙度的水土保持作用各不相同。赵龙山等(2012)对于人工锄耕和人工掏挖坡面的地表洼地特征进行了模拟研究，结果见表 9-13。

表 9-13 不同耕作措施坡面洼地特征

耕作措施	洼地密度（个/m^2）	洼地深度（m）	洼地面积（cm^2/小区）	样本数 N
人工锄耕	356	0~0.03	10.10	10
人工掏挖	297	0~0.04	7.60	10

注：洼地深度是地表参考平面以下深度。

地表糙度增加了土壤入渗量是其减小降雨径流的另一个原因。耕作后，地表土壤的孔隙度增加，土壤入渗能力提高。另外，在实施耕作措施的粗糙坡面上，微地形相对较高的位置，排水性好，不易被地表径流淹没，无泥沙沉积作用发生，土壤结皮浅薄，在降雨侵蚀过程中降水入渗始终处于有利地位；而在微地形相对较低的地方，由于洼地蓄水作用，也会促进降水入渗量。赵龙山等(2013)模拟实验表明，在实施耕作措施的粗糙坡面，降水入渗量较直线坡提高 10% 以上。

另外，不同耕作措施坡面之间的产流及产沙过程具有明显差异，这与地表糙度的空间结构有关，因为地表糙度的空间结构会影响地表径流在坡面的运动路径，即汇流网络特征。比如，在等高耕作坡面，在沿等高线方向形成一定间距的垄沟，在降雨过程中，只有垄沟蓄水量达到满足，方可产生地表径流，故水流的运动方向呈先横向、再纵向的规律；而人工锄耕和人工掏挖坡面的径流运动方向以地表洼地的连通为主，由洼地的空间分布决定。因此，在对粗糙坡面的产流产沙特征进行研究时，一定要结合地表糙度的空间特征进行。

随着坡度的增大，地表糙度的水土保持作用降低，对于人工锄耕、人工掏挖和等高耕作，地表糙度水土保持作用的临界坡度在15°左右。

由于降雨径流侵蚀作用的影响，实施耕作措施坡面的地表糙度逐渐减小，故地表糙度的水土保持作用随着降雨侵蚀作用时间的延长逐渐降低。赵龙山等(2014)在模拟降雨实验条件下，对人工锄耕和等高耕作措施下坡面随机糙度与累计降水量直接关系分析表明二者呈幂函数关系，即

$$y = ax^b \tag{9-6}$$

式中 y——地表糙度(mm)；

a，b——回归系数；

x——累计降水量(mm)。

思考题

1. 什么是人为侵蚀？人为侵蚀形式主要有哪些？
2. 简述生产建设项目土壤侵蚀的特点、成因和表现形式。
3. 简述耕作侵蚀特点及其影响。

第10章

中国土壤侵蚀类型分区及特征

【本章提要】 土壤侵蚀类型分区是按照土壤侵蚀的成因和数量指标的相似性和差异性对某一区域进行土壤侵蚀类型区的系列划分。目前，我国的土壤侵蚀可划分为以水力侵蚀为主、以风力侵蚀为主和以冻融侵蚀为主的三大类型区。

10.1 土壤侵蚀类型分区概述

10.1.1 分区的目的与任务

土壤侵蚀类型分区是在详细了解土壤侵蚀特征的基础上，全面认识土壤侵蚀的发生、发展特征和分布规律，并考虑影响土壤侵蚀的主导因素，根据土壤侵蚀和治理的区域差异性，划分不同的侵蚀类型区系列，提出分区方案。土壤侵蚀类型分区的目的是服务于制定分区的水土流失防治方案，以达到水土资源的合理利用。

10.1.2 分区原则

土壤侵蚀分区主要反映不同区域土壤侵蚀特征及其差异性，要求同一类型区自然条件、土壤侵蚀类型和防治措施基本相同，而不同类型区之间则有较大差别。因此，分区原则是同一区内的土壤侵蚀类型和侵蚀强度应基本一致，影响土壤侵蚀的主要因素等自然条件和社会经济条件基本一致，治理方向、治理措施和土地利用方式基本相似。侵蚀分区以自然界线为主，适当考虑行政区域的完整性和地域的连续性。

这些原则在具体应用时可从两个层面上来认识：一是形成土壤侵蚀的主导因素；二是形成土壤侵蚀的综合因素。从目前已有的全国性的土壤侵蚀方案中可以看出，一级区的划分通常以主导因素为主，二级区的划分多考虑综合因素。无论是主导因素还是综合因素，都是从影响土壤侵蚀的自然因素和人为因素两个方面来理解。虽然土壤侵蚀的区域分异特点是两者共同作用的结果，但在不同层次上其表现程度不完全相同。自然因素在侵蚀分区的第一层次上起着绝对性作用，人为因素完全被自然因素作用所掩盖。在侵蚀分区的第二层次上，自然因素和人为因素的作用难以区分出绝对的主次关系。总体上讲，自然因素是土壤侵蚀区域分异发生发展的内在条件，人为活动影响是土壤侵蚀区域分异的外部条件，一定程度上加剧了土壤侵蚀分异。

10.1.3　分区的主要依据、指标和命名

土壤侵蚀分区的主要依据和指标选取主要考虑地貌特征(海拔高程、相对高差、沟壑密度等)、土壤侵蚀类型、侵蚀强度和农业发展方向与水土保持治理方向和措施。而分区的命名主要包括：①地理位置、地貌、岩性、植被特征；②土壤侵蚀情况；③水土保持治理方向和治理措施。

10.1.4　分区方案

10.1.4.1　我国的土壤侵蚀类型分布特征

我国土壤侵蚀类型分布基本遵循地带性分布规律。干旱区(38°N 以北)是以风力侵蚀为主的地区，包括新疆、青海、甘肃、内蒙古等省(自治区)，侵蚀方式是吹蚀和磨蚀，其形态表现为风蚀沙化和沙漠戈壁。半干旱区(35°~ 38°N)风力侵蚀、水力侵蚀并存，为风蚀水蚀类型区，包括甘肃、内蒙古、宁夏、陕西、山西等省(自治区)，风蚀以吹蚀为主，反映在形态上是局部风蚀沙化和鳞片状的沙堆；水蚀以面蚀和沟蚀为主，形态表现为沟谷纵横、地面破碎，这一区域是我国的强烈侵蚀带。湿润地区(35°N 以南)为水蚀类型区，主要侵蚀方式是面蚀，其次是沟蚀。我国一级地形和二级地形台阶区的高山以及东北寒温带地区是冻融侵蚀类型区，主要表现形式为泥流蠕动。重力侵蚀类型散布各类型区中，主要分布在一、二级地形台阶区的断裂构造带和地震活跃区，表现形式是滑坡、崩塌、泻溜等。

土壤侵蚀类型受降水、植被类型、盖度和活动构造带等因素控制。年降水量 400mm 等值线以北的地区属风蚀类型区，为非季风影响区，区内降雨少，起风日多，风速大，而且沙尘暴日数多，植被为干旱草原和荒漠草原。年降水量 400 ~ 600mm 等值线的区域是风蚀水蚀区，本区虽具有大陆性气候特征，冬春风沙频繁，但仍受季风的影响，夏季降雨集中，多暴雨，因而既有风蚀类型，又有水蚀类型。年降水量 600mm 等值线以南的地区为水蚀类型区。在高山、青藏高原以及寒温带地区以冻融侵蚀类型为主。以上侵蚀类型受地带性因素控制。重力侵蚀类型主要分布在我国西部地区地震活动带或断裂构造的地区，受非地带性因素制约。

10.1.4.2　几种方案介绍

我国的土壤侵蚀分区始于 20 世纪 40 年代。1947 年，朱显谟等人在江西完成了第一张土壤侵蚀分区图，1955 年，黄秉维完成了黄河中游流域土壤侵蚀分区图。1986 年，中国科学院水土保持研究所完成了长江流域土壤侵蚀分区研究。1982 年，辛树帜、蒋德麒提出了我国土壤侵蚀类型分区方案。1997 年，水利部发布了《土壤侵蚀分类分级标准》(SL 190—1996)。2004 年，唐克丽等综合了辛树帜、蒋德麒和水利部 SL 190—1996 标准的特点，对我国土壤侵蚀类型分区进行更为系统的描述。2005 年，景可等提出了我国土壤侵蚀分区的又一方案。2008 年对《土壤侵蚀分类分级标准》(SL 190—2008)重新修订后再次发布。各分区方案的情况见表 10-1 ~ 表 10-4。

表 10-1 辛树帜、蒋德麒土壤侵蚀类型分区方案

一级区	二级区	三级区
Ⅰ水力侵蚀为主类型区	$Ⅰ_1$西北黄土高原区	$Ⅰ_{11}$黄土丘陵沟壑区 $Ⅰ_{12}$黄土高原沟壑区
	$Ⅰ_2$东北低山丘陵和漫岗丘陵区	$Ⅰ_{21}$低山丘陵 $Ⅰ_{22}$漫岗丘陵
	$Ⅰ_3$北方山地丘陵区	
	$Ⅰ_4$南方山地丘陵区	$Ⅰ_{41}$大别山山地丘陵区 $Ⅰ_{42}$湘中、湘东山地丘陵区 $Ⅰ_{43}$赣南山地丘陵区 $Ⅰ_{44}$福建、广东东部沿海山地丘陵区 $Ⅰ_{45}$台湾山地丘陵区
	$Ⅰ_5$四川盆地及周围山地丘陵区 $Ⅰ_6$云贵高原区	
Ⅱ风力侵蚀为主类型区		
Ⅲ冻融侵蚀为主类型区		

注：引自辛树帜，蒋德麟．中国水土保持概论．农业出版社，1982。

表 10-2 水利部土壤侵蚀类型分区方案(1997)

一级区	二级区	三级区
Ⅰ水力侵蚀为主类型区	$Ⅰ_1$西北黄土高原区	
	$Ⅰ_2$东北黑土区 (低山丘陵和漫岗丘陵区)	$Ⅰ_{21}$大小兴安岭山地区 $Ⅰ_{22}$长白山千山山地丘陵区 $Ⅰ_{23}$三江平原区
	$Ⅰ_3$北方土石山区	$Ⅰ_{31}$太行山山地区 $Ⅰ_{32}$辽西—冀北山地区 $Ⅰ_{33}$山东丘陵区 $Ⅰ_{34}$阿尔泰山地区 $Ⅰ_{35}$松辽平原区 $Ⅰ_{36}$黄淮海平原区
	$Ⅰ_4$南方红壤丘陵区	$Ⅰ_{41}$江南山地丘陵区 $Ⅰ_{42}$岭南平原丘陵区 $Ⅰ_{43}$长江中下游平原区
	$Ⅰ_5$西南土石山区	$Ⅰ_{51}$四川山地丘陵区 $Ⅰ_{52}$云贵高原丘陵区 $Ⅰ_{53}$横断山山地区 $Ⅰ_{54}$秦岭大别山鄂西山地区 $Ⅰ_{55}$川西山地草甸区

（续）

一级区	二级区	三级区
Ⅱ风力侵蚀为主的类型区	Ⅱ$_{1}$三北戈壁沙漠及沙地风沙区	Ⅱ$_{11}$蒙新青高原盆地荒漠化强度风蚀区
		Ⅱ$_{12}$内蒙古草原中度风蚀水蚀区
		Ⅱ$_{13}$准噶尔绿洲荒漠草原轻度风蚀水蚀区
		Ⅱ$_{14}$塔里木绿洲轻度风蚀水蚀区
		Ⅱ$_{15}$宁夏中部风蚀区
		Ⅱ$_{16}$东北西部风沙区
	Ⅱ$_{2}$沿河环湖滨海平原风沙区	Ⅱ$_{21}$鲁西南黄泛平原风沙区
		Ⅱ$_{22}$鄱阳湖滨湖沙山区
		Ⅱ$_{23}$福建及海南省滨海风沙区
Ⅲ冻融侵蚀为主的类型区	Ⅲ$_{1}$北方冻融土侵蚀区	Ⅲ$_{11}$大兴安岭北部山地冻融水蚀区
		Ⅲ$_{12}$天山山地森林草原冻融水蚀区
	Ⅲ$_{2}$青藏高原冰川侵蚀区	Ⅲ$_{21}$藏北高原高寒草原冻融风蚀区
		Ⅲ$_{22}$青藏高原高寒草原冻融侵蚀区

注：据中华人民共和国水利部行业标准 SL 190—1996、SL 190—2008. 中国水利水电出版，1997。

表 10-3 唐克丽等土壤侵蚀类型分区方案

一级区	二级区	三级区
Ⅰ水力侵蚀为主类型区	Ⅰ$_{1}$西北黄土高原区	Ⅰ$_{11}$鄂尔多斯高原风蚀地区
		Ⅰ$_{12}$黄土高原北部风蚀水蚀地区
		Ⅰ$_{13}$黄土高原南部水蚀地区
	Ⅰ$_{2}$东北低山丘陵和漫岗丘陵区	Ⅰ$_{21}$大兴安岭区
		Ⅰ$_{22}$小兴安岭区
		Ⅰ$_{23}$低山丘陵区
		Ⅰ$_{24}$漫岗丘陵区
	Ⅰ$_{3}$北方山地丘陵区	Ⅰ$_{31}$黄土覆盖的低山丘陵区
		Ⅰ$_{32}$石质和土石山地丘陵区
		Ⅰ$_{33}$坝上高原强度风蚀区
	Ⅰ$_{4}$南方山地丘陵区	Ⅰ$_{41}$大别山山地丘陵区
		Ⅰ$_{42}$湘赣丘陵区
		Ⅰ$_{43}$赣南山地丘陵区
		Ⅰ$_{44}$福建、广东东部沿海山地丘陵区
		Ⅰ$_{45}$台湾山地丘陵区
	Ⅰ$_{5}$四川盆地及周围山地丘陵区	Ⅰ$_{51}$四川盆地
		Ⅰ$_{52}$周围山地区
		Ⅰ$_{53}$川西南山地区
		Ⅰ$_{54}$川西高山峡谷区
		Ⅰ$_{55}$川西北高原区
	Ⅰ$_{6}$云贵高原区	Ⅰ$_{61}$滇南、黔北、黔中轻度至中度侵蚀区
		Ⅰ$_{62}$金沙江两岸和黔西强度侵蚀区

（续）

一级区	二级区	三级区
Ⅱ风力侵蚀为主类型区	II_1三北戈壁沙漠及土地沙漠化风蚀区	
	II_2沿河环湖滨海平原风沙区	
Ⅲ冻融侵蚀为主类型区	III_1北方冻融侵蚀区	
	III_2青藏高原冰川冻融侵蚀区	

注：引自唐克丽．中国水土保持．科学出版社，2004。

表 10-4　景可土壤侵蚀分区方案

侵蚀类型 代码	类型区位 代码	侵蚀强度 代码	主要区域分布
水力侵蚀Ⅰ	东北地区 I_E	微度侵蚀^1 I_E	松辽平原、大小兴安岭北部
		轻度侵蚀^2 I_E	长白山、大小兴安岭
		中度侵蚀^3 I_E	长白山、大兴安岭山前低山丘陵
		强度侵蚀^4 I_E	黑土漫岗丘陵台地、辽西土石丘陵
	华北地区 I_N	微度侵蚀^1 I_N	华北平原、燕山中山、太行山南端、胶东沿海
		轻度侵蚀^2 I_N	山东半岛中部
		中度侵蚀^3 I_N	太行山东坡低山丘陵、鲁西南低山丘陵
		强度侵蚀^4 I_N	永定河上游黄土丘陵山地、太行山山间盆地的黄土台地
	黄土高原 I_Y	微度侵蚀^1 I_Y	秦岭、六盘山、吕梁山等中低山
		轻度侵蚀^2 I_Y	汾渭平原台地、子午岭丘陵山地
		中度侵蚀^3 I_Y	渭北黄土塬、洛川及董志塬
		强度侵蚀^4 I_Y	六盘山西部黄土梁峁丘陵
		极强度侵蚀^5 I_Y	黄土高原北部黄土梁峁丘陵沟壑
	华南地区 I_S	微度侵蚀^1 I_S	长江中下游平原、浙闽、雪峰山地、南岭山地、海南山地、鄂西山地
		轻度侵蚀^2 I_S	武夷山地、沿海山地、台湾山地
		中度侵蚀^3 I_S	粤北丘陵岗地、珠江中上游低山、大别山、桐柏山地、湘西低山
		强度侵蚀^4 I_S	湘、赣、闽、浙西丘陵、桂西石灰岩山地
	西南地区 I_W	微度侵蚀^1 I_W	横断山高山区、西藏东南高山山地、川西中高山地
		轻度侵蚀^2 I_W	云南南部山地
		中度侵蚀^3 I_W	三峡中低山地、贵州西部低山地
		强度侵蚀^4 I_W	金沙江下游、嘉陵江中下游
风力侵蚀Ⅱ	贺兰山以东 II_E	轻度侵蚀^1 II_E	呼伦贝尔高平原、阴山山地
		中度侵蚀^2 II_E	鄂尔多斯高原东部、河套谷地、西辽河中上游等地
		强度侵蚀^3 II_E	乌兰察布高原、鄂尔多斯高原西部、中蒙边界的高平原、乌兰布和沙漠、浑善达克沙漠、科尔沁沙地
	贺兰山以西 II_W	轻度侵蚀^1 II_E	祁连山前河西走廊、天山山前、昆仑山前、阿尔泰山山前等绿洲带
		中度侵蚀^2 II_W	高山绿洲带的前缘
		强度侵蚀^3 II_W	塔里木盆地、准噶尔盆地中部、阿拉善高平原、腾格里和柴达木盆地中部
冻融侵蚀Ⅲ	高纬度Ⅲ		东北最北端
	高海拔Ⅲ		青藏高原

注：据景可，王万忠，郑粉丽．中国土壤侵蚀与环境．科学出版社，2005。

从表10-1～表10-4可以看出：①我国的土壤侵蚀类型分区取得了长足的进展，系统等级十分明确、完整；②在分类系统等级中，一级分区各家已达成了共识，二级和三级区划分意见并不统一，还需开展进一步的研究。

2008年，水利部重新发布的分区方案与1997年发布的方案基本相同，只是将"水力侵蚀为主的类型区"改为"水力侵蚀类型区"，并将西北黄土高原区进一步划分为：黄土丘陵沟壑区、黄土高原沟壑区、土石山区、林区、高地草原区、干旱草原区、黄土阶地区和冲积平原区。另外，三级分区更加规范。

另外，杨新以水土流失调查为目的，遵循发生学原则(成因原则)，通过一定的数量指标的选取，采用ArcGIS空间插值法，将全国土壤侵蚀划分为4个一级区，即：Ⅰ水力侵蚀区，Ⅱ水力风力交错区，Ⅲ风力侵蚀区和Ⅳ冻融侵蚀区。在此基础上，又将风力侵蚀区进一步划分为新疆风蚀区和内蒙古风蚀区，水力侵蚀区划分为南方红壤丘陵区、西北黄土高原区、北方棕壤山丘区、四川紫色土山丘区、云贵红黄壤高原区和东北黑土漫岗丘陵区；黑土漫岗丘陵区进一步分为兴安山地区和漫岗平原区和低山丘陵区。现依据唐克丽等的资料对各区的基本特征再作以概述。

10.2　以水力侵蚀为主类型区

我国的土壤侵蚀分区范围见表10-5。

表10-5　全国土壤侵蚀类型区划简表

一级类型区	二级类型区	区划范围及特点
Ⅰ水力侵蚀为主类型区	$Ⅰ_1$西北黄土高原区	西界青海日月山，西北为贺兰山，北为阴山，东为太行山，南为秦岭，地处黄河中游。区内丘陵起伏，沟谷密度大，黄土层深厚，水蚀为主，兼风蚀、重力侵蚀。植被破坏，陡坡开垦严重，侵蚀模数多在5 000～10 000t/(km^2·a)及以上。黄河的高含沙量主要来自黄土高原的水土流失
	$Ⅰ_2$东北低山丘陵和漫岗丘陵区	南界为吉林省南部，东西北三面为大小兴安岭和长白山所围绕。以低丘、岗地黑土区坡耕地侵蚀为主，兼有沟蚀、风蚀和融雪侵蚀
	$Ⅰ_3$北方山地丘陵区	东北漫岗丘陵以南，黄土高原以东，淮河以北，包括东北南部及冀、晋、蒙、豫、鲁等山地、丘陵。植被覆盖差、土层浅薄，随同水土、砂石侵蚀，易患及海河、淮河的安危
	$Ⅰ_4$南方山地丘陵区	以大别山为北屏，巴山、巫山为西障，西南以云贵高原为界，东南直抵海域并包括台湾、海南岛及南海诸岛。年降水量多在1 000～2 000mm，多暴雨，以紫色砂页岩及厚层花岗岩风化物上发生的面蚀、沟蚀为主，兼崩岗
	$Ⅰ_5$四川盆地及周围山地丘陵区	北与黄土高原接界，南与红壤丘陵区相接。年降水量1 000mm左右，土壤侵蚀发生在紫色砂页岩及花岗岩风化物，土少石多，陡坡耕垦，面蚀、沟蚀兼崩岗、滑坡、泥石流分布广泛，是长江上游泥沙主要来源区
	$Ⅰ_6$云贵高原区	包括云南、贵州及湖南、广西的高原、山地、丘陵。热带雨林也在本区。滑坡、泥石流活动频繁，贵州石灰岩山地陡坡开垦形成的石漠化景观较突出

（续）

一级类型区	二级类型区	区划范围及特点
Ⅱ风力侵蚀为主类型区	$Ⅱ_1$三北戈壁沙漠及土地沙漠化风蚀区	主要分布于西北、华北及东北的西部，包括新、青、甘、陕、宁、蒙部分地区。年均降水量100~300mm，多大风、沙尘暴。除腾格里等大沙漠外，因受人为不合理耕垦及过牧影响的沙漠化土地为本区防治的重点
	$Ⅱ_2$沿河环湖滨海平原风沙区	主要分布在山东黄泛平原、鄱阳湖滨湖沙丘及福建、海南滨海区，影响到土地荒漠化的扩展
Ⅲ冻融侵蚀为主类型区	$Ⅲ_1$北方冻融侵蚀区	主要分布在东北大兴安岭山地及新疆的天山山地，属多年冻土区
	$Ⅲ_2$青藏高原冰川冻融侵蚀区	分布在青藏高原。冰川、冻融侵蚀为主，局部有冰川、泥石流发生

10.2.1 西北黄土高原区

10.2.1.1 侵蚀环境背景

（1）地质、地貌

黄土高原地区的地质构造，大致以六盘山至青铜峡一线为界，西部属西域陆块，东部为华北陆块。本区为新构造运动活跃地区，六盘山以西地区的抬升量普遍大于以东地区。该区又是我国强烈地震活动频繁地区，因而激发强烈的重力侵蚀。

黄土高原巨厚的黄土沉积物及其塬、梁、峁和沟谷纵横的地貌类型，系在第四纪前古地貌基础上发育形成的。在历时240万年的黄土沉积、成壤、侵蚀的旋回过程中，在倾斜低洼处以沟蚀为主，形成发展了沟谷，至今形成了被沟谷切割的高原沟壑区和梁峁丘陵沟壑区，沟谷密度多在3~5km/km^2。黄土台塬及丘陵地区的海拔高程多在500~1 500m，周围土石山地海拔高程2 000~3 000m。黄土覆盖厚度一般50~100m，较厚处100~200m，沉积最深厚处达336m，见于兰州九州台。

黄土高原地区现保存较完整的塬面尚有甘肃陇东的董志塬、陕北的洛川塬及陕西的长武塬，塬面有较完整的黑垆土剖面，丘陵区的黑垆土剖面多已流失殆尽。本区不仅沟谷密度大，且沟壑面积可占流域面积的40%以上。另外，地面坡度陡峻，除塬面、河谷阶地、坝地等地区地面坡度小于5°以外，大部分地区的坡度多大于5°，且以10°~20°占多数，梁峁坡面大于25°的坡地可占10%~20%，谷坡则以大于35°占多数。这些陡坡如果被林、草植被所覆盖，一般不发生侵蚀或侵蚀轻微，一旦被滥垦、滥伐、滥牧即转化为强烈的人为加速侵蚀，陡坡地形即成为影响侵蚀的主要因素。

黄土高原北部长城沿线一带为风沙地貌与流水侵蚀地貌交错分布，水蚀风蚀全年交替进行，水、风两相侵蚀叠加，且相互促进，故侵蚀模数特大。侵蚀产沙的地面物质主要由砂黄土、古代风积沙、现代片沙、中生代风化剥蚀强烈的砂页岩（俗称砒砂岩）所组成。该地区不仅侵蚀强烈，而且是黄河下游河床粗泥沙的主要来源区，形成了特殊的侵蚀类型区——水蚀风蚀交错区，也是黄土高原的治理重点区。

（2）气候

本区属大陆性季风气候区，年均降水量200~700mm，由东南向西北递减，以400~500mm的降水量分布较广，该雨量分布区也是黄土高原土壤侵蚀最严重地区。长城沿线以北，包括陇中北部、宁陕北部、鄂尔多斯高原、河套及银川平原地区，年降水量多在400mm以下，以风力侵蚀为主。

年降水量分配不均匀，多集中在6~9月汛期，可占全年降水量的60%以上，且多暴雨。暴雨笼罩面积大，为5×10^4~$15\times10^4km^2$，日最大降水量100~150mm，侵蚀输沙多集中在暴雨季节。

黄土高原地区年均大风(≥8级风，风速17.2m/s)日数，由北向南递减。北部的鄂尔多斯高原中部一带大风日大于40d，北部阴山山脉和长城沿线的大风日20~40d，中部年大风日数10~20d，南部多少于10d。出现沙尘暴的日数往往与大风日数及风蚀的强弱相对应。

(3)土壤和植被

土壤和植被的分带特征如下：

Ⅰ. 暖温性森林地带。温暖半湿润区，干燥度1.3~1.5，生物气温12~13℃，年均降水量550~650mm，山区达700~800mm。地带性土壤为褐色土。

Ⅱ. 暖温性森林草原地带。温暖的半湿润—半干旱区，干燥度1.4~1.8，生物气温9~10℃，年均降水量450~550mm。地带性土壤为黑垆土。

Ⅲ. 暖温性典型草原地带。温暖半干旱区，干燥度1.8~2.2，生物气温8~9℃，年均降水量300~400mm。地带性土壤为轻黑垆土和淡栗钙土。

Ⅳ. 暖温性荒漠草原地带。温暖半干旱-干旱区，干燥度2.4~3.5，生物气温8~9℃，年均降水量200~300mm。地带性土壤为灰钙土和棕钙土。

Ⅴ. 暖温性草原化荒漠地带。暖温干旱区，干燥度大于4.0，生物气温9~10℃，年均降水量200mm以下。地带性土壤为漠钙土。

(4)人文环境

该区人—地系统的主要矛盾表现为原宜林区、宜牧区，因人口急剧发展而不合理开垦为农地；宜牧区多超载过牧，致使水土流失严重、土地荒漠化扩展，其发展过程和严重程度，直接影响土壤侵蚀区域分异特征。此外，人为不合理开矿、修路等工程建设破坏了地面稳定性，往往激发新的人为加速侵蚀而形成了特殊的侵蚀区域，例如神府—东胜矿区。

10.2.1.2 土壤侵蚀分区

黄土高原的土壤侵蚀类型主要为风蚀、水蚀和重力侵蚀，其侵蚀强度大致可以六盘山和吕梁山为界线，六盘山以西和吕梁山以东的绝大部分地区，侵蚀模数都在5 000t/(km^2·a)以内，庆阳—延安—离石一线以北至长城沿线侵蚀模数都在5 000t/(km^2·a)以上，尤其是皇甫川、窟野河、孤山川等流域，是黄土高原强烈侵蚀的中心，侵蚀模数最高可达20 000t/(km^2·a)以上；自山西河曲，南抵龙门，沿黄河晋陕峡谷两岸为呈南北的强烈侵蚀带，侵蚀模数为10 000~15 000t/(km^2·a)。

唐克丽等依据土壤侵蚀营力、地貌类型、强度、发展趋势及治理途径在一定区域内的相似性和区域间的差异性等对该区的土壤侵蚀进行了分区，见表10-6。

表10-6 黄土高原地区土壤侵蚀区划

一级区（地区）	二级区（区）	三级区（亚区）
Ⅰ鄂尔多斯高原风蚀地区	Ⅰ$_{1}$贺兰山微度风蚀区 Ⅰ$_{2}$银川河套平原轻度风蚀区 Ⅰ$_{3}$阴山南麓中度风蚀区 Ⅰ$_{4}$腾格里沙漠南缘强度风蚀区 Ⅰ$_{5}$河东沙地极强度风蚀区 Ⅰ$_{6}$毛乌素库布齐沙漠剧烈风蚀区	
Ⅱ黄土高原北部风蚀水蚀地区	Ⅱ$_{1}$晋北盆地轻度风蚀轻度水蚀区 Ⅱ$_{2}$青东山地盆谷轻度风蚀轻度水蚀区 Ⅱ$_{3}$陇中宁南低山宽谷丘陵中度风蚀轻度水蚀区 Ⅱ$_{4}$陇东宁南低山丘陵微度风蚀强度水蚀区 Ⅱ$_{5}$晋西北缓丘中度风蚀强度水蚀区 Ⅱ$_{6}$陕北黄土丘陵中度风蚀极强度水蚀区 Ⅱ$_{7}$陕晋蒙沙化黄土丘陵强度风蚀剧烈水蚀区	Ⅱ$_{2a}$大坂山拉鸡山亚区 Ⅱ$_{2b}$黄湟谷地亚区 Ⅱ$_{4a}$环县亚区 Ⅱ$_{4b}$两西亚区 Ⅱ$_{6a}$白于山亚区 Ⅱ$_{6b}$绥米亚区
Ⅲ黄土高原南部水蚀地区	Ⅲ$_{1}$秦（北坡）、陇山地微度水蚀区 Ⅲ$_{2}$子午岭黄龙山微度水蚀区 Ⅲ$_{3}$汾渭谷地微度水蚀区 Ⅲ$_{4}$太行山地轻度水蚀区 Ⅲ$_{5}$吕梁山地轻度水蚀区 Ⅲ$_{6}$晋东南盆谷丘陵轻度水蚀区 Ⅲ$_{7}$豫西黄土台塬低山轻度水蚀区 Ⅲ$_{8}$晋中盆谷丘陵中度水蚀区 Ⅲ$_{9}$陇西土石丘陵低山中度水蚀区 Ⅲ$_{10}$陇西黄土丘陵强度水蚀区 Ⅲ$_{11}$陕甘黄土塬地强度水蚀区 Ⅲ$_{12}$陕北晋西黄土丘陵残塬极强度水蚀区	Ⅲ$_{1a}$关、陇山亚区 Ⅲ$_{1b}$秦岭北坡亚区 Ⅲ$_{12a}$柳林延川亚区 Ⅲ$_{12b}$吉县宜川亚区

(1)鄂尔多斯高原风蚀地区（Ⅰ）

本地区属于长城沿线以北的鄂尔多斯高原，东以和林格尔、东胜、榆林一线为界，西至贺兰山，北达阴山山脉。包括毛乌素、库布齐沙漠及河东沙地、银川河套平原及相邻的部分山地，境内沙漠景观特色显著，气候干旱，蒸发强烈，降水量多在300mm以下。年均≥8级的大风日多在20d以上，有的达40d以上；年沙尘暴日数多在10d以上，局部地区可高达27d。植被以荒漠草原为主，土地经营以畜牧业为主，超载过牧现象严重，草原退化，风蚀和土地沙漠化扩展。

根据风蚀强度和特点，本地区可分为6个侵蚀区，见表10-6。

Ⅰ$_{4}$、Ⅰ$_{6}$两个二级区为强度至剧烈风蚀区，地处腾格里大沙漠边缘和毛乌素、库布齐沙漠及其边缘地区，大片流沙地和沙丘分布，部分地区沙漠化仍在发展，固定沙丘大量活化，沙漠化向东南推进。区域内沙坡头固沙植物网格化种植的成功，推动了本区沙漠化的治理。发挥沿黄平川地及开发地下水资源的优势，发展灌溉农果业的集约化经营为本区特点，推动防风固沙林带、草带的建立及天然草场的改良。

Ⅰ$_{1}$、Ⅰ$_{2}$、Ⅰ$_{3}$为轻度至中度风蚀区，邻近贺兰山、阴山的山前丘陵、盆地，以及银川河套平原风蚀不强烈，以加强防护为主；封山育林育草；充分发挥河套平原灌区优势，推动大农业的可持续发展。

本区的河东沙地极强度风蚀区（I_5），以畜牧业为主，但因人口增长，开垦过牧严重，草场退化，土地沙漠化扩展明显，风蚀强烈。加强草场的保护和改良，制止土地沙漠化为当务之急。

(2)黄土高原北部风蚀水蚀交错地区（Ⅱ）

本地区大致位于神池、灵武、兴县、绥德、庆阳、固原、定西、东乡一线以北，长城沿线以南地区。流水侵蚀地貌与片沙覆盖风蚀地貌交错分布，主要地貌类型为片沙覆盖的黄土梁峁丘陵；产沙地层有风积沙、砂黄土、强烈风化剥蚀的砂页岩。本地区属半干旱草原地带，植被稀疏，天然草场多沙化、退化。年降水量250~450mm，降雨集中且多暴雨，夏秋多水蚀，冬春多风蚀，全年≥8级大风日数5~20d，局部地区可达27d；沙暴日数年均4d以上，有些地区可达15d。本地区全年水蚀风蚀交替进行，生态环境脆弱，为黄土高原强烈侵蚀地区，也是黄河下游河床粗泥沙的主要来源区。

本地区划分为7个区和6个亚区。其分异特点可归为三类：第一类兼风蚀和水蚀地区，但强度均不大，基本上属轻度至中度；第二类为邻近水蚀地区的边缘，以强度水蚀为主，兼有较明显的风蚀；第三类兼强度的风蚀和水蚀。

第一类中的前两个类型区（II_1和II_2）多盆地、宽谷平原，或土石山区。年降水量300~400mm，干旱多风。耕地多分布在平川、盆谷，地势平缓；水蚀轻微，有些地区还有一定的灌溉条件；保留有一定的天然草场，阴坡尚有成片森林。青东山地盆谷区因地形和侵蚀方式又可分为两个亚区：即黄湟谷地亚区，以农地面蚀为主，兼有沟蚀和重力侵蚀，属治理重点；另一个为大坂山拉鸡山亚区，以农地面蚀和冻融侵蚀为主，侵蚀轻微。后一个陇中宁南低山宽谷丘陵类型区，包括兰州、白银、皋兰、永登、永靖、靖远、景泰、同心、海源等县(市)的全部或一部分，年降水量多在300mm以下，多大风，干旱比较突出，植被以草灌为主，覆盖率很低。治理措施以抗旱为中心，加强草灌建设和防护。

第二类二级分区的强度水蚀主要表现为毁林毁草、不合理耕垦梁峁坡面而引发的坡耕地侵蚀及堋地、塬地沟谷侵蚀和谷坡的重力侵蚀，侵蚀模数多在5 000~10 000t(km^2/·a)。“三料”俱缺又是导致植被破坏、加剧水蚀风蚀的重要原因。例如，II_4区划分的两个亚区(II_{4b})，不仅燃料、肥料、饲料俱缺，且粮食和人畜饮水困难，生活极为贫困。II_6区划分的白于山亚区（II_{6a}）为无定河、洛河、延河的河源区，除坡耕地侵蚀外，沟蚀、重力侵蚀活跃，风蚀相对较强烈，地面常见有风积沙，侵蚀模数可达10 000~15 000t/(km^2·a)，应强化坡耕地治理兼坝库工程建设的沟谷治理。

第三类二级分区地处黄河北干流、晋陕峡谷两岸及长城沿线，包括神木、府谷、佳县、河曲、保德、偏关、兴县、准格尔、东胜、清水河等县(旗)的全部或一部。地貌类型以沙化或片沙覆盖的黄土丘陵为主，地处黄土高原和鄂尔多斯高原的过渡带；干旱、半干旱生物气候过渡带；水蚀和风蚀、农业和牧业的交错地带；气候变化剧烈，为典型的生态环境脆弱带。年均降水量400mm左右，年际年内分配极不均匀，多大风、沙尘暴，干旱、洪水、冰雹灾害频繁；全年土壤侵蚀活跃，冬春风蚀、剥蚀强烈，夏秋多为强度水蚀，水、风两相侵蚀不仅叠加，且交互促进，侵蚀量累积增多，侵蚀模数多在 15 000～20 000t/(km^2·a)；强度风蚀地区风蚀模数可达7 500t/(km^2·a)以上。

晋陕蒙接壤区强烈的水蚀、风蚀不仅是入黄泥沙的重要来源区，而且也是该区农林牧生产和煤田开发的重要限制因素，已被列为黄土高原治理开发的重中之重的特殊区域。

(3)黄土高原南部水蚀地区(Ⅲ)

本地区北接风蚀、水蚀交错地区，南界秦岭北坡，地貌类型复杂，有黄土丘陵、黄土塬、河谷平原、土石丘陵与山地，年降水量500～700mm，气候温暖、湿润，属森林、森林草原景观。保留植被的山地、台塬及平川地区水蚀轻微，盆谷、土石丘陵和低山为中度水蚀，黄土丘陵区水蚀最为严重。全地区共划分12个侵蚀类型区和4个亚区。按地形、植被、土地利用及侵蚀强度可归为四大类。

第一类为植被较好的山地和梢林区，水蚀轻微，共包括了秦陇山地微度水蚀区($Ⅲ_1$)、子午岭黄龙山微度水蚀区($Ⅲ_2$)、太行山地轻度水蚀区($Ⅲ_4$)和吕梁山地轻度水蚀区($Ⅲ_5$)。此类地区以石质山地为主，部分为黄土丘陵低山区。雨量充沛，年降水量600～700mm，气候温湿，多保留有天然次生林或森林灌丛茂密的植被，水蚀轻微，水蚀模数多在1 000t/(km^2·a)以下。随着人口增长向林区的迁移，森林植被遭到严重破坏，加上陡坡开垦，人为加速侵蚀发展，山洪、泥石流也时有发生。尤其是子午岭黄土丘陵梢林区，毁林毁草开垦发展严重，30余年来林区后退了20km，平均每年后退0.5km，土壤侵蚀急剧发展。对以上山地森林区和黄土丘陵次生梢林区在于加强现有植被管护，严禁毁林开荒，实行封山育林，对残败梢林进行抚育改造。

第二类型区以地形平缓的台塬、平原、川地为主的轻微度水蚀区，包括汾渭谷地微度水蚀区($Ⅲ_3$)、晋东南盆谷丘陵轻度水蚀区($Ⅲ_6$)和豫西黄土台塬低山轻度水蚀区($Ⅲ_7$)。此类区域的特点主要是农地，多分布在平缓的川地或塬面，有的地区设有灌溉工程，侵蚀轻微。台塬边坡及破碎台塬沟谷的侵蚀仍比较严重，局部丘陵地保存的少量灌丛林地遭破坏后，侵蚀有所发展。必须加强现有台塬土地平整和灌溉工程，发挥土地生产潜力；同时加强保塬固沟的生物措施和工程措施。

第三类型区为盆谷、丘陵中度水蚀区，包括晋中盆谷丘陵中度水蚀区($Ⅲ_8$)和陇西土石丘陵低山中度水蚀区($Ⅲ_9$)。此类区域的农地多分布在台塬、平川或缓坡丘陵，侵蚀相对不很严重，破碎塬区时有发生沟蚀、重力侵蚀。侵蚀模数多在2 500t/(km^2·a)以上，其中陇西土石丘陵区侵蚀模数可达5 000t/(km^2.a)。治理重点应加强基本农田建设，沟谷侵蚀和重力侵蚀活跃区应加强封山育林和草、灌等植被建设。

第四类型区属梁峁状黄土丘陵沟壑和高原沟壑强度水蚀区，包括陇西黄土丘陵强度水蚀区($Ⅲ_{10}$)、陕甘黄土塬地强度水蚀区($Ⅲ_{11}$)和陕北晋西黄土丘陵残塬极强度水蚀区($Ⅲ_{12}$)。此类地区毁林毁草开垦较严重，植被稀少，以坡耕地侵蚀为主；沟谷密度3～5km/km^2，沟蚀明显，多滑坡、崩塌、泻溜等重力侵蚀，尤在破碎塬沟壑区较严重。侵蚀模数多在5 000～10 000t/(km^2·a)，少部分地区超过10 000t/(km^2·a)。治理措施以陡坡退耕还林还草为重点，加强塬面平整和坡改梯基本农田建设，保塬固沟；沟壑治理以坝库工程建设与林草植被建设相结合，发展林、果等经济植物，提高生态经济效益。

区域内的洛川塬及长武塬的沟坡开发，发展苹果、梨等经济林木，已形成规模化和产业化的经营。

10.2.2 东北低山丘陵和漫岗丘陵区

(1)大兴安岭区

大兴安岭区地质构造上属新华夏系第三隆起带，大部分由火成岩构成。地势西部和西北部高，东部和南部低，海拔300~1 400m。山地起伏和缓，大部分为低山丘陵和宽阔谷地。本区属寒温带气候，夏季短暂，冬季漫长而寒冷。据调查，黑龙江省大兴安岭区总面积$8.47\times10^4km^2$，有发生土壤侵蚀潜在危险的土地面积$7.28\times10^4km^2$；已发生土壤侵蚀面积$2.53\times10^4km^2$，占总面积的29.9%，其中强度侵蚀面积$379km^2$，中度侵蚀面积$583km^2$，轻度侵蚀面积$24\ 370km^2$，分别占已侵蚀面积1.5%、2.3%和96.2%，主要侵蚀形式有砂砾化面蚀、细沟和沟状侵蚀、河沟侵蚀、崩塌、泻溜、冻融侵蚀等。全区因土壤侵蚀造成砂石裸露的火烧迹地、采伐迹地、疏林地和坡耕地面积$379km^2$，陡峭地带有泥石流发生。此外，河岸崩塌和坡耕地土壤砂砾化严重，坡耕地土壤侵蚀模数为5 000~8 000t/(km^2·a)，严重地区达9 000t/(km^2·a)以上。

(2)小兴安岭区

小兴安岭地区位于黑龙江省北部，总面积$11.5\times10^4km^2$，东南—西北走向，海拔250~1 000m，山体广阔，坡度平缓，低山丘陵占85.3%，山前台地占12%，河谷冲积平原占2.7%。多年平均降水量523mm，森林覆盖率较高，但因山地丘陵多，土壤侵蚀潜在危险程度很大，洪涝灾害频繁。

据1985年调查，小兴安岭区土壤侵蚀面积为$248.09\times10^4hm^2$，占本区总面积的21.55%，其中耕地土壤侵蚀面积$125.09\times10^4hm^2$，荒地侵蚀面积$2.11\times10^4hm^2$，林地侵蚀面积$120.89\times10^4hm^2$。土壤侵蚀在坡耕地以细沟侵蚀为主，植被稀少的荒地以鳞片状侵蚀为主，林木采伐区集材道以沟蚀为主，河沟沿岸崩塌严重。

大、小兴安岭区是东北地区重要木材基地，森林资源丰富，应予以重点保护，严禁乱伐，防止火灾发生和林区作业道造成的沟蚀，建立系统的监护网络。

(3)低山丘陵区

低山丘陵区分布在吉林省东部和中部，小兴安岭南部的汤旺河流域，完达山西侧的倭肯河上游、牡丹江流域，张广才岭西部的蚂蚁河、阿什河、拉林河等流域。海拔为200~1 500m。低山区，主要由花岗岩及局部火山岩和砂页岩组成，山体浑圆，山顶宽阔微平，发育有风化壳和腐殖质层土壤，丘陵区由变质岩和第三纪红砂砾岩组成，覆盖层较厚。这一带开发时间较长，加之坡耕地较多，10°以上的坡地都有开垦，垦殖率达20%。另一方面，这个地区天然次生林较多，植被覆盖率较高，当前基本还是轻度和中度的面蚀，局部地方沟蚀较严重。据吉林省辽源水土保持站1962年观测资料，7°坡耕地每年土壤流失量为3 300t/km^2；12°坡耕地为4 550t/km^2。这一地区降水量大，一旦植被被破坏，就会产生严重后果。

辽西低山丘陵区降水量少，柞蚕业发展迅速，但大面积柞蚕场退化和沙化，是辽西流域水土流失比较严重地区。

(4)漫岗丘陵区

漫岗丘陵区为小兴安岭山前冲积洪积台地，具有较缓的波状起伏地形。海拔一般为180~300m。相对高差为10~40m，丘陵与山地界线明显。这一带原来是繁茂的草甸草原，由于近五六十年来的开垦，垦殖系数已达0.7以上，水土流失面积加大，分布于20余个县，是我国东北黑土侵蚀有代表性的类型区。以嫩江支流乌裕尔河、雅鲁河和松花江支流呼兰河等流域土壤侵蚀较为严重，如克山、拜泉、克东、望奎、北安、依安、海伦、龙江等面积分布较广。据统计，克山、克东县土壤侵蚀面积占耕地面积的40%，望奎县占47%，拜泉县占56%，龙江县占80%。克山县开垦以来，黑土层厚度由原来的1~2m减至0.2~0.3m。

黑土漫岗丘陵，坡度一般在7°以下，并以小于4°的面积居多。但坡面较长，多为1 000~2 000m，最长达4 000m，汇水面积很大，往往使流量和流速增大，从而增强了径流的冲刷能力。黑土的耕作层总孔隙率为60%，入渗速率表层0~20cm为96mm/h。多年来在旧耕作法的影响下，在固定的耕作层以下形成一个厚为5~6cm的犁底层，容重1.5~1.6g/cm^3，入渗速率2.5~8.6mm/h。黑土的芯土层及母质层，多为黄土性黏土；入渗缓慢，表土含水量接近饱和时，易发生面蚀和沟蚀。加之这里冬季长而寒冷，有保持半年的冻土层，深2m左右，在土层中形成隔水层。因此，春季的融雪及夏季大量的雨水，一时来不及下渗，则往往在坡面上形成强大的地表径流，从而引起土壤流失，土层滑塌。黑土漫岗丘陵地区的降水均集中在夏季，且多暴雨，最大日降水量为120~160mm，有的可达200mm；最大降水强度为1.6mm/min。这种降水特性也助长了黑土地区的土壤侵蚀。

土壤侵蚀方式主要有面蚀、沟蚀和风蚀。每年因面蚀流失的表土厚度0.5~1.0cm，年侵蚀模数6 000~10 000t/(km^2·a)。沟蚀的发展，随开垦时间早晚，一般是南部侵蚀沟多于北部。沟道密度一般为0.5~1.2km/km^2，最大可达1.61km/km^2。沟头前进的速度，年平均为1m左右，最快的可达4~5m。

春季干旱多风，常引起严重的风蚀，一次大风可吹失表土1~2cm。

由于长期土壤侵蚀的影响，黑土层逐渐变薄，有的地方已露出了芯土，出现了黑黄土、黄黑土、“破皮黄”等肥力较低的土壤。恶化的土壤理化性状又促使土壤侵蚀的进一步的发展，直至弃耕、撩荒。

东北黑土区为防治土壤侵蚀的重点，地形多为漫川、漫岗和台地低丘，主要指松嫩平原的东部和北部，其范围北起黑龙江省的嫩江和北安，南至吉林省的四平，西到大兴安岭山地边缘，东达黑龙江省的铁力市和宾县，包括32个县(市、区)，形成了一条完整的黑土带。区域内耕殖率达60%~70%，土壤侵蚀以坡耕地为主，坡耕地土壤侵蚀面积占总侵蚀面积的86%。

该区坡耕地的治理是黑土区土壤侵蚀治理的重点，对于小于15°的坡耕地应修建水平梯田，大于15°的退耕还林还草，并加强防护林建设。

10.2.3 北方山地丘陵区

此区指东北漫岗丘陵以南，黄土高原以东，淮河以北，包括东北南部、冀、晋、豫、鲁、蒙等省(自治区)范围内发生侵蚀的山地和丘陵。本区地形具有两个特点，一是山地丘陵以居高临下之势环抱平原；二是高山—低山—丘陵(垄岗)—谷地(盆地)—平原呈梯级状分布。山地、丘陵土壤侵蚀发生的水土流失和泥石流，易使江河、湖泊淤积壅塞，呈现与平原河流水患之间的密切关系。太行山区水土流失与海河平原水患，辽东、辽西山地与辽河平原水患，豫西山区的水土流失与淮河平原水患均密切相关。

鉴于本区石质山地、土石山地及黄土丘陵多种侵蚀地貌、侵蚀方式及侵蚀产沙物质的差异，本区具有北方土石山地和黄土高原双重土壤侵蚀特征。据此，基本上可分为3个类型区。

(1)黄土覆盖的低山、丘陵区

在本区浅山下部和丘陵的上部广泛覆盖有黄土，辽东和山东半岛的若干谷地内，还有残存的黄土分布。

此类地区的侵蚀类型与黄土高原地区类似，黄土厚度多为数米，最厚不超过20m。年均降水量400~500mm，以坡耕地侵蚀为主，有面蚀、沟蚀，土壤侵蚀模数为4 000 t/(km^2·a)左右。侵蚀产沙多集中在6~9月汛期，以7月、8月最为强烈。黄土高原发生的滑坡、崩塌等重力侵蚀在本区也能见到。

(2)石质和土石山地、丘陵区

中山和浅山基岩山地，或薄层粗骨土覆盖的土石山地和丘陵，以砂页岩、石灰岩为主，地面多出露强烈风化剥蚀的碎屑石砾，坡度陡峻，土层浅薄，植被遭破坏的情况下，一旦发生暴雨，形成各种形式强烈的水蚀，乃至灾害性的泥石流，并淤积河道。

此类型区降水量和土壤侵蚀强度的情况为：河北围场、丰宁一带山地，年降水量400~500mm，山区地面坡度多在30°以上，植被覆盖度50%~70%，年侵蚀模数800~1 300t/(km^2·a)；浅山区地面坡度20°~30°，植被覆盖度30%~50%，年侵蚀模数1 500~1 800t/(km^2·a)。太行山地区中山、低山、丘陵与盆地、谷地相交错，为海河水系中绝大部分支流的发源地，降水自南至北渐增，由500~600mm到700~1 000mm，80%以上雨水集中在6~9月，多暴雨。海拔800m以下的土石山区，人为破坏活动严重，几乎成为荒山秃岭，常激发洪水和泥石流灾害，为太行山土壤侵蚀最严重区。海拔800m以上的深山区，植被覆盖较好，人为活动较少，侵蚀轻微。这类地区应加强以林业为主的封山育林措施，结合工程措施，加强人工造林，乔、灌、草合理配置，提高植被覆盖率，增强涵养水源和保持水土的功能。

豫西熊耳、伏牛山区是淮河水系的源头，部分地面由于林木保护不好，发生土壤侵蚀，年侵蚀模数1 300t/(km^2·a)。嵩山低山、丘陵区，除局部山谷内有少量的次生林外，广大的山区都是草坡或岩石裸露的荒山，土壤侵蚀严重。

(3)坝上高原强度风蚀区

区内滦河上游的围场坝上地区，20世纪50年代初期还是丰美草原，至今除保留的林场外，大部分地区均发生了强烈风蚀，严重沙化面积达350km^2，在最严重的御道口多有100m^2以上的沙包、沙坑达950个，沙化面积达67km^2。

自20世纪50年代初到20世纪末，坝上人口增加了1倍多，草场由86×10^4hm^2减少到51×10^4hm^2；耕地由40×10^4hm^2增加到70×10^4hm^2，草场过牧超载1倍多，草场严重退化、沙化，致使沙尘暴频率增加，并影响到北京、天津周边地区。丰宁县坝上的各类自然灾害，由60年代每年3~5次增加到70年代的8次；无霜期由94d减少到80d，大风日数增加40%。

围场坝上地区近30年来，在植被连续破坏的情况下，沙漠化开始蔓延，沙漠化面积已扩展到占全县沙化总面积的36.4%。此类地区必须制止过牧、过垦，加强植树种草及防风固沙的措施。

10.2.4 南方山地丘陵区

此类型区大致以大别山为北屏，巴山、巫山为西障，西南以云贵高原为界，东南直抵海域，包括台湾岛、海南岛及南海诸岛。土壤侵蚀主要集中在长江和珠江中游，以及东南沿海各河流的中、上游山地丘陵和台湾山地丘陵。

南方山地丘陵区温暖多雨，属典型的亚热带，地带性土壤以红壤为主，植被丰茂。年降水量1 000~2 000mm，且多暴雨，最大日雨量超过150mm，1h最大雨量超过30mm。地面径流量较大，年径流深在500mm以上，径流系数为40%~70%。本区大部分地区天然植被已遭破坏，陡坡开垦严重，土壤剖面多已丧失殆尽，出露地面的多为基岩母质的厚层风化物，极易遭侵蚀，在强大的降雨径流冲刷作用下，土壤侵蚀发展强烈。由于本区地面组成物质的不同，在降雨侵蚀作用下，土壤侵蚀过程和侵蚀方式有明显的差异。

(1)大别山山地丘陵区

此区为南方山地丘陵区中长江以北的安徽、湖北交界处。以山地为主，海拔1500~2 000m，相对高差约500m，丘陵区海拔多在500m以下，相对高差多在100m以下。地面破碎，坡度陡峻，主要基岩有片麻岩、花岗岩、片岩等，风化强烈，风化层厚度可达20~30m，风化物多为粗砂，片蚀、沟蚀都很强烈。本区属于典型亚热带北缘，逐步向暖温带过渡的地区，年降水量1 200~1 600mm，西部年降水量不足1 000mm，6~8月占全年降水量的45%~50%，1d最大降水量可达100mm，3d最大降水量可达345~500mm。当山区林草植被遭破坏或被开垦的情况下，易形成强烈的冲刷，局部发生崩塌、滑坡、泥石流。

该区的高山地区加强现有森林植被的保护，次生林加强改造，水土保持林结合经济林。桐柏、大别山区的低山丘陵区应加强梯田建设，结合林粮、粮药间作，陡坡退耕，控制水土流失与改善生态环境相结合。

(2)湘赣丘陵区

本区包括赣中和湘中丘陵区。在湖南有衡阳、长沙、邵阳、安化、平江、祁阳和衡南等地；在江西有清江、高安、新喻、临川、进贤、余江、乐丰、吉安、泰和、弋阳、上饶等地。地形以丘陵为主，相对高差50~100m，坡度10°~20°，丘陵间谷地开阔，为主要农业用地。地面侵蚀物质以发育在第四纪红黏土、紫色砂页岩及花岗岩的红壤、紫色土及其风化物为主。区内人为活动频繁，植被破坏严重，土壤侵蚀发展强烈。农地以片蚀、细沟侵蚀为主，被砍伐的稀疏林地和荒地以强度鳞片状侵蚀为主，部分地区沟蚀强烈，并见有崩岗的发生。此类地区以植被建设为主，封山育林、造林和发展经济林果相结合，或发展林粮间作的复合农林业。

(3)赣南山地丘陵区

本区位于赣江上游，包括赣州、兴国、南康、信丰、安远、会昌、雩都、宁都、广昌等地的一部或大部。地形复杂，包括丘陵、盆地和断续山地，侵蚀严重。花岗岩侵蚀区面积最大，侵蚀也最为强烈。其次为发生在紫色砂页岩风化物和第四纪红黏土上的侵蚀，以面蚀和沟蚀为主，荒山、幼林地为剧烈鳞片状侵蚀，崩岗、露岩也较常见。部分地区沟道纵横，地形破碎。一般土壤侵蚀模数为3 000~8 000t/(km^2·a)，最严重的可达13 500t/(km^2·a)。近年来，矿山无序开发导致新的水土流失比较严重。

(4)福建、广东东部沿海山地丘陵区

本区属中亚热带常绿阔叶林和南亚热带季雨林，由于植被破坏严重，山地丘陵基岩裸露，土壤侵蚀以发生在厚层花岗岩风化物的面蚀、沟蚀为主，侵蚀特征类同于赣南丘陵区。

据1999年遥感调查，福建省土壤侵蚀总面积14 962.2km^2，占全省土地总面积的12.3%，其中水蚀占侵蚀总面积的98.1%，多发生在花岗岩和紫色岩的山地丘陵。发生在25°以上陡坡的土壤侵蚀占侵蚀总面积的48.1%，发生在10°~25°坡地的土壤侵蚀面积占40.1%。侵蚀方式以面蚀、沟蚀为主，兼崩岗侵蚀。多年坡地土壤侵蚀治理的经验总结得出“乔灌草综合治理”“变水土流失区为经济作物区”及“坡地农林复合系统”等模式。

广东省花岗岩崩岗侵蚀严重区与植被破坏密切相关，多发生在花岗岩风化物厚度在20m以上的地区。德庆县平均每平方千米有崩岗38个，五华县崩岗面积占总流失面积的30%左右，崩岗年侵蚀模数一般为1×10^4~1.5×10^4t/(km^2·a)，局部严重区可达8×10^4~10×10^4t/(km^2·a)。采用整地和排蓄水工程措施与乔灌草相结合的植被建造措施，对控制崩岗侵蚀取得显著成效。

(5)台湾山地丘陵区

我国台湾岛地处福建省以东，中间隔以台湾海峡。脆弱的地质构造、陡峭的地形及年内多台风、暴雨的袭击，是本区土壤侵蚀及山崩、滑坡、泥石流灾害频繁的重要自然因素；另一方面山坡地不合理的开发利用是导致侵蚀急剧发展的主要原因。

①自然因素与土壤侵蚀　台湾岛地处西太平洋地震带，造山运动活跃，地震频繁。地层多断裂、破碎，主要有砂岩、页岩、砂页岩、板岩及砾岩等，在外力作用下，极易遭受侵蚀和搬运。1907—1964年的57年间，台湾岛共发生有感地震15 088次，年均265次，加之台风、暴雨的影响，常造成崩塌、泥石流和山洪等灾害。

区内中央山脉呈南北走向，最高峰玉山，海拔为3 997m，将全岛分割成东西两部分，西斜面宽而略平，东斜面地形陡峻。地貌类型可分为中央山系、海岸山脉大山区、丘陵地带、台地、平原和谷地。台湾土地面积$359.6\times10^4hm^2$，海拔在100m以下以平原为主的土地约$108\times10^4hm^2$，占总面积约30%；其余约70%$251.6\times10^4hm^2$的土地中，海拔高于1 000m的高山占33%，以林地为主；海拔100~1 000m的丘陵山坡为农林边际地，坡度多在10°以上，其中大于21°的占总土地面积的53%。陡峻的地形是影响侵蚀的重要因素。

本区属南亚热带气候，高温多雨，年均气温20℃，年均降水量2 500mm，山区降水量高达3 000~5 000mm，年降雨分配不均匀，多集中在6~8月，该时期又为台风季节，1d最大降水量可达1 600mm(宜兰新蔡地区)，最大1h雨量可达170mm(苗栗大湖)。在台风兼暴雨袭击下，常酿成特大山洪、山崩及泥石流灾害。

岛内有河流151条，干流长度多在50km以下，流域面积多小于500km²，河床比降大，多在1:45以上，水流湍急，洪枯悬殊。浊水溪每平方千米产生的洪水量为黄河和长江的100倍以上，由于流域内山高坡陡，地层脆弱，加之丘陵山坡的人为不合理开发利用，浊水溪的年输沙模数达25 670t/(km²·a)。

区内山地丘陵的土壤有灰化性土壤、黄壤、红壤，平原为冲积土。这些土壤有机质含量低(10~28g/kg)，结构差，在植被破坏情况下，极易遭受侵蚀。

②活动对土壤侵蚀的影响　台湾岛原为森林茂密的南亚热带，除特大地震等灾害外，一般土壤侵蚀轻微。1950—1970年为换取外汇森林遭严重破坏；因人口快速增长农地向山坡地发展。1960年时台湾总人口1 080万人，每公顷耕地负担13.7人；1992年时人口增长近1倍，达2 075万人，每公顷耕地需负担22.5人。加之城镇交通的发展，平原耕地日益减少，迫使农民向山坡地发展，耕垦坡度越来越陡，竟达30°~40°。此外，山坡地道路、城镇建设及矿山的不合理开采等，均激发了新的土壤侵蚀及崩塌、泥石流灾害。

③水土保持　台湾岛现阶段水土保持的重点为：山坡地保育利用与管理；治山防灾，包括崩塌、滑坡、泥石流灾害的预警和防治，特大台风暴雨洪水灾害的预警和防治；集水区(以流域为单元)的森林经营和植被建设，水资源保护及水库、河道泥沙的整治等。尤其是廖绵睿博士创造的山边沟结合植被覆盖的山坡地保育利用综合措施成效显著。

10.2.5 四川盆地及周围山地丘陵区

四川盆地大致为北以广元，南以叙永，西以雅安，东以奉节为4个顶点连成的一个菱形地区内。盆地西部为成都平原，其余为丘陵。盆地四周为大凉山、大巴山、巫山、大娄山等山脉所围绕。本区位于长江上游，包括四川省的绝大部分和重庆市；此外，甘肃南部、陕西南部及湖北西部山区与本区山体相连，特点相似，故也纳入本区。

本区平坝仅占7%，丘陵约占52%，低山约占41%。水土流失主要集中在丘陵区和低山坡面。岩层主要由侏罗系和白垩系紫色砂岩、泥页岩组成，其风化物及幼年紫色土为地面主要侵蚀物质，其侵蚀特性与南方山地丘陵区的紫色砂页岩风化物类同。

四川全省在20世纪50年代初的土壤侵蚀面积为9.1×10^4km²。80年代后期，据全国土壤侵蚀遥感调查资料，全省轻度侵蚀以上面积为24.88×10^4km²，占全省总土地面积的43.98%，其中水蚀轻度以上面积18.42×10^4km²，占侵蚀总面积的74.04%。按平均侵蚀模数，东部大于西部，盆地腹心大于其他地区，以盆中丘陵区的遂宁市为冠，侵蚀模数9 831t/(km²·a)；内江市稍次为8 442t/(km²·a)，均为极强度侵蚀。重庆及四川自贡、泸州、德阳、锦阳、南充、乐山、宜宾、达川等10个市(区)为强度侵蚀区，土壤侵蚀模数多在5 000t/(km²·a)以上。重庆万州及四川广元、涪陵、雅安、甘孜、阿坝等市(州)为中度侵蚀区。攀枝花和凉山彝族自治州为轻度侵蚀区。

根据自然分区土壤侵蚀的特点，本区的水土保持分别按5个区进行布局和配置，即四川盆地、盆周山地区、川西南山地区、川西高山峡谷区和川西北高原区。前2个区为强度和极强度侵蚀区，以坡耕地治理为重点，结合工程措施和植被建设。后3个区以封山育林，调整农林牧结构，加强植被建设为主，结合工程措施，防治滑坡、崩塌、泥石流灾害。

10.2.6 云贵高原区

本区包括云南、贵州及湖南西部、广西西部的高原、山地和丘陵。西藏南部雅鲁藏布江河谷中、下游山区的自然状况和土壤侵蚀特点与本区相近，也包括在本区。

本区河流主要有长江上游的金沙江、雅砻江、乌江等支流，部分为珠江支流。河流水系处于剧烈下切阶段，形成高山、陡坡、深沟，地貌类型主要为高原、山地和丘陵。海拔高程1 000~2 000m，部分山脉高达3 000~4 000m。地质构造运动强烈，主要基岩地层有石灰岩及风化强烈的砂页岩、玄武岩、片麻岩。本区属亚热带东南季风气候区，年均气温13~13℃，年均降水量1 080~1 300mm，年际、年内分配不均匀，5~9月占全年降水量的80%左右，且多暴雨；部分地区年均降水量不足800mm。植被类型属亚热带常绿阔叶林、针阔混交林和亚热带森林。本区虽然地形陡峻，地面组成物质以风化强烈的碎屑岩石组成，但在自然生态平衡情况下，保持森林天然植被，一般不发生侵蚀。一旦森林被砍伐，陡坡地被开垦，在暴雨袭击下，薄层粗骨土及碎屑风化物极易遭侵蚀，甚至可造成毁坏型寸草不生的裸岩地区。

(1)滇南、黔北、黔中轻度至中度侵蚀区

本区内云南南部的西双版纳热带雨林区，属西南季风区，1949年时森林覆盖率为62%，土壤以红壤、砖红壤为主，基本上不发生侵蚀。随着人口增加、森林砍伐及不合理的耕垦，土壤侵蚀发展。据观测，农耕地的土壤流失量为热带雨林的1 303倍。建有台地的橡胶林地在中雨情况下径流量低于热带雨林；在大雨和暴雨情况下，显然热带雨林保持水土的功能最强。

黔北、黔中处于云贵高原梯级状大斜坡带，贵州省长江流域的主要部分，高原、丘陵地貌为主，兼有河谷、盆地。平均海拔1 000m左右，最高峰近2 000m。地层以石灰岩分布最为广泛，此外兼有砂页岩。年均气温14~18℃，年降水量1 200~1 400mm。森林植被较好，覆盖率多在20%左右，也有大于20%的，为云贵高原土壤侵蚀较轻的地区。农田以水稻田为主，部分分布在丘陵山坡地，由于垦殖率低，尚未引起强度侵蚀。森林遭破坏的山地，鳞片状侵蚀比较严重，甚至有沟蚀的发生。此类地区应加强封山育林，禁止砍伐、破坏，治理坡耕地，保护坡麓农田，防止被冲刷、淤埋。

(2)金沙江两岸和黔西强度侵蚀区

该区域包括金沙江两岸云南境内和贵州西部毕节地区。区内构造运动强烈，岩石破碎，风化作用强，出露地层有砂岩、灰岩和玄武岩，地貌类型以山地、丘陵为主，坡度陡峻。年降水量为900mm左右，集中在5~10月。在毁林开垦情况下，除坝子(区)耕地外，山丘耕地面积占耕地总面积的60%~70%。土壤侵蚀发展强烈，滑坡、崩塌等重力侵蚀也极为发育。

贵州西部山区主要指乌江上游的毕节地区和六盘水市，其70%属长江水系，30%为珠江水系，是云南高原向贵州高原过渡的大斜坡地带。地貌以高中山为主，山大坡陡，河流湍急，比降大(1.9%~12%)，为土壤侵蚀发生发展的重要自然条件。年均降水量1 100~1 300mm，5~9月降水占全年降水的80%以上。森林覆盖率由20世纪50年代初的15%到1975年已降为5.4%，平均垦殖率为43.1%，其中80%为坡耕地，耕殖率有高达80%的。据六盘水市统计，耕地中10°~25°的占46.7%，大于25°的占15.8%。有的地区开垦坡度达50°，土层浅薄，多为松散的碎石粗骨土，强烈侵蚀致使岩石裸露。六盘水市5年增加裸石面积$1.3\times10^4hm^2$，年增加2 600hm^2。

强烈的构造运动和松散地层的自然条件，加之植被破坏和陡坡耕垦，本区滑坡、泥石流灾害发生趋于强化。

10.3 以风力、冻融侵蚀为主类型区

10.3.1 以风力侵蚀为主类型区

朱震达、陈广庭依据全国沙漠、戈壁及土地沙漠化的区域性特点，共划分了6个类型分区：西北干旱绿洲外围沙漠化地区，内蒙古及长城沿线半干旱草原沙漠化地区，北方东部半湿润风沙化地区，青藏高原高寒土地沙漠化地区，南方湿润风沙化土地地区及海岸土地风沙化地区。

(1)西北干旱绿洲外围沙漠化地区

参照自然区划和农业区划，本区大致为干燥度3.5界限以西的地区，主要地理单元为内蒙古高原西部、河套平原—宁夏银川平原和贺兰山—乌鞘岭以西的西北干旱区，包括新疆、甘肃、内蒙古、宁夏等省(自治区)的95个县(旗)。

该区沙漠化具有以下特点：

①包括塔克拉玛干、古尔班通古特、库姆塔格、巴丹吉林、腾格里、乌兰布和沙漠和库布齐沙漠的西部及广袤的戈壁。该区集中了我国90%的沙漠、戈壁，风蚀地貌呈现出吹扬灌丛沙堆与新月形沙丘、沙丘链的相间分布，而且区内降水稀少，蒸发强烈，水资源耗竭等特征，导致了土地沙漠化都是围绕着绿洲或沙漠内部河流下游及水资源缺乏的地区发展的。

②吹扬灌丛沙堆与新月形沙区、沙丘链相间的地貌特征。塔克拉玛干沙漠南缘皮山、墨玉、策勒、洛浦、于田、民丰等绿洲的北部是典型例子。风沙地貌形态以新月形沙丘链为主，灌丛沙堆仅斑点状散布其间。

③降水稀少，蒸发强烈，水资源耗竭。干燥度指数在4以上，有的地方竟达84.7。水系变迁、灌溉水源的减少是土地沙漠化的主要原因，其次才是绿洲边缘的过度樵采和放牧。历史上塔克拉玛干沙漠中楼兰、尼雅古城的荒废，内蒙古额济纳旗弱水下游黑城的废弃，都与水系的变迁有关。近期据1975年和1986年航片对比分析，在弱水下游的$1.62\times10^4km^2$范围内，沙漠化土地从1975年的3 400km^2(占21.5%)，扩大到1986年的

6 000km²(占36.8%)，平均每年增加225km²，年增长速率6.47%。迅速沙漠化的原因是弱水上游甘肃高台、临泽县拦截用水，使处在下游的额济纳旗地表水断流、地下水补给严重不足造成的。

区域性的干旱化和上游大量用水造成的塔里木河断流，使下游3.76×10^4km²天然胡杨林死亡，土地沙漠化。在河西走廊地区的金塔县鸳鸯池灌区，对地下水的超采，使埋深大于5m的地区1969—1979年扩大了51km²；1980年8月调查，沙枣园干海子一带6 250hm²天然胡杨林死亡率达38%，植被覆盖度从20世纪50年代的70%~80%，退化为现在的10%~15%，以风蚀劣地和片状流沙为特征的土地沙漠化严重发展。

(2)内蒙古及长城沿线半干旱草原沙漠化地区

北起呼伦贝尔草原，东界大致沿大兴安岭南下，包括了岭东侧的科尔沁沙地，然后沿冀辽山地、大马群山(燕山山脉)、长城、黄河(晋陕间)南下，再沿白于山西延，包括甘肃省环县北部，西接西北干旱区。范围大致相当于全国农业区划的内蒙古及长城沿线区，主要环境景观为半干旱草原和农牧业交错地带。为了地理单元的完整性，本区也包括了部分降水量400~500mm的亚湿润地区。行政归属涉及内蒙古、辽宁、吉林、河北、山西、陕西、宁夏和甘肃等省(自治区)的93个县(旗、市)。

该区沙漠化具有以下特点：

①农牧交错带的特点　半干旱区农牧交错带是我国最典型的土地沙漠化区域，也是沙漠化正在强烈发展的地区。20世纪80年代末有沙漠化土地12.19×10^4km²，占全国沙漠化土地的36.5%。70年代中期到80年代中期，仅这一地区每年就有17.5×10^4hm²(约折合1 747km²)土地遭风蚀，沦为沙漠化土地。

②沙漠化的发展与地区性干旱　本区处东南季风的尾端，年际年内降水分配很不均匀，春旱突出而严重，为导致沙漠化发展的主要季节。

③半干旱区沙漠化过程及成因的复杂性　本区地质基础既有在晚第四纪沉积盆地基础上形成的古老沙地，又有整个第四纪长期处在干燥剥蚀环境下的高原，也有砂质黄土组成的丘陵和台地。在土地利用上，既有草原农牧业，也有雨养农业。因此，沙丘活化过程、风蚀粗化过程在这里都有特殊的表现。

(3)北方东部亚湿润风沙化地区

本区干、湿季节明显，夏秋降雨集中，以水蚀为主；冬春多大风，地面植被稀少，为典型的风、水两相侵蚀的复合区域。在强度风蚀作用下，地面出现类似沙漠化地区的沙堆、沙丘起伏景观，称为土地风沙化。

该区的风沙化具有以下特点：

①分布地域　土地风沙化集中在各河流泛滥平原和三角洲，仅黄河下游古三角洲泛滥平原就有80余个风沙县，其余比较集中的有永定河、潮白河山前洪积平原、滦河三角洲与下游谷地，以及松花江、嫩江平原。

②分布形态与成因　出现在河流中下游或三角洲平原的土地风沙化，其形成与河流改道、决口泛滥直接有关。风沙地貌由河流自然沙堤、决口沙坝，经长期风蚀而形成；又因水分条件较好，规模分布较小，其形态结构较为平缓，多有一定的植被覆盖。例如，片状流沙、辫状或灌丛沙堆，饼状沙丘和岗状沙丘，因有植被覆盖，基本固定，仅

在裸露沙丘顶部，在冬春风蚀季节出现流动"沙帽"，呈现新月形沙丘雏形。

(4)青藏高原高寒风沙区的土地沙漠化

青藏高原主体海拔在4 000m以上，整个高原兀立在大气层中，耸立于西风环流带上。因地势高耸，主要受大陆性气候的影响，尤其是漫长的冬半年干季(11月到次年4月)盛行长期固定的偏西风，寒冷、干燥、风大、光照强、降水少。昼夜温差大，使寒冻物理风化作用强烈，产生了大量岩屑，包括大量细颗粒物质，为风沙作用提供了充足的物质基础。因此，整个高原布满了类似戈壁的风蚀砂砾石滩地，沟谷和湖泊洼地则有风积沙组成各种风成地貌。风沙和土地沙漠化灾害十分严重。

风沙灾害最严重的地区有3处：青海省柴达木、青海湖和共和盆地，雅鲁藏布江河谷，藏西一些短的西向河谷。

①青海省柴达木、青海湖和共和盆地的风沙和土地沙漠化　青海省沙漠面积$4.75\times10^4km^2$(不包括戈壁$4.82\times10^4km^2$)，占全省总土地面积的6.45%。其中风蚀作用形成的各种风蚀地面积$2.16\times10^4km^2$，风积沙漠面积近$2.60\times10^4km^2$，分别占45.38%和54.62%。沙漠集中分布于35°30′~39°N、90°30′~101°05′E之间，也即青海省北部的柴达木、青海湖和共和盆地中。西起柴达木盆地西端的茫崖镇以西30km，东至共和盆地木格滩的黄沙头，东西长约1 000km，南北宽300km，呈西宽东窄状。35°30′N以南则零星分布。

风蚀地面积大，分布比较集中，几乎全部在柴达木盆地。其中90.4%的面积分布在95°E以西的盆地中心地带，9.4%的面积分布在德令哈以南的盆地东端。

风积沙漠类型多，分布规律性强。流动沙丘以高大沙山、沙丘为主，形式有新月形沙丘及沙丘链、格状沙丘、金字塔沙丘、复合型新月形沙丘链、平沙地。

青海湖和共和盆地年降水量170~430mm，水源较充足。沙区周围是大面积天然草场，有少量疏林地。尤以35°30′N以南雨量充沛，高寒冷湿，沙漠零星分布，面积小，且多为固定、半固定沙丘，分布于河流两岸和湖盆。人口增长、开垦沙地、围湖造田、过度放牧和樵采是沙漠化最主要的人为因素。青海湖湖滨沙漠化土地面积以每年$6km^2$的速度增加，固定、半固定沙丘以每年$1.48km^2$的速度活化。同时，气候变迁和人类对环境的破坏，造成雪水、河水对青海湖等湖泊入湖补给的减少，致使湖水退缩，湖滩迅速沙漠化。40年来青海湖水位下降4.21m，水域缩小了近1/10，年均缩小面积$12.46km^2$。现在水位仍以每年10.53cm的速度下降，湖体分割，岛陆相连，昔日闻名的鸟岛已与陆地相连了。

②以雅鲁藏布江河谷为代表的青藏高原河谷、湖盆洼地风沙与土地沙漠化　青藏高原上有喜马拉雅、冈底斯、念青唐古拉、唐古拉、昆仑、可可西里等大致东西走向的山脉，山脉之间夹有盆地，有的发育有河流，有的布满大大小小的湖泊。这些与高空西风环流一致的谷盆则成为风沙活动的场所。

雅鲁藏布江沿藏南谷地从西向东流淌，仲巴县以上的上游部分称马泉河，局部河段还保有河谷湖泊性质，谷地中串连着一系列更宽坦的盆地，宽可达10~20km。马泉河现代流水偏向谷地南侧，北侧除宽广的河漫滩外，平原上还叠置着山麓洪积扇，平原外缘有山前丘陵，就在这些地貌部位，尤其是广坦的河谷平原上，风沙作用强烈，形成连续的沙漠化土地；仲巴至林芝以东的1 000km多为雅鲁藏布江的中游段，近垂向汇入不少的大支流，如年楚河、拉萨河、尼羊河等。河谷形态为宽谷和峡谷相间，以宽谷为主，宽谷段宽1~2km，乃至10km。主要有仲巴、加加、日喀则—大竹卡、山南—泽当和米林—派区宽谷。河流从峡谷进入宽谷时水流分叉扩散，构成辫状水系，在这种宽谷段，尤其较大支流汇口段广阔的河滩、河谷平原和河岸阶地上，往往有风沙活动，形成沙漠化土地。在年楚河下游谷地和拉萨河下游平原有一些孤立的流动沙丘和半固定沙丘及更多的山坡、山坳覆沙。

经普查，雅鲁藏布江河谷有沙漠化土地1 930km²。

③藏西河谷的风沙灾害　在西藏的西端有森格藏布(印度河上源)、朗钦藏布等及其支流从东向西流入克什米尔或印度，这些西行的河流谷地成为西风的风廊，风大而干燥、寒冷，物理风化、风蚀都很强烈。在山前形成了砂砾质丘陵，河谷底部有风蚀作用过的冲洪积戈壁，风成沙丘零星地分布在风力稍小的部位。

(5)南方湿润风沙化土地地区

本区主要分布在秦岭、淮河以南，青藏高原以东地区。全年降水量在800mm以上，干燥度≤0.99。降水量虽多，但分配不均匀，干、湿季节鲜明。暴雨季节流水侵蚀携带到河流的砂质物质沉积于河谷或湖滨下游三角洲，干季则出现风沙吹扬及地面形成波状起伏风沙地貌。故本区风沙化土地以沿河环湖滨为特点，分布零星，面积不大，呈斑点状散布在湖滨地段，例如湖南省洞庭湖江滨、湖北省青山镇江滨、江西省九江梅家洲江边、鄱阳湖湖滨等地。此外，四川省岷江、大渡河、雅砻江和金沙江干热河谷也出现风沙灾害，偶见有雏形沙垄、沙丘地貌。

本区风沙化土地除范围不大、分布零星外，在时间上季节性更明显。雨季水土流失输入河流淤积的泥沙，干季成为风沙活动的物质基础。砂粒物质颗粒粗、分选性好，起沙风速高。另一个特点是风沙发展历史短，主要原因是上游地区砍伐森林，加剧水土流失，导致河流泥沙增多，下游河床湖滨泥沙堆积而成为风沙灾害源地。由于本区水热资源丰富，通过上、中、下游统一整治管理，小片风沙地能得到有效控制。

(6)海岸风沙化地区

我国大陆海岸线总长逾18 000km，其中砂质海岸近3 000km，风沙灾害频繁，出现沙丘的砂质海岸线长约585km，风沙区面积1 755km²。沿海各省海岸有风沙问题的：辽宁65km，河北75km，山东95km，福建90km，台湾50km，广东100km，海南50km。其成因与海滨的海成阶地或海成沙堤(沙洲)的砂质沉积物受风力吹扬有关。

海岸风沙的分布有三个特点：①分布范围广而规模小，且分布零散；②地形部位呈多样性，有覆盖在砂质海岸平原(滨海沙堤、峡湾沙堤、湾口沙坝、河口沙嘴、连岛沙洲等)上的，也有被覆于临海基岩丘陵台地上的。分布高度低者仅高出海面数米，高者可达数十至近百米；③分布的位置大部分是在河流入海口旁侧，与河流泥沙搬运到河口，再由波浪和海流作用推回到海岸有关。这些海岸沉积砂即海滨风沙的物质基础。

海岸带冬季干燥多风，但夏季炎热多雨，持续时间较长，故风沙活动较北方弱而短暂。

10.3.2 冻融侵蚀为主类型区

(1)北方冻融侵蚀区

主要分布在东北大兴安岭山地和新疆的天山山地，属多年冻土区。冻融侵蚀的发生主要受气候季节变化，土体或岩体因冷暖、干湿交替而反复冻结、融化。在重力或其他外力作用下，沿冻融界面发生滑动、崩落的现象，也可促使沟蚀的延伸和扩展。因冻融侵蚀而激发的滑坡、泥石流，有时可造成淹埋农田、村庄，冲毁道路、桥梁及堵塞江河等灾害。

(2)青藏高原冰川冻融侵蚀区

该区主要分布在雪线以上，平均海拔4 500mm以上，冰川活动十分活跃。青藏高原是世界上中低纬度地区最大的冰川作用中心。中国现代冰川面积约$5.64\times10^4km^2$，其中90%分布于青藏高原及其边缘山地，几乎全部呈山地冰川出现。巨大的冰川由于受重力和消融作用的影响，冰川体沿山谷冰床作缓慢的塑性流动和滑动，对地表产生巨大的侵蚀、搬运作用，形成各种特殊的冰蚀地貌和冰碛物。此外，冰雪融水也会对地表造成强烈的冲刷。这种冰水侵蚀作用在雪线附近尤为活跃。

思考题

1. 土壤侵蚀类型分区的基本问题有哪些？
2. 简述以水力侵蚀为主类型区的特征。
3. 简述以风力侵蚀为主类型区的特征。

第11章

土壤侵蚀监测预报

【本章提要】 土壤侵蚀监测预报包括了基本知识和预报模型等内容。现阶段在生产中能够应用的还是通用土壤流失方程。

11.1 土壤侵蚀监测预报基本知识

11.1.1 监测预报目的及原则

根据我国当前社会经济发展要求，主要对在自然条件下和人为干预情况下(如生产建设项目、流域治理等)影响土壤侵蚀的因素及其过程进行动态监测，其目的是为水土保持和流域综合治理提供基础资料，为水土保持评价和决策提供科学依据，为水土保持科研提供可靠的动态资料，为水土保持监督执法提供技术支持，为行业标准体系建设提供技术支持和保障。

土壤侵蚀监测预报应为工农业生产、土地经营服务，同时也为科学研究服务，应遵从科学性、实用性、主导因子与次要因子相结合和可操作性原则。

①科学性原则　土壤侵蚀监测预报既要考虑侵蚀发生的成因，又要重视侵蚀发育阶段与其形成特点的联系，宏观与微观相结合，抓住主要矛盾，把握土壤侵蚀发生发展规律，使监测预报尽可能准确、及时。

②实用性原则　监测预报的成果能够为土壤侵蚀防治、生产建设、科学研究等服务，为土地可持续利用提供科学依据。

③主导因子与次要因子相结合原则　在宏观上抓住影响土壤侵蚀的主要因子，同时在微观上要注重影响土壤侵蚀的次要因子，既突出重点因子又顾全综合因素，从而使监测结果能够满足不同层次的生产与土壤侵蚀防治要求。

④可操作性原则　监测指标容易获得，模型运算灵活方便，分级分类指标清晰直观、符合逻辑，监测结果便于应用。

11.1.2 监测预报分类

由于土壤侵蚀监测预报的分类标准不同，其类型也不同。主要有：按监测目的和实用性可分为自然侵蚀监测预报、水土保持生态治理项目监测预报、生产建设项目监测预报；按监测方法可分为人工监测预报、遥感监测预报、计算机监测预报；按监测范围可分为典型监测预报、全面监测预报；按监测途径可分为直接监测预报、间接监测预报；按监测内容可分为土壤侵蚀类型监测预报、土壤侵蚀程度监测预报、土壤侵蚀强度监测预报、土壤侵蚀模数监测预报等；按监测性质可分为定性监测预报、定量监测预报、混合监测预报；按侵蚀类型可分为水力侵蚀监测预报、风力侵蚀监测预报、冻融侵蚀监测预报、重力侵蚀监测预报、混合侵蚀监测预报等。

11.1.3　监测预报指标体系

土壤侵蚀监测预报的内容包括土壤侵蚀模数、允许土壤流失量、土壤侵蚀类型分区、土壤侵蚀程度分级、土壤侵蚀强度分级等。监测往往不能直接得到这些数据，需要通过预报模型间接获取结果。因此应有相应的指标才能够进行监测预报。土壤侵蚀类型不同、监测预报方法不同，需要的监测指标也会有差异。但从土壤侵蚀的产生原因来看，影响土壤侵蚀的主要因子是地形、地貌、地面物质组成、植被、气候和人为活动等。

11.1.3.1　监测预报指标

土壤侵蚀监测预报指标主要有气象、地貌、地质、土壤、植被、土地利用现状等6大类。每个类别中具体有若干个监测因子。

气象指标中有降水量与降水强度。降水主要表现在一次性降水量、降雨强度两个方面，前期降雨也影响着土壤侵蚀的发生发展过程，为便于计算有时用平均降水量作为降水指标。风是风力侵蚀的重要指标，其中最主要表现在风速上。另外，还有年积温、最冷月平均气温、最热月平均气温、年最低温度、年最高温度等。

地貌指标中主要包括山地、丘陵、平原面积。坡度是土壤水力侵蚀的重要指标，沟壑密度、海拔等地形因子影响着土壤侵蚀的强弱。

地质指标中包括岩石种类、岩石分布等。

土壤指标中包括土壤质地与土壤类型，土壤孔隙度、渗透力和结构状况等直接影响到土壤的抗侵蚀能力。

植被指标中主要有植被结构和植被盖度。

土地利用现状指标中包括不同利用现状的土地面积及其所占比例。

11.1.3.2　指标编码

编码目的在于区分专题属性和分类数据内容，基于遥感与地理信息系统技术的系列专题制图与专题分析，如土地利用、土壤侵蚀类型、沟壑密度、土壤质地、坡度、高程带等专题图层面，各专题制图内容均形成切实可行的分类体系和统一的编码方法，为GIS支持下的专题数据存储、管理与分析奠定了基础。

所有专题层面将依照统一坐标系统控制，依统一格式建立数据库，在GIS技术支持下开展空间分析和数量分析的定量表达。为此除建立统一的大地坐标系统外，所有专题层面均以不同表示方法进行系统性编码，以便后续分析应用。

专题内容编码涉及两个问题，其一是由于层面较多，各层面均依据规定比例尺的标准地形图分幅为单位分别编码命名；其二是各层面内部的专题内容，均采用相对独立的编码体系，每一编码代表相应的分类结果，形成各自的分类体系。一个专题数据的分类与编码是数据属性的具体表示，专题数据的分类检索与分析应用也是依靠编码来实现的。

11.1.4 监测预报成果

目前土壤侵蚀监测预报已经发展到运用遥感(RS)、地理信息系统(GIS)、全球定位系统(GPS)相结合的技术手段进行全面监测、定点分析、动态预报。按这种技术路线，土壤侵蚀监测预报将会产生一系列成果。

(1)信息指标体系与专题数据

土壤侵蚀监测预报需要的各类指标，根据土壤侵蚀监测国家标准，把这些指标划分为不同等级、区间或精度的指标，通过 RS、GPS、GIS 等手段快速获取专题信息。

专题数据生成是在土壤侵蚀信息标志建立后，依靠人机交互方式进行信息识别、信息分析、信息分类、信息提取、信息编辑操作等，产生专题图件，形成新的专题数据层面。这些专题层面作为预报模型的变量，是最基础的信息。

(2)分析模型库建立

不同的土壤侵蚀类型，相应的土壤侵蚀程度和强度判别指标也不相同，依靠上述间接指标不同组合关系进行逻辑分析、数理分析或统计分析而产生土壤侵蚀程度和强度。也就是说针对不同大小、不同类型、不同地区建立经验模型、统计模型、数理模型或逻辑模型，形成土壤侵蚀监测预报模型库。在模型计算方法上，可采用有序数值阵列管理和 GIS 空间叠加分析技术支持下的土壤侵蚀强度栅格分析模型，在逐点分析结果基础上形成任意区域大小单元内的综合结果，也可以采用矢量层面叠加分析技术方法，得到不同尺度下的各级行政单元和不同流域土壤侵蚀程度和强度状况。

(3)监测预报系统的建立

选择合适的软件和硬件，作为监测预报信息系统建设的主要系统平台。针对全国、省、地区、县及不同流域尺度的特点，制定数据库建设规范和标准。把已经建立的指标库、模型库有机地组织起来，通过良好的人机界面，建立方便的输入输出机制。最终按行政区域建立全国土壤侵蚀监测预报网络系统。

(4)最终成果

在地理信息系统软件支持下，完成基础图件的分幅编辑、坐标转换和图幅拼接等过程。利用土壤侵蚀监测预报信息系统生成的土壤侵蚀图，与行政区域或流域叠加，能够建立起不同区域或流域的土壤侵蚀数据库，在此基础上按流域或地区统计土壤侵蚀类型、土壤侵蚀程度和强度数据。

土壤侵蚀分级与分区标准包括土壤侵蚀程度分级、土壤侵蚀强度分级、土壤侵蚀模数、允许土壤流失量、土壤侵蚀类型分区等。利用上述软件系统，可以把这些图件进行图幅拼接、整饰输出。

撰写与土壤侵蚀监测预报内容相对应的总结报告，或制作多媒体报告光盘，或者通过网络向其他网站发布监测信息。

11.1.5 监测预报技术标准

11.1.5.1 数据标准

数据组织、存储及命名规范主要是指出数据组织的方法、结构及存储以及数据文件的命名规则和方法。

行政区划数据标准主要是在 GB 2260—1995 的国家标准基础上，对我国最新的行政区划进行补充，增加县名及拼音注记。遥感图像数据标准是监测系统使用遥感图像的标准，包括格式文件类型、投影及坐标参数等。

土地资源数据专题标准包括分类系统及其编码、数据基本属性表格式、数据派生表格式以及相关各类数据项的标准。基础地理数据标准主要包括河流、地名注记等的标准。数据交换标准有数据类型、交换格式等标准。

11.1.5.2 主要技术指标

土壤侵蚀遥感调查作业比例尺是按不同行政级别而确定的，一般小流域要求达到 1:1 万，县级使用 1:5 万~1:10 万，大中流域或省级使用 1:100 万~1:50 万，全国常使用 1:250 万~1:400 万的比例尺。

遥感影像深加工的几何精度高，分辨率误差控制在 0.5 个像元内，中低分辨率误差控制在 1 个像元内，即 1:10 万比例尺地图上的误差为 0.6mm 左右；读精度的判对率 >95%，定位偏差 <0.5mm；制图精度最小图斑≥6×6 个像元，最小条状图斑的短边长度≥4 个像元。

11.1.5.3 监测周期

土壤侵蚀范围及强度是一个动态变化过程，但各侵蚀因子的变化速度又是不一样的，这就要求在土壤侵蚀动态监测时，针对不同侵蚀因子选择不同监测周期。对于侵蚀因子几乎不变的，本底数据库长期有效。对于侵蚀因子渐变的，如沟壑密度，以 10 年为一监测周期(水蚀严重地区 5 年为一监测周期)。对于侵蚀因子变化快的，如土地利用、植被盖度等，以 5 年为一监测周期。定点监测视侵蚀营力情况的变化而实时监测。

11.1.6 监测预报方法与程序

作为较大区域的土壤侵蚀监测预报，一般采用遥感影像获取植被覆盖因子和土地利用现状因子，利用地形图通过 DEM 模型获得地面坡度、沟壑密度、沟壑面积、高程等因子，通过现有专题图获取土壤类型、地貌类型、行政边界、流域边界等因子，通过典型调查与航片分析获得典型土壤侵蚀类型和土壤侵蚀形式等分类标准及其他辅助因子。

利用获得的这些因子进行叠加，通过专家模型建立计算机土壤侵蚀分类系统，生成土壤侵蚀专题图和数据库。在此基础上进一步建立土壤侵蚀数学模型，并与专家模型进行对比，从而提高精度，最终利用土壤侵蚀模型对土壤侵蚀进行监测预报。监测预报的技术流程可用图 11-1 表示。

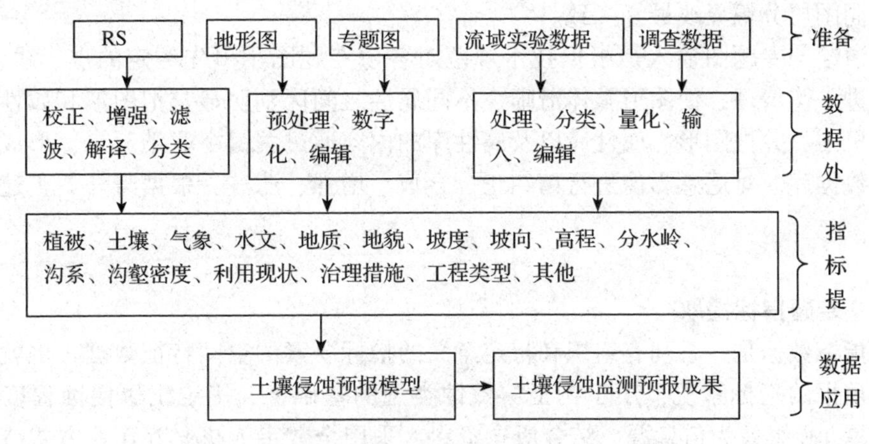

图 11-1 土壤侵蚀监测预报技术流程图

11.1.6.1 资料准备与野外作业

首先要准备的是 TM 影像，采用近期 TM 假彩色合成数字影像为宜。图面资料选择最新版本的 1:5 万~1:10 万比例尺地形图，条件许可情况下向国家测绘部门直接购买电子板地形图，供解译判读、行政及流域界线划分、DEM 生成使用。为提高影像信息可解译性，广泛收集整理现有基础研究成果及地质图、地貌图、植被图、土壤图、土壤侵蚀图、土地利用图、流域界线图等专业性图件。还要收集整理有关站点的水文、气象观测资料，包括水文站点的水文泥沙资料、实验站的土壤侵蚀观测资料、淤地坝的泥沙淤积资料等。

通过不同流域不同土壤侵蚀区域进行的外业路线调查，建立土壤侵蚀类型、程度和强度分级遥感解译标志，如有条件，可拍摄野外实况像片，用于土壤侵蚀强度判读分析用。

11.1.6.2 数据处理

数据处理包括对数字的专题分类、图形矢量化处理、图幅编制、其他有关声音及图片索引关系建立等。

图形分层处理是把不同属性的图形分层处理时，应注意不同的系列专题图，各图层的图框和坐标系应该一致；各图层比例尺一致；每一层反映一个独立的专题信息；点、线、多边形等不同类的矢量形式不能放在一个图层上。

图形分幅处理是指大幅面的图形分幅后才能满足输入设备的要求。图形分幅有两种方法，其一是规则图形分幅，即把一幅大的图形以输入设备的幅面为基准，或以测绘部门提供的标准地图大小为标准，分成规则的几幅矩形图形。这种分幅方法要使图幅张数分的尽可能少，以减少拼接次数；分幅处的图线尽可能少，以减轻拼接时线段连接的工作量；同一条线或多边形分到不同图幅后，它们的属性应相同。其二是流域为单位进行分幅，如为完成一个县的流域管理项目，可把一个乡或一个村作为一幅图进行单独管理。这样一幅图被分成若干个不规则的图形。这种分幅方式要以地理坐标为坐标系，同时要求不同图层分幅界线最好一致。

图形清绘与专题图输入是根据技术规范对各项专题图用事先约定的点、线、符号、颜色等做进一步清理，使图形整体清晰、不同属性之间区别明显。把图形和属性数据输入到计算机中，并把图形、属性库以及属性库的内容通过关键字联结起来，形成完整意义的空间数据库。对遥感影像进行精纠正、合成、增强、滤波、根据野外调查建立判读标准等。

11.6.1.3 专题指标提取

专题指标数据是一系列有组织和特定意义的指标要素的空间特征数据，也就是土壤侵蚀监测预报的指标系统，用于在土壤侵蚀类型的基础上，确定土壤侵蚀程度和其强度。依卫星 TM 影像为信息源，结合历史资料，采用全数字人机交互作业方式或计算机自动监督分类方式确定土壤侵蚀类型和土壤侵蚀形式。

土地利用是资源的社会属性和自然属性的全面体现，最能反映人类活动及其与自然环境要素之间的相互关系，它是土壤侵蚀强度划分的重要参考指标。土地利用获取的最快办法是利用遥感影像进行计算机监督分类，矢量化以后作为一个数据层级。对于小区域的土壤侵蚀监测预报可以采用近期的土地利用现状图，输入到计算机以后作为现状层面使用。土地利用现状的类型划分参照国土资源局制定的土地分类标准。

土壤质地反映了土壤的可蚀性，质地尽可能依靠已有成果资料，通过土壤图、地质图综合分析获得。土壤类型也反映了土壤的可蚀性，可利用现有的土壤图输入到计算机使用。

沟谷密度的发育和演化过程是地表土壤侵蚀过程的产物，因此沟谷密度是水力侵蚀强度分级的重要指标。在山丘区分析沟谷发育尤为重要，任何级别的沟谷所引起的土壤侵蚀都具有相当强的环境意义，但这些细小沟谷在卫星影像上无法完全识别，限制了土壤侵蚀研究中的沟谷密度分析。因而，沟谷密度分析一般可依靠航片，也可以利用地形图通过 GIS 生成。利用航片分析沟谷密度的方法是，在航片上分析水系类型，并根据不同的密度等级以小流域为单元，选择样区作为确定沟谷密度的样片，在 GIS 软件的支持下，生成以“千米/平方千米”为单位的沟谷密度结果。利用地形图生成沟谷密度的方法是通过 DEM 计算出水系，然后计算沟系总长度。沟谷密度根据行业标准分为 <1、$1\sim2$、$2\sim3$、$3\sim5$、$5\sim7$ 和 $>7\mathrm{km/km^2}$ 共 6 级。

数字高程模型(DEM)综合反映了地形的基本特征，如坡度、海拔、地貌类型等，这些都是土壤侵蚀程度和强度分析的关键要素。坡度主要用于水力侵蚀类型的面蚀分级，依据水土保持行业标准，坡度分为 $<5°$、$5°\sim8°$、$8°\sim15°$、$15°\sim25°$、$25°\sim35°$ 和 $>35°$ 共 6 个等级；海拔反映了基本地势特征，不同的高程带具有不同的环境条件和集中了不同的人类活动，因而具有不同的土壤侵蚀状况，它是冻融侵蚀程度和强度分级的主要指标。地貌类型 DEM 分析划分为山地、丘陵、平原等。

根据地形图上的行政划分获得行政界线，利用遥感影像直接获取流域界线。降水指标是根据区域内布设的气象站观测数据建立等值线图，然后插值计算详细数据得到的。其他指标泥沙、土壤水分、暴雨强度等用于详细计算土壤侵蚀模数的指标可以通过气象站、水文站或现场观测、实验得到。根据水土保持试验研究站(所)代表的土壤侵蚀类型区取得的实测径流泥沙资料进行统计计算及分析，这类资料包括标准径流场的资料，但它只反映坡面上的溅蚀量及细沟侵蚀量，故其数值通常偏小。全坡面大型径流场资料能反映浅沟侵蚀，故比较接近实际。还需要收集各类实验小流域的径流、输沙资料等。这些资料是建立坡面或流域产沙数学模型最宝贵的基础数据。

11.6.1.4 模型建立与结果生成

当得到土壤侵蚀各项指标以后，利用土壤侵蚀分类系统、专家经验模型或数理模型等分析计算土壤侵蚀程度和土壤侵蚀强度，生成土壤侵蚀数据库。

在完成土壤侵蚀类型、土壤侵蚀形式、土壤侵蚀程度及强度分级判读后，利用 GIS 软件进行分幅编辑，坐标转换和图幅拼接等，然后在数据库中对其进行系统集成、面积汇总，生成坡度、高程、流域及省的土壤侵蚀类型、土壤侵蚀形式、土壤侵蚀程度和强度图件及数据。

11.2 土壤侵蚀预报模型

土壤侵蚀预报模型是监测预报的核心工具，目前在微观领域内的模型较多而且较为实用，用于宏观研究的模型较少。从模型的种类来看，可分为经验模型、数理模型、随机模型、混合模型、专家打分模型、逻辑判别模型、侵蚀数字地面模型、流域侵蚀模型等。

11.2.1 经验模型

较早建立的土壤侵蚀和产沙模型大多为经验模型，其试验分析研究的因子主要集中在降雨、植被、土壤和地形等因子上。其基本上是依据实际观测资料，利用统计相关分析方法，建立侵蚀和产沙量与其主要影响因子之间的经验关系(曲线或方程式)，而后根据选定因素的资料估算侵蚀或产沙量。

在津格研究的基础上，1947 年，Musgrave 对观测资料进行了分析后还发现土壤流失量除与坡长、坡度间存在正比关系外，还与最大 30min 降雨强度 P_{30}、植被覆盖因子 C 和土壤类型密切相关，并提出了计算公式：

$$E = 0.002\,57\, P_{30}^{1.75} \cdot K \cdot S^{1.35} \cdot L^{0.35} \cdot C \tag{11-1}$$

式中 E——单位面积土壤流失量(t)；

S——坡度(°)；

L——坡长(m)；

K——土壤可蚀性因子。

1957 年，Smith 和 Wischmeier 搜集了美国 8 000 多个试验小区的土壤侵蚀资料做了大量系统的土壤侵蚀影响因素分析工作，于 1958 年由 Wischmeier 等提出了通用土壤流失方程(USLE)：

$$E = RKLSCP \tag{11-2}$$

式中 R——降雨侵蚀力因子；

P——土壤侵蚀控制措施因子；

其余符号意义同前。

并以式 USLE 方程为基础分析了各因子在土壤流失方程中的作用。

我国类似的经验模型也很多，如贾志伟和江忠善等提出了降雨特征与土壤侵蚀的关系，得出一次降雨侵蚀模数 M_s(t/km^2)与平均雨强 I(mm/h)及降水量 P(mm)的关系为：

$$M_s = A \cdot P^a \cdot I^b \tag{11-3}$$

一次降雨侵蚀模数 M_s 与最大 30min 雨强 I_{30}(mm/h)及降水量的关系为：

$$M_s = A \cdot P^a \cdot I_{30}{}^b \tag{11-4}$$

一次降雨侵蚀模数与一次降雨动能 E(J/m^2)及最大 30min 雨强 I_{30} 的关系：

$$M_s = A(E \cdot I_{30})^a \tag{11-5}$$

在经验模型中我国研究最多的是在 USLE 基础上进行参数分析，得到了全国许多省区的统计模型。随着研究深入和人们对流域泥沙机制认识水平的不断提高，这类研究的不足越来越清晰地显露出来。

11.2.2 数理模型

数理模型开始出现于 20 世纪 60 年代末，是从产沙、水流汇流及泥沙沉积的物理概念出发，利用各种数学方法把气象学、水文学、土壤学和泥沙运动力学的基本原理结合在一起，经过一定的简化，以数学形式表述土壤侵蚀过程与影响因子之间的关系，以模拟各种不同形式的侵蚀，预报土壤侵蚀在时间和空间上的变化，因此具有较强的理论基础，外延精度也较高，对一次暴雨洪水的产沙模拟较准确。

早在 1967 年，Negev 就提出了一个具有物理基础的产沙模型，该模型考虑了雨滴击溅，坡面流输移及细沟和冲沟中水流侵蚀和输移过程，各侵蚀子过程的侵蚀量和输沙量由经验关系确定，其中雨滴溅蚀量：

$$Dr = K_1 \cdot I^\alpha \tag{11-6}$$

式中 I——雨强(mm/h)；

α——指数；

K_1——土壤及植被系数。

坡面径流输沙量为：

$$T_r = K_2(\sum Dr)q^\beta \tag{11-7}$$

式中 $\sum Dr$——有效溅蚀量(g)；

q——坡面径流量(m^3/s)；

β——指数；

K_2——影响流速的地表特征参数。

细沟和冲沟侵蚀量：

$$E_{rg} = K_3 q^r \tag{11-8}$$

式中 r——指数；

K_3——决定于细沟与冲沟特征参数，细沟和冲沟侵蚀量分成两部分，细颗粒为中间质 E_{rgi}，粗颗粒为床沙质 E_{rgb}，输沙量分别为：

$$T_{rgi} = K_4(\sum E_{rgi})Q^{\delta} \tag{11-9}$$

$$T_{rgb} = K_5 Q^{\varepsilon} \tag{11-10}$$

式中　Q——流量(m^3/s)；

δ，ε——指数，

K_4，K_5——系数。

总输沙量之和为：

$$T = T_r + T_{rgi} + T_{rgb} \tag{11-11}$$

计算时坡面流采用了 Stanford 水文模型。

影响最深远的物理基础产沙模型是美国农业部土壤保持研究所 Meyer and Wischmeier 1969 年提出的模型，该模型将坡面侵蚀过程分成 4 个子过程，分别建立各侵蚀子过程的定量关系：

降雨分散量：

$$D_r = S_{DR} \cdot A_i \cdot I_2 \tag{11-12}$$

径流分散量：

$$D_f = S_{DF} \cdot A_i \cdot S^{2/3} \cdot Q^{2/3} \tag{11-13}$$

降雨输移能力：

$$T_r = S_{TR} \cdot S \cdot I \tag{11-14}$$

径流输移能力：

$$T_f = S_{TF} \cdot S^{5/3} \cdot Q^{5/3} \tag{11-15}$$

式中　A_i——坡段 i 之面积(m^2)；

I——雨强(mm/h)；

S——比降；

Q——流量(m^3/s)；

S_{DR}，S_{DF}，S_{TR}，S_{TF}——系数。

方程中的指数是根据侵蚀过程研究和理论探讨确定的。各单元面积上的泥沙来源于降雨与径流的分散量($D_r + D_f$)及上游坡段带来的沙量，将单元面积上的泥沙产量与输沙能力($T_r + T_f$)相比较，如可供沙量小于输沙能力，则可供沙量为坡面单元面积的限制因子，代到下一单元面积上的泥沙量等于现有沙量，反之则输沙能力成为限制因子，产沙量等于输沙能力。

1975 年，Foster and Meyer 提出的物理过程模型得到了较广泛的应用，利用质量输移连续方程来描述泥沙顺坡运动：

$$\frac{dG_S}{dx} = D_r + D_i \tag{11-16}$$

式中　G_S——输沙率[kg/(s · m^3)]；

x——距离(m)；

D_r——细沟分散率[kg/(s · m^2)]；

D_i——沟间地泥沙输移率[kg/(s·m²)]。

推导出泥沙淤积方程：

$$\frac{D_r}{D_{cr}} + \frac{G_s}{T_{cr}} = 1 \tag{11-17}$$

式中 D_{cr}——细沟流分散能力[kg/(s·m²)]；

T_{cr}——细沟流输沙能力[kg/(s·m²)]。

将以上两个方程联立，得：

$$\frac{dG_S}{dx} = \frac{D_{cr}}{T_{cr}}(T_{cr} - G_s) + D_i \tag{11-18}$$

已知 D_i/D_{cr} 和 T_{cr}，求解式(10.19)可能产沙量 G_S，D_i 和 D_{cr} 由 USLE 求得：

$$D_i = EI(S + 0.014)KCP(q_p/Q) \tag{11-19}$$

$$D_{cr} = Nq_p^{1/3}(x/22.1)^{n-1}S^2KCP(q_p/Q) \tag{11-20}$$

式中 EI——降雨强度(mm/h)；

S——比降；

q_p——峰流量(m³/s)；

Q——径流量(m³/s)；

x——距离(m)；

n——坡长指数；

K，C，P——USLE 系数，T_{Cr} 用修正的 Yalin 公式计算。

David 和 Beer 建立的侵蚀产沙模型对土壤侵蚀和泥沙输移过程考虑得比较详细，时段雨滴溅蚀量：

$$E_d = SCF \cdot LSF \cdot I^{\alpha}\exp(-Ky) \tag{11-21}$$

式中 SCF——土壤及植被因子；

LSF——坡度因子；

I——雨强(mm/h)；

y——地表径流深(m)；

K——大于 1 的系数；

α——指数。

直接溅入河道中的泥沙量：

$$E_S = ASE_d \tag{11-22}$$

式中 A——面积(能溅入河道的)；

S——坡度。

时段末坡面分散存贮量：

$$D = D_0/\exp(Rt) \tag{11-23}$$

式中 D_0——时段初分散存贮量；

R——气候因子；

t——时段。

坡面径流挟沙力：

$$T = n \cdot s^d \cdot y^k \tag{11-24}$$

式中 n——坡面糙率；

D，k——常数(近似1.67)。

降雨产沙量的限制因子是输沙能力与供沙量中之较小者，即 $T < D$ 时，产沙量 $T' = T$，反之，$T' = D$。地表径流分散量：

$$E_r = C' \cdot Y^{\beta_b} \tag{11-25}$$

式中 C'——表征土壤和坡度的系数；

β_b——指数。

不透水面积上来沙量：

$$E_i = K' a E_a \tag{11-26}$$

式中 a——不透水面积系数；

K'——系数。

特定时间段内坡面总侵蚀量：

$$E = T' + E_r + E_s + E_i \tag{11-27}$$

河岸和河床侵蚀量：

$$Ec = \beta_4 Q a_3 \tag{11-28}$$

式中 a_3——指数；

β_4——系数。

河道中总悬移沙量：

$$E_t = E_C + E' \tag{11-29}$$

式中 E'——大于24h时段内的累积 W 值。

此模型只限于预报平均日产沙量，且不包括沟道侵蚀和河道淤积。

CSU模型可以模拟流域地表的水文过程、产沙过程以及小流域水沙运动的时空变化。模型分成坡面及沟道两个系统，坡面部分可模拟截留、蒸发、填洼、下渗等降雨损失及雨滴溅蚀和面流冲刷过程，并将坡面水沙演算到最近河槽，河槽部分模拟水沙在河槽中的运动，确定泥沙的冲刷和淤积。流域划分及概化采用网格系统或将流域分成若干子流域。降雨损失只考虑截留和下渗。截留量为：

$$V_I = C_C V_C + C_g V_g \tag{11-30}$$

式中 C_C，C_g——树冠及地表覆盖度；

V_C，V_g——树冠和地表可能截留量。

下渗按Darcy定律计算：

$$F = kt \tag{11-31}$$

式中 k——水力传导度；

t——水势参数，坡面汇流用一维运动波近似，阻力公式用Darcy-Weisbach公式或Manning公式：

$$\frac{\partial A}{\partial t} + \frac{\partial Q}{\partial x} = q_e \tag{11-32}$$

$$S_f = S_0 = f\frac{Q}{8gRA^2} \quad 或者 \quad S_f = S_0 = f\frac{n^2Q^2}{2.21R^{4/3}a^2} \tag{11-33}$$

式中 Q——流量(m^3/s)；

A——过水面积(m^2)；

q^e——超渗净雨量(mm)；

S_f——阻力坡度；

S_0——坡度；

R——水力半径(m)；

f，n——阻力系数。

用分析法或数值法求解上述方程中的水力要素 h、v 或 Q、A。水流挟沙力计算推移质用 Du-Boys 公式，悬移质用 Einstein 公式，则总输沙量为：

$$G_s = B(g_b + g_s) \tag{11-34}$$

式中 B——宽度(m)。

供沙量计算考虑雨滴击溅和径流分离，雨滴溅蚀量则为：

$$D_r = aI^2\left(1 - \frac{Z_1}{Z_2}\right)(1 - C_g)(1 - C_c) \tag{11-35}$$

$$Z_2 = 3D = 3(2.23I^{0.182}) \tag{11-36}$$

式中 D_r——雨滴溅蚀量；

I——雨强(mm/h)；

Z_1——松散土层及水深之和(mm)；

Z_2——雨滴能击穿的最大水深(mm)；

D——雨滴直径(mm)。

当 $Z_1 < Z_2$、$D_r > 0$ 时，$Z = Z_1 + D_r + \Delta t$，径流分离量按泥沙连续方程计算：

$$\frac{\partial G_S}{\partial_X} + \frac{\partial CA}{\partial_t} + (1 - \lambda)\frac{\partial P_Z}{\partial_t} = g_S \tag{11-37}$$

式中 G_S——总输沙量；

C——含沙量，$C = \dfrac{G_S}{Q}$；

λ——土壤孔隙率；

g_S——旁侧来沙量；

P_Z——湿周。

将 G_S 代入上式用数值方法求解出松散土可能变化量为：$\Delta Z^P = \dfrac{\partial Z}{\partial t}$，若 $\Delta z^p < z$，径流不冲刷，若 $\Delta z^p \geqslant z$，则有冲刷分离量

$$D = -D_f[\Delta Z^P + Z] \tag{11-38}$$

式中 D_f——可蚀性因子。

如果新松散土厚度为 $z = z + D$，若输沙能力大于供沙量时产沙量等于供沙量；反之，产沙量等于输沙能力。河道水沙演算是根据河槽中的水流运动方程、连续方程及泥沙连续方程，用非线性四点隐式差分法求算。

11.2.3 随机模型

这类是利用以往的资料提供的信息，和降雨—径流—产沙过程的随机特性建立起来

的，虽然由于缺乏长期观测资料使得这类模型的发展受到限制，但近来也有一些进展。

1976 年，Fogel 等从次洪产沙的 MULSE 模型出发，得到次洪产沙量：

$$z = a\left[\frac{y_1 x_1^4}{(x_1 + s)^2(0.5x_2 + y_2)}\right]^b KLSCP \tag{11-39}$$

式中 x_1——有效降雨；

x_2——暴雨历时；

s——流域下渗参数；

y_1——流域面积常数；

y_2——汇流时间指标。

s，y_1，y_2为常数；x_1，x_2为随机变量，可用伽马概率密度函数来描述。

因此，随机变量z可用二变量分布函数来计算，如已知每年暴雨次数的频率分布或各次暴雨的时间，则年产沙量的函数可生成暴雨产沙系列。1989 年，Julien 也提出了坡面产沙的随机模型。从一次暴雨土壤流失量公式出发，得到多次暴雨土壤流失方程：

$$M = \int_0^\infty \int_0^\infty mp(t_r)p(i)\,\mathrm{d}t_r\mathrm{d}i \tag{11-40}$$

式中 M——次暴雨流失量；

t_r——降雨历时；

i——雨强；

$p(t_r)$——降雨历时密度函数；

$p(i)$——雨强密度函数，利用 USLE 关系可得面积为 A_e、长度为 L、坡度为 S 的坡面土壤流失量：

$$M = A_e a S^\beta L^{r-1} \Gamma(r + \delta + 1) CPt_r i^{r+d} \tag{11-41}$$

式中 C，P——作物管理和土地利用因子；

$\Gamma(r+\delta+1)$——伽马函数；

α，β，Y_α——常数。

我国学者也利用随机模型对河流逐月入库输沙率时间序列进行了人工生成。

11.2.4 混合模型

混合模型是经验模型、数理模型以及其他模型综合研究得到的模型，它吸收各类模型优点，一般比单一的模型精度高。实际上，前面提到的模型也不完全是单一的，这里提出“混合模型”是为了让在今后的侵蚀模型研究中更注重综合性。

用量纲分析和统计分析相结合的方法建模，分别得到坡面及沟谷水力土壤侵蚀公式：

$$E_s = a_0\left(\frac{I - I_0}{I_0}\right)^{a_1} H_s \left(\frac{S_T}{\mathrm{d}}\right)^{a_2} (\sin 2\alpha)^{a_3} \mathrm{e}^{-a_4 v} \tag{11-42}$$

式中 E_S——坡面土壤侵蚀深度(m)；

I——降雨强度(mm/h)；

I_0——不足以产生侵蚀的降雨强度(mm/h)；

H_s——地表径流深度(m)；

d——土粒平均粒径(mm)；

α——坡面角；

v——植被覆盖度；

a_0，a_1，a_2，a_3，a_4——分别为地理系数。

$$E_R = b_0 \cdot h_R \cdot (DL)^{b1} \cdot J^{b2} \tag{11-43}$$

式中　E_R——沟谷水力侵蚀深度(mm)；

h_R——沟槽径流深度(mm/a)；

D——沟谷密度(km/km^2)；

L——沟道长度(km)；

J——沟槽底坡(%)；

b_0，b_1，b_2——地理系数。

$$E = E_S + E_R \tag{11-44}$$

一种新的 WEPP(water erosion prediction project)模型正在发展来代替 USLE。该模型采用模拟降雨装置，可估算雨滴和剪切力对土壤的分离作用，已采用专门研制的显微成像技术来处理细沟系数和体积，采用了 CREAMS 水文模型的主要成分，该模型可通过数字化的地形图、土壤图、地质图及地理资料，融合入流域模型中。

现在有些人利用系统动力学方法、神经网络方法研究土壤侵蚀模型也属于混合模型。

11.2.5　专家打分模型

土壤侵蚀专家打分模型是通过采用影响土壤侵蚀程度和强度的各个指标进行定量的表达，及其在此基础上由各个因素权重参与的综合数学运算形成土壤侵蚀综合状况指数，并对这一指数实施分级方法来建立土壤侵蚀模型。也就是说该模型需要确定指标、指标打分、确定指标权重等环节。对影响土壤侵蚀的各个因素的空间特征，统一采用有序数值阵列方式进行定量化管理与分析，有助于利用地理信息系统中的空间叠加分析方法和专家知识的支持，在植被盖度、坡度、沟谷密度、高程带、植被结构、土壤质地等指标要素实现定量化表达的基础上，按照其对于土壤侵蚀的相互组合关系及其重要性，确定每一个基本分析单元的综合量表达值，这些综合量值建立起一个新的覆盖层，即土壤侵蚀综合指数。它代表了各种土壤侵蚀类型不同程度和强度的综合结果。这些综合指数值是进一步实现土壤侵蚀程度和强度分级的基础。

确定了影响土壤侵蚀程度和强度的指标后，为采用数值分析方法确定土壤侵蚀程度和其强度，必须确定各指标权重的大小。指标权重的大小是反映该指标对土壤侵蚀所起作用的大小，权重大表明该指标影响作用就大。目前确定各指标对土壤侵蚀的贡献程度还没有统一的数值处理方法，因而多数采用“专家确定”法，即由该领域的专家根据各影响指标对土壤侵蚀所起作用的大小确定。

在土壤侵蚀综合指数分析的基础上，通过土壤侵蚀数据(实验数据和观测数据等)和土壤侵蚀综合指数建立拟合关系，从而确定土壤侵蚀程度和强度等级，或者在土壤侵蚀综合指数分级基础上，通过土壤侵蚀模数对其进行验证，从而在空间上生成土壤侵蚀图。

11.2.6　逻辑判别模型

逻辑判别模型也是一种专家模型，与专家打分模型不同的是专家直接对影响土壤侵蚀的指标进行组合判别，确定土壤侵蚀程度和其强度。

逻辑判别模型需要确定影响土壤侵蚀的指标，根据专家经验判别在不同的土壤、降水、坡度、地貌、植被、土地利用现状等状况下，土壤侵蚀程度和其强度的分级。我国土壤侵蚀国家标准中的土壤侵蚀强度分级系统实际上就是典型的专家判别模型。

11.2.7　土壤侵蚀数字地形模型

土壤侵蚀数字地形模型是土壤侵蚀发生后两个时期的地表体积差计差。如图 11-2(a)和 11-2(b)所示，数字高程模型(DEM)有两种表示方法，DEM 体积可由四棱柱和三棱柱的体积进行累加得到。四棱柱上表面可用抛物双曲面拟合，三棱柱上表面可用斜平面拟合，下表面均为水平面或参考平面，两种 DEM 体积计算公式分别为：

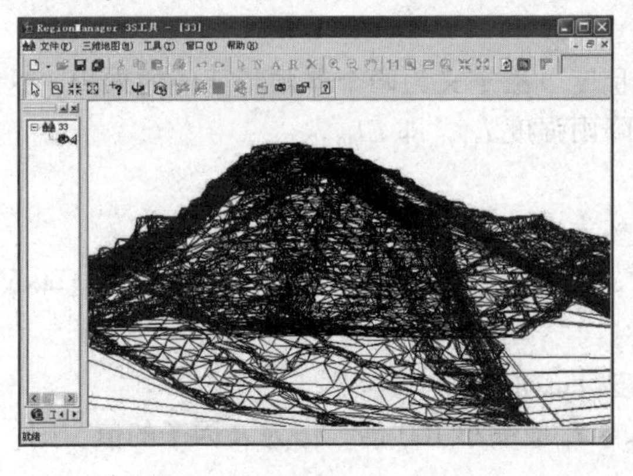

(a)

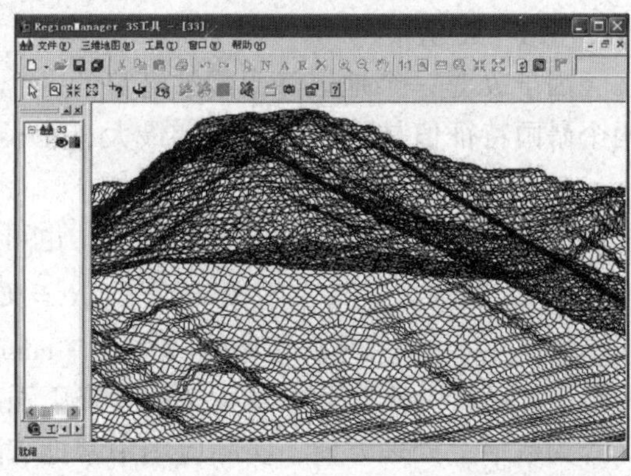

(b)

图 11-2　土壤侵蚀数字地形模型

(a)不规则三角网模型　(b)规则格网模型

$$V_3 = \frac{Z_1 + Z_2 + Z_3}{3} \cdot M_3 \tag{11-45}$$

$$V_4 = \frac{Z_1 + Z_2 + Z_3 + Z_4}{4} \cdot M_4 \tag{11-46}$$

式中　M_3，M_4——三棱柱和四棱柱的底面积；

Z_1，Z_2，Z_3，Z_4——三棱柱和四棱柱的每个棱的高程。

假设侵蚀发生前后 DEM 的体积分别为 V_{t1} 和 V_{t2}，土壤平均容重为 r，则土壤侵蚀量 E 为：

$$E = r(V_{t1} - V_{t2}) \tag{11-47}$$

11.2.8　数字流域土壤侵蚀模型

土壤在水力侵蚀作用下，随着地表径流由坡面到沟道，由支沟到支流，依此类推逐级汇入大江大河的土壤侵蚀过程用流域土壤侵蚀模型来描述。数字流域侵蚀模型汇流过程包括两个阶段，坡面产流和河道汇流，土壤侵蚀模型也由两部分组成。

其中，坡面汇流与侵蚀根据坡面侵蚀实验建立坡面模型，河道侵蚀量大多根据水文泥沙模型计算，最终将二者通过时空转换进行分析。

土壤侵蚀监测预报是非常复杂的工作，指标的获取、模型的建立、结果的生成需要借助计算机这一工具，3S 技术提供了先进的监测方法和手段，使全国性的监测预报成为可能。但从目前来看，监测预报的难点仍然是模型问题，有待于我们共同研究。

11.3 通用土壤流失方程(USLE)简介

1978 年美国以农业手册 537 号介绍了通用土壤流失方程，表达式见式(11-2)。

11.3.1 通用流失方程中各因子值的确定

11.3.1.1 *R* 值

因子 R 是一个地区降雨侵蚀潜势的一个量度，被定义为两个暴雨特征值的乘积，这两个暴雨特征值是降雨动能 E 和最大 30min 降雨强度 I_{30}，即 EI_{30}。

(1) EI_{30} 法

此方法直接来源于因子 R 的定义，也可称为 EI_{30} 指标。计算式为：

$$R = E_{总} \cdot I_{30} \tag{11-48}$$

式中 $E_{总}$——一次降雨总动能[$J/(m^2 \cdot cm)$]；

I_{30}——一次降雨中最大 30min 降雨强度(cm/h)。

为数字上处理方便，实际应用中常把 $E_{总} \cdot I_{30}$ 值缩小 100 倍，作为 R 因子的值，则：

$$R = \frac{1}{100} E_{总} \cdot I_{30} \tag{11-49}$$

对一次降雨来讲，$E_{总}$ 等于每个雨滴动能之和，这种理想化的计算在实际中很难行通。因此，人们常常采用威斯迈尔(Wischmeier)和史密斯(Smith)的能量公式：$E = 210.2 + 89 \lg I$ 计算。据此计算出的降雨动能表(表 11-1)，可直接查用。

实际上在一次降雨过程中，其强度是不断变化的，因此就需要对降雨强度大体相同的时间进行分段，分别计算出各时段降雨能量 E，然后相加求出 $E_{总}$。分段的依据是自记雨量计所描绘的降雨过程曲线。$E_{总}$ 再乘以由雨量记录纸上查得的最大 30min 降雨强度后，除以 100 就得到该次降雨侵蚀力因子 R 值。

下面通过一实例说明 R 值的求算。

由自记雨量计绘出的某次降雨过程曲线如图 11-3 所示，从该曲线查得的降雨资料见表 11-2 中的(2)和(3)栏。

表 11-1 降雨动能表 [J/(m² · cm)]

降雨强度 cm/h	0	1	2	3	4	5	6	7	8	9
0.0	0.00	32.30	59.09	74.76	85.88	94.51	101.56	107.51	112.68	117.23
0.1	121.30	124.98	128.55	131.44	134.31	136.97	139.47	14.81	144.02	146.11
0.2	148.09	149.98	151.78	153.49	155.14	156.72	158.23	159.69	161.10	162.45
0.3	163.76	165.03	166.26	167.45	168.60	169.72	170.81	171.87	172.90	173.91
0.4	174.88	175.84	176.77	177.68	178.57	179.44	180.29	181.12	181.93	182.73
0.5	183.51	184.27	185.02	185.76	186.48	187.19	187.89	188.57	189.25	189.91
0.6	190.56	191.19	191.82	192.44	193.05	193.65	194.24	194.82	195.39	195.96
0.7	196.51	197.06	197.60	198.14	198.66	199.18	199.69	200.20	200.70	201.19
0.8	201.68	202.16	202.63	203.10	203.56	204.02	204.47	204.92	205.36	205.80
0.9	206.23	206.66	207.08	207.50	207.91	208.32	208.72	209.12	209.52	209.91
1.0	210.30	210.69	211.07	211.44	211.82	212.19	212.55	212.92	213.28	213.63
1.1	213.98	214.33	214.68	215.02	215.37	215.70	216.04	216.37	216.70	217.02
1.2	217.35	217.67	217.99	218.30	218.62	218.93	219.23	219.54	219.84	220.14
1.3	220.44	220.74	221.03	221.32	221.61	221.90	222.19	222.47	222.75	323.03
1.4	223.31	223.58	223.85	224.13	224.39	225.66	224.93	225.19	225.45	225.71
1.5	225.97	226.23	226.48	226.74	226.99	227.24	227.49	227.74	227.98	228.22
1.6	228.47	228.71	228.95	229.19	229.42	229.66	229.89	230.12	230.35	230.58
1.7	230.81	231.04	231.26	231.49	231.71	231.93	232.15	232.37	232.59	232.80
1.8	233.02	233.23	233.45	233.66	233.87	234.08	234.29	234.49	234.70	234.91
1.9	238.11	235.31	235.51	235.72	235.91	236.11	236.31	236.51	236.70	236.90
2.0	237.09	237.28	237.48	237.67	237.86	238.05	238.23	238.42	268.61	238.79
2.1	238.98	239.16	239.34	239.53	239.71	239.89	240.07	240.25	240.42	240.60
2.2	240.78	240.95	241.13	241.30	241.47	241.64	241.82	241.99	242.61	242.33
2.3	242.49	242.99	242.83	243.00	243.16	243.33	243.49	243.65	243.82	243.98
2.4	244.14	244.30	244.46	244.62	244.78	244.94	245.09	245.25	245.41	245.50
2.5	248.72	245.87	246.02	246.18	246.33	246.48	246.63	246.78	246.92	247.08
2.6	247.23	247.38	247.53	247.68	247.82	247.97	248.12	248.26	248.40	248.55
2.7	248.69	248.83	248.95	249.12	249.26	249.40	249.54	249.68	249.82	249.96
2.8	250.10	250.24	250.37	250.51	250.65	250.78	250.92	251.05	251.19	251.32
2.9	251.45	251.59	251.72	251.85	251.98	252.11	252.25	252.22	252.51	252.64
3.0	252.67	252.79	252.92	253.05	253.18	253.30	253.43	253.56	253.68	253.81
3.1	253.93	254.06	254.18	254.30	254.43	254.55	254.67	254.79	254.92	255.04
3.2	255.16	255.28	255.40	255.52	255.64	255.76	255.88	255.99	256.11	256.23
3.3	256.35	256.46	256.58	256.70	256.81	256.93	257.04	257.16	257.27	257.39
3.4	257.50	257.62	257.73	257.84	257.95	258.07	258.18	258.29	258.40	258.51
3.5	258.62	258.73	258.84	258.95	259.06	259.17	259.28	259.39	259.50	259.60
3.6	259.71	259.82	259.93	260.03	260.14	260.24	260.35	260.46	260.56	260.67

表 11-2　降雨能量计算表

(1) 降雨时间	(2) 降水量(mm)	(3) 降雨强度(cm/h)	(4) 单位雨强的动能(J/m² · cm)	(5) 时段内降雨动能(J/m²)
11:30～12:30	1.5	0.15	136.97	205.45
12:30～12:50	2.8	0.84	203.56	569.96
12:50～13:20	5	1	210.3	1 051.5
13:20～13:40	2.3	0.69	195.96	450.7
13:40～14:20	2.2	0.33	167.45	368.39
14:20～15:30	1.2	0.12	123.35	148.02
Σ				2 794.02

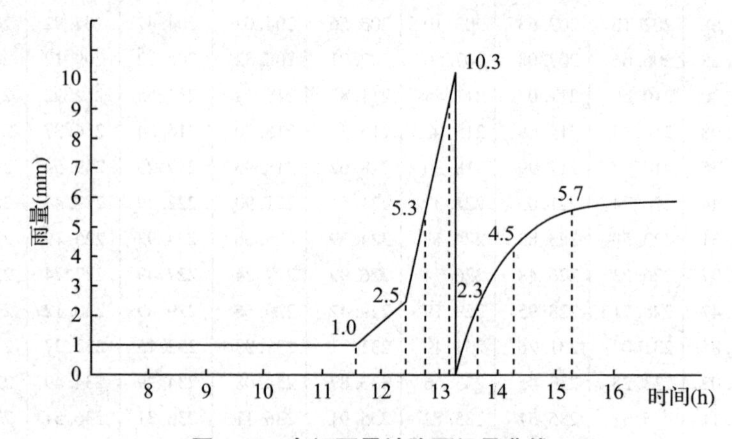

图 11-3　自记雨量计降雨记录曲线

在表 11-2 中，将(3)栏各数字分别代入能量计算式中，得(4)栏各相应值；将(2)栏各数分别和(4)栏各相应值相乘，就得(5)栏各相应值。

再由图 11-3 查得最大 30min 降雨强度为：

$$I_{30} = 5\text{mm}/0.5\text{h} \times 2 = 1.0\text{cm/h}$$

将该次降雨总能量 $E_{总}$，即 $\sum E = 2\,794.02\,(\text{J/m}^2)$ 和 $I_{30} = 1.0\text{cm/h}$ 代入式(11-49)中得该次降雨的 R 值如下：

$$R = E_{总} \times I_{30} \times \frac{1}{100} = 2\,794.02 \times 1.0 \times \frac{1}{100} = 27.9$$

若将某一时期内的所有降雨侵蚀力 R 值相加，即可得到周、日或年的降雨侵蚀 R 值。

(2) $KE>1$ 法

此方法与 EI_{30} 的最大不同是注意到引起侵蚀的起始降雨强度，即排除那些未引起侵蚀的“低强度降雨”。其具体计算与 EI_{30} 基本相同。

11.3.1.2　土壤可蚀性因子 K 值

K 值反映土壤的可蚀性，当其他因素不变时，土壤特性对侵蚀量的影响即为 K 值，也就是单位侵蚀力所产生的土壤流失量。

K 值的获取是在坡长22.1m，宽1.83m，坡度9%的标准小区内测定的。小区上没有任何植被，完全休闲，无水土保持措施。降雨后收集沉沙池内的泥沙烘干称重，然后由下式计算：

$$K = \frac{A}{R} \tag{11-50}$$

式中 *A*——年平均土壤流失量(t/hm^2)；

R——年降雨侵蚀力值。

K 值的大小主要受土壤质地、土壤结构及其稳定性、土壤渗透性、有机质含量和土壤深度等因素的影响。当土壤颗粒粗、渗透性大时，*K* 值就低，反之则高；抗侵蚀能力强的土壤 *K* 值低，反之则 *K* 值高。一般情况下 *K* 值的变幅为0.02~0.75。

美国将土壤颗粒组成、土壤有机质含量、土壤结构和土壤渗透性等与 *K* 值有关的土壤特性编成土壤可蚀性诺模图(图11-4)，据此可查得不同类型土壤可蚀性因了 *K* 值。例如，某土壤含粉粒加细砂65%，砂粒5%，有机质2.5%；结构为2；渗透性为4，则在该图上查得的土壤可蚀性值为0.31。

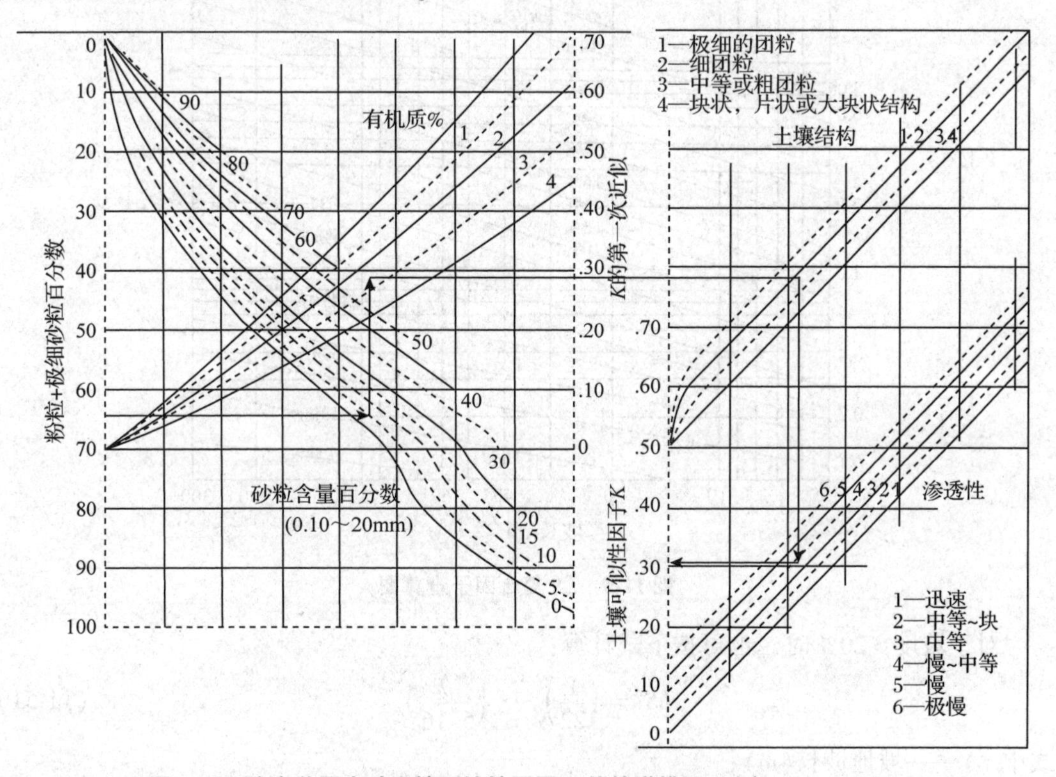

图11-4 确定美国大陆土壤可蚀性因子 *K* 值的诺模图(引自ARS，1975)

土壤特性及分级如下：

①土壤颗粒组成及标示方式：细粒土加细沙(粒径0.002~0.10mm)的百分含量，取值范围0%~100%，保留整数。

②土壤有机质百分含量，保留到一位小数，可分为0%、1%、2%、3%、5%等。

③土壤结构分为以下 4 级：特细粒(很细的粒状结构)；细粒(细粒状结构)；中粒(中等结构或粒状结构)；块状、片状或土块(块状或片状结构)。

④土壤渗透性分以下 6 级：快；中快；中；中慢；慢；特慢。

查图步骤为：在图中先找到淤泥和细沙的百分含量值，然后依次对应上沙粒的百分含量值、有机质百分含量值、土壤结构和渗透性的数值。例如，图中虚线所示的例子是：淤泥和细沙的含量为65%，沙粒含量为5%，有机质含量2.8%，土壤结构2，渗透性4。由此而查得 $K=0.31$。

11.3.1.3 *LS* 因子值

LS 是一个复合因子，当标准小区坡长 $L=22.1\text{m}$，坡度 $S=9\%$ 时，$LS=1$；若 $L>22.1\text{m}$或 $S>9\%$ 时，$LS>1$；反之则 $LS<1$；完全平坦的地面 $LS=0$。为使用方便，将坡长和均匀坡度特定组合支撑坡面效应图(图 11-5)，根据坡度和坡长即可得到地形因子 *LS* 值。其具体步骤为：首先在水平轴上找到田间坡长，然后垂直向上移动至相应坡度百分数的曲线上，最后在左边纵坐标轴上独处 *LS* 值。

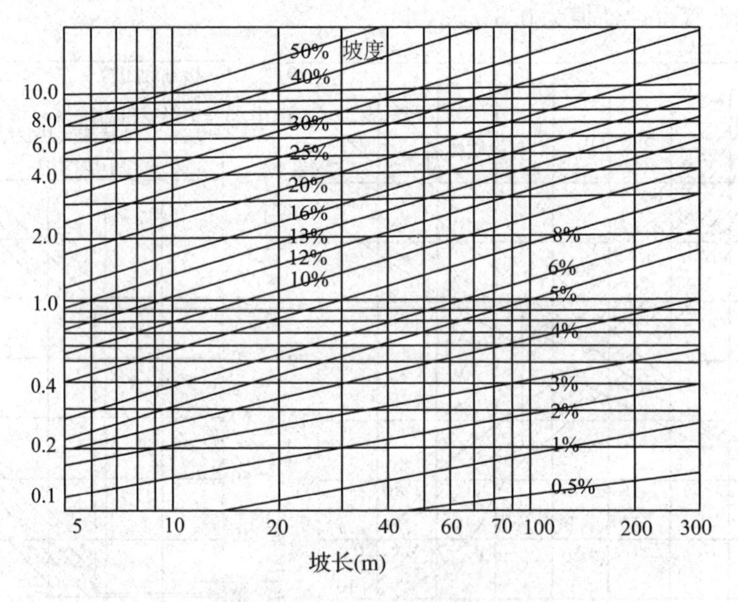

图 11-5 *LS* 复合因子查算图

对于坡度 >20% 时，也可按下式计算：

$$LS = \left(\frac{Y}{22}\right)^{0.3} \cdot \left(\frac{\theta}{5.16}\right)^{1.3} \tag{11-51}$$

式中 Y——坡地坡长(m)；

θ——坡地坡度。

11.3.1.4 作物经营管理因子 *C* 值

C 值是当土壤、坡度及坡长、降雨条件都一致时，长有作物的土地与连续休闲地之间的流失量比率，其算式如下：

$$C = \frac{A'}{A} \times 100 \times R \times 10^{-4} = C' \cdot R \cdot 10^{-2} \quad (11\text{-}52)$$

式中 A'——有作物生长的小区上的土壤流的量(t/hm^2);

A——休闲地小区的土壤流失量(t/hm^2);

C'——$C' = \frac{A'}{A}$;

R——降雨侵蚀力值。

农作物不同的生育期内，地面的覆盖度有很大的差异，而且一年当中降雨的分布也是不相同的，因此，每种作物地上的 C 值都是根据不同耕作期分段计算后相加而得的。

对于农作物，根据每一时期植被和秸秆作用的不同，可以分为以下几个时期：

F——土壤翻耕期;

1——整地播种期;

2——作物苗期;

3——作物生长成熟期;

4——收获期(4L 为收获后留残茬，4NL 为收获后不留残茬)。

美国根据许多小区试验资料将不同作物在四个阶段的 C' 值列成表 11-3。

表 11-3 几种作物在耕作期的 C' 值

作物种类	F	1	2	3	4*L*	4*NL*
玉米	0.15	0.40	0.33	0.15	0.22	0.45
小麦	0.30	0.45	0.35	0.08	0.20	0.40
谷类	0.30	0.45	0.35	0.08	0.20	0.40
高粱	0.15	0.35	0.28	0.14	0.20	0.45
马铃薯	0.25	0.60	0.35	0.25	0.45	0.65
大豆	0.35	0.63	0.40	0.26	0.30	0.45

地面无任何覆盖时 C 值等于 1.0；有很好的植被或其他保护层时，C 值等于 0.001；玉米生长期 C 值为 0.3~0.5；牧草地 C 值为 0.01~0.1；林地的 C 值为 0.01。表 11-4 是几种林地和草地在不同覆被率下的 C' 值。

计算林草地上的 C 值时，首先从表 11-4 中查得 C' 值，然后直接乘以全年的 R 值，再乘以 10^{-2} 即可。

表 11-4 几种林地和草地不同覆盖率下的 C' 值

覆盖率(%)	0	20	40	60	80	100
林草	0.45	0.24	0.15	0.09	0.043	0.011
灌木	0.40	0.22	0.14	0.085	0.04	0.011
乔灌木	0.39	0.20	0.11	0.06	0.027	0.007
林地	0.10	0.08	0.06	0.02	0.004	0.001

求算某种农作物的 C 值时，先按月求出 R 值占全年的百分比，并点绘出全年 R 值累计曲线图(图 11-6)，然后根据作物各个生长期从表 11-3 查得 C' 值(百分数表示)，并从图 11-6 上查得与该作物生长期相对应的 R 值(用百分数表示)，二者相乘后，再乘 10^{-4}，即得该时土地上的 C 值，各生长期 C 值相加后就是该作物生长地上全年的 C 值，其表达

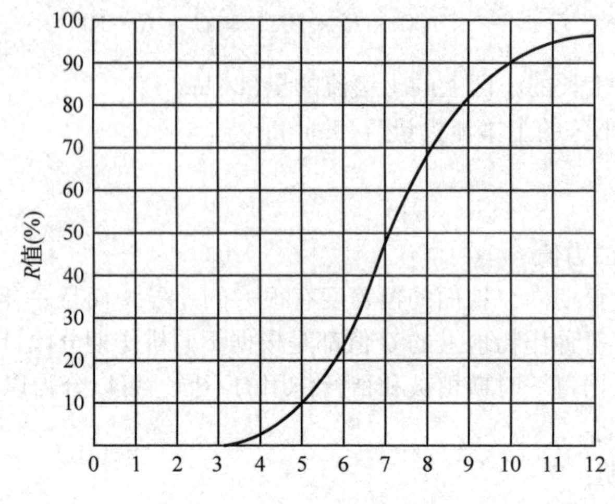

图11-6 全年 *R* 值累计曲线

式为：

$$C = C'_1R_1 + C'_2R_2 + C'_3R_3 + C'_4R_4 \tag{11-53}$$

式中 C'_1，C'_2，C'_3，C'_4——分别为不同耕作期的 C' 值；

R_1、R_2、R_3、R_4——与不同耕作期相对应的降雨侵蚀力值。

11.3.1.5 土壤保持措施因子 *P* 值

P 值是采取等高耕作、带状耕作和梯田等措施后，同不采取任何措施的地块(顺坡耕作的坡地)土壤流失量的比率。措施效果好的 *P* 值小，不采取措施的 $P=1.0$。*P* 值的变化范围在0.25~1.0之间，其主要数据见表11-5。

表11-5 土壤保持措施因子 *P* 值表

地面坡度(%)	等高耕作	等高带状种植
1~2	0.6	0.30
3~5	0.5	0.25
6~8	0.5	0.25
9~12	0.6	0.30
13~16	0.7	0.35
17~20	0.8	0.40
21~25	0.9	0.45

等高耕作在2%~7%坡度上效果最好，土壤流失量相当于顺坡耕作的一半；坡度减小，作用下降，坡度为零时顺坡耕作与横向耕作就没有区别。当坡度从7%往上增大时，等高耕作的作用也不断降低；在陡坡地上，其保持水土的能力甚小，对强度较小的降雨，这种作法效果良好，而在降暴雨时，等高耕作基本上不起作用。

等高带状耕作是指草、田带状间作。这种耕作方式既可使径流速度降低，又可拦截从田面流失的土壤，其侵蚀量为顺坡耕作的45%~25%；其作用除与坡度有关外，还与种植的作物有关，当采用效果较差的农作物时(如玉米、燕麦)，等高带状耕作的土壤流失量可达顺坡耕作的75%或更多。

梯田的保土作用明显，从地坎上流来的土壤大部分沉积在梯田田面上，梯田改变了坡度和坡长，使 *LS* 值发生变化，故在 *LS* 值中考虑，与 *P* 值无关。

从通用土壤流失方程中可以看出，*R* 值和 *K* 值是自然因素，人力尚难改变。但 *C*、*P*、*LS* 则是人们可以改变的因素，其中以 *C* 值影响最大。当地面为良好的植被覆盖时，可使土壤流失量减小到1/100；*LS* 值也有很大影响，当坡面坡度降低到很小时，土壤流失量也可减小到微不足道的程度；*P* 值可使土壤流失量减小到1/4。

11.3.2 通用土壤流失方程在水土保持中的应用

通用土壤流失方程的生产意义主要有：①预报在特定条件下的土壤流失量；②进行水土保持规划、设计。

如果预报出的土壤流失量超过了当地规定的允许土壤流失量，就要调整公式中的某些可以改变的因子，如 *C*、*P*、*L* 或 *S*，以使土壤流失量在允许范围之内。

11.4 风蚀预报及防治

土壤风蚀预报研究是随着风蚀机理的研究逐渐发展起来的。它以风蚀动力过程及风蚀因子的影响作用研究为基础，用定量模型来估算风蚀强度，并被用于指导风蚀防治实践，因而代表土壤风蚀科学的研究水平。为了精确地预报土壤风蚀，科学家们已作了近半个世纪的不懈努力，土壤风蚀预报成为近年来土壤风蚀科学研究的核心。对土壤风蚀进行准确的预报，可用于风蚀危害性的评估、土壤风蚀防治措施的制定及评价。

早在20世纪50年代初，津格等提出风蚀量与春季平均风速三次方呈正比，与前一年的降水量呈反比。随后切皮尔等根据风洞实验，提出了风蚀量与土壤中可蚀性团粒含量、地表覆盖、沟垄糙度等之间的关系式，为风蚀方程的提出奠定基础。1965年，伍德拉夫和西道威(N. P. Woodruff and F. H. Siddoway)正式提出了风蚀方程并用于田间试验。

11.4.1 风蚀预报方程

风蚀方程(wind erosion equation，WEQ)的表达式为：

$$E = f(I', K', C', L', V) \tag{11-54}$$

式中 E ——年土壤风蚀量[t/(hm^2·a)]；
I'——土壤可蚀因子[t/(hm^2·a)]；
K'——土壤沟垄可蚀因子；
C'——气候因子；
L'——地块长度因子；
V ——植被覆盖因子。

利用 WEQ 方程进行土壤风蚀量的计算，一般需要 5 个步骤：$E_1 = I' = I \cdot I_s$，$E_2 = E_1 \cdot K'$，$E_3 = E_2 \cdot C'$，$E_4 = E_3 \cdot L'$，$E = E_5 = E_4 \cdot V$。其中，E_1~E_5表示计算步骤次序。在方程中不是各因子值简单相乘关系，而是利用各因子之间函数关系求解。

与水蚀方程类似，风蚀方程考虑了主要因子对风蚀量的影响。由于风蚀方程中的单个因子是相互关联的，因此在方程的求解中，不是求出各因子值后连乘，而是需要利用各因子之间的相关关系和编绘的图表分步计算，与水蚀方程解法不同。

(1)土壤可蚀因子(I')

土壤可蚀性因子(I')是指在开阔、平坦、无防护的孤立地块上，地表裸露、无板结的情况下，单位面积上年土壤潜在流失量。I'值是根据风洞实验观测求出的。用旋转式集沙仪来测定田间风蚀量，集沙仪入口始终正对来风方向，以保证土壤风蚀量与抗蚀性团块百分比之间的真实性、可靠性。在实践中，I'一般只考虑土壤可蚀性(I)及土丘坡度影响(I_s)：

$$I' = I \cdot I_s \tag{11-55}$$

式中 I——土壤可蚀性；

I_s——土丘坡度影响。

其中：I值可由表11-6查出，I_s可从图11-7中查出。

表11-6 土壤中抗蚀性团块百分比与对应的可蚀性值 [t/(hm² · a)]

可蚀性值 \ 百分比（行：百分比；列：百分比）	0	1	2	3	4	5	6	7	8	9
0	—	694	560	493	439	403	378	356	335	315
10	300	292	285	278	270	262	254	245	236	228
20	220	213	206	200	195	190	185	180	175	170
30	166	162	158	154	150	146	142	138	134	130
40	126	122	118	114	111	108	104	99	94	89
50	84	79	74	69	65	61	57	54	52	49
60	47	45	43	41	39	37	35	33	31	29
70	27	25	22	19	16	13	10	7	6	5
80	4	—	—	—	—	—	—	—	—	—

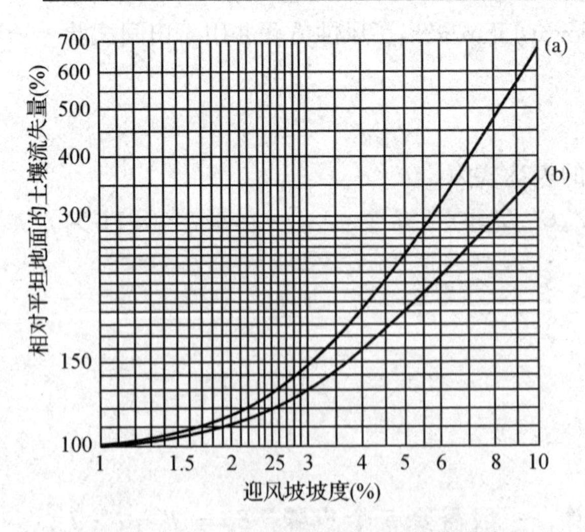

图11-7 土丘坡度对土壤可蚀性的影响

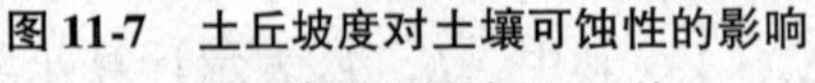

(a)坡顶部及迎风坡上1/3处

(b)土壤流失量相对于平坦地面的百分比

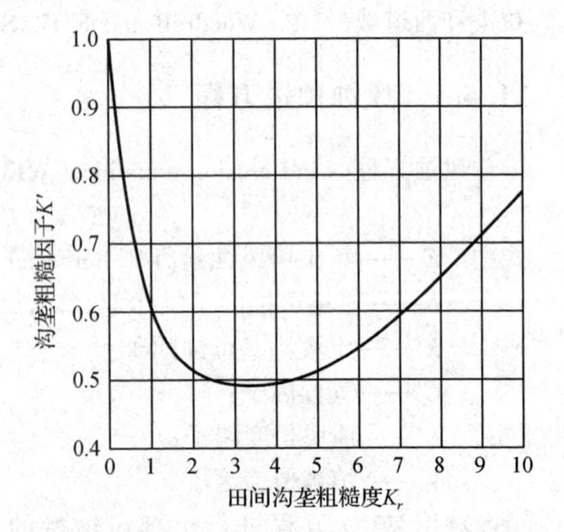

图11-8 田间沟垄粗糙度 K_r 与方程中 K 的关系

(2)土壤沟垄可蚀性因子(K')

风蚀方程中粗糙度因子 K' 与耕作措施形成的沟垄形态有关。K' 值由标准田间沟垄粗糙度(K_r)转换而来。在实践中，可以先求出标准田间沟垄粗糙度(K_r)值，再由图 11-8 查出无量纲的沟垄粗糙度因子 K'。

田间沟垄粗糙度(K_r)是指田间垄高与其间隔之比为1:4、并由直径为2~6.4mm 的砾石组成的标准沟垄的高度。K_r的计算需要通过风洞实验进行。切皮尔推导出了 K_r的计算公式：

$$K_r = \frac{\text{沟垄高间比}(1:X)}{\text{标准沟垄高间比}(1:4)} \times \text{田间沟垄高} \tag{11-56}$$

应当指出，计算的沟垄粗糙度值略大于风洞试验率定的值，但这种方法快捷、简便，所以广泛采用。

(3)气候因子(C')

气候因子通过风速直接影响风蚀过程，并通过影响植物生长和地表土壤湿度而间接影响风蚀。风蚀方程中风速是指距地面 9 m 高处的平均风速。土壤湿度影响植物生长，反过来植物覆盖又影响近地面风速。土壤湿度同时也影响团聚体状况及土壤可蚀性，降雨越频繁，雨后地表湿润期越长，风蚀越小。

为了综合反映气候因子对风蚀的影响。切皮尔等提出了一个包括风速和土壤湿度在内的气候计算式：

$$C = \frac{V^3}{(P-E)^2} \tag{11-57}$$

式中 $(P-E)$——桑斯威特降雨有效性指数，用来作为土壤湿度的替代值。

$(P-E)$指数可通过下式计算：

$$(P-E) = 115\sum_{j=1}^{12}\left[\frac{P_j}{T_j - 10}\right]_i^{10/9} \tag{11-58}$$

式中 P_j——>0.5 吋(13 mm)的月降水量(in)；

T_j——>28.4℉的月平均温度(℃)。

因风蚀方程中土壤可蚀性因子 I' 值是在加登城地区的气候条件下测算的，$C=2.9$。因此，在风蚀方程用于其他地方时，需对气候因子进行换算：

$$C' = 34.483\frac{V^3}{(P-E)^2} \tag{11-59}$$

(4)地块长度因子 L'

地块长度 D 是指在顺风方向上未受保护的地块长度。若期间风均来自一个方向，D 是一个恒定值；否则，D 值随着风向而变化。伍德拉夫和西道威提出估算地块当量长度(D_{50})的方法。

①先求出 16 个方位每个方位上侵蚀性风力的和

$$V_j = \sum_{i=1}^{n}\overline{V}_i^3 f_i \tag{11-60}$$

式中 V_j——第 j 个方位上侵蚀性风力；

V_i——第 i 风速组的平均风速；

f_i——历时，以第 i 风速组内第 i 风向上总观测值的百分数表示。

②求出盛行风向上侵蚀风力的优势度(R_m)

$$R_m = \frac{\sum \text{平行于盛行风向的侵蚀风力}}{\sum \text{垂直于盛行风向的侵蚀风力}} \tag{11-61}$$

通常 $R_m \geqslant 1$。若 $R_m = 1$，表明无盛行侵蚀风向；若 $R_m = 2$，表明盛行风的侵蚀风力是其垂直方向的2倍。

③求当量长度 D_{50}

$$D_{50} = \text{垂直于地块走向宽度} \times K_{50} \tag{11-62}$$

K_{50}为侵蚀风吹过地块的中值修正值。K_{50}与盛行风向优势 R_m 及其与地块走向垂线夹角 A 有关，可以通过查表11-7获得其值。

表11-7 中值修正值(K_{50})与盛行风向优势度(R_m)及其与地块走向垂线间的夹角(A)的关系

R_m	A(°)										
	0	5	10	15	20	25	30	35	40	45	50
1.0	1.90	1.90	1.90	1.90	1.90	1.90	1.90	1.90	1.90	1.90	1.90
1.1	1.69	1.71	1.74	1.76	1.79	1.81	1.84	1.85	1.87	1.89	1.92
1.2	1.55	1.58	1.62	1.65	1.69	1.73	1.77	1.80	1.84	1.88	1.93
1.3	1.46	1.49	1.53	1.57	1.62	1.66	1.70	1.76	1.83	1.88	1.94
1.4	1.39	1.43	1.47	1.51	1.55	1.59	1.64	1.71	1.79	1.87	1.95
1.5	1.33	1.37	1.42	1.46	1.50	1.55	1.60	1.68	1.77	1.86	1.96
1.6	1.29	1.34	1.39	1.43	1.46	1.51	1.56	1.65	1.75	1.86	1.97
1.7	1.25	1.30	1.36	1.39	1.43	1.47	1.52	1.62	1.73	1.86	1.99
1.8	1.22	1.28	1.33	1.37	1.40	1.44	1.49	1.60	1.71	1.86	2.01
1.9	1.20	1.25	1.31	1.34	1.37	1.41	1.46	1.57	1.69	1.86	2.03
2.0	1.18	1.24	1.29	1.32	1.35	1.40	1.44	1.56	1.68	1.86	2.04
2.1	1.17	1.22	1.27	1.30	1.34	1.38	1.43	1.55	1.67	1.86	2.06
2.2	1.16	1.21	1.26	1.29	1.33	1.37	1.41	1.54	1.67	1.87	2.07
2.3	1.14	1.19	1.25	1.28	1.32	1.36	1.40	1.53	1.66	1.87	2.09
2.4	1.13	1.19	1.24	1.28	1.31	1.36	1.40	1.53	1.66	1.89	2.11
2.5	1.13	1.18	1.23	1.27	1.31	1.35	1.40	1.53	1.67	1.90	2.13
2.6	1.12	1.17	1.22	1.26	1.30	1.35	1.40	1.54	1.68	1.92	2.16
2.7	1.12	1.17	1.22	1.26	1.30	1.35	1.41	1.55	1.70	1.94	2.19
2.8	1.11	1.16	1.21	1.25	1.30	1.36	1.42	1.57	1.72	1.97	2.22
2.9	1.10	1.15	1.20	1.25	1.30	1.36	1.43	1.59	1.74	2.00	2.26
3.0	1.10	1.14	1.19	1.24	1.30	1.37	1.44	1.60	1.77	2.03	2.30
3.1	1.09	1.14	1.18	1.24	1.30	1.37	1.44	1.60	1.77	2.03	2.30
3.2	1.08	1.13	1.18	1.24	1.30	1.38	1.46	1.64	1.83	2.10	2.37
3.3	1.07	1.13	1.18	1.24	1.31	1.39	1.47	1.67	1.86	2.14	2.41
3.4	1.07	1.12	1.18	1.25	1.32	1.40	1.49	1.69	1.90	2.17	2.45

④求 L' 当地块无任何保护措施时，$L' = D_{50}$；当地块有保护措施时，防护的距离应从地块当量长度中减去。对于防护林带、风障等措施的防护距离按其高度 H 的 10 倍来算，即

$$L' = D_{50} - 10H \tag{11-63}$$

因为地块因子对土壤风蚀的影响，还与风的携沙量有关，因此需要借助查算 L'对风蚀量影响的诺谟图(图 11-9)。

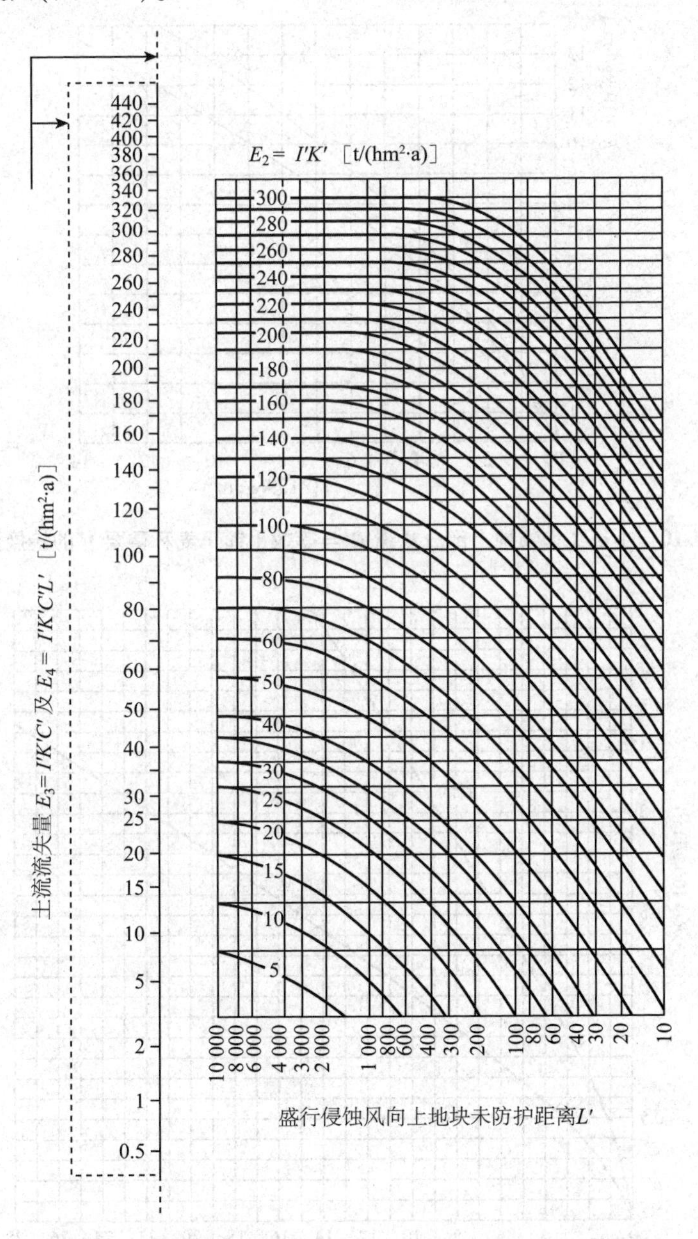

图 11-9 查算地块长度因子 L'对土壤流失量影响的诺谟图

(5)植被因子 V

植被对地面的保护作用与植被的干物质、结构和存活状况、直立或倒伏以及直立的高度等有关。

由于方程中 V 是用平铺的麦秆做试验得出的，对于其他作物或作物残体，需要浆砌干物质重量换算成等效的平铺麦秆重量，才能得到 V，这个转换需要查图 11-10 和图 11-11。

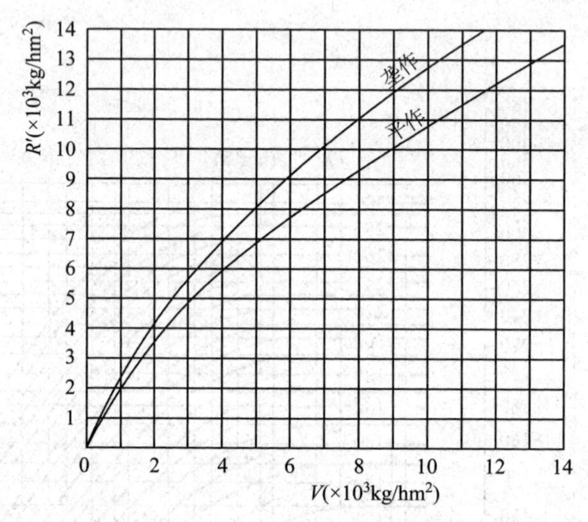

图 11-10　小谷类作物地上部分重量 R' 与等效平铺王麦秆重要 V 的转换曲线

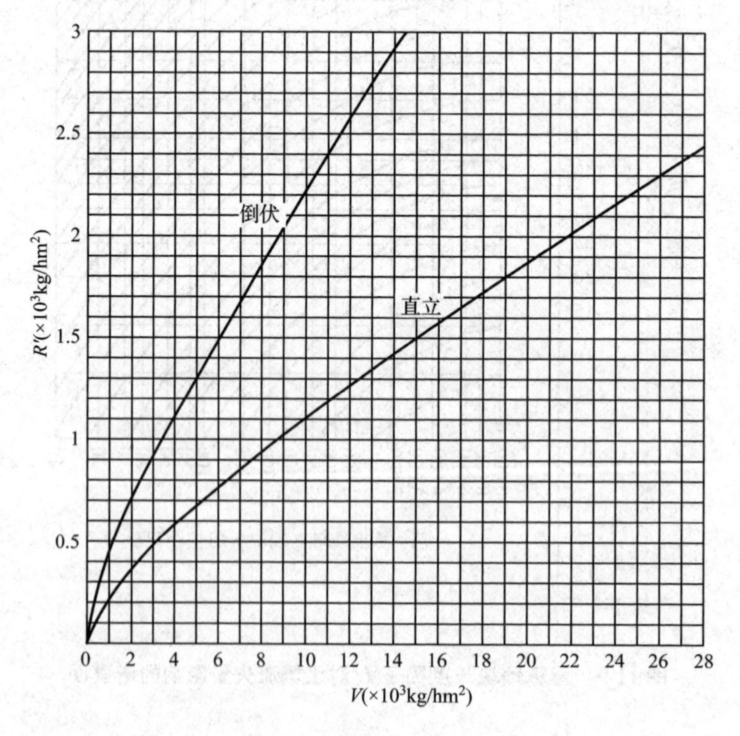

(a)

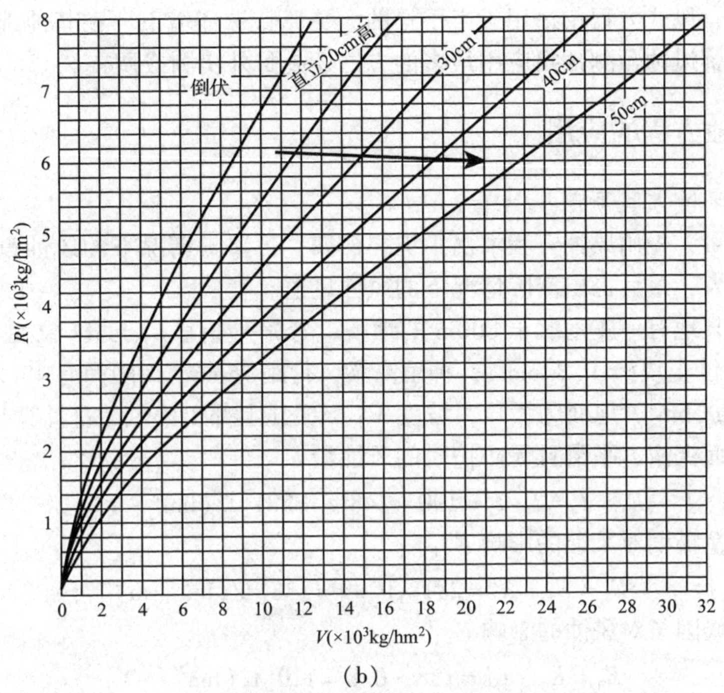

(b)

图 11-11 作物残茬重量 R' 与等效平铺麦秆重要 V 的转换曲线

(a)小谷类作物 (b)高粱残茬

植物因子 V 减少风蚀的作用还取决于无植被时的风蚀程度。图 11-12 为求算 V 值对风蚀量影响的诺谟图。查算时将得到的 V 与 E_4 值在图上找出交点，再将交点平移至纵坐标，得到风蚀量 E。

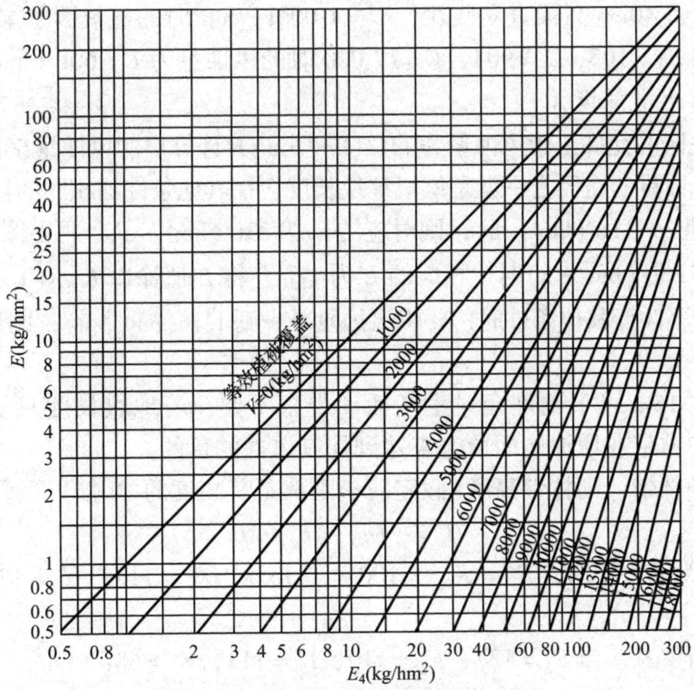

图 11-12 根据 E_4 和 V 查算风蚀量 E

应当说明，风式方程仅适用于半干旱的大平原特殊环境下，在其他地区应用应慎重考虑。目前土壤风蚀预测预报应用最多的方法还是野外实测或调查。

11.4.2 风蚀方程的应用

(1)利用风蚀方程预测风蚀量

预测风蚀量，先用风蚀方程求出平坦、裸露、无防护情况下的风蚀量值，然后将其他因子逐步代入，最后得出实际情况下的风蚀量值。

例如：设某地有一座南北长800m的地块，经筛分析表层土壤(粒径0~0.25cm)中有25%的不可蚀土块(>0.84mm)，种植高粱，行距75cm，田间尚有40cm的高粱残茬，重量为1 000kg/hm^2，地面为缓丘，坡度3%。缓丘上部土壤风蚀量计算步骤为：

①求算地面裸露、平滑且无防护时的风蚀量E_1：

$$E_1 = I' = I \cdot I_s = 190 \times 148\% = 281[\mathrm{t/(hm^2 \cdot a)}]$$

②求算沟垄糙度对风蚀的影响E_2：

$$E_2 = E_1 \cdot K' = 281 \times 0.49 = 138[\mathrm{t/(hm^2 \cdot a)}]$$

③求算气候因子对风蚀的影响E_3：

$$E_3 = E_2 \cdot C' = 138 \times 0.8 = 110[\mathrm{t/(hm^2 \cdot a)}]$$

④用图解法求算地块长度对风蚀的影响E_4：

该地块盛行侵蚀风向为正北($A=0°$)，经计算$R_m=2.4$。查表11-7得$K_{50}=1.13$，则$D_{50}=1.13\times800$(地块长度)$=904$m，田间无风障等防护物，故地块长度因子$L'=904$m。经查图11-9，$E_4=105[\mathrm{t/(hm^2 \cdot a)}]$。

⑤用图解法求算植被覆盖下的风蚀量E：

查图11-11得40cm高粱直立残茬，$R'=1\ 000$kg/hm^{2}时的植被因子$V=1\ 700$kg/hm^2，再查图11-12得$E_4=105$，$L'=904$，$V=17\ 000$时的风蚀量为$E=60\mathrm{t/(hm^2 \cdot a)}$。

(2)风蚀防治措施设计

假定上述地区的允许土壤风蚀量为11t/(hm^2·a)，计算出的风蚀量60t/(hm^2·a)远超过该值。减少风蚀量的途径之一就是缩短地块长度，在其他条件均相同的情况下，从图11-12可查出，若使$E=11\mathrm{t/(hm^2 \cdot a)}$，则对应的$E_4$为23t/(hm^2·a)。再由图11-12可知$E_3$和$E_4$分别为119和23t/(hm^2·a)时，相应的$L'$为17m，将$L'$值除以$K_{50}$值1.13，得到地块长度为15m，即在不改变其他条件时，要将风蚀量减少到11t/(hm^2·a)，则地块长度必须减小到15m以下。

地块长度在15m以下也许会对生产活动带来不便，若地块长度只能减小到100m，此时，可设防护林带或增加地面覆盖来达到控制风蚀的目的。

若营造防护林带，则林带高度(假定防护距离是其高度的10倍)可通过下式计算：

$$H = (D_{50} - L')/10$$

地块长度为100m时，$R' = K_{50} \times 100 = 1.13 \times 100 = 113$，$L' = 17$，带入上式得$H=9.8$m。

若增加地面覆盖，当$E_2=137$，$E_3=110$，$L'=113$，$E_4=68\mathrm{t/(hm^2 \cdot a)}$，由图11-12

可知，等效植被覆盖度因子 $V=4\ 300\text{kg/hm}^2$，再由图11-11查出所需要40cm高的直立高亮残茬重量为 $2\ 300\text{kg/hm}^2$。

11.4.3 土壤风蚀防治

风蚀荒漠化是全球性的重大环境问题，自20世纪70年代以来，已引起国际社会的广泛关注。1992年联合国环境与发展大会通过的《21世纪议程》，把防治荒漠化列为国际社会优先采取行动的领域，充分体现了当今人类社会保护环境与可持续发展的新思想。1994年签署的《联合国防治荒漠化公约》，是国际社会履行《21世纪议程》的重要行动之一，体现了国际社会对防治荒漠化的高度重视。土地荒漠化所造成的生态环境退化和经济贫困，已成为21世纪人类面临的最大威胁，因而，防治荒漠化不仅是关系到人类的生存与发展，而且是影响全球社会稳定的重大问题。

制定风蚀荒漠化防治的技术措施主要依据土壤风蚀原理及风沙运动规律，即蚀积原理。产生风蚀必须具备一定的条件，即一要有强大的风，二要有裸露、松散、干燥的沙质地表或易风化的基岩。根据风蚀产生的条件和风沙流结构特征，所采取的技术措施有多种多样，但就其原理和途径可概括为下述几个方面：

(1)增大地表粗糙度，降低近地层风速

当风沙流经地表时，对地表土壤颗粒(或沙粒)产生动压力，使沙粒运动，风的作用力大小与风速大小直接相关，作用力与风速的二次方呈正比，即有 $P=0.5C\rho V^2A$。所以当风速增大，风对沙粒产生的作用力就增大，反之，作用力就小。同时，根据风沙运动规律，输沙率也受风速大小影响，即有 $q=1.5\times10^{-9}(V-V_t)^3$，风速越大，其输沙能力就越大，对地表侵蚀力也越强。所以只要降低风速就可以降低风的作用力，也可降低风携带沙子的能量，使沙子下沉堆积。近地层风受地表粗糙度影响，地表粗糙度越大，对风的阻力就越大，风速就被削弱降低。因此，可以通过植树种草或布设障蔽以增大地表粗糙度、降低风速、削弱气流对地面的作用力，以达到固沙和阻沙作用。

(2)阻止气流对地面直接作用

风及风沙流只有直接作用于裸露地表，才能对地表土壤颗粒吹蚀和磨蚀，产生风蚀。因而可以通过增大植被覆盖度，使植被覆盖地表，或使用柴草、秸秆、砾石、彩条布等材料铺盖地表，对沙面形成保护壳，以阻止风及风沙流与地面的直接接触，也可达到固沙作用。

(3)提高沙粒起动风速，增大抗蚀能力

使沙粒开始运动的最小风速称为起动风速，风速只有超过起动风速才能使沙粒随风运动，形成风沙流产生风蚀。因而只要加大地表颗粒的起动风速，使风速始终小于起动风速，地面就不会产生风蚀作用。起动风速大小与沙粒粒径大小及沙粒之间黏着力有关。粒径越大，或沙粒之间黏着力越强，起动风速就越大，抗风蚀能力就越强。所以，可以通过喷洒化学胶结剂或增施有机肥，改变沙土结构，增加沙粒间的黏着力，提高抗风蚀能力，使得风虽过而沙不起，从而达到固沙作用。

(4)改变风沙流蚀积规律

根据风沙运动规律和水土流失规律，以风(水)力为动力，通过人为控制增大流速，提高流量，降低地面粗糙度，改变蚀积关系，从而拉平沙丘造田或延长饱和路径输导沙害，以达到治理目的。

思考题

1. 土壤侵蚀监测预报的基本知识有哪些？
2. 土壤侵蚀监测预报的模型有哪些？
3. 简述通用流失方程的特征。
4. 生产建设项目监测点位选取需要注意哪些问题？

第12章

土壤侵蚀定位观测

【本章提要】 土壤侵蚀的发生、发展和演变过程，是自然因素和人为因素综合作用的结果，因此，必须在野外和田间进行观测研究，在野外设置试验场进行实地观测是必要的设施。本章主要介绍坡面水蚀、风蚀、重力及其他类型侵蚀的有关定位观测研究方法，以供研究与生产参考。

土壤侵蚀定位观测主要是指在野外修建相对稳定的场地或布设一定的仪器设备，开展土壤侵蚀影响因素与土壤侵蚀量测量的一种活动。它既是土壤侵蚀的一种研究方法，又可服务于水土保持效果的监测。根据目前的技术水平，本章就常用的一些观测方法加以介绍。

12.1 坡面水蚀观测

12.1.1 径流小区法

12.1.1.1 径流小区的组成与布设

(1)规模

径流小区是人们依据汇流理论在坡面上按一定坡度、坡长和宽度修建的长方形(或近似长方形)集流设施，用以研究水土流失因素与水土流失量的关系。由于观测任务的需求不同，小区的设置也出现了差异。例如，按小区面积的大小可划分为微型小区(1~2m^2)、中型小区(100m^2)、大型小区(1hm^{2}左右)和集水区等；按可移动性又能分为固定小区和移动小区；按小区内的措施特征又有裸地、农地、林地、灌木和草地等类型。

在利用小区法研究土壤侵蚀特征时，有两个概念必须予以重视，即：标准小区和非标准小区。

①标准小区 标准小区是指对实测资料进行对比分析时所规定的基准平台，可以是实地现设小区，也可以是计算中虚设的小区。规定了标准小区以后，在进行资料分析时，就可以把所有资料先订正到标准小区上来，然后再统一分析其规律。在我国，标准小区的定义是选取垂直投影长20m、宽5m、坡度为5°或15°的坡面，经耕地整理后，纵横向平整，至少撂荒1年，无植被覆盖。

②非标准小区 与标准小区相比，其他不同规格、不同管理方式下的小区都为非标准小区。如全坡面小区和简易小区，当上游无来水限制，小区长为整个坡面，宽度可为

3～10m 为全坡面小区。当条件限制，根据坡面情况确定小区的长和宽，但面积不应小于 $10m^2$ 的为简易小区。

(2) 组成

径流小区有边埂、小区、集流槽、分流设施、径流和泥沙集蓄设施、保护带及排水系统组成，如图 12-1 所示。

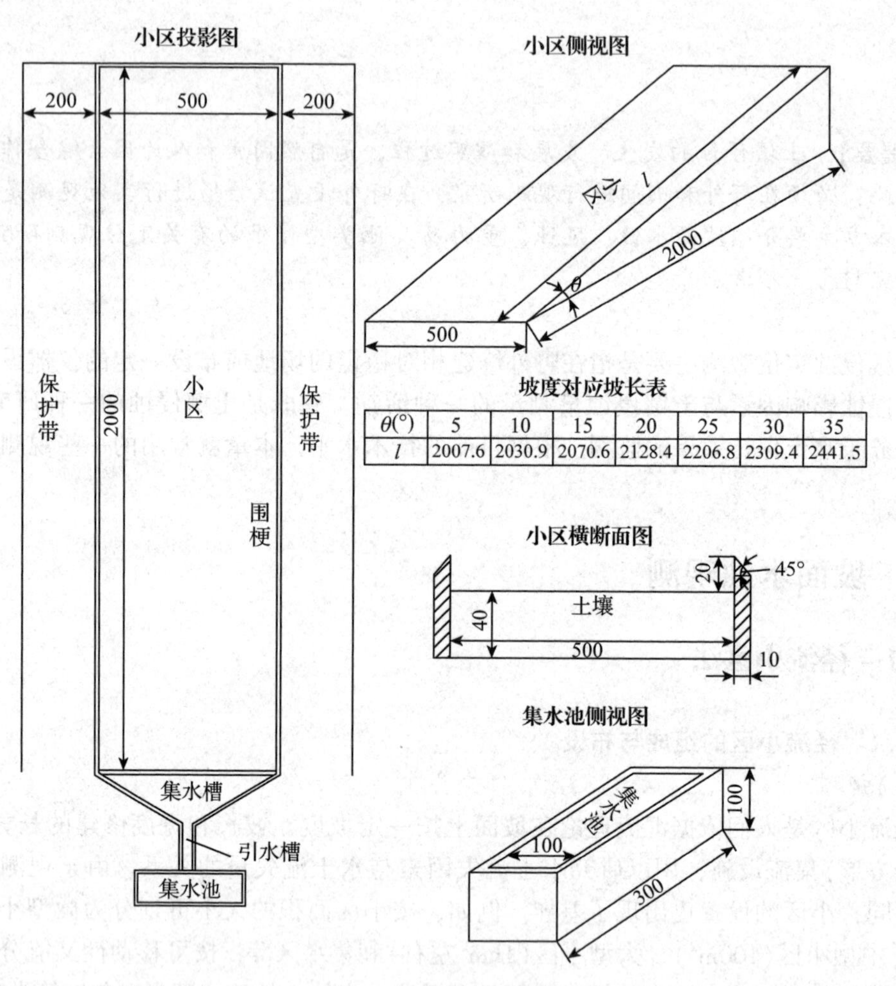

θ(°)	5	10	15	20	25	30	35
l	2007.6	2030.9	2070.6	2128.4	2206.8	2309.4	2441.5

图 12-1 小区布设示意

①边埂　小区边埂可用水泥板、砖或金属板等材料围成矩形，边埂高出地面 10～20cm，埋入地下 30cm 左右。当采用水泥板作为小区边埂时，水泥板的长、高、厚分别为 50～60cm、40～50cm 和 5～10cm。当边埂用砖修建时，其高和厚度与水泥板一致，且水泥板和砖埂的上缘应向小区外倾斜 60°。当用金属板作边埂时，一般多用 1.2～1.5mm 的镀锌铁皮。

②边埂围成的小区　由边埂围成的小区是径流泥沙的来源地，也是布设水土保持措施之所在，因此应严格控制小区内土壤的管理措施或水土保持措施，使小区更具有代表性。如标准小区内应为清耕休闲地，小区每年按传统方式准备苗床，并按当地习惯适时

中耕，保证没有明显的杂草生长(覆盖度以不超过5%为宜)。

③集流槽　小区底端为水泥等材料做成的集流槽。集流槽表面光滑，上缘与地面同高，槽底向下、向中间同时倾斜，以利于径流和泥沙汇集。紧接着集流槽的是由镀锌铁皮、金属管等做成的导流管或导流槽，它将小区和集流设施连接起来。

④径流和泥沙集蓄设施　常用的径流和泥沙集蓄设施有集流桶和蓄水池两大类，宜采用便于清除沉积物的宽浅池。

⑤分流设施　分流设施为可选构件，根据降水强度确定是否需要，次降水量较大则需要设置，次降水量较少则可不设置。采用分流设施需计算分流系数，计算产流产沙量。

⑥保护带　在布设径流小区时，小区与小区之间及小区上缘应留有2～3m的保护带，以提高观测精度和观测人员等行走。

⑦排水系统　为防止径流集中可能引起的坡面冲刷，小区设计和布设时必须在集流设施的下部规划、建设排水系统。同时，也应适当考虑小区上部坡面径流的拦截和排放，以防止径流进入小区。

(3)布设

布设径流小区时，通常应考虑小区的代表性、规范标准、交通和观测结果的可比性等问题。同时还应考虑小区的数目与排列，以及集流方式与设施等。

小区布设多采用对比排列试验。在具体布置时依据当地条件可以作对比顺序排列，也可以作对比随机排列。无论何种排列，对照单元(通常用CK表示)应要互相错开，如图12-2所示。

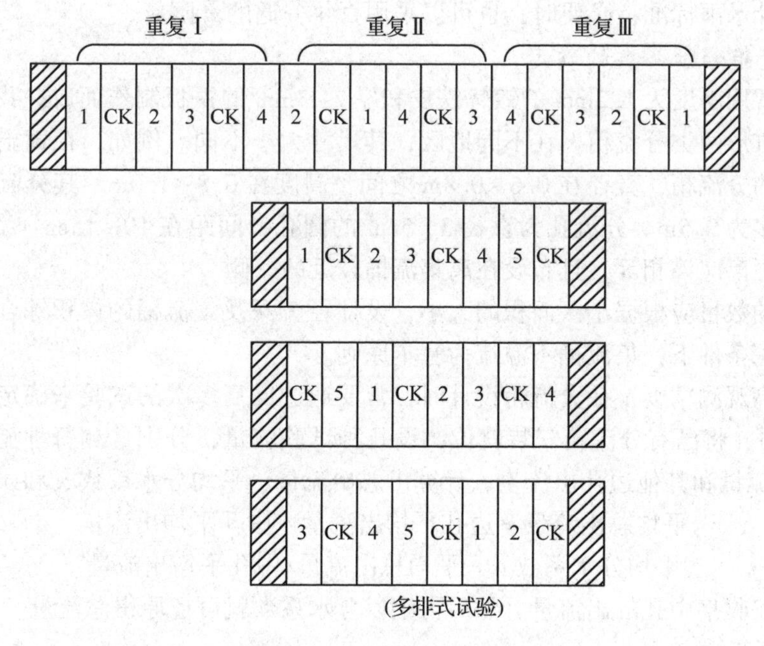

图12-2　径流测验小区布设

12.1.1.2 径流小区集流系统

(1)集流系统的组成

集流系统由集流槽、导流管、分流箱和集流桶(或蓄水池)几大部分组成，如图12-3所示。

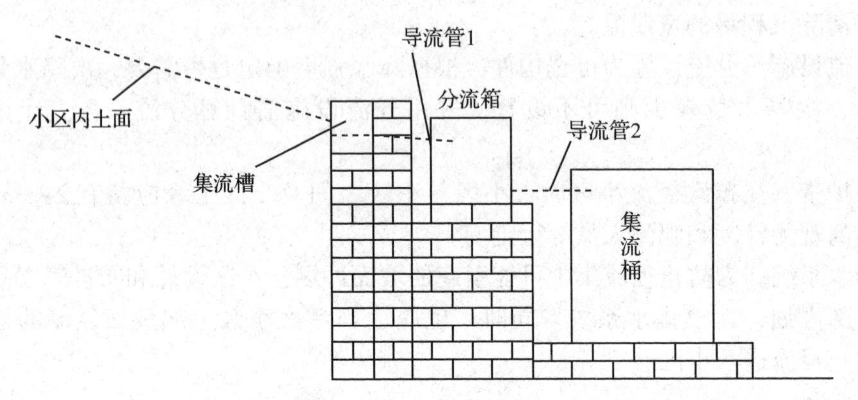

图12-3 径流小区集流系统示意

集流系统设计的基本原则是，可以容纳设计暴雨所产生的全部(单个集流桶的情况)和部分(分流情况下)径流，不能发生溢流现象。因此，确定合理的设计暴雨和径流深对集流系统的设计十分重要。具体方法与《水文与水资源学》(第3版)中的暴雨频率和径流系数求算的步骤和方法相同。只是要注意，在径流小区设计时，通常采用50年一遇的暴雨作为设计暴雨标准；必要时，也可以采用百年一遇的暴雨。

(2)分流箱分水系数的确定

分流箱常用厚度为1.2mm的镀锌铁皮和厚2~3mm的铁板制作而成。我国主要采用圆筒形和立方形两类分流箱。在不同地区，其尺寸大小不同。例如，在黄土高原地区多采用圆筒形的分流箱，直径在0.6~0.8m之间，高度在0.8~1.0m。其分流孔离分流箱底部的高度多为0.5m。分流孔为直径3~5cm的圆孔，间距在10~15cm。通常情况下，分流孔间的距离应该相等，且布设在离集流桶较近的一侧。

分流孔的数目应根据小区面积的大小，设计径流深及集流桶的体积综合确定，以保证设计径流深条件下，集流桶不溢流为基本原则。

为了提高观测精度，在分流箱设计时，常要通过反复多次的试验来确定平均分水系数α。试验时，将已有分流箱安装就位，设几种试验流量，分别量测每种流量下的中孔(收集孔)出流量和其他边孔出流量，计算出总出流量、平均分水系数α和误差。

$$\text{平均总出流量} = \text{边孔平均出流量} + \text{中孔平均出流量}$$

$$\text{平均分水系数}\ \alpha = \text{平均总出流量}/\text{中孔平均出流量}$$

分流箱仅收集中孔的出流量，然后再乘以分水系数就可还原得总流量。

(3)集流桶与蓄水池

集流桶与蓄水池均为收集小区径流和泥沙的装置，集流桶为上部加盖、底部开孔(10cm左右)的圆柱形，蓄水池为顶部开口的长方形或正方体。

12.1.1.3　径流小区测验

(1)测验项目

径流小区基本测验项目包括降水量、降雨强度、降雨历时、径流量、侵蚀产沙量、降雨前后土壤水分剖面变化，按次降雨、日降雨、汛期及全年进行小区流量、产沙量动态监测，下垫面土壤性质及土地利用状况的变化定期监测(包括土壤入渗性能、抗冲性、作物或林草植被覆盖度、冠层截留量及根系的固土效益等)。若有必要，还可开展其他内容测验。以下主要将径流量、泥沙量的测验加以介绍。

(2)径流量观测

径流量是坡面水土流失监测的主要内容，为防止蒸发或集流桶漏水等可能引起径流的减少，每场降雨后应立即观测小区径流量。径流观测基本程序为：

①第一步，准备工作。取样前，准备好取样瓶、直尺、扳手、铁锹、舀子、笔、记录表等。

②第二步，取样。对照记录表(表12-1)填写好小区号、观测日期等项目，然后按照以下步骤进行取样。

表12-1　径流及泥沙取样记录表

径流序号：　　　　　　观测日期：　　　　　　开始取样时间：　　　　　　第____页

小区号	桶号	水深(mm)	取样瓶号	取样瓶容积(mL)	铝盒号	铝盒重(g)	盒重+干土重(g)	备注(或索引号)

结束取样时间：　　　　　　　　　　　观测人：

a. 检查小区、分流箱、集流桶等是否有异常现象，如有无严重淤积及分流孔堵塞等。若有，做好相应的记录。

b. 对照记录表填好集流桶号，打开桶盖，将直尺垂直插入桶中至桶底，读取水面所在刻度值，填入记录表中。每个集流桶，应在不同位置测量水深4次。

c. 用铁锹搅动集流桶中的泥水，使泥沙与水充分混合达到均匀，用舀子取样，装入取样瓶中，记录瓶号。每个集流桶内取样两个，供侵蚀泥沙分析。

d. 打开集流桶底阀，然后一边搅动，一边放出泥水，最后用清水将集流桶冲洗干净。

e. 拧紧底阀，盖好桶盖，进入下一个小区的取样工作。

f. 每次产流后，应及时检查分流箱的分流孔，发现有淤泥时应及时清理，避免影响出水。

③第三步，径流量计算。

a. 当集流系统仅为集流桶，没有分流箱时，径流量用式(12-1)计算：

$$W = Ah \tag{12-1}$$

式中 W——径流(含泥沙)体积(m^3)；

A——集流桶的面积(m^2)；

h——集流桶内径流泥沙混合溶液的深度(m)。

b. 当集流系统由1个分流箱和1个集流桶组成时，视分流箱有无容纳径流的能力，径流量的计算方法有两种：

当分流箱不能容纳径流时，径流量用式(12-2)计算：

$$W = \alpha_1 Ah \tag{12-2}$$

式中 α——分流箱分流系数；

其余符号意义同前。

当分流箱可以容纳一定体积的径流量时(假定分流箱为方形)，径流量用式(12-3)计算：

$$W = abh_1 + \alpha_1 Ah_2 \tag{12-3}$$

式中 a，b——分别为分流箱的长和宽(m)；

h_1——分流箱里的径流深度(集流桶内有径流时，即为分流孔下缘到分流箱底部的高度)；

α_1——分流箱分流系数；

h_2——集流桶内径流深度(m)；

其余符号意义同前。

c. 当集流系统由2个分流箱和1个集流桶组成时，其径流量的计算也因分流箱有无容纳径流的能力有两种方法：

当分流箱不能容纳径流时，径流量用式(12-4)计算：

$$W = \alpha_1 \alpha_2 Ah \tag{12-4}$$

式中 α_1——第一个分流箱分流系数；

α_2——第二个分流箱分流系数；

h——集流桶内径流深度(m)；

其余符号意义同前。

当分流箱可以容纳一个体积的径流时，径流量用式(12-5)计算：

$$W = \alpha_1 a_1 b_1 h_1 + \alpha_1 \alpha_2 (a_2 b_2 h_2 + Ah_3) \tag{12-5}$$

式中 a_1，b_1，h_1，α_1——第一个分流箱的长(m)、宽(m)、径流深度(m)和分流系数；

a_2，b_2，h_2，α_2——第二个分流箱的长(m)、宽(m)、径流深度(m)和分流系数；

其余符号意义同前。

当分流箱为多个级别时，其径流量的计算方法，依此类推。

④第四步，以蓄水池为集流系统的径流量计算。以蓄水池为径流汇集系统的小区，由于其体积较大，采用搅拌的方法取样难度较大，其代表性较差。因此，可以考虑先将沉积的泥沙摊平，等泥沙沉降后，在不同位置量测径流深度，计算平均径流深。径流量

用式(12-6)计算：

$$W = Sh_R \tag{12-6}$$

式中 W——蓄水池内容纳的径流量(m^3)；

S——蓄水池面积(m^2)；

h_R——蓄水池平均水深(m)。

等取样完成以后让蓄水池中的水沙泥混合物沉积几天，然后将上面的清水从放水孔内排走或用水泵、虹吸法将水抽出，进一步量测泥沙量。

(3)侵蚀泥沙量的观测

①首先，样品处理方法。泥沙样的采集和径流量测定同时进行。小区取样完毕，将样品带回室内按照以下步骤进行处理。

a. 样品转移。将取样瓶内的水沙样摇动数次，让水沙充分混合，然后用量筒量取500mL的水沙样，将其倒入铝盒中。用清水冲洗量筒，使筒内泥沙全部倒入铝盒，同时在“径流及泥沙取样记录表”(表12-1)中记录相应的铝盒编号。

b. 样品沉淀。静置铝盒数小时，使泥沙沉淀，然后倒掉铝盒上部的清水，再沉淀，再倒掉上部清水，注意不要倒掉泥沙。经过几次处理以后，所剩水沙样体积不是太大时，就可以进行烘干。

c. 称重。取出铝盒。用电子天平依次称量，在记录表中做好相应的记录。

②其次，泥沙量计算。

a. 泥沙重。每个径流泥沙样品中包含的泥沙质量用式(12-7)计算：

$$G = G_T - G_H \tag{12-7}$$

式中 G——样品的泥沙质量(g)；

G_T——铝盒和泥沙的总质量(g)；

G_H——铝盒的质量(g)。

b. 含沙量。用式(12-7)计算得到的泥沙量是500mL径流样内的泥沙总重量，所以含沙量用式(12-8)计算：

$$\rho = 2G \tag{12-8}$$

c. 小区侵蚀泥沙总量。某次降雨产生的侵蚀泥沙总量用式(12-9)计算：

$$S_T = W\rho \tag{12-9}$$

式中 S_T——小区侵蚀泥沙总量(kg)；

W——径流量(m^3)；

ρ——径流含沙量(kg/m^3)。

③第三，以蓄水池为集流系统的泥沙观测。

将清水放完，让泥沙充分风干。如果泥沙量不大，可以直接用称重的方法测定泥沙量；当沉积泥沙比较多时，在不同部位测定沉积泥沙的深度，计算平均沉积泥沙的厚度，再根据式(12-10)计算侵蚀泥沙的总量：

$$S_T = \gamma_s S h_s \tag{12-10}$$

式中 S_T——小区侵蚀泥沙总量(kg)；

γ_s——侵蚀泥沙的容重(kg/m^3);

S——蓄水池面积(m^2);

h_s——沉积泥沙的平均厚度(m)。

事实上，蓄水池里的泥沙完全风干是不现实的。如果测定泥沙含水量为 W_ω(%)，那么小区侵蚀泥沙的重量用式(12-11)计算：

$$S_T = \gamma_s S h_s \left(1 - \frac{W_\omega}{100}\right) \tag{12-10}$$

这里需要指出的是在采用径流小区观测土壤侵蚀时，还需配套布设小气候观测站，以便进行降水、湿度、温度、地温、风透、风向等观测。另还可根据工作需要开展土壤水分观测(中子仪法或TDR法或烘干法)、作物生长状况观测等。

12.1.2 同位素示踪法

同位素示踪技术在土壤侵蚀研究中的应用始于20世纪60年代原子爆炸的产物。自70年代起以^{137}Cs示踪技术应用研究较为活跃。此外，也有采用^{7}Be、^{210}Pb、^{226}Ra、单核素或多核素示踪技术研究侵蚀过程、河流泥沙的沉积或来源等。^{210}Pb是自然环境中存在的天然放射性核素，半衰期为22.3年，主要用于沉积速率的测定。^{7}Be是宇宙线与大气层作用产生并降落到地面的短寿命核素，半衰期为53.3d，具有季节性环境微粒迁移的示踪价值。用^{7}Be和^{137}Cs复合可确定和预测集水区的泥沙来源，或探讨侵蚀过程的机制。也有利用^{137}Cs、^{210}Pb和^{226}Ra三种核元素描述河流泥沙来源。此外，有采用稀土元素REE示踪技术，定量化研究土壤侵蚀过程的空间变化等。

以下主要介绍^{137}Cs核素示踪法。

12.1.2.1 方法原理

^{137}Cs是20世纪50～70年代大气层核试验产生的放射性核尘埃，半衰期为30.1年。^{137}Cs随降雨落到地面，基本不被植物摄取或淋溶流失，而快速被表层土壤细粒和有机质吸附，以后伴随土壤、泥沙颗粒的机械搬运而迁移，成为一种理想的泥沙示踪元素。一般在较小的区域内(如水利枢纽工程)，可以认为^{137}Cs是均匀分布的；若区域范围大，如公路、铁路、管线建设工程，横跨几个省份，长度超过数千千米，则可分不同区段，并视在每一区段中^{137}Cs是均匀分布的。

被搬运迁移和沉积的泥沙中，^{137}Cs的浓度含量比对照地越大，或分布土层愈厚，表示泥沙堆积愈多。相反，^{137}Cs浓度降低，则指示出该地侵蚀严重。通过中子活化分析测定(一般在核物理实验分析室进行)，可以得到土层中^{137}Cs浓度含量。

运用该方法监测较其他方法速度快、周期短，能测定较长期的平均侵蚀状况，且精度高，但应注意选好参照点。该方法费用较高，一般难以在当地分析测定。

12.1.2.2 测定与计算

^{137}Cs测定要经过采样、处理、分析几个阶段，最后通过已建立的数学方程计算出土

壤流失数量。

样点采集用地形剖面法，即把研究区划分出若干地块，每一地块从坡顶到坡脚顺坡设置采样剖面线，然后沿剖面线按一定间距采集柱状土壤剖面样品(图 12-4)。土样采集可以采用两种方式，一种是按照土壤剖面分层采集，称为分层样；另一种是不分层采集，称为全样(全剖面样)。同时在周围邻近区选取未受人为活动影响、基本不流失或流失轻微的地块(一般为长期未扰动草地)取对照样(参照)，作为^{137}Cs沉降的本底值测定用。目前，采样为圆柱形，直径大小不一(小的直径 8.8mm)，长度为 20~25cm。铲平地面，将采样器打入土体中分层取样，直至无^{137}Cs分布(流失区多在 25cm，堆积区可大于 50cm 以上)。对土壤样品经过风干、研磨、过筛(直径 2mm)后，精称粒径大小 2mm 风干土 400g 装入塑料袋，标记后送实验室分析测定。

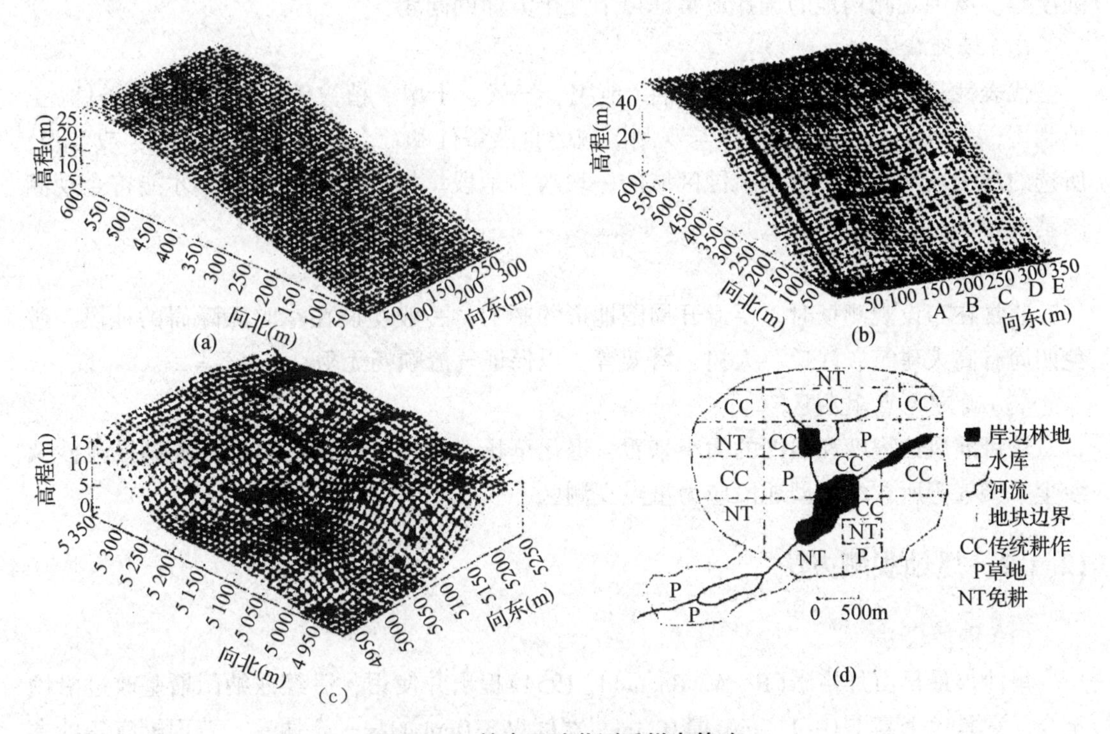

图 12-4 核素示踪监测采样点策略

(a)单一坡面样点分布 (b)坡面网络样点分布

(c)复杂坡面网络样点分布 (d)小流域样点分布

坡耕地用质量平衡模型计算土壤侵蚀量，公式如下：

$$A = A_0 (1 - h/H)^{t-1963} \tag{12-12}$$

非农用地(林地、草地等)用剖面模型计算土壤侵蚀量，公式如下：

$$A = A_0 e^{-\lambda h(t-1963)} \tag{12-13}$$

式中 A——取样年份土壤剖面的^{137}Cs面积活度(Bq/m^2)；

A_0——参照样测得的^{137}Cs本底值(Bq/m^2)；

h——年土壤流失厚度(cm)；

H——农耕地耕作层深度，即土样厚度(cm)；

λ——^{137}Cs 剖面衰减系数，其值为0.33；

t——测定取样年份。

12.2 风力侵蚀观测

12.2.1 风蚀观测场地的选择

建立风蚀观测场的目的是要观测和掌握区域的风蚀条件、风蚀活动变化规律及风蚀强度等。风蚀观测场地的选择应考虑以下几个方面的问题：

(1)场地代表性

代表性是指观测场地的自然条件(地貌、气候、土壤、植被等)和社会经济条件(土地利用，人口及人为活动等)要与观测区域的自然条件和社会经济条件相一致，或者说，所选的观测场就是要了解的风蚀区域的一块典型地段。场地有了代表性，才能符合观测的基本要求。

(2)场地周边条件

通常在布设观测场时，要避开周围地形的影响，一般均设在空旷无障碍的地段，避免四周有高大建筑、沙丘、大树、塔架等，以保证气流顺畅无阻。

(3)确定重点观测区

从目前风蚀程度和强度的大小来看，退化草场、沙化土地和古河道和滨湖区流沙及沙尘暴天气等所在的典型地段应为重点观测区。

12.2.2 风蚀观测方法

(1)集沙仪法

集沙仪最早由拜格诺(R. A. Bagnold，1954)提出并使用，后经兹纳门斯基改进沿用至今。它是一个高1.0~1.5m、厚0.3m、宽度仅3.0cm的扁平金属盒，背面配有集沙盒(袋)，收集3cm宽和不同高度组成面积的风沙气流的挟沙量，再加上记录时间，可以算出离地面不同高度的单位时间单位面积的输沙率[g/(cm^2·s)或g/(cm^2·min)]。一般情况下，使用集沙仪时高度在50cm即可。

目前，我国研究部门使用的集沙仪有多种。有观测单一风向的单向集沙仪，有观测各个风向的旋转式集沙仪，有仅观测近地面3.0(或3.0~5.0)cm高度的单路集沙仪，还有可以多层观测不同高度输沙量的多路集沙仪(间隔板厚0.2mm)。后来J.S. 司道特和D.W. 富雷诺从集沙仪的等动力性、高效率性和非选性出发，提出点阵式集沙仪和BSNE集沙仪。经过测试评价，以图12-5中给出的集沙仪尺寸为佳。

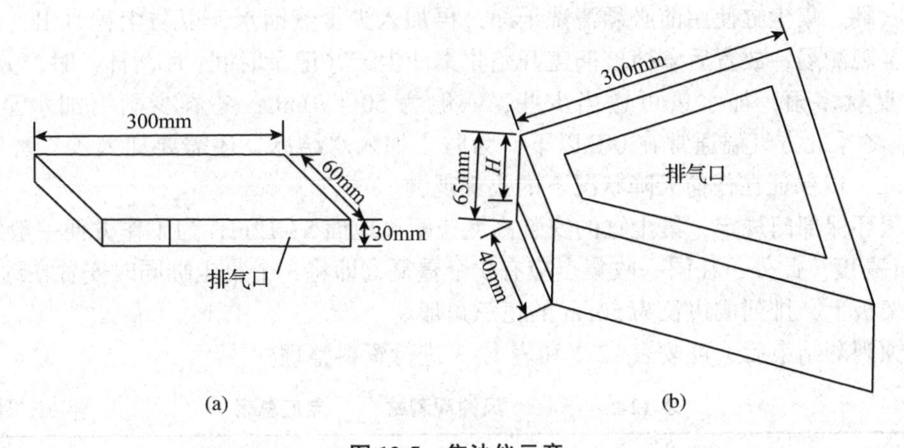

图 12-5 集沙仪示意

(a)点阵集沙仪(高: 宽 = λ = 0.5) (b)BSNE 集沙仪

(H = 40mm 或 H = 50mm)

(2)风蚀桥法

风蚀桥是由断面监测仪改进后用于测定某一区域风蚀深度的桥形仪器(图 12-6)。风蚀桥的桥面为宽 2cm、长 100cm、厚度 2~3mm 的金属件；两端"桥腿"可为直径 2~5mm、长 30~40cm 的钢支柱，且桥腿长度的一半要打入地面以下。桥要求细小光滑，尽可能的不要扰动气流，保持风沙流以原状掠过桥下，桥面上刻有测量用控相距离(10cm)，在每一控相距离线上测定风蚀前后两次桥面到地面点的高度差，就能得出平均风蚀深，若再测出桥腿打入该地面物质的容重，就能算出当地风蚀模数。

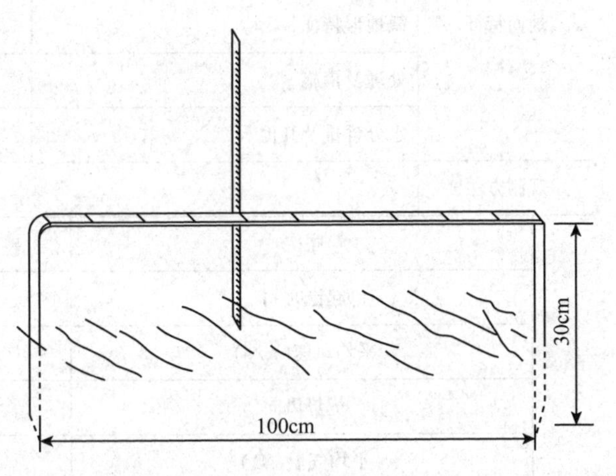

图 12-6 风蚀桥（引自李智广 等）

但应注意，在固定风蚀桥时要与优势风向相垂直且将桥腿打入地下时尽量减小对周围土体的扰动、测量板尺读数至毫米以下、建立多点测量等都是必要的。

(3)测钎法

测钎为一个光滑细长的金属杆件，直径约 2mm，长 20cm 以上。若需要，也可在测钎上套上一外径尺寸 50mm 的圆形测片。测钎可以设置在积沙区任何需要观测的典型地段，一般测钎埋设均与地面垂直，使套结的测片能与地面紧密结合。当一个风积期结束后，量测被积沙掩埋的测片深度(与坡面垂直深)，再与该区布设的多个套片测钎的埋深值相比较，就可确知积沙厚度的空间变化，也可算出该区的平均积沙深。

(4)集尘缸法

集尘缸是一个特制的收集大气中悬浮尘土等固相微粒的容器。我国目前使用的集尘缸为一个平底圆柱形玻璃缸，内口径 150mm ± 5mm，高 300mm，缸重约 2~3kg，这样不致被风吹翻。集尘缸使用前必须清洗干净，再加入少量蒸馏水，以防尘粒飘出，用玻璃盖住移至观测场，放置后拿掉玻璃盖开始收集沙尘，并记录时间(月、日、时、分)。由于我国夏秋多雨，加水量可适当少些，一般为50~70mL；冬春少雨可加水至100~200mL；冬季北方气温通常在0℃以下，为防止加入水结冰，还需要加入乙二醇防冻剂60~80mL，以保证在任何天降状况下的收集观测。

我国环保部门规定，集尘缸的安装高度应距离地面5~12m，为工作方便一般情况下均取6m高度。此外，在同一收集点应有3个重复，即将3个集尘缸同时安置在约1.0m^2的方形架板上，排列成边长为50cm的正三角形。

风蚀观测结束后，可按表12-2和表12-3进行资料整理。

表12-2　______风蚀观测站____点汇总表　　　年　　月　　日

场站位置			观测区(处理)名				
地面特征	地面物质						
	地面植被类型及覆盖度						
	微地形特征						
	处理及措施						
	水分含量及其他						
观测方法							
观测项目	序次		1	2	3	…	年(月)总计
	起讫时间						
	平均风速(m/s)						
	优势风向						
	平均气温(℃)						
	降水量(mm)						
	平均风沙强度[g/(cm^2·s)]	0~3cm					
		3~6cm					
		6~10cm					
		10~50cm					
	平均输沙量(0~50cm)(g/cm^2)						
	平均风蚀深(mm)						
	地面破坏特征						

观测者：　　　　　　　　　　　　审核者：

表 12-3 观测场降尘观测汇总表 年 月 日

站(点)位置与名称						
观测高度(m)						
观测方法						
观测项目	序次					年合计
	起讫时间(月、日、时、分)					
	平均集尘量(g)					
	平均降尘强度(g/m^2)					
说　明						

观测者： 审核者：

12.3 重力及其他类型侵蚀观测

12.3.1 重力侵蚀观测

12.3.1.1 泻溜观测

泻溜观测常采用收集法，即用一定形式的收集容器，置于选设坡面的底部，定期收集泻积物的方法。收集器可用青砖浆砌成槽体，靠坡面一侧槽帮与坡面紧密相接，槽长可大可小，一般取5m或10m，或视坡面面积、形状大小而定；槽体容积，依能收集一个观测期最大泻积物而定。为了避免受降水影响，可以设盖，也可以在槽一端设一孔排积水(一般距底1~2cm并有双层拦网)。若坡脚有平坦的地面，可作简单处理，设一围梗即可。此外，也可采用测针法进行观测。

(1)侵蚀量测验

泻积物顺坡下落进入收集槽，可于每月、每季或每年清理收集槽中泻积物称重(风干重)，然后相加得年侵蚀量，用收集坡面面积去除得到单位面积侵蚀量，最后将坡面侵蚀量换算为平面侵蚀量即可，换算式为：

$$M = M_b \cos\alpha \tag{12-14}$$

式中 M——平面上单位面积侵蚀量(t)；

M_b——坡面上单位面积侵蚀量(t)；

α——坡度(°)。

(2)泻积物粒级分析

在有分析条件的观测场，若设有不同组成质地的坡面泻溜观测场，就需要分析坡面物质组成对侵蚀的影响。这时可采用筛分法。

另外，若工作需要时还应进行气温、降水和风的观测。

泻溜观测成果可用表12-4整理汇总。

表 12-4 泻溜观测成果表

年 月 日

观测场地	场地名		坡向		坡度	
	场地面积(m^2)			坡面性质		
	植被状况					
	其 他					
观测项目	方法					
	序次				…	总计
	起讫时间					
	风干称重(g)					
	平面折重(g/m^2)					

观测者： 审核者：

12.3.1.2 滑坡

对滑坡的观测方法主要有排桩法和定位系统观测法。通过定期对观测桩之间的距离和变化情况测定，研究和判断滑坡体的运动及发展趋势，及时发出灾害预报，采取有效措施进行滑坡整治。滑坡发生的松弛张裂和蠕动两个阶段常采用排桩法配合其他方法，以监测地表形变与位移，判断滑坡发生规模与大致时间，所以也称预报监测；而破坏(滑动)阶段则是在滑坡发生后用测量法，以确定滑动土(岩)体的体积大小。在上述监测的同时，观测主要因素对滑坡的影响也十分重要。

(1)排桩法监测设施与布设

排桩法监测设施有测桩、标桩、觇标及高精度定位测绘仪器等。

①测桩 依据性质，测桩分基准桩、置镜桩和照准桩。基准桩设置在滑体以外的不动体上固定不变，要求通视良好，能观测滑体的变化。置镜桩设在不动体上，能观测滑体上设置的照准桩。置镜桩一般在观测期不变，若有特殊预料不到的事件发生，也可重设。照准桩设置在滑体上，用以指示桩位处的地面变化，所以要牢靠、清晰。在设置时，考虑到滑体各部位移动变化的差异，一般沿滑体滑动中心线及两侧，分设上中下三排桩；若滑体较大，可以加密。一般桩距为15~30m，最大不超过50m。

②标桩 标桩是为监测滑体地面破裂线的位移变化而设置的。由于破裂面在滑坡发育过程中变化灵敏，且不同位置变化差异很大。所以，标桩设置密度较大，桩距一般为15m左右，并成对设置，即一桩在滑动体上，另一桩在不动体上，两者间距以不超过5m为好，以提高测量精度。

③觇标 觇标是用以监测大型滑体上建筑物破坏变形的小设施，为一个不大于20cm×20cm的水泥片。上有锥形小坑三个呈正三角形排列。该觇标铺设在建筑物破裂隙上(墙上或地面上)，使其中2个小坑连线与裂隙平行(在破裂面一侧)，另一个小坑在破裂面另一侧。设置密度可随建筑物部位不同而变化，无严格限度。

(2)排桩法观测与要求

①排桩法观测 由于滑体运动是三维的，所以观测既要有方位(二维)，还要有高程变化。一般观测程序是：先在要确定观测的滑坡地段作现场踏堪，以初步确定测桩的设置方案；布设基准桩、置镜桩、照准桩和标桩(标桩一般有明显裂隙出现后设置)；由基准桩作控制测量，再由置镜桩精测照准桩和标桩的方位和高程，并用直尺量测标桩对的距离；用大比例尺绘制已编号的各桩位置及高程图，作为观测的基础。然后，定期观测照准桩位和高程变化，与前期观测值比较后能知道变形位移量。一般初期可一月测一次，蠕变形加快可5~10d或1~5d测一次，具体观测期限需视实际情况而定。

②觇标观测 一般只作两维观测，即由每一个锥形坑测量到裂隙边缘距离和该处裂隙开裂宽度的变化量。观测期限可按排桩法同期进行，也可依据实际情况确定观测期限。

③滑坡发生后的测量 通常用经纬仪测量出该滑坡体未滑坡前的大比例尺地形图作为对比计算的基础。当滑坡发生后，再精测一次，用同样的比例尺绘图。根据两图作若干横断面图，并量算断面面积及高程变化，分别计算部分体积和总体积。由于滑动后岩土破碎，堆积体会有孔隙存在，测量体积偏大。这可通过两种途径解决：一是根据滑体遗留的痕迹，实测滑体宽、长、厚度并计算予以校核；二是估测堆积物孔隙率，计算后给予扣除。用两者测算体积值修正前述断面量算体积，就能估出较准确的滑坡侵蚀体积。

(3)空间定位系统观测法

用于观测滑坡变形的GPS控制网由若干个独立的三角观测环组成，采用国家GPS测量WSG-84大地坐标系统，对岩体的变形与滑坡位移进行观测。

滑坡观测GPS网中相邻点最小距离为500m，最大距离为10 km。滑坡观测GPS网的点与点间不要求通视，但各点的位置应满足：①远离大功率无线电发射源，其距离不小于400m；远离高压输电线，距离不得小于200m；远离强烈干扰卫星信号的接收物体。②地面基础稳定，易于点的保存。

GPS观测的有效时段长度不小于150min；观测值的采样间隔应为5s；每个时段用于获取同步观测值的卫星总数不少于3颗；每颗卫星被连续跟踪观测的时间不小于15min；每个测段应观测2个时段，并应日夜对称安排。

滑坡观测结束后，可按表12-5进行资料整理与汇总。

表12-5 滑坡调查表

<table>
<tr><td rowspan="5">形成条件</td><td>地势地貌</td><td colspan="3"></td></tr>
<tr><td>地质构造</td><td colspan="3"></td></tr>
<tr><td>水文地质</td><td colspan="3"></td></tr>
<tr><td>滑体组成与结构</td><td colspan="3"></td></tr>
<tr><td>土地利用</td><td colspan="3"></td></tr>
<tr><td rowspan="4">诱发原因</td><td>降水情况</td><td colspan="3"></td></tr>
<tr><td>滑体前缘冲刷</td><td colspan="3"></td></tr>
<tr><td>滑前地质征兆</td><td colspan="3"></td></tr>
<tr><td>人为活动</td><td colspan="3"></td></tr>
<tr><td rowspan="4">滑坡几何数据</td><td>滑壁最大高程(m)</td><td></td><td>滑舌高程(m)</td><td></td></tr>
<tr><td>后缘高差(m)</td><td></td><td>滑体中轴长度(m)</td><td></td></tr>
<tr><td>滑体宽度(m)</td><td></td><td>滑体体积($\times 10^3 m^3$)</td><td></td></tr>
<tr><td>滑体最大厚度(m)</td><td></td><td></td><td></td></tr>
<tr><td colspan="2">滑坡发生时间</td><td colspan="3"></td></tr>
<tr><td colspan="2">危害及经济损失</td><td colspan="3"></td></tr>
<tr><td colspan="2">防治情况及意见</td><td colspan="3"></td></tr>
<tr><td colspan="2">滑坡稳定性评价</td><td colspan="3"></td></tr>
<tr><td colspan="2">(滑坡平面图)</td><td colspan="3">(滑坡纵剖面图)</td></tr>
<tr><td colspan="2">备 注</td><td colspan="3"></td></tr>
</table>

调查人： 组长： 调查日期： 年 月 日

12.3.2 泥石流观测

泥石流观测的基本方法是断面测流法，在泥石流形成区和堆积区也可采用测钎法和地貌调查法，以下主要阐述断面法。

12.3.2.1 泥石流观测

(1)观测断面的布设

根据泥石流运动时特有的振动频率、振幅，在沟道顺直，沟岸稳定，纵坡平顺，不易被泥石流淹没的流通段区域布设泥石流观测断面，一般选择在流通区段的中下部，观测断面设置2~3个，上、下断面间的距离一般为20~100m，需要布设遥测雨量装置、土壤水分测定仪、水尺等水文监测设备。

(2)流态观测

泥石流运动有连续流也有阵流，其流态有层流也有紊流；泥石流开始含沙量低，很快含沙量剧增，后期含沙量减少，过渡到常流量，因而观测其运动状态和演变过程，对于分析和计算是必不可缺的资料。

泥石流这一过程的观测是由有经验的观测人员，手持时钟，在现场记录泥石流运动状况，并配合以下观测内容作出正确的判断。

(3)泥位观测

由于泥石流的泥位深度能直观地反映泥石流的暴发与否、规模大小和可能危害程度，因而，可以利用泥位对泥石流活动进行监测。泥位用断面处的标尺或泥位仪进行观测，观测精度要求至0.1m。

(4)流速和过流断面观测

流速观测必须和泥位观测同时进行，其数值记录要和泥位相对应。通常有人工观测和仪器测定两种方法，前者有水面浮标测速法，后者有传感流速法、遥测流速法、测速雷达法等。

(5)动力观测

动力观测采用压力计、压电石英晶体传感器、遥测数传冲击仪、泥石流地声测定仪等方法。

(6)其他观测

其他观测包括容重、物质组成等，主要利用容重仪、摄像机等仪器设备。

12.3.2.2 冲淤观测

(1)沟道冲淤观测

沿泥石流沟道，每隔30~100m布设一个断面，并埋设固定桩，每次泥石流过后测量一次，要同时测量横断面及纵断面。可采用超声波泥位计、动态立体摄影等方法观测。

(2)扇形地冲淤变化观测

泥石流扇形地，除测绘大比例尺地形图外，还应布置10m×50m的监测方格网，每次泥石流过后，用经纬仪、全站仪、INSAR技术或“3S”技术和TM影像等其中一种或几种测定淤积或冲刷范围，并用水准仪测量各方格网点的高程，以了解高程变化和冲淤动态变化状况。

泥石流观测(或调查)完毕后，按表12-6和表12-7进行整理总结。

表12-6 泥石流测验及调查成果表

沟道编号及名称：______________________________

所中水系及主河名称：______________________________

行政区：__________省__________县__________乡(镇)__________村

地理坐标：__________东经__________北纬__________

流域地貌	流域面积(km^2)		流域地质	所处大地构造部位	
	流域长度(km)			岩层构造	
	流域平均宽度(km)			地震烈度	
	流域形状系数			地面组成物质	
	沟道比降(‰)			地表岩石风化程度	
	沟口海拔高程(m)			沟道堆积物情况	
	相对最大高差(m)			重力侵蚀、沟蚀规模、面积、活动等情况	
	冲积扇面积(km^2)				
	冲积扇厚度(m)				
土地利用	农业用地(hm^2)		流域植被	森林覆盖率(%)	
	林业用地(hm^2)			林草覆盖率(%)	
	牧业用地(hm^2)			林木生长及分布	
	水域(hm^2)			灌草生长及分布	
	裸岩及风化地(hm^2)			林草涵养水源功能	
	其他面积(hm^2)			林草防蚀功能	
气候	平均温度(℃)		社会经济情况		
	年温差(℃)				
	年均降水量(mm)				
	日最大降水量(mm)				
诱发原因			活动与危害		

表12-7 典型泥石流发生情况调查记录

各种诱发原因			
活动历史及危害			
发生时间		历时(s)	
容重(t/m^3)		流体性质	
流速(m/s)		流量(m^3/s)	
流　态		冲出量(m^3)	
降雨情况		沟口堆积情况	
潜在危害及威胁对象		防治情况	

测验(调查)人：　　　　　　核算人：　　　　　　调查时间：　　年　　月　　日

12.3.3 冻融侵蚀观测

(1)寒冻剥蚀观测

本项观测与重力侵蚀中洒落观测基本相同，可采用容器收集法或测钎法。但要注意使用测钎法时，钎不能细小且要有较高强度以免毁坏。布设时，尽量利用岩层裂隙或层间裂隙，使测钎呈排(网)状，间距可控制在1.5~2.0m。

(2)热融侵蚀观测

热融侵蚀从形式上可以看作地表的变形与位移，可应用排桩法结合典型调查来进行。在要观测的坡面布设若干排测桩及几个固定基准桩，由基准桩对测桩逐个做定位和高程测量并绘制平面图，然后，定期观测。当热融侵蚀开始发生或发生后，通过再次观测，并量测侵蚀厚度，由图量算面积，即可算出侵蚀体积。应该注意，测桩埋深要以不超过消融层为准，一般控制在30cm以内，否则将影响侵蚀。在同类典型地区作抽样调查，可以估算出热融侵蚀面积比或侵蚀强度。

排桩布设可成排状或网状，桩距应不超过10m。热融侵蚀观测在暖季初，可半月观测一次；随着气温升高，观测期应缩短到10d或5d。当热融侵蚀发生后，受气候影响，裸坡可能还有变形或水流冲刷，应持续观测直到9月底。

(3)冰雪侵蚀观测

借鉴国外已有经验，可采用水文站观测径流、泥沙(含推移质)的方法，结合冰碛垅的形态测量来实现。形态测量实质是大比例尺高精度地形测量，通过年初和年终的测量成果比较，计算出堆积变化量。

冻融侵蚀观测结束后，可按表12-8进行资料整理与总结。

表12-8 冻融侵蚀观测成果表

观测场(站)名：

所属政区：______省(自治区)______县(州)______乡(镇)______村______

地理坐标：______东经______北纬______

观测方法：

调查及观测记录

<table>
<tr><td rowspan="4">观测场情况</td><td>观测场(流域)面积</td><td></td><td colspan="3">观测场(流域)岩性及地面物质组成</td><td></td></tr>
<tr><td>观测场(流域)长度</td><td></td><td colspan="3" rowspan="2">地面(流域)植被覆盖及人为活动</td><td rowspan="2"></td></tr>
<tr><td>观测场(流域)宽度</td><td></td></tr>
<tr><td>观测场(流域)坡度(沟道比降)</td><td></td><td colspan="3">观测场(流域)海拔高程</td><td></td></tr>
<tr><td rowspan="7">观测项目</td><td>观测次序</td><td></td><td></td><td></td><td></td><td></td></tr>
<tr><td>起讫日期</td><td></td><td></td><td></td><td></td><td></td></tr>
<tr><td>平均气温和地温(℃)</td><td></td><td></td><td></td><td></td><td></td></tr>
<tr><td>日温差(地温差)(℃)</td><td></td><td></td><td></td><td></td><td></td></tr>
<tr><td>降水(mm)</td><td></td><td></td><td></td><td></td><td></td></tr>
<tr><td>平均风速(m/s)</td><td></td><td></td><td></td><td></td><td></td></tr>
<tr><td>寒冻剥蚀量(深)(mm)</td><td></td><td></td><td></td><td></td><td></td></tr>
</table>

（续）

观测项目	热融侵蚀深(cm)					
	热融侵蚀面积(m^2)					
	含沙量(kg/m^3)					
	输沙量(kg/s)					
调查情况						
其他说明						

填表： 审核： 观测时间： 年 月 日

12.4 生产建设项目水土保持监测

12.4.1 监测目的

生产建设项目的水土保持监测是掌握原生水土流失现状；及时了解建设、生产过程中水土流失类型、强度、数量变化情况和危害；分析水土流失发展趋势和水土保持成效的有效手段，其目的在于：

(1)对项目建设过程中的水土流失进行实时监测和控制

及时掌握施工过程中产生水土流失的时段、数量、强度、影响范围及产生的后果等情况，了解水土保持方案各项防治措施实施后的防治效果及取得的效益，及时发现问题并采取相应的补救措施，确保各项水土保持措施能正常发挥作用，最大限度地减少水土流失，改善生态环境。

(2)为同类生产建设项目水土流失预测和制定防治措施体系提供依据

通过各类建设项目的水土保持实地监测，积累大量的实测资料和数据，为确定水土流失预测参数、预测模型和制定科学的防治方案服务。同时验证水土保持方案防治措施布设的合理性，进一步完善防治措施体系，促进防治措施的针对性，提高防治效果。

(3)为项目的水土保持专项验收提供技术依据

通过对项目建设全过程的监测，评价项目建设过程中的施工准备、建设实施、生产运行等环节的水土流失防治效果，判别是否达到国家规定的水土流失防治标准及水土保持方案设计的目标，水土保持设施及主体工程可否投产使用，以及能否通过水土保持验收等提供依据。

(4)为水土保持监督管理积累资料和提供依据

通过积累各类建设项目建设过程中的水土保持监测资料，可以分析总结不同建设时段易产生水土流失的环节和空间分布，为监督检查和管理提供依据，提高生产建设项目水土保持工程的管理水平。

(5)为六项指标的计算提供技术支撑

通过水土保持监测采集的数据和统计分析，确定水土保持效益基础参数，为六项指标的计算提供技术保证。

(6)促进水土保持方案的实施

运用地面监测、现场巡查、调查监测等手段，对新增水土流失的成因、数量、强度、影响范围和危害进行监测，可以及时了解水土保持方案的实施情况及防治效果。对水土保持措施实施不到位的，通过监测监督促其实施，并总结、改进和完善水土流失防治措施体系，以达到全面防治水土流失、改善生态环境的目的。

12.4.2 监测原则

第一，科学划分监测范围，全面监测与重点监测相结合。

第二，以扰动地表监测为中心，监测点位布设应有代表性。

第三，监测方法得当、时段合理、频次适宜。

第四，以全面反映六项防治目标为目的。

第五，开展全过程动态监测，保证监测成果完整性。

12.4.3 监测范围

水土保持监测范围是指工程建设过程和(或)生产活动产生的水土流失及危害的区域范围，包括工程建设和(或)生产活动过程中扰动原地貌、损坏土地、损坏植被、损坏水土保持设施的范围。在制定水土保持监测方案和实施过程中，根据工程设计与施工实际情况，对防治责任范围进行动态监测，灵活掌握监测区域的水土流失变化。对水土保持监测范围的界定可以依据水土流失防治责任范围界定总的监测范围，也可以依据项目施工进度界定每个阶段的监测范围。

(1)依据水土流失防治责任范围确定总的监测范围

一般地，水土保持监测范围应该与生产建设项目水土保持方案报告书确定的水土流失防治责任范围一致。水土流失防治责任范围包括项目建设区和直接影响区，水土保持监测范围一般不得小于水土保持方案确定的水土流失防治责任范围，也不得偏离水土流失防治责任范围。如果在水土保持方案以后的设计过程中，对方案报告书中确定的水土流失防治责任范围进行调整并得到方案审批机关确认，或者在主管部门会同有关部门实地考察后对方案报告书中确定的水土流失防治责任范围进行了调整，可以将调整后的水土流失防治责任范围作为水土保持监测范围。

(2)依据项目施工进度界定每个阶段的监测范围

水土保持监测范围的确定不仅要考虑空间范围，而且要考虑时间因素；或者在确定空间范围时，应该充分考虑工程建设和(或)生产运行的进程(或建设阶段)的影响，分别确定不同阶段的监测范围。

12.4.4 监测时段

水土保持监测的时段因建设项目的性质有所不同。

建设类项目，其监测时段划分为施工建设期和试运行期，即监测时段从施工准备期开始至设计水平年结束。例如，公路、铁路、水利水电、管道工程等建设类项目。

生产建设类项目，其监测时段划分为施工建设期、试运行期和生产运行期，即监测时段从施工准备期开始至投产后2~3年结束，或至方案服务期末。例如，矿类、火力发电、冶炼工程等生产建设类项目。

施工前需要进行本底值监测，以便于项目施工、自然恢复期和运行期间的监测结果进行对比分析。

12.4.5 监测方法

生产建设项目的水土保持监测应采取调查监测与定位监测相结合的方法，有条件的大型建设项目可同时采用遥感监测方法。

(1)监测方法遵循原则

①小型工程宜采取调查监测的监测方法。

②大中型工程应采取定位监测和调查监测相结合的方法。

③规模大、影响范围广、有条件的特大型工程除定位监测、调查监测外，还可以采取遥感监测的方法。

④水土流失影响因子和水土流失量的监测应采用定位监测法。

⑤扰动面积、弃渣量、地表植被和水土保持设施运行情况等项目的监测应采取调查法和定位观测。

⑥施工过程中时空变化多、定位监测困难的项目可采用调查监测。

(2)调查监测

包括普查、抽样调查、地块调查、访问调查和巡查等方法。监测内容包括地形地貌，占地面积，扰动地表面积，挖填方量，弃渣量及堆放形态，对项目及周边地区可能造成的水土流失危害，防治措施数量和质量，林草成活率，保存率，生长情况和覆盖率，工程措施的稳定性、完好程度和运行情况。

(3)定位观测

主要是测定土壤侵蚀强度和径流模数，计算水土流失量。

①水蚀监测

一是小区观测。主要是应用于水土流失量监测，除砾岩堆积物外，适用于各种类型的生产建设项目。一般要根据需要分别设置原地貌(对比)和扰动地貌径流小区，而且原地貌要尽量保留原有的自然条件，布设小区的地段应在一定时间段内保持相对稳定。观测主要内容包括雨量、径流量、冲刷量。根据实际需要还可以测定土壤含水量、土壤抗冲性、土壤抗蚀性、土壤入渗速率、林草覆盖度。

二是控制站观测。控制站(卡口站)适用于扰动破坏面积大、弃土弃渣集中在一定流域范围内的生产建设项目，不适用于线性生产建设项目。可根据生产建设项目的规模和代表性在原地貌小流域(对比流域)选择1~2个观测断面；原地貌小流域(对比流域)与扰动地貌小流域控制站的选择要具有代表性和可比性；若有多个扰动地貌小流域时，选择观测的小流域应具有代表性。主要观测项目有雨量、水位和流量、泥沙含量。

三是简易观测场。简易观测场适用于项目区内类型复杂、分散、暂不受干扰或干扰少的弃土弃渣流失的观测。简易观测场选择不同类型弃土场堆积坡面布设，最好在相应坡度原地貌设置对照，选址时应尽量排除弃渣场外围水的影响，建立必要的排水系统。观测项目主要为降水量与降雨强度对水土流失的影响。

四是简易坡面测量。简易坡面测量适用于暂不被开挖的自然坡面或堆积土坡面，布设在具有一定代表性的自然坡面和相对稳定的堆积土坡面。用插钎法测定土壤侵蚀深度并计算土壤侵蚀量。

②风蚀监测　适用于风蚀区、水蚀风蚀交错区生产建设项目的风力侵蚀监测，采取降尘管(缸)观测扬尘，地面定位钎插、集沙仪观测风蚀。风蚀监测要选择有代表性的平坦、裸露、无防护的地貌作为对比区，在扰动地貌上选择有代表性的不同种类的监测区进行比较分析，选址时要尽量避免围墙、建筑物、大型施工机械等对观测场地的影响。主要观测风蚀量，同时也可以测定土壤含水量、土壤容重及林草植被覆盖度。

③其他侵蚀观测　生产建设项目区内还有可能存在崩塌、滑坡、泥石流、冻融侵蚀等方式，这些侵蚀的发生具有突发性特点，从破坏到发生移动虽然有一个较长的时间过程，但是一旦有触发因素，即刻发生，随机性很大。这些特点给观测带来了很多不确定因素，而且观测实施昂贵，投资大，因此一般采用的监测方法有两种：一是对长历时多次发生危害严重的泥石流，采用断面观测；二是对其他情况，均可以采用收集法和相关沉积调查法观测。

各种定位观测要明确规格、监测方法，并绘制设计图。

12.4.6　监测点位确定

(1)点位选取原则

水土保持监测包括调查监测与定位监测两种方法，其中定位观测需根据水土流失预测和分析确定具体的点位，并遵循以下原则：

①代表性原则　不同水土流失类型区均应布设监测点，所布设的监测点位和监测内容，必须能代表监测范围内水土流失的状况；对比观测原地貌与扰动后地貌之间应有可比性；不同分区相同部位选择布设一个监测点。

②全面性原则　在生产建设项目的监测点布设时，要充分考虑区域特征和工程特点，并与其相一致。布设的监测点不仅要反映建设项目水土流失共性，还要获取不同工程项目水土流失的个性信息。一般地，应该在建设项目的各个功能分区中都布设监测点，以便对应地反映每个功能分区的水土流失及其治理成就，同时，在每个功能分区中可以布设不止一个监测点。

③稳定、方便性原则　生产建设项目施工进度快，对周边影响的变化大，对水土保持监测点的干扰也较强烈，甚至破坏监测设施设备或中断监测工作，因而在布设监测点时要十分注意监测点的稳定性，保证动态监测的持续性，使得监测点在整个时段内都能发挥作用。此外，监测点尽量布设在交通方便的位置，并便于管理。

④充分考虑自然环境特征原则　监测点位的设计必须考虑监测范围内的自然环境特征及各种环境条件对水土流失作用的区别。

⑤可行性原则　监测点位布设和内容设计时还要考虑实施的可行性。

(2)监测点的选取需要考虑的因素

生产建设项目水土保持监测站点的布设应根据生产建设项目扰动地表的面积、涉及的水土流失不同类型，扰动开挖和堆积形态、植被状况、水土保持设施及其布局，以及交通、通信等条件综合确定。应根据工程特点与扰动地表特征分别布设不同的监测点：

①对弃土弃渣场、取料场及大型挖面宜布设监测小区。

②项目区较为集中的工程宜布设监测控制站(或卡口站)。

③项目区类型复杂、分散、人为活动干扰小的工程宜布设简易观测场。

(3)点位选取的要求

生产建设项目水土保持监测布点应符合以下规定：

①建设类项目施工期宜布设临时监测点；建设生产类项目施工期宜布设临时监测站点，生产运行期可布设长期监测点；工程规模大、环境影响范围广、建设周期长的大型建设项目应布设长期监测点；特大型建设项目监测点的布设应符合国家或区域水土保持监测网络布局的要求，并纳入相应监测站网的统一管理

②制定和完善调查、巡查制度，扩大监测覆盖面，并作为上述监测点的补充。

③监测小区、简易观测场应在同一水土流失类型区平行布设，平行监测点的数目不得少于3个。对公路、铁路、管道等线型工程，还应在不同水土流失类型区布设平行监测点。

(4)监测点位场地选择的要求

①监测点要有代表性，原地貌与扰动地貌应具有一定的可比性。

②各不同监测项目应尽量集中、相互结合。

③监测小区应根据需要布设不同坡度和坡长的径流小区进行同步监测。

④监测控制站(或卡口站)的主要工程设施应与小流域水文、泥沙及其动力特性相适应。

⑤简易侵蚀观测场应避免周边来水对观测场的影响。

⑥风蚀观测点选址时要尽量避免围墙、建筑物、大型施工机械等对观测场地的影响。

⑦重力侵蚀监测点应根据生产建设项目可能造成的侵蚀部位布设。滑坡监测应针对变形迹象明显、潜在威胁大的滑坡体和滑坡群布置；泥石流监测应在泥石流危险性评价的基础上进行布设。

⑧监测点要避免人为活动的干扰，交通方便，便于管理。

思考题

1. 怎样进行坡面水土流失观测？
2. 怎样进行风蚀观测？
3. 怎样进行重力及其他类型侵蚀观测？

第13章 土壤侵蚀调查

【本章提要】 流域土壤侵蚀调查包括抽样方法的选取、侵蚀类型和强度方法、水土流失危害调查和土壤侵蚀量的确定等。土壤侵蚀调查包括水文法、淤积法和地貌学方法。同时讲述了化学侵蚀调查的基本内容及方法等。调查结果的评价与分析是衡量土壤侵蚀可靠性的重要手段。“3S”技术在土壤侵蚀调查具有十分广泛的应用。

13.1 流域土壤侵蚀调查方法

流域区域土壤侵蚀调查包括了侵蚀影响因素和侵蚀量调查等内容，侵蚀影响因素的调查研究与方法在相关的课程中进行讲授，这里不再赘述，仅就一些内容作以补充。

13.1.1 抽样调查方法

13.1.1.1 抽样方法

抽样方法有以下3种：

(1)机械抽样

机械抽样是在调查区内将调查特征值先按其大小排序，然后再按一定间隔距离取一个调查样来调查。该方法简便、取样点分布比较均匀。但空间有较大差异的，该方法就显得不足。

(2)随机抽样

随机抽样是随机确定调查单位或事件，并对抽取的单位或事件进行全面调查。实践中，常采用随机取样。以往的调查多属此类。

(3)分层抽样

分层抽样是在调查中按分层因子划分若干层，在每一层中再用前述方法取样的方法。在水土流失调查中，这个“层”就相当于“水土流失类型”或“水土流失分区”，如流域中的沟间地和沟谷地。应该注意的是：两地类下垫面(地形、植被、土地利用等)差异显著，两地类侵蚀形态、强度差异显著，且界线明确、面积均超过总面积10%以上，就可以分为两类(层)或多类(层)。显然，水土流失调查中(也包括水土流失试验)，应用该方法最适宜。

13.1.1.2 抽样调查精度计算

(1)机械抽样与随机抽样的精度计算

①调查样本的平均值　计算公式如下：

$$\bar{X} = \frac{1}{n}\sum X_i \tag{13-1}$$

②调查样本的标准差　即样本方差的平方根，也称离均差，反映样本平均值的可靠性。标准差越小，均值可靠性越大；反之，标准差越大，均值可靠性越小。计算公式如下：

$$S = \sqrt{\frac{\sum (X_i - \bar{X})^2}{n-1}} \tag{13-2}$$

③调查样本均数标准差　又称标准误差，是估计值与被估参数之间误差的标准单位。计算公式如下：

$$S_{\bar{X}} = \frac{S}{\sqrt{n}} \tag{13-3}$$

④调查的误差　计算公式如下：

$$E = \frac{tS_{\bar{X}}}{\bar{X}} \times 100\% \tag{13-4}$$

⑤调查精度　计算公式如下：

$$P = 1 - E \tag{13-5}$$

⑥调查样本变异系数　计算公式如下：

$$C_v = \frac{S}{\bar{X}} \tag{13-6}$$

式中　X_i——样本的调查值；

$\bar{X}$——调查样本的均值；

n——调查样本的个数；

S——调查样本的标准差；

$S_{\bar{X}}$——调查样本的标准误；

E——调查的误差；

P——调查的精度；

C_v——调查样本的变异系数。

(2)分层抽样精度计算(设层一为 h_1 和层二为 h_2)

①先计算 h_1：

a. 平均值计算公式如下：

$$\bar{X}_{h_1} = \frac{1}{n}\sum X_i \tag{13-7}$$

b. 标准差计算公式如下：

$$S_{h_1} = \sqrt{\frac{\sum (X_i - \bar{X})^2}{n-1}} \tag{13-8}$$

c. 标准误差计算公式如下：

$$S_{\bar{X}_{h_1}} = \frac{S_{h_1}}{\sqrt{n}} \tag{13-9}$$

d. 该层的权重计算公式如下：

$$W_{h_1} = \frac{\text{该类型区面积}}{\text{总调查面积}} \tag{13-10}$$

②再计算 h_2（步骤同上，略）。

③总起来计算：

a. 样本的总平均值计算公式如下：

$$\bar{X}_{总} = W_{h_1}\bar{X}_{h_1} + W_{h_2}\bar{X}_{h_2} \tag{13-11}$$

b. 总标准差计算公式如下：

$$S_{总} = \sqrt{S_{h_1}^2 W_{h_1}^2 + S_{h_2}^2 W_{h_2}^2} \tag{13-12}$$

c. 总标准误差计算公式如下：

$$S_{\bar{X}总} = \sqrt{S_{\bar{X}h_1}^2 W_{h_1}^2 + S_{\bar{X}h_2}^2 W_{h_2}^2} \tag{13-13}$$

d. 总误差计算公式如下：

$$E = \frac{tS_{\bar{X}总}}{\bar{X}_{总}} \times 100\% \tag{13-14}$$

e. 总精度计算公式如下：

$$P = 1 - E \tag{13-15}$$

f. 总变动（异）系数计算公式如下：

$$C_v = \frac{S_{总}}{\bar{X}_{总}} \times 100\% \tag{13-16}$$

13.1.1.3 抽样调查样本数（n）的确定

样本数计算公式如下：

$$n = \left(\frac{tC_v}{E}\right)^2 \tag{13-17}$$

式中 n——需要调查的样本数；

t——可靠性指标（当取90%时，t 近似值为1.7）；

C_v——变异系数；

E——允许误差百分率（%）。

式中，t、E 是根据调查的要求确定的或确定后查表取得的；剩下变异系数 C_v，对有经验的调查者，可以估计出来；当无经验作首次调查时，C_v 可用预调查方法来确定。预调查先对调查区的调查对象进行调查，约需要10～20个调查样本，然后对已调查得的样本进行统计计算，算出 C_v 值，将该值代入式（13-17）就能算出需要的调查样本数。若计算出的样本数 n 与已调查的样本数 n 一致或略小，可以不再调查；若计算的样本数大于已调查的样本数（这是最常遇到的情况），可以再增加调查样本，增加的样本数量使它们二者之差略偏大，这一般都可达到调查的要求。

按照以上三方面调查，调查的结果就会更科学、合理，更具有区域的代表性。

13.1.2 侵蚀类型与强度调查方法

该项调查一般是结合土地利用调查或其他调查(如坡度、植被覆盖度等)逐块填图完成；也可在野外观察的基础上，结合航片判读，编制坡度图、植被覆盖图、土地利用图等图件，经过分析重叠形成土壤侵蚀图，最后统计出各类侵蚀及侵蚀强度面积。

以下用黄土高原侵蚀类型与强度调查的步骤为例来说明。

①先在所调查流域的1∶10 000～1∶5 000地形图上划出沟间地和沟谷地两类地貌单元，并量算沟谷密度。沟谷量算从不小于200m长度的切沟开始，到冲沟、坳沟、干沟和河沟止。

②开展沟间地坡耕地侵蚀调查，包括部位、地形、地面坡度和土地利用及耕作状况；结合侵蚀危害调查生产量或挖看土壤剖面；坡耕地细沟(暴雨后)、浅沟发育，还要量算其深度、宽度、长度和间距(计算密度)，观察记录面蚀、沟蚀主要特征等。

③沟谷地以林草用地为主，重点查清地面坡度、植被覆盖度及主要树(草)种和生长状况(含产量)，并分级勾绘面积。

④调查和量算各类重力侵蚀分布数量、规模、面积和侵蚀(堆积)量，以及非耕地、未利用地的地面物质组成、坡度、侵蚀等情况。

⑤室内量算。按调查勾绘界线量算不同土地利用面积，并对坡耕地以坡度为主要指标，林草地以覆盖度为主要指标，非耕地和未利用地以坡度、地面物质为主要指标进行分类、分级统计。侵蚀强度的确定：一是由本类型区径流试验成果(含测验成果、经验公式等)取得；二是通过野外实地调查取得。

⑥在对调查资料校核后，清绘流域土壤侵蚀图(有的还编坡度图、植被覆盖度等图件)，编制流域土壤侵蚀面积及强度分级统计表。

13.1.3 水土流失危害调查

13.1.3.1 对当地生产的危害

水土流失对当地生产的危害主要表现在导致土地生产力降低、可利用土地面积的减少。

(1)土地生产力降低

土地生产力降低可由土壤剖面构型破坏程度和土壤水分、养分及其主要的理化性质差来判别，因此在调查时除了解生产量变化外，多通过土壤剖面观测和各层次土壤水分、营养成分及容重、孔隙度、田间持水量、pH值、盐基饱和度等性质分析测定对比得出，或按土壤侵蚀潜在危害程度评定。

(2)可利用土地面积减少

可利用土地面积减少，一般通过访问调查、现场勘察进行，也可利用多期地形图的判读取得调查结果。

(3)土壤侵蚀潜在危险程度评价

土壤侵蚀潜在危险程度评价的方法较多，这里以SL 190—2007中的评价方法为例，作一介绍。该法选取了年降水量、坡度、植被盖度等 8 个侵蚀因子指标，并给出了不同级别的评价赋值及权重式(13-1)，将值代入式(13-18)得总分 P，查表 13-1 得出潜在危险度评价分级。

$$P = \sum f_i W_i \tag{13-18}$$

表 13-1 土壤侵蚀潜在危险度评价标准表

级别	评分值	侵蚀因子							
		f_1	f_2	f_3	f_4	f_5	f_6	f_7	f_8
		人口环境容量失衡度(%)	年降水量(mm)	植被覆盖度(%)	地表松散物厚度(m)	坡度(°)	土壤可蚀性	岩性	坡耕地占坡地面积比例(%)
1	0~20	<20	<300	>85	<1	0~8	黑土、黑钙土类，高、亚高山草甸土类	硬性变质岩、石灰岩	<10
2	20~40	20~40	300~600	85~60	1~5	8~15	褐土、棕壤、黄棕壤土类	红砂岩、砂砾岩	10~30
3	40~60	40~60	600~1 000	60~40	5~15	15~25	黄壤红壤、砖红壤类	第四纪红土	30~50
4	60~80	60~100	1 000~1 500	40~20	15~30	25~35	黄土母质类土壤	泥质岩类	50~80
5	80~60	>100	>1 500	<20	>30	>35	砂质土、砂性母质土类，漠境土类，松散风化物	黄土松散风化物	>80
权重(W_i)		0.2	0.15	0.14	0.13	0.12	0.10	0.08	0.08

注：人口环境容量失衡度是实有人口密度超过允许人口环境容量的百分数。

13.1.3.2 对下游的淤积危害

这部分危害及损失调查，通常是灾后实际访问、量算，或利用现状与历史期的利用状况作比较得出的，一般可用货币(人民币)来表达。

13.2 土壤侵蚀量调查

13.2.1 水文法

水文法是以实测的水文资料为依据，分析计算出某流域在某时段水土流失的平均、最大、最小特征值的方法。

我国各大河系均有多级水文站、网，气象、径流、泥沙观测资料较齐全，分布于各级水系上中下游。这些水文站为研究较大范围的土壤流失创造了条件。

表 13-2 是黄河干流几个大站的来水、来沙情况。据此，可以计算出表 13-3。从而可知黄河中、上游从兰州到包头径流逐渐减小，用于宁夏、内蒙古河套平原的农业灌溉，总量超过 $55\times10^8 m^3$；土壤侵蚀在未进入灌区前为 1 695t/km^2，通过灌区落淤积泥沙减

少，仅留1.3%。包头以下到三门峡(陕州站)径流、泥少急骤增加，其中径流占40.1%，泥沙占90.8%。(增加14.43×10^8 t)，尤其是山陕峡谷段，输沙模数超过6 550 t/(km^2·a)。

在小流域(<100km^2)往往缺乏水文站观测资料，或观测历时较短，给分析带来困难，因此该方法也难于应用。

表13-2 黄河干流上游来水来沙量

地段名称	流域面积(km^2)	年径流(×10^8m^3)	径流模数(m^3/km^2)	年输沙(×10^8t)	输沙模数[t/(km^2·a)]
河源—兰州	216 000	309.6	4.52	1.100	510.0
河源—青铜峡	276 810	299.8	3.43	2.130	769.0
河源—玉包头	355 940	253.6	2.26	1.470	414.0
河源—龙门	494 470	322.4	2.08	10.500	2 120.0
河源—陕州	684 470	423.5	1.96	15.900	2 320.0

表13-3 黄河中上游径流泥沙分配表

区段名称	流域面积	年径流量		径流模数	年输沙量		输沙模数
	(km^2)	×10^8m^3	占陕州(%)	(m^3/km^2)	(×10^8t)	占陕州(%)	(t/km^2)
兰州—青铜峡	60 810	-9.8	-2.3	—	1.030	6.5	1 695.0
青铜峡—包头	79130	-46.2	-10.9	—	-0.660	-4.2	—
包头—龙门	138 530	68.8	16.2	1.58	9.030	56.8	6 550
龙门—陕县	190 000	101.1	23.9	1.69	5.400	34.0	2 840

13.2.2 淤积法

淤积法是通过量测大大小小的水库、塘、坝以及谷坊等拦蓄工程的拦淤量和集水区的调查，计算分析土壤侵蚀量或拦泥量的方法。

利用淤积法调查土壤侵蚀，要特别注意拦蓄年限内的情况调查，如拦蓄时间、集流面积、有无分流、有无溢流损失、蒸发、渗透及利用消耗量等。对于水库淤积调查，若有多次溢流，或底孔排水、排沙，就难以取得可靠资料成果。

13.2.2.1 有库、坝实测的设计基本资料

库、坝的设计基本资料包括库区大比例地形图、库坝断面设计、库容特征曲线、建库及拦蓄时间、水库(或坝)的运行记录(放水时间、放水量、水库水面蒸发、渗漏及库岸崩塌等)，以及设计时水文、泥沙计算等。有了这些基本资料，又有排洪排沙记录，是十分理想的调查对象。

(1)水沙量平衡法

某一时段内水库、坝的上、下游进库与出库(坝)的水、沙量之差等于该时段库(坝)拦蓄量，即

$$W = W_{上} - W_{下} \tag{13-19}$$

(2)地形图法

实测库坝的淤积状况的大比例尺地形图，分层量算水体积(方法是：量算每相邻两等高线所围面积的平均值，乘以等高距得水的容积)，再从总蓄积库容中减去，而得淤积库容体积，即

$$W_{总蓄} - W_{蓄水} = W_{淤积} \tag{13-20}$$

(3)横断面法

对库区布设固定的横断面进行多次量测，并绘制各横断面图，利用相邻两断面的平均值，与断面距之积求容积的原理，计算出淤积体积，即

$$V_{淤} = \frac{1}{2}\sum(W_i + W_{i+1}) \cdot L_{i-i+1} \tag{13-21}$$

式中 W_i，W_{i+1}——相邻两断面的淤积面积(m^2)。

它由平均淤积厚度($\bar{h}$)和断面平均长($\bar{I}I$)算出。

$$W = \bar{h} \cdot \bar{I} \tag{13-22}$$

实践表明，上述方法均可得到满意的结果。但水沙平衡法多限于大型骨干工程，一般中、小流域不具备条件，难以应用；地形图法，精度较高，但工作量较大，可作重点库坝研究用；横断面法，方法简便，又能取得各时段的淤积量，被广泛采用。

13.2.2.2 无库区基本资料

小型库(坝)、水土保持拦蓄工程没有库(坝)区基本资料，或不完全，而这些工程分布广、数量大、形式多样，水、沙蓄积明显，调查此类工程也可得到需要的水土流失资料。对此类工程的调查需要补充基本情况的调查，如集水面积、蓄积年限、原来地形或地形图、工程基本尺寸、标高等。在此基础上确定调查研究方法，然后着手调查。

通常调查的方法有以下几种：

(1)断面法

方法同有库区资料的调查，不同的是常把第一次施测的各断面作为调查研究前的基础，而后再施测，就可得到该时段的流失量。

(2)测钎法和挖坑法

原理同断面法，不过把测深的方法改成用测钎量测(或挖坑量测)。一般适用于无水蓄积或淤积较浅的坝和少水的窨、池等。通过量测淤积厚度，计算出某时段集水区的总泥沙量。

(3)地形类比法

是利用沟谷地形逐渐演变的相似原理，由已知形态推求淤积形态的方法。在黄土区的大切沟、冲沟中常有诸如过路坝、挡洪坝、拦泥坝等工程，这类工程发挥重要的水土保持作用，拦蓄效益十分明显，调查它们的拦蓄量可以补充重要的侵蚀资料。

有关地表径流量的调查，也可以利用此类工程进行。通常调查是在暴雨产流后的一段时期进行，利用蓄水洪痕(草屑、侵蚀痕迹等)量算得到。

13.2.3 地貌学方法

土壤侵蚀本质是地质作用表现形式之一，它必将改变地表形态。自从人类活动参与

之后，侵蚀过程大大加快，因之，诸如地表起伏、裂点迁移、沟谷密度、沟谷面积等地貌因素发生相应变化；反过来研究这些地貌因素的变化，分布规律，也能预测土壤侵蚀的分布和状况，这就是地貌方法的基本原理，也是目前土壤侵蚀研究的重要方向之一。

野外调查常用的地貌方法有侵蚀沟调查法、相关沉积法和侵蚀地形调查等。

13.2.3.1 侵蚀沟测量法

具体方法是选择有代表性地段，划定包括全部集水面积的沟谷出露范围，用皮尺或测绳在全坡面的上、中、下游分设量测断面(亦可等距离设量测断面)，量测每一断面全部紊沟、细沟的深度和宽度，算出断面沟谷平均冲刷深和宽，再量测沟谷曲线长，计算调查区侵蚀总体积，得出该区土壤侵蚀量。

若等距离布设断面，计算公式为：

$$V_{沟} = \frac{\sum S_1 + \sum S_2 + \cdots + \sum S_n}{N} \cdot L \tag{13-23}$$

式中 $\sum S_1$，$\sum S_2$，…，$\sum S_n$——1，2，…，n 断面量测沟谷面积求和；

L——调查范围长；

N——量测断面断。

由于地表微地形变化大，常受人为活动影响，且调查多在暴雨后进行，因之常作为小范围的调查方法，或作其他方法的补充调查，以区分不同情况下的土壤侵蚀量。

该法也可用以整个沟谷系统，这需要对沟谷形成、发展有深入的研究，才具有意义。

13.2.3.2 相关沉积法

相关沉积法是利用侵蚀搬运的堆积物的数量来作为侵蚀区域的侵蚀数量。广义来看，上述水文法、淤积法均属此法，这里指对堆积物的量算。如考察华北平原的堆积体，估算黄河中、上游的多年土壤侵蚀状况，量测山前洪积扇的堆积数量，确定山地该流域的剥蚀速率等。

小范围的土壤侵蚀调查，相关法主要用于沟坡重力侵蚀和沙化风蚀方面。

(1)沟坡重力侵蚀

滑坡(滑塌)、崩塌(错落)、泻溜、土溜、泥石流等重力侵蚀发生常带有突发性，或持续性，从开始产生裂缝起(有的裂缝产生时间也难以观察)，直到发生位移止，作为它的发育期；接着发生位移，堆积在坡脚。计量滑坡体、崩塌体……就知沟谷该地段的侵蚀总量。

由于重力侵蚀发生规律目前研究还不深入，上述调查数量还不能直接用来计算沟谷侵蚀模数(泻溜除外)，因此，该方法仍在改进。美国采用在沟谷中设立若干控制横断面，并对其进行高精度的监测，从而确定沟谷发展速率和侵蚀强度。我国近几年利用不同期的航片判读，定量研究沟蚀。

用相关法研究泥石流的堆积物，在黄土区需要注意所搬运的松散物质，多由滑坡崩塌、泻溜形成，尽管泥石流在下泄搬运途中存在有刻蚀(下切)和侧蚀，一般来说数量有限，量算时要多方验证，以免夸大侵蚀调查结果。

(2)沙化风蚀研究

调查沙化面积扩展速度及积沙厚度变化，能够反映风沙活动和风蚀程度。在调查同时，设置测针能够摸清沙源(当然还有其他方法)，从而确定区域的风蚀强度。

13.3 化学侵蚀调查

化学侵蚀的主要表现形式是岩溶侵蚀、淋溶侵蚀和土壤养分流失。

13.3.1 岩溶侵蚀调查

岩溶侵蚀是在热带、亚热带湿润地区岩溶极其发育的环境背景下，岩溶地区持续水土流失的最终结果，表现为植被退化，土壤严重侵蚀甚至丧失，基岩大面积裸露，地表呈现类似荒漠化的景观。我国的岩溶地貌分布较广，岩溶区面积 $334.3\times10^4km^2$，占国土面积的35.93%；按碳酸盐岩出露面积计，达 $90.7\times10^4km^2$，主要分布在西南部，以云、贵、桂为主体的区域。我国西南地区的亚热带喀斯特地貌以其连续分布面积最大、发育类型最齐全、景观最秀丽和生态环境最脆弱而著称于世，这里也是石漠化分布的主要区域。1994年，中国科学院地学部将西南岩溶石山划为我国脆弱生态环境之一，与黄土、沙漠、寒漠并列为脆弱生态环境研究的重点领域。苏维词(2002)研究表明，每千年，典型碳酸盐类岩石的平均侵蚀残余物只有2.47 mm，形成1 cm厚的土壤层约需4 000～8 500a，较非岩溶区慢10～80倍。

受岩溶环境制约的岩溶生态系统，其形成土壤的母岩大都为古老坚硬、质纯、层厚的碳酸盐岩，而碳酸盐岩成土物质的先天不足，使岩溶区成土速度十分缓慢。岩溶山区土层通常仅有十到几十厘米厚，在没有植被保护情况下，几场大雨就有可能流失殆尽，形成岩溶石漠化。在正确认识和评估岩溶石山区土壤侵蚀危害时，依然使用全国范围的土壤流失强度标准显然是不适应的。曹建华等(2008)将西南岩溶区土壤容许流失量作为微度划分标准的起点，轻度、中度、强度、极强度、剧烈则参照已有的分级范围，依次定为：<30、30～100、100～200、200～500、500～1 000、≥1 000，单位为 $t/(km^2\cdot a)$。

岩溶侵蚀调查内容主要有水动力、水化学条件，气象，地质构造(主要包括岩石种类、地质构造、岩层分布、土壤特征等)，地形地貌特征和生物因素。尤其是调查地层组合中可溶性岩石(碳酸盐岩类、石膏及卤素岩类等)的分布状况和岩溶现状等。

(1)水动力、水化学条件调查

碳酸盐岩溶蚀是水岩相互作用的一种类型，在固相碳酸盐岩与水界面之间存在着一个扩散边界层。随着水流流速的加大，其扩散边界层变薄，碳酸盐岩的溶蚀量增大。碳酸盐岩与非碳酸盐岩交互成层地区，雨水经过碎屑岩形成硬度、pH值较低的外源水，其具有更强的侵蚀能力。外源水由于其硬度和pH值较低，因而对碳酸盐岩具有更强的侵蚀性，所以它在岩溶地貌，特别是峰林岩溶的发育中起着重要的作用。测定外源水的pH值、硬度、电导率、温度和流速等，以了解侵蚀速率产生的背景条件。

(2)温度、降雨条件调查

温度、降雨是碳酸盐岩溶蚀过程中最为重要的影响因素，因为降雨的大小影响水文状况，温度影响生物的活性、水与CO_2的交换速率。现有大量的研究岩石风化速率的数学模型都是与降水量或径流直接建立关系。例如，刘再华(2000)通过总结已发表的碳酸盐岩溶蚀量(DR)与径流($P-E$)的关系，建立了碳酸盐岩溶蚀量与径流之间的线性关系。黄尚瑜等(1987)的实验表明，常温、中温是碳酸盐岩溶蚀的最佳温度段(25～40～60℃)，而低温、高温都不利于碳酸盐岩的溶蚀。Pulina(1974)研究发现，在温度较低时，降水量的变化对溶蚀速率的影响很小；但在温度较高时(16～20℃)，则溶蚀量随降水量的增加而迅速增加。温度、降水主要调查最高气温、最低气温、平均气温，以及降水量和雨强等因素。

(3)岩石及岩组性质调查

在岩溶侵蚀过程中，不同岩石成分、岩石结构组成的碳酸岩因溶蚀速率不同而造成差异溶蚀是一种普遍现象。而且不同成分和结构的碳酸岩其物理力学性质不同，造成地下水在岩石中的渗流方式不同，导致岩溶侵蚀形式的进一步分化。溶蚀过程中化学溶解起主导作用，影响化学溶蚀量的主要因素是岩石化学成分，如此溶解度与CaO的含量呈显著正相关，物理破坏只起到次要作用。在纯碳酸盐岩中，溶蚀速率随岩石中方解石(CaO)含量的增加而增大，随白云石(MgO)含量的增加而降低；在不纯的碳酸盐岩中，由于酸不溶物(非碳酸盐矿物)的加入，物理破坏量增大，使岩石的溶蚀速率与方解石(CaO)、白云石(MgO)之间的线性相关程度降低。对岩石成分主要调查其CaO、MgO、$SiO_2+R_2O_3$的含量及CaO/ MgO的值和比溶蚀度。

高华端(1999)分析了乌江流域岩溶区纯白云岩岩组、纯灰岩岩组、泥灰岩岩组、泥质白云岩岩组四种岩组的侵蚀特点。①纯灰岩岩组：岩石结构致密、方解石含量高，易受溶蚀形成岩溶地貌，地表粗糙度大，地形起伏大。成土过程以化学溶蚀风化为主。由于岩石的不溶残渣含量低，成土速率慢且多为异地沉积，形成土层结构特殊，土体下部基岩无风化裂隙，但有较发育的构造裂隙及层间裂隙，地表水及土壤水极易通过其裂隙转变为较深的地下岩溶水；②泥灰岩岩组：与纯灰岩岩组相比，泥灰岩岩组岩石结构较为粗糙疏松，泥质含量高，物理风化加速了土壤的形成过程，成土速率快且土层较厚、较连续，土体与基岩间有一定程度的风化裂隙，其水文地质条件较好；③纯白云岩岩组：岩石主要由白云石组成，在溶蚀过程中，因物理风化影响，不均匀性溶蚀较为明显，岩石表面形成纵横交错的刀砍状构造，岩石形成土壤时，物理风化与化学风化同时进行，成土速率较纯灰岩岩组快，土层较连续，但土层极为浅薄，石砾含量较高；④泥质白云岩岩组：岩石主要由白云石和黏土质矿物组成，与前面岩组相比，结构较为粗糙，岩溶地形以峰林、峰丛、孤峰等中型地貌为主，岩溶微地形不很发育，地表完整性较好，具有常态地貌的某些性质，岩石风化形成土壤时，以强烈的物理风化(主要为差热风化)为先导，与化学溶蚀共同作用，成土速率快，形成土层较厚且连续性好，半风化层深，石砾含量高。在调查各类岩组的基础上对不同岩组的土壤物理性质进行调查包括土壤容重、最大持水量、自然含水量、土层厚度和石砾含量等。

(4)地形地貌的调查

地形地貌众多因子中，地形坡度反映了地表遭受剥蚀、岩溶化的程度，但值得注意的是，碳酸盐岩区地表形态与常态地貌不同，不具常态地貌那种平滑、连绵起伏、完整性好的地形特征，多发育有溶沟、溶槽、溶穴、石芽等犬牙交错的微地形，故坡度等级对土层分布的控制不如非碳酸盐岩石明显(特别是对土层厚度)，但它却影响地块的基岩裸露率，决定着土层的连续性。基岩裸露率，岩溶石质山地的主要特征是岩溶地貌发育、地形变化复杂、微地形、小生境多样、地表基岩裸露，严重破坏土体连续性，影响岩石——土壤系统的水分循环条件，降低立地质量。

(5)生物因素的调查

生物作用以CO_2为中心环节将生物圈碳循环与“CO_2—H_2O—碳酸盐岩”三相不平衡开放岩溶动力系统相耦联。生物对碳酸盐岩溶蚀起到强烈的促进作用，主要表现在植物、微生物新陈代谢产生的高浓度CO_2和具侵蚀性的分泌物。野外实验数据均揭示土下碳酸盐岩溶蚀速率远高于地表和空中的侵蚀量，其根本的原因就是土中CO_2的浓度是地表空气中的几十至几百倍。生物调查主要是植物的群落学调查、枯枝落叶有机质含量的调查和植物根系周围微生物的调查。

13.3.2 淋溶侵蚀调查

淋溶侵蚀是在降水后，随水分下渗表层土壤中的可溶性离子被淋溶至土壤深层，导致土壤结构破坏，肥力下降的过程。

淋溶侵蚀调查的主要内容有降水量调查(包括年降水量、降水年内分配等)，采用剖面法调查土壤中淀积层物质种类、埋藏深度、厚度，进而分析其对土壤发育的影响。同时，还要进行表土和淀积层土壤理化性质分析，通过对照区土壤理化特性的对比，分析淋溶侵蚀发生后对土壤形状的影响。

(1)气候条件

淋溶侵蚀在湿润水文状况下，造成的石灰充分淋溶，土壤黏化，土壤养分流失的侵蚀方式，故气候条件是淋溶侵蚀发生的关键条件。调查年平均气温、最冷月的平均气温、最热月的平均气温、≥10℃年积温，年降水量、降水的年内分配曲线、作物生长期的降水量、年蒸发量、无霜期、冬季积雪覆盖的厚度、湿润度等。同时淋溶侵蚀与不同pH值的降雨关系密切，汪吉东等(2009)研究显示，不同pH降雨淋溶后，土壤仍处在初级缓冲体系，即阳离子缓冲体系，但大量的盐基离子被淋溶出土体，淋出液的pH都在7.4以上，各淋溶处理淋出量最大的是Ca^{2+}，淋出率最高的则为Mg^{2+}，K^+淋出量则最小，各盐基离子的淋出量随淋溶液pH的降低而上升。

(2)地形地貌调查

不同地貌单元支配着淋溶侵蚀的类型、水文地质特征及母质分布状况，从而决定着淋溶形成、分布与组合特点，它是分析淋溶侵蚀的重要依据。此外，同一地貌单元的不同地形部位，侵蚀特点各异。

野外地貌的调查，可在航片、卫片或地形图判读的基础上，在实地调查中确定地貌类型、范围及其地形要素(地形部位、坡度、坡向等)。应十分注意微地形的调查研究。调查地貌时要和其他地学特征(如沉积物类型、水文地质条件)的研究结合起来。

(3)土壤剖面的调查

通过深入地调查研究淋溶侵蚀特点及分布规律，指明各淋溶类型的特点，必须对发生淋溶侵蚀土壤的主要剖面进行细致的研究和土、水样品分析。因此，主要剖面挖掘深度应达到潜水位以下10~20cm处，并分层(表土层细分为0~5cm，5~10cm，10~20cm；心底土按质地层次划分可粗些)，用连续柱状法采取化验用土样及其潜水化验样品。此外，还需研究盐分组成类型：划分方法通常采用水溶性盐类阴离子比值(mg/100g干土)进行分类：土壤最大吸湿量、田间最大持水量、土壤饱和含水量、土壤毛管水含量、土壤吸水速度及其渗透系数、土壤湿润范围、毛管水强烈上升高度等。

(4)植被的调查

淋溶侵蚀植被调查如果与土壤调查同步进行，所使用的底图的比例尺和调查路线应与土壤调查一致，每个主要土壤剖面应设1~2个植物样方，原则上每种植物群落组合必须有一个以上的样方。根据踏查时所掌握的植被类型和分布规律，制定出湿地植被工作分类系统，确定调查路线和工作方法。

①样地的布设 样地主要是用来描述淋溶侵蚀的自然条件和发展状况的一种重要的方法，样地应设立在淋溶侵蚀发生的典型地段，样方在样地内随机布设，样方主要用来观测记载植被的生物特性和测定植被生产潜力。样方性状一般为正方形，一般灌木和草本植被用16m^{2}样方；针阔混交林可用90m^{2}样方。样方数量：在一个样地上，描述样方1~2个，测定样方4~5个，频度样方10~20个。样方数量应由调查的精度而定。

②样地和样方的观察记载 样地选择必须有代表性，记载内容必须有准确性、严密性和可靠性，记载具体的内容如下：样地编号，根据调查人员的数量和分组情况并统一编号；地理位置，写出样地所在的地形图编号、行政区域、样地距明显地物的方向、距离、海拔等；地形和地表特征：要记载大、中、小地形，微地形的分布和变化情况，以及地表覆盖情况；水文条件：记载大气降水、地表水和地形水基本情况；植被组成成分：记载植被的优势种类、亚优势种类及组成成分的个体特征，还应记载植物的物候期；植被群落结构特征：主要记载群落的高度、盖度、多度、频度以及植物的产量等。

13.3.3 土壤养分流失调查

土壤养分流失过程实际上是表层土壤养分与降雨、径流相互作用的过程，土壤养分流失的多少主要受相互作用的限制。20世纪50年代以前，在把土壤侵蚀作为是无机土壤颗粒移动的时候，很大程度上就忽略了养分问题。50~70年代的养分流失调查显示了养分流失的危害，养分的迁移造成了肥料投入增加和部分湖泊的严重污染，70年代初期养分流失问题才引起人们的广泛重视。

土壤养分流失调查的主要内容有降雨调查、地形因素调查、地表状况和土地利用方式调查、土壤性质调查。降雨调查主要包括降雨强度和降雨历时调查；地形因素调查主要包括坡长和坡度对土壤养分流失的影响，调查不同土地利用方式下的土壤养分流失规律分析土壤养分流失的空间变化特征。同时，还要对土壤理化性质分析，分析不同机械组成土壤对土壤养分流失的影响。

(1)降雨调查

①降雨强度 特别是30min最大雨强I_{30}对土壤养分流失的影响最明显。在计算一次

降雨的总能量是必须应用这个资料。计算公式：

$$R = \sum E \times I_{30}/100 \tag{13-24}$$

式中 R—降雨的总能量；

E——降雨动能[$J/(m^2 \cdot cm)$]。

②降雨历时 为降雨过程始末的标志。通过降水量直接影响到坡面径流量与养分流失量的变化。在降雨初期，表层土壤干燥，水分入渗量较大，坡面径流量小，随着土壤水分的饱和与雨滴溅蚀作用堵塞部分土壤孔隙，使水分入渗量明显减少，坡面径流量加大，水土流失加剧，养分流失量也相应增加。有研究表明，有效养分流失集中在降雨初期，后期较为平稳(马琨 等，2002；康铃铃 等，1999)。

(2)地形因素调查

坡地地形因素对土壤养分流失具有明显的影响作用。

①坡长 主要调查自然坡长和侵蚀坡长。自然坡长指坡顶至坡脚的水平投影距离，侵蚀坡长是指坡面上从产流起点到沉积区的不间断的地表径流流经的距离。一般在产流情况下，坡面斜坡长与侵蚀坡长是一致的。坡长对土壤养分流失的影响主要表现为：一方面，对降雨强度的影响，雨强影响着侵蚀随坡长而变化的趋势；另一方面，在由一定雨强而引起的超渗产流情况下，由坡面上部至下部沿程各断面的径流量不相等，从而引起坡面各部位的土壤养分流失方式和程度不同。

②坡度 坡度对土壤养分流失的影响主要表现为：坡度影响着降雨入渗的时间，对坡面的入渗产流特征具有明显的效应。在产流情况下，坡度与径流的速度有关，从而影响到坡面表层土壤颗粒起动、侵蚀方式和径流的挟沙能力。因此，坡度对坡面土壤养分流失有重要的影响作用。

(3)地表状况和土地利用方式的调查

地表状况对养分流失的调查，主要包括植被类型、覆盖度的调查。植被主要是通过调节径流来间接影响养分流失，植被地表对水土流失起到了良好的抑制作用。何园球等(2002)对红壤丘岗区12年研究结果表明，不同林地养分径流损失随植被生长而减少，渗漏损失则随植被生长而增加，养分径流损失量依次为：自然草被 > 马尾松林 > 针阔混交林 > 阔叶林；渗漏损失量则相反。

土地利用方式调查主要是土地种植结构的调查，包括林地不同的造林方式、林地开垦方式以及农作物种植方式。孟庆华等(2000)研究了三峡库区5种代表性土地利用方式对养分流失年输出总量影响，结果显示：坡地农田 > 梯田农田 > 梯田果园 > 坡地果园。农林系统的比较中，农作物区域由于养分投入较高，土壤养分水平明显高于林区，林地不同的造林方式、林地开垦方式以及农作物种植方式对养分的吸收都会对养分流失起到影响。

(4)土壤性质调查

土壤物理性质主要调查土壤含水量，土壤和泥沙颗粒组成，土壤和泥沙中全氮、水解氮、全磷和速效磷等。土壤孔隙和水分状况共同影响着土壤中养分的淋溶过程。目前有关土壤性质对养分流失的研究，主要集中在土壤颗粒组成方面，王洪杰(2003)在对四川紫色土区土壤表层养分的分布特征及其与颗粒含量之间的关系进行研究时认为，土壤中大部分养分含量与土壤颗粒含量之间有一定的相关性，其中土壤有机质、全氮、碱解氮与粉粒(0.002~0.02mm)含量之间呈显著的正相关，与砂粒(0.02~2mm)含量之间呈极显著的负相关；而土壤全磷情况正好相反，只有碱解氮与黏粒(< 0.002mm)含量之间的相关性达到了5%显著水平。

13.4 调查结果评价与分析

13.4.1 信息源评价

土壤侵蚀调查通常采用的信息源主要有实测数据、地形图、航空相片、卫星影响像、其他专题图等判读解译数据等。实测数据是准确的数据，如果在较大面积的土壤侵蚀调查中不能对每个调查单元都进行实测，而只实测部分调查单元用作检验室内的判读精度，就必须进行信息源的分析工作。

地形图在调查中使用的较早，把地形图作为信息源的成本较低，但是在地形图上直接勾绘图斑边界不易精确确定，因此需要有经验的人员现场勾绘才能保证精度。当然，调查精度主要取决于地形图的比例尺，由于比例尺越大调查的工作量也越大，所以在实际调查中一般采用1:1万~1:5万的地形图进行野外调查。在大面积调查中也可以使用1:10万的地图，但需要配合其他信息源一起使用。

航空相片是目前获取较为精确信息的常用信息源，精度可高达1:5 000。航片中的不同地物可通过色彩、纹理等加以区别，其边界比较明显。在土地利用现状、植被覆盖度等调查中可以通过目视解译得到精度更高的图形数据。航片的成本比地形图高，目视解译也需要足够的经验，在成图时需投影矫正才能使用。

卫星遥感影像的精度比较低，适合大面积的专题信息调查。一般认为常用的TM影像的最佳比例尺为1:10万，最大为1:5万。在进行特征信息提取、最优波段组合的基础上可达到1:2.5万。遥感影像可由计算机自动纠正、解译和分类，直接生成专题图并使之矢量化，其效率比使用地形由调查要高得多。由于遥感影像数据必须由专门的机构接收，所以其成本较高。

对比常用的几种信息源，各项指标见表13-4。

表13-4 信息源评价比较

信息源	一次性成本	效率	一般精度	最高粗度	适宜应用范围
地形图	较低	较低	1:1万~1:5万	1:5 000	从小流域到大区域
航空相片	较高	较高	1:10万	1:2.5万	中小尺度专题调查或大区域补充调查
卫星遥感影像	高	高			大区域专题调查

13.4.2 调查手段评价

调查手段一般有人工野外调查与现场图形调绘、室内遥感图像人工判读、计算机遥感影像判读等方法，每种调查方法都有其各自的特征。

野外现场调查一般采用地形图或航片进行实地勾绘，这种调查方法可以把误差降低到最低。但由于这种调查方法需要的人力、物力较大；且速度较慢，所以一般适合于小面积的调查或作为检验调查精度的一种方法，或作为建立解译标志的方法。

室内遥感图像人工判读可以减少人力、物力等消耗，工作效率较高。这种方法适用范围广，从小流域到大区域均可采用。但是人工解译需要有较丰富经验的技术人员，同时需要对当地情况比较了解，这样才能够保证判读的准确性。

计算机遥感影像判读一般采用监督分类的方法，这种方法效率高，但由于某些地物波谱特征相近以及环境状况对遥感影像的影响，往往使分类结果精度偏低。由于遥感影像的分辨率本来就较低(如 TM 影像经纠正后分辨率为每像素 28.5m)，所以它适合大区域的调查。在实际应用中，需要经过实地辅助调查验证其精度方可使用。

13.4.3　调查误差分析

目前，在土壤侵蚀调查中主要采用遥感资料进行室内目视解译或卫星遥感影像计算机分类的方法，这些方法必须经过误差分析后才能够应用于实际。

(1)误差来源及减少误差措施

误差来源主要有以下几个方面：原始数据本身的误差，如边界误差、分类误差等；数据采集和存储带来的误差，如采样精度低、数字化仪输入时采点密度带来的误差；计算机存取时产生的误差，如不同数据类型的转换产生的误差；在同一分析中使用多层次数据引起的误差，如专题图叠加分类带来的误差等。

误差的存在就必须采取措施以减少误差提高精度。根据误差来源不同减少误差的措施也不一样，在原始数据采集过程中提高采样精度，采取较好的分类方法，数据输入时采用非手工的输入方法，软件中采用精确的算法，使用优良的硬件设备等都是有效减少误差的方法。总体来说，优良的软、硬件设备加上经验丰富的专业化数据采集人员，是减少误差的根本途径。

(2)数据采样

检验调查的精度，需要经过野外抽样调查与室内判读或计算机解译进行对比。数据要按随机采样方式在不同的侵蚀类型区分别进行，样方面积视调查区域大小而定。采样方法有两种：一种是按单一类型采样，即在图面或计算机屏幕上选定某种类型的若干样点，通过 GPS 定位与实际地物或土壤侵蚀类型、程度、强度进行比较，找出存在差异的样本数量；另一种方法是混合采样，即在图面或计算机屏幕上随机选定若干矩形区域，在区域内量测每种类型的面积，然后通过 GPS 定位，现场量测相同类型的面积，从而计算误差。

(3)误差计算

采样方法不同，计算调查误差的方法也不同，可概括为以下几种计算方法。

①按单一类型取样进行误差估算类型内部误差和平均判读误差：

计算类型内部误差时，如果某种类型的采样数量为 n，判读正确的样本数为 m，则精度 δ 为：

$$\delta = \frac{m}{n} \times 100\% \qquad (13\text{-}25)$$

计算平均判读误差时，若每类判读精度为 δ_1，δ_2，…，δ_p，p 为分类数，则平均判读精度 ω 为：

$$\omega = \frac{\delta_1 + \delta_2 + \cdots + \delta_p}{p} \tag{13-26}$$

②用混合取样方法进行误差估算：

计算样方内误差时，在一个样方内的 p 个类型中，如果第 i 类的判读面积为 A_{i1}，实际测量面积为 A_{i2}，则样方内的误差 ω_i 为：

$$\omega = \frac{1}{p}\sum_{i=1}^{p}\frac{|A_{i1} - A_{i2}|}{A_{i2}} \times 100\% \tag{13-27}$$

计算平均判读误差时，若取样个数为 n，则平均误差 ω' 为：

$$\omega' = \frac{1}{n}\sum_{i=1}^{n}\omega_i \tag{13-28}$$

13.5 "3S"技术在土壤侵蚀调查中的应用

"3S"技术是指遥感(remote sensing，RS)、地理信息系统(geographical information system，GIS)和全球定位系统(global position system，GPS)。三者各自独立，又紧密联系可集成为一体化的技术系统。20世纪80年代时期，在土壤侵蚀调查研究中，遥感技术应用很为广泛，近年来遥感与地理信息系统相结合，使常规的土壤侵蚀调查，进一步发挥监测、预报和规划能力。GPS的高精度定位技术，在大地测量和精密工程测量等方面已获得成功的经验，同时也展示出与RS、GIS相结合，进一步研究不同类型的土壤侵蚀如片蚀、沟蚀及滑坡、泥石流动态过程的前景。

13.5.1 第一次全国土壤侵蚀遥感调查

1984—1989年由全国农业区划委员会下达，并由水利部遥感技术应用中心主持了"应用遥感技术调查我国土壤侵蚀现状，编制全国土壤侵蚀图"的任务。这是首次应用遥感技术进行大规模全国性的土壤侵蚀调查。

13.5.1.1 土壤侵蚀遥感调查的设计方案

制定统一的土壤侵蚀分区、分类、分级的技术标准。

(1)土壤侵蚀分区

以长江、黄河、松辽、海河、淮河、珠江六大流域分区；以行政区分区；以侵蚀类型分区。

(2)土壤侵蚀分类

以侵蚀外营力为依据，将全国土壤侵蚀分为3大类型：水力侵蚀、风力侵蚀和冻融侵蚀。

(3)土壤侵蚀分级

土壤侵蚀强度分级指标见表13-5，以侵蚀模数或年侵蚀深度表示定量指标。面蚀、沟蚀和重力侵蚀以定性指标表示。影响土壤侵蚀的植被结构和植被覆盖度分级指标见表13-6。

表 13-5 土壤侵蚀强度分级指标

级别	定量指标		定性指标组合			
	侵蚀模数 [t/(km²·a)]	侵蚀深 (mm/a)	面蚀(坡耕地)	沟蚀		重力侵蚀
			坡度 (°)	沟谷密度 (km/km²)	沟壑面积比 (%)	重力侵蚀面积比 (%)
Ⅰ微度侵蚀	<(200, 500 或 1 000)	<0.16, 0.4 或 0.8	<3			
Ⅱ轻度侵蚀	(200, 500 或 1 000)~2 500	(0.16, 0.4 或 0.8)~2	3~5	<1	<10	<10
Ⅲ中度侵蚀	2 500~5 000	2~4	5~8	1~2	10~15	10~25
Ⅳ强度侵蚀	5 000~8 000	4~6	8~15	2~3	15~20	25~35
Ⅴ极强度侵蚀	8 000~15 000	6~12	15~25	3~5	20~30	35~50
Ⅵ剧烈侵蚀	>15 000	>12	>25	>5	>30	>50

表 13-6 植被结构和植被覆盖度分级

植被结构			植被覆盖度	
分 级	自然植被	人工作物	分 级	覆盖度(%)
Ⅰ高结构	乔灌草三层结构		Ⅰ高覆度	>90
Ⅱ中高结构	乔草、灌草二层结构	橡胶林、油茶、桑园	Ⅱ中高覆度	70~90
Ⅲ中结构	草(密集)一层结构	牧草	Ⅲ中覆度	50~70
Ⅳ中低结构	疏灌草、疏草等	水田	Ⅳ中低覆度	30~50
Ⅴ低结构	疏乔草等	果园、旱地	Ⅴ低覆度	10~30
Ⅵ裸地	裸地	荒地	Ⅵ裸地	<10

土壤侵蚀潜在危险度以土壤抗蚀年限(a)表示，即有效土层厚度(mm)除以年侵蚀深度(mm/a)，共分为5级，见表13-7。

表 13-7 土壤侵蚀潜在危险度级别划分

土壤侵蚀潜在危险度	无险型	较险型	危险型	极险型	毁坏型
土壤抗蚀年限(a)	>1 000	1 000~100	100~10	10~1	<1a

地形因子按绝对高程4 000m、1 000m左右及海平面作为三级侵蚀基准；按相对高程(m)分为6级，见表13-8。

表 13-8 地形因子级别划分

级 别	1	2	3	4	5	6
相对高程(m)	<50	50~200	200~500	500~1 000	1 000~1 500	>1 500

土质类型按颗粒粒径分为6级：黏壤土、粉砂土、砂壤土、砂砾土、砾石土和基岩。

(4)土壤侵蚀遥感调查方法

采用陆地卫星MSS和TM影像(1985—1986)作为信息源，选用的比例尺有1:25万、

1:50 万、1:100 万，同时选用不同比例尺黑白航片和彩红外航片。收集有关的资料和图件包括不同比例尺的地形图、地质、地貌、气象、植被、土壤、森林、草场、沙漠及水文泥沙等图件及文字资料。土壤侵蚀目视解译如图 13-1 所示。

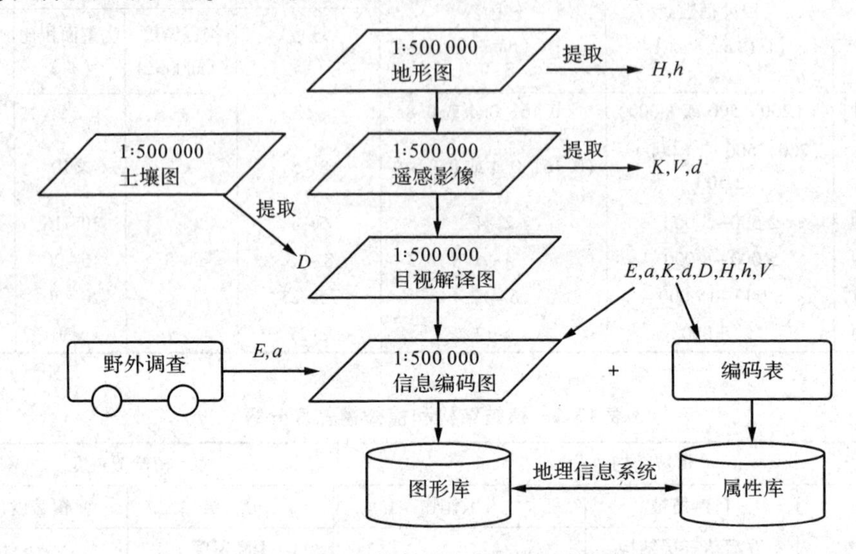

图 13-1 土壤侵蚀目视解译流程图

侵蚀量的获取是利用坝库多年泥沙淤积资料、水保试验站和水文站径流小区以及小流域多年径流、泥沙观测资料和野外调查资料等获取侵蚀量。利用全国土壤普查资料或实地观测，确定潜在危险度的土层厚度。

(5) 成图和建立信息系统

采用双指标多因子综合系列成图。双指标指土壤侵蚀强度与抗侵蚀年限，多因子包括侵蚀类型、土质类型、地形因子和植被覆盖度。最后完成了全国各省(自治区、直辖市)和六大流域 1:50 万的土壤侵蚀图、1:200 万全国土壤侵蚀图和 1:400 万全国土壤侵蚀区划图，建立了多层次数据库的全国水土保持信息系统。经归纳，全国第一次土壤侵蚀遥感调查汇总见表 13-9。

表 13-9 全国第一次土壤侵蚀遥感调查汇总表 ($\times 10^4 km^2$)

侵蚀强度	水蚀		风蚀		冻融		三类侵蚀合计	
	面积	比重(%)	面积	比重(%)	面积	比重(%)	面积	比重(%)
轻度侵蚀	91.91	51.23	94.11	50.16	68.01	54.23	254.03	51.59
中度侵蚀	49.78	27.74	27.87	14.86	57.40	45.77	135.05	27.42
强度侵蚀	24.46	13.36	23.17	12.35			47.62	9.67
极强度侵蚀	9.14	5.08	16.62	8.86			25.76	5.23
剧烈侵蚀	4.12	2.30	25.84	13.77			29.96	6.08
轻度及其以上总数	179.41	100.00	187.61	100.00	125.41	100.00	492.44	100.00
强度及其以上总数	37.72	20.74	65.63	34.98			103.35	28.16

注：% 指各自侵蚀面积占轻度极其以上侵蚀强度总面积的比例。引自全国土壤侵蚀遥感调查统计表，水利部遥感技术应用中心印，1990。

轻度以上水蚀总面积 179.4 × 10^4 km^2，风蚀面积 187.6 × 10^4 km^2，冻融侵蚀面积 125.4 × 10^4 km^2，其中水蚀与风蚀共计 367 × 10^4 km^2，占国土总面积的 38.23%。强度以上的水蚀面积 37.72 × 10^4 km^2，应作为治理的重点。强度以上风蚀面积虽然很大，但治理重点应集中在水蚀风蚀交错地区，多为沙尘暴来源区。

13.5.2 第二次全国土壤侵蚀遥感调查

第二次调查较第一次的调查在技术方法上有所改进和提高，进行时间为 1997—2001 年，信息源为 1995—1996 年的 TM 影像，利用 GIS 软件，由目视解译改为采用人机交互判读方式，以全数字化方式进行图形编辑(图 13-2)。要求各省上交的数字化土壤侵蚀图必须是 GIS 软件 ARC/INFO 的 coverage 格式。工作底图为 1:10 万，判读正确率 > 90%，定位偏差 < 0.6，成图最小图斑 ≥ 1.8mm × 1.8mm，采用《土壤侵蚀分类分级标准》判别侵蚀类型和强度。第二次调查工于 2001 年完成，2002 年发表调查结果：全国水土流失面积 355.6 × 10^4 km^2，其中轻度以上水蚀面积 164.9 × 10^4 km^2，轻度以上风蚀面积 190.7 × 10^4 km^2，在水蚀和风蚀面积中有 26 × 10^4 km^2 为水蚀和风蚀交错区。与第一次遥感调查成果相比，水蚀面积减少了 14.5 × 10^4 km^2，风蚀面积增加了 3.1 × 10^4 km^2，冻融侵蚀面积

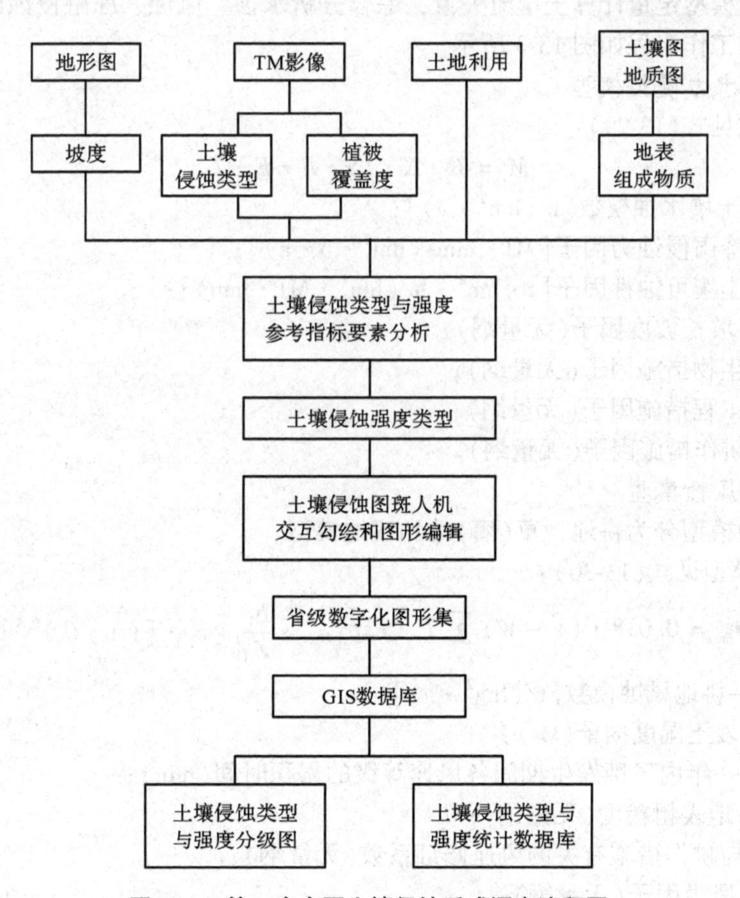

图 13-2 第二次全国土壤侵蚀遥感调查流程图

增加了 5.7×10^4km²。

13.5.3 第一次全国水利普查水土保持情况普查

2010—2012年，国务院组织开展了新中国成立以来的第一次全国水利普查，包括河湖基本情况普查、水利工程基本情况普查、经济社会用水情况调查、河湖开发治理保护情况普查、水土保持情况普查、水利行业能力建设情况普查，以及灌区和地下水取水井普查。水土保持情况普查又包括土壤侵蚀、沟道侵蚀和水土保持措施普查，旨在全面查清我国水土流失、治理情况及其动态变化等。其中的土壤侵蚀普查包括水蚀、风蚀和冻融侵蚀，采用方法与前两次遥感调查方法不同。土壤侵蚀普查采样的是地面抽样调查、遥感解译、模型计算和统计分析等综合方法。通过收集全国降水、风等气象资料，计算获取影响土壤侵蚀的降雨侵蚀力、风力因子等外营力因素；利用国家普查土壤资料，计算全国不同土壤类型的土壤可蚀性；利用DEM提取影响土壤侵蚀的地形因子；通过对SPOT/ASTER、HJ-1、MODIS、AMSR-E、PALSAR等遥感数据解译与反演分析获得植被、表土湿度、年冻融日循环天数、日均冻融相变水量等侵蚀影响因子；利用野外抽样调查单元数据经过空间分析获得水土保持工程措施、耕作措施因子、地表粗糙度等侵蚀因子；利用侵蚀模型定量计算土壤流失量，综合分析水蚀、风蚀、冻融侵蚀的分布、面积和强度，具体工作流程如图13-3所示。

(1)土壤水力侵蚀模型

基本形式见式(13-29)：

$$M = R \cdot K \cdot LS \cdot B \cdot E \cdot T \tag{13-29}$$

式中 M——土壤水蚀模数[t/(hm²·a)]；

R——降雨侵蚀力因子[MJ·mm/(hm²·h·a)]；

K——土壤可蚀性因子[t·hm²·h/(hm²·MJ·mm)]；

LS——坡长坡度因子(无量纲)；

B——生物措施因子(无量纲)；

E——工程措施因子(无量纲)；

T——耕作措施因子(无量纲)。

(2)土壤风蚀模型

土壤风蚀模型分为耕地、草(灌)地和沙地模型。

a. 耕地模型见式(13-30)：

$$Q_{fa} = 0.018 \cdot (1 - W) \sum_{j=1} T_j \cdot \exp\left\{a_1 + \frac{b_1}{Z_0} + c_1 \cdot \left[(A \cdot U_j)^{0.5}\right]\right\} \tag{13-30}$$

式中 Q_{fa}——耕地风蚀模数[t/(hm²·a)]；

W——表土湿度因子(%)；

T_j——一年内风蚀发生期间各风速等级的累积时间(min)；

Z_0——地表粗糙度(无量纲)；

A——与耕作措施有关的风速修订系数(无量纲)；

U_j——风力因子(无量纲)；

a_1，b_1，c_1——与土壤类型有关的常数，无量纲，分别取值 −9.208、0.018

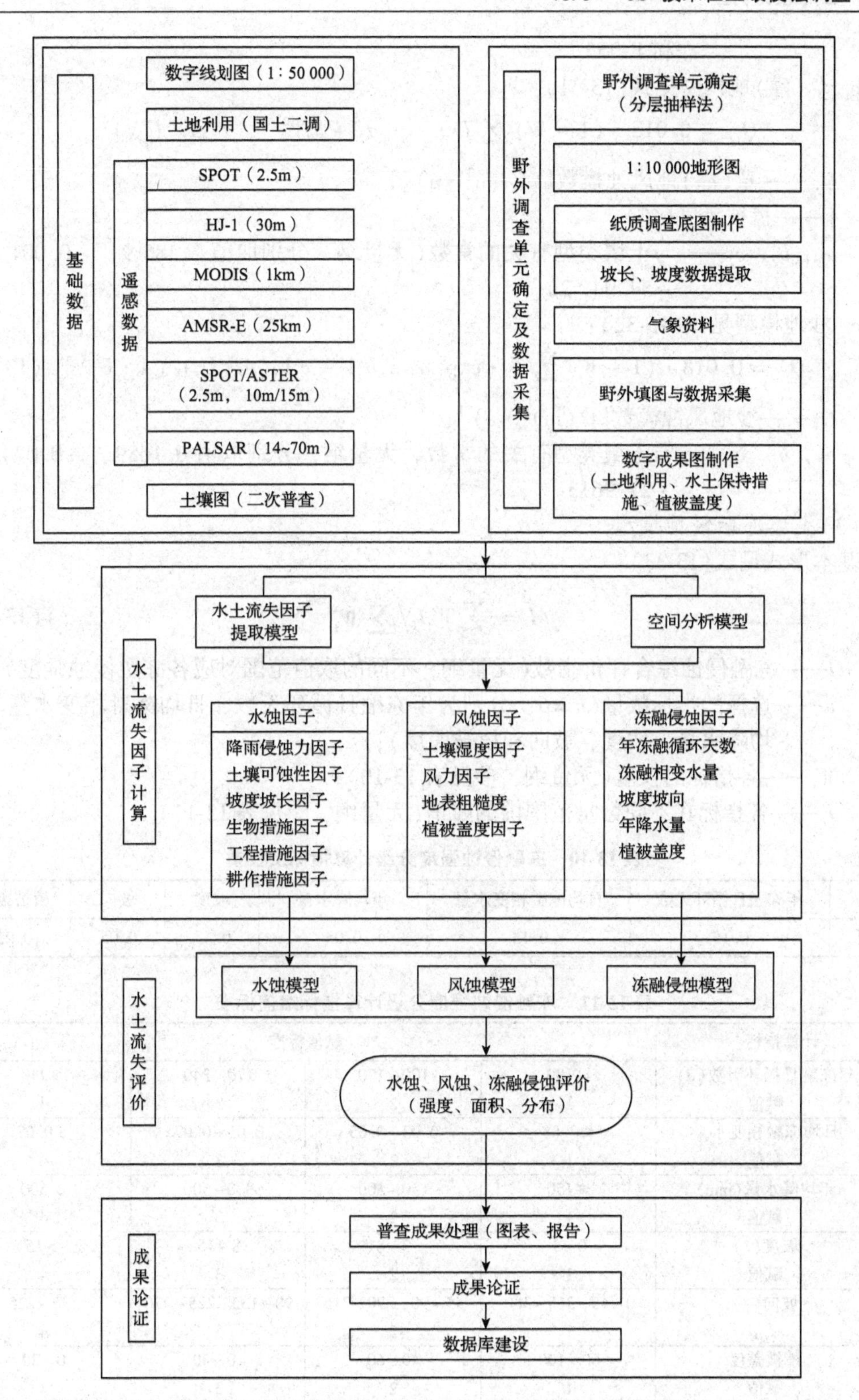

图 13-3 第一次全国水利普查土壤侵蚀普查工作流程图

和 1.955。

b. 草(灌)地模型见式(13-31)：

$$Q_{fg} = 0.018 \cdot (1 - W) \sum_{j=1} T_j \cdot \exp[a_2 + b_2 V^2 + c_2/(A \cdot U_j)] \quad (13\text{-}31)$$

式中 Q_{fg}——草(灌)地风蚀模数[$t/(hm^2 \cdot a)$]；

V——植被盖度(%)；

a_2，b_2，c_2——与土壤类型有关的常数(无量纲，分别取值 2.486 9、-0.001 4 和 -54.947 2)。

c. 沙地模型见式(13-32)：

$$Q_{fs} = 0.018 \cdot (1 - W) \sum_{j=1} T_j \cdot \exp[a_3 + b_3 V + c_3 \ln(A \cdot U_j)/(A \cdot U_j)] \quad (13\text{-}32)$$

式中 Q_{fs}——沙地风蚀模数[$t/(hm^2 \cdot a)$]；

a_3，b_3，c_3——与土壤类型有关的常数，无量纲，分别取值 6.1689、-0.0743 和 -27.9613。

(3)土壤冻融侵蚀模型

基本形式见式(13-33)：

$$I = \sum_{i=1}^{n} W_i I_i \Big/ \sum_{i=1}^{n} W_i \quad (13\text{-}33)$$

式中 I——冻融侵蚀综合评价指数(无量纲，不同的取值范围对应各冻融侵蚀强度)；

n——选择的指标数量($n=6$，分别为年冻融日循环天数、日均冻融相变水量、年均降水量、坡度、坡向和植被盖度)；

W_i——各指标的权重(无量纲，参见表 13-10)；

I_i——各指标在不同数量范围内的赋值(无量纲，参见表 13-11)。

表 13-10 冻融侵蚀强度分级计算指标及权重

指标	年冻融日循环天数	日均冻融相变水量	年均降水量	坡度	坡向	植被盖度
权重	0.15	0.15	0.05	0.35	0.05	0.25

表 13-11 冻融侵蚀强度分级计算指标赋值标准

计算指标		赋值标准			
1	年冻融日循环天数(d)	≤100	100~170	170~240	>240
	赋值	1	2	3	4
2	日均冻融相变水量	≤0.03	0.03~0.05	0.05~0.07	>0.07
	赋值	1	2	3	4
3	年均降水量(mm)	≤150	150~300	300~500	>500
	赋值	1	2	3	4
4	坡度(°)	0~3	3~8	8~15	>15
	赋值	1	2	3	4
5	坡向(°)	0~45，315~360	45~90，270~315	90~135，225~270	135~225
	赋值	1	2	3	4
6	植被盖度	60~100	40~60	20~40	0~20
	赋值	1	2	3	4

思考题

1. 在土壤侵蚀调查中怎样运用抽样调查方法？
2. 如何进行土壤侵蚀量调查？
3. 如何进行侵蚀类型与强度的调查？
4. 怎样开展调查结果评价与分析？
5. “3S”技术在土壤侵蚀调查中如何应用？

参考文献

巴巴耶夫 A Γ，2001. 苏联荒漠流沙的固定[M]. 胡孟春译 . 北京：海洋出版社 .

拜格诺 R A，1959. 风沙和荒漠沙丘物理学[M]. 钱宁译 . 北京：科学出版社 .

北京大学，南京大学，上海师范大学，等，1978. 地貌学[M]. 北京：人民教育出版社 .

北京大学，南京大学，上海师范大学，等，1984. 地貌学[M]. 北京：高等教育出版社 .

蔡强国，1988. 表土结皮在溅蚀和坡面侵蚀过程中的作用 . 陈永宗 . 黄河粗泥沙来源及侵蚀产沙机理研究文集[C]. 北京：气象出版社 .

曹建华，蒋忠诚，杨德生，等，2009. 贵州省岩溶区水土流失、石漠化受岩溶环境制约[J] . 中国水土保持(1)，20－23.

曹银真，1983. 黄土地区梁峁坡的坡地特征与土壤侵蚀[J]. 地理研究，2(3)：19－28.

阐文杰，吴启堂，1994. 一个定量综合评价土壤肥力的方法初探[J]. 土壤通报，25(6)：245－247.

陈光曦，王继康，王林海，1983. 泥石流防治[M]. 北京：中国铁道出版社 .

陈剑平，2003. 环境地质与工程[M]. 北京：地质出版社：205－229.

陈渭南，董光荣，董治宝，1994. 中国北方土壤风蚀问题的研究进展和趋势[J]. 地球科学进展，9(5)：6－12. .

陈肖柏，刘建坤，刘鸿绪，等，2006. 土的冻结作用与地基[M]. 北京：科学出版社 .

陈永宗 . 1984. 黄河中游黄土丘陵区的沟谷类型[J]. 地理科学，4(4)：321－327.

陈永宗，景可，蔡强国，1998. 黄土高原现代侵蚀与治理[M]. 北京：科学出版社 .

崔鹏，刘世建，2000. 中国泥石流监测预报研究现状与展望[J]. 自然灾害学报，9(2)：10－15.

崔鹏，柳素清，唐帮兴，等，2005. 风景区泥石流研究与防治[M]. 北京：科学出版社 .

戴敬儒，周泽平，吴昕，2005. 山丘区工程滑坡分类与灾害防治[J]. 山地学报，23(6)：709－713.

董玉祥，刘玉璋，刘毅华，1995. 沙漠化若干问题研究[M]. 西安：西安地图出版社 .

董治宝，998. 建立小流域风蚀量统计模型初探[J]. 水土保持通报，18(5)：55－62.

董治宝，2005. 中国风沙物理研究五十年(Ⅰ) [J]. 中国沙漠，25(3)：293－305.

董治宝，陈广庭，1996. 生物防沙物理学研究进展[J]. 中国沙漠，16(3)44-48.

董治宝，郑晓静，2005. 中国风沙物理研究 50 年(Ⅱ) [J]. 中国沙漠，25(6)：795－815.

杜榕恒，康志成，陈循谦，等，1987. 云南小江泥石流综合考察与防治规划研究[M]. 重庆：科技文献出版社重庆分社 .

杜志勇，史衍玺，2003. 耕作侵蚀模型简介[J]. 水土保持科技情报(3)：16－19.

范昊明，蔡强国，2003. 冻融侵蚀研究进展[J]. 中国水土保持科学，1(4)：50－55.

范昊明，蔡强国，崔明，2005. 东北黑土漫岗区土壤侵蚀垂直分带性研究[J]. 农业工程学报，21(6)：8－11.

方宗义，朱福康，江吉喜，等，1997. 中国沙尘暴研究[M]. 北京：气象出版社 .

高华端，1999. 乌江流域岩溶宜林石质山地立地因子研究[J]. 山地农业生物学报，18(4)：209－215.

高尚武，1984. 治沙造林学[M]. 北京：中国林业出版社.

高维森，王佑民，1992. 土壤抗蚀抗冲性研究综述[J]. 水土保持通报，16(5)：12-14.

高旭彪，黄成志，刘朝晖，2007. 开发建设项目水土流失防治模式[J]. 中国水土保持科学（5）：93－97.

巩永凯，1997. 南方多雨地区烟田养分流失特征研究——以湖南江华为例[D]. 北京：中国农业科学院.

关君蔚，1996. 水土保持原理[M]. 北京：中国林业出版社.

郭绍礼，1996. 晋陕蒙接壤地区环境整治与农业发展研究[M]. 北京：中国科学技术出版社.

郭索言，姜德文，赵永军，等，2008. 建设项目水土流失现状与综合治理对策[J]. 中国水土保持科学，6(1)：51－56.

国家防汛抗旱总指挥部办公室，中国科学院水利部成都山地灾害与环境研究所，1994. 山洪泥石流滑坡灾害及防治[M]. 北京：科学出版社.

哈德逊 N W，1925. 土壤保持[M]. 窦葆章，译. 北京：科学出版社.

韩丽文，李祝贺，2005. 土地沙化与防沙治沙措施研究[J]. 水土保持研究，12(5)：211-213.

何绍芬，1993. 风沙流结构研究的敏感领域[J]，内蒙古林学院学报，13(1)：48－51.

何园球，王兴祥，2002. 红壤丘岗区人工林土壤水分、养分流失动态研究[J]. 水土保持学报，16(4)：91－97.

胡广韬，杨文远，1989. 工程地质学[M]. 北京：地质出版社：199－210.

胡乔肚，1999. 土壤质量诊断与评价理化指征及其应用[J]. 生态农业研究，7(3)：16－18.

胡英娣，1997. 几种化学固沙材料抗风蚀的风洞实验研究[J]. 中国沙漠，17(1)：103－76.

黄秉维，1955. 编制黄河中游流域土壤侵蚀分区图的经验教训[J]. 科学通报(12)：15－21.

黄丽，丁树文，1998. 三峡库区紫色土养分流失的试验研究[J]. 土壤侵蚀与水土保持学报，4(1)：8－14.

黄丽，张光远，丁树文，等，1999. 侵蚀紫色土土壤颗粒流失的研究[J]. 水土保持学报，5(1)：35－39.

黄尚瑜，宋焕荣，1987. 碳酸盐岩的溶蚀与环境温度[J]. 中国岩溶，6(4)：287－293.

冀秉信，王海卫，高秀娟，2002. 论开发建设项目与水土保持[J]. 山西科技（增刊）：55.

贾洪文，2007. 降雨与土壤养分流失关系分析[J]. 水土保持应用技术(1)：21－23.

江忠善，宋文经，李秀英，1983. 黄土地区天然降雨雨滴特性研究[J]. 中国水土保持(3)：32－36.

将忠诚，1997. 峰丛石山的岩溶作用及生态环境元素迁移典型研究[D]. 北京：中国地质科学院.

荆绍华，1986. 泥石流临界雨量和触发雨量的初步分析[J]. 铁道工程学报(4)：91－95.

景可，王万忠，郑粉莉，2005. 中国土壤侵蚀与环境[M]. 北京：科学出版社.

康铃铃，朱小勇，1999. 不同雨强条件下黄土性土壤养分流失规律研究[J]. 土壤学报，36(4)：536－543.

柯克比 M J，摩极 R P C，1987. 土壤侵蚀[M]. 王礼先，吴斌，洪惜英，译. 北京：水利电力出版社.

李滨生，1990. 治沙造林学[M]. 北京：中国林业出版社.

李苍松，2001. 岩溶地质分形预报方法的应用研究[D]. 重庆：西南交通大学.

李苍松，2007. 岩溶地质预报的分形理论应用基础研究[J]. 西南交通大学学报，42(5)：542－547.

李光录，吴发启，赵晓光，等，1995. 水土流失对土壤养分的影响研究[J]. 西北林学院学报，10(增)：28－33.

李松，1990. 土壤养分与泥沙流失的初步试验分析[J]. 人民黄河(4)：64－67.

李阳兵，邵景安，王世杰，等，2006. 岩溶生态系统脆弱性研究[J]. 地理科学进展，9(5)：1－9

李阳兵，王世杰，王济，2006. 岩溶生态系统的土壤特性及其今后研究方向[J]. 中国岩溶，25(4)：285－289.

李勇，张建辉，David A Lobb，张建国，2000. 耕作侵蚀及其农业环境意义[J]. 山地学报，18(6)：514－519.

李勇，张建辉，Lobb D A，等，2001. 耕作侵蚀及其农业环境意义[J]. 山地学报，18(6)：514－519.

李玉宝，2000. 干旱半干旱区土壤风蚀评价方法[J]. 干旱区资源与环境，14(2)：48－52.

李振山，倪晋仁，1998. 风沙流研究的历史现状及其趋势[J]. 干旱区资源与环境，12(3)：89－94.

李智广，2005. 水土流失测验与调查[M]. 北京：中国水利水电出版社.

栗清林，1982. 试论不同坡度、坡长、植被与水土流失的关系[J]. 中国水土保持(2)：30－32.

梁光模，王成华，张小刚，2007. 川藏公路中坝段溜砂坡形成与防治对策[J]. 中国地质灾害与防治学报. 2003，14(4)：33－38.

凌裕泉，金炯，邹本功，等，1984. 栅栏在防治前沿积沙中的作用[J]. 中国沙漠，4(3)：16－25.

刘秉正，1985. 刺槐林地土壤抗冲性研究[J]. 林业科技通讯(4)：23－36.

刘秉正，1993. 渭北地区 R 值分布[J]. 西北林学院学报，8(2)：21－29.

刘秉正，李光录，吴发启，等，1995. 黄土高原南部土壤养分流失规律[J]. 水土保持学报，9(2)：77－86.

刘秉正，王佑民，陈东立，1984. 刺槐林地土壤抗冲性的试验研究[J]. 西北林学院学报，3(1)：13－15.

刘秉正，吴发启，1995. 黄土塬区沟谷系统的侵蚀发展研究[J]. 水土保持学报(2)：59－68.

刘秉正，吴发启，1997. 土壤侵蚀[M]. 西安：陕西人民出版社.

刘秉正，翟明柱，吴发启，1990. 渭北高原沟谷侵蚀初探[J]. 西北水土保持研究所集刊(12)：25－34..

刘广润，晏鄂川，练操，2002. 论滑坡分类[J]. 工程地质学报，10(4)：339－342.

刘红军，程显春，马介峰，2005. 多年冻土的力学性质[J]. 东北林业大学学报，33(2)：102－103.

刘丽燕，吾尔妮莎·沙衣丁，阿不都拉·阿巴斯，2005. 荒漠化地区生物结皮的研究进展[J]. 菌物研究，3(4)：26－29.

刘连友，刘玉璋，李小雁，等，1999. 砾石覆盖对土壤吹蚀的抑制效应[J]. 中国沙漠，19(1)：60－62.

刘善建，1953. 天水水土流失测验与分析[J]. 科学通报(12)：59－65.

刘恕，1996. 试论沙漠化过程及其防治措施的生态学基础[J]. 中国沙漠，6(1)：6－12.

刘贤万，1995. 实验风沙物理与风沙工程学[M]. 北京：科学出版社.

刘兴昌，张友顺，1989. 水土保持原理与规划[M]. 西安：西北大学出版社.

刘洋，2007. 江西红壤坡地不同生态措施土壤侵蚀预报模型及养分流失特征研究[D]. 南京：河海大学.

刘洋，2007. 天然降雨条件下不同水土保持措施红壤坡地养分流失特征[J]. 中国水土保持(12)：14－17.

刘再华，2000. 碳酸盐岩岩溶作用对大气 CO_2 沉降的贡献[J]，中国岩溶，19(4)：293－300.

刘再华，何师意，袁道先，1998. 土壤中的 CO_2 及其对岩溶作用的驱动[J]. 水文地质工程地质(4)：42－45.

刘震，2004. 水土保持监测技术[M]. 北京：中国大地出版社.

卢琦，2001. 全球沙尘暴警世录[M]. 北京：中国环境科学出版社.

吕儒仁，李德基，1989. 西藏波密冬茹弄巴的冰雪融水泥石流[J]. 冰川冻土，11(2)：148－160.

罗万勤，陈平，1996. 关于编制开发建设项目水土保持方案的探讨[J]. 水土保持通报(16)：152－55.

马琨，王兆骞，陈欣，等，2002. 不同雨强条件下红壤坡地养分流失特征研究[J]. 水土保持学报，16(3)：16－19.

马世威，马玉明，1998. 沙漠学[M]. 呼和浩特：内蒙古人民出版社.

孟庆华，杨林章，2000. 三峡库区不同土地利用方式的养分流失研究[J]. 生态学报，20(6)：1028－1033.

彭建兵，李喜安，孙萍，等，2005 黄土洞穴的环境灾害效应[J]. 地球与环境，33(4)：1－7.

齐吉林，程国栋，Vermeer P A，2005. 冻融作用对土工程性质影响的研究现状[J]. 地球科学进展，20(8)：887－894.

屈建军，刘贤万，雷加强，等，2001. 尼龙网栅栏防沙效应的风洞模拟实验[J]. 中国沙漠，21(3)：276－280.

全国泥石流防治经验交流会论文集编审组，1983. 全国泥石流防治经验交流会论文集[M]. 重庆：科学技术出版社重庆分社.

任杨俊，2005. 西气东输工程水土保持方案设计[D]. 南京：河海大学.

邵明安，张兴昌，2001. 坡面土壤养分与降雨、径流的相互作用机理及模型[J]. 世界科技研究与发展，23(2)：7－12.

邵学栋，2007. 生产类开发建设项目土壤流失量预测方法探讨[J]. 水土保持应用技术(6)：9－10.

施雅风，1988. 中国冰川概论[M]. 北京：科学出版社.

施雅风，李吉均，1994. 80 年代以来中国冰川学和第四纪冰川研究的新进展[J]. 冰川冻土，16(1)：1－14.

史德明，1984. 我国热带、亚热带地区崩岗侵蚀之剖析[J]. 水土保持通报，4(3)：32－37.

史德明，1991. 南方花岗岩区的土壤侵蚀及其防治[J]. 水土保持学报，5(3)：63－72.

史东梅，2006. 高速公路建设中侵蚀环境及水土流失特征的研究[J]. 水土保持学报，20(2)：6－9.

史东梅，刘益军，陈晏，等，2006. 国家重点公路重庆奉云段高速公路水土保持措施的探讨[J]. 水土保持学报，20(3)：88－92.

史明昌，田玉柱，2004. 县级水土保持监测信息系统[M]. 北京：中国科学技术出版社.

宋桂琴，1997. 谈水土流失、土壤侵蚀两概念的区别与联系[J]. 中国水土保持(2)：47-49.

宋晓强，张长印，刘洁，2007. 开发建设项目水土流失成因和特点分析[J]. 水土保持通报，9(5)：108－113.

宋阳，严平，张宏，等，2004. 荒漠生物结皮研究中的几个问题[J]. 干旱区研究，21(4)439－443.

苏维词，2002. 中国西南岩溶山区石漠化的现状成因及治理的优化模式[J]. 水土保持通报，16(2)：29－32.

苏正安，2010. 紫色土坡耕地土壤景观演化对耕作侵蚀的响应[D]. 北京：中国科学院研究生院.

苏正安，张建辉，2007. 耕作侵蚀及其对土壤肥力和作物产量的影响研究进展[J]. 农业工程学报，23(1)：272－278

孙保平，2000. 荒漠化防治工程学[M]. 北京：中国林业出版社.

孙波，张桃林，赵其国，1995. 我国东南丘陵山区土壤肥力的综合评价[J]. 土壤学报，32(4)：362－269.

孙波，赵其国，1999. 红壤退化中的土壤质量评价指标及评价方法[J]. 地理科学进展，18(2)：118－128.

谭炳炎，1986. 泥石流严重程度的数量化综合评价[J]. 水土保持通报(1)：51－57.

唐帮兴，柳素清，1993. 泥石流及其防治研究[M]. 成都：成都科技大学出版社.

唐帮兴，柳素清，刘世建，等，1991. 中国泥石流分布及其灾害危险区划[M]. 成都：成都地图出版社.
唐克丽，1996. 中国土壤侵蚀与水土保持学的特点及展望[J]. 水土保持研究（2）：2－7.
唐克丽，2004. 中国水土保持[M]. 北京：科学出版社.
田均良，周佩华，刘普灵，1992. 土壤侵蚀 REE 示踪法研究初报[J]. 水土保持学报，6(4)：21－27.
田连权，呈积善，康志成，等，1993. 泥石流侵蚀搬运与堆积[M]. 成都：成都地图出版社.
涂安千，邬伯良，郭辉煌，等，1981. 黄土高原沟壑区“红土”泻溜侵蚀及“红土”陡坡的治理研究[C]. 黄土高原水土流失综合治理科学讨论资料汇编.
土壤学与水土保持编委会，2004. 朱显谟院士论文选集[M]. 西安：陕西人民出版社.
万存绪，张效勇，1991. 模糊数学在土壤质量评价中的应用[J]. 应用科学学报，9(4)：359－365.
汪吉东，高秀美，2009. 不同 pH 降雨淋溶对原状水稻土土壤酸化的影响[J]. 水土保持学报，8(23)：118－122.
王斌科，1989. 引起洞穴侵蚀的主要因素的探索[J]. 水土保持学报，3(3)：84－90.
王斌科，朱显谟，唐克丽，1988. 黄土高原的洞穴侵蚀与防治[J]. 中国科学院西北水土保持研究所集刊(7)：26－39.
王博文，陈立新，2006. 土壤质量评价方法述评[J]. 中国水土保持科学，4(2)：120－126.
王光谦，刘家宏，2006. 数字流域模型[M]. 北京：科学出版社.
王汉存，1992. 水土保持原理[M]. 北京：水利电力出版社.
王洪杰，李宪文，2003. 不同土地利用方式下土壤养分的分布及其与土壤颗粒组成关系[J]. 水土保持学报，17(2)：44－50.
王解放，杨林章，单艳红，2001. 模糊数学在土壤质量评价中的应川研究[J]. 土壤学报，38(2)：176－183.
王礼先，1994. 流域管理学[M]. 北京：中国林业出版社.
王礼先，2004. 中国水利百科全书 · 水土保持分册[M]. 北京：中国水利水电出版社.
王礼先，2005. 水土保持学[M]. 2 版. 北京：中国林业出版社.
王礼先，于志民，2001. 山洪泥石流灾害预报[M]. 北京：中国林业出版社.
王数，东野光亮，2005. 地质学与地貌学教程[M]. 北京：中国农业大学出版社.
王涛，2001. 走向世界的中国沙漠化防治的研究与实践[J]. 中国沙漠，21(1)：1－3.
王万忠，焦菊英，1996. 黄土高原降雨侵蚀产沙与黄河输沙[M]. 北京：科学出版社.
王贤，周心澄，丁国栋，1999. 对我国荒漠化防治现状的一些认识和建议[J]. 北京林业大学学报(5)：100－103.
王晓龙，李辉信，胡锋，等，2005. 红壤小流域不同土地利用方式下土壤 N、P 流失特征研究[J]. 水土保持学报，19(5)：31－34.
王效举，龚子同，1997. 红壤斤陵小区域水平上不同时段土壤质量变化的评价和分析[J]. 地理科学，17(2)：141－148.
王效举，龚子同，张胡森，1997. 地理信息系统辅助土壤质量变化图的编制[J]. 土壤，29(1)：37－42.
王幼民，刘秉正，1994. 黄土高原防护林生态特征[M]. 北京：中国林业出版社.
王佑民，刘秉正，廖超英，等，1984. 刺槐林地土壤抗蚀性的研究[J]. 林业实用技术，5(5)：9－13.
王增根，沈继方，徐瑞春，等，1995. 鄂西清江流域岩溶地貌特征及演化[J]. 地球科学——中国地质大学学报，20(4)：439－444.
王占礼，邵明安，2002. 黄土坡地耕作侵蚀对土壤养分影响的研究[J]. 农业工程学报，18(6)：

63 – 67.
王占礼，邵明安，雷廷武，2003. 黄土区耕作侵蚀及其对总土壤侵蚀贡献的空间格局[J]. 生态学报，23(7)：1328 – 1335.
王占礼，邵明安，李勇，2002. 黄土地区耕作侵蚀过程中的土壤再分配规律研究[J]. 植物营养与肥料学报，8(2)：168 – 172.
王治国，李文银，蔡继清，1998. 开发建设项目水土保持与传统水土保持比较[J]. 中国水土保持(10)：16 – 19.
吴发启，2003. 水土保持学概论[M]. 北京：中国农业出版社.
吴发启，2006. 水土保持学科教学体系构建的思考[J]. 中国水土保持科学，4(1)：5 – 9.
吴发启，2008. 水土保持技术[M]. 北京：中央广播电视大学.
吴发启，范文波，2001. 土壤结皮与降雨溅蚀的关系研究[J]. 水土保持学报，15(3)：1 – 3.
吴发启，范文波，2002. 坡耕地土壤结皮形成的影响因素分析[J]. 水土保持学报，16(1)：33 – 36.
吴发启，范文波，2005. 土壤结皮对降雨入渗和产流产沙的影响[J]. 中国水土保持科学，3(2)：97 – 101.
吴发启，王健，2006. 水土保持与荒漠化防治专业课程体系的建立[J]. 水土保持通报，26(4)：56 – 59.
吴发启，赵晓光，刘秉正，2001. 缓坡耕地侵蚀环境及动力机制分析[M]. 西安：陕西科学技术出版社.
吴积善，康志成，田连权，等，1990. 云南蒋家沟泥石流观测研究[M]. 北京：科学出版社.
吴普特，1997. 动力水蚀实验研究[M]. 西安：陕西科学技术出版社.
吴普特，高建恩，2006 黄土高原水土保持新论[M]. 郑州：黄河水利出版社.
吴正，1987. 风沙地貌学[M]. 北京：科学出版社.
夏卫兵，1994. 略谈水土流失与土壤侵蚀[J]. 中国水土保持(4)：48 – 49.
夏训诚，1991. 新疆沙漠化与风沙灾害治理[M]. 北京：科学出版社.
夏训诚，杨根生，1996. 中国西北沙尘暴灾害及防治[M]. 北京：中国环境科学出版社.
辛树帜，蒋德麟，1982. 中国水土保持概论[M]. 北京：农业出版社.
新疆生物土壤沙漠研究所沙漠室，1976. 沙漠的治理[M]. 北京：科学出版社.
徐学祖，王家澄，张立新，2001. 冻土物理学[M]. 北京：科学出版社.
延昊，王长耀，牛铮，等，2002. 东亚沙尘源地、沙尘输送路径的遥感研究[J]. 地理科学进展，21(1)：90 – 94.
严钦尚，曾昭璇，2006. 地貌学[M]. 北京：高等教育出版社.
晏鄂川，刘广润，2004. 试论滑坡基本地质模型[J]. 工程地质学报，12(1)：1 – 4.
杨成松，何平，成国栋，等，2003. 冻融作用对土体干容重和含水量影响的试验研究[J]. 岩石力学与工程学报，22(增2)：2695 – 2699.
杨达源，2006. 自然地理学[M]. 北京：科学出版社.
杨景春，1985. 地貌学教程[M]. 北京：高等教育出版社.
杨文治，余存祖，1992. 黄土高原区域治理与评价[M]. 北京：科学出版社.
杨香春，严平，刘连友，2003. 土壤风蚀研究进展与评述[J]. 干旱地区农业研究，21(4)：147 – 151.
杨晓晖，张克斌，赵云杰，2001. 生物土壤结皮——荒漠化地区研究的热点问题[J]. 生态学报，21(3) 474 – 480.
姚文艺，汤立群，2001. 水力侵蚀产沙过程及模拟[M]. 郑州：黄河水利出版社.
叶笃正，丑纪范，刘纪远，等，2000. 关于我国华北沙尘天气的成因与治理对策[J]. 地理学报，55

(5)：513－521.
袁宝印，李容全，张虎男，等，1991. 地貌研究方法与实习指导[M]. 北京：高等教育出版社.
曾大林，2001. 对水土保持方案编制有关问题的研究[J]. 中国水土保持(2)：34－35.
曾红娟，史明昌，陈胜利，等，2007. 开发建设项目水土保持监测指标体系及监测方法初探[J]. 水土保持通报(4)：95－98.
张宝善，王贤，李滨生，1988. 半荒漠地带铁路固沙林带的营造[M]. 北京：人民铁道出版社.
张春来，邹学勇，董光荣，等，2002. 干草原地区土壤^{137}Cs沉积特征[J]. 科学通报，47(3)：221－225.
张广军，1996. 沙漠学[M]. 北京：中国林业出版社.
张国平，刘纪远，2002. 1995—2000年中国沙地空间格局变化的遥感研究[J]. 生态学报，22(9)：1500－1506.
张汉银，1992. 浅谈水土流失与土壤侵蚀[J]. 水土保持通报，12(4)：53－55.
张洪江，2008. 土壤侵蚀原理[M]. 北京：中国林业出版社.
张华，张甘霖，2001. 土壤质量指标和评价方法[J]. 土壤(6)：326－330.
张建辉，李勇，Lobb D A，等，2001. 我国南方丘陵区土壤耕作侵蚀的定量研究[J]. 水土保持学报，15(2)：1－4.
张科利，唐克丽，王斌科，1991. 黄土高原坡面浅沟侵蚀特征值的研究[J]. 水土保持学报，5(2)：8－13.
张奎壁，邹受益，1990. 治沙原理与技术[M]. 北京：中国林业出版社.
张丽萍，张妙仙，2008. 环境灾害学[M]. 北京：科学出版社.
张萍，查轩，2007. 崩岗侵蚀研究进展[J]. 水土保持研究，14(1)：170－172，176.
张淑光，钟朝章，1990. 广东省崩岗形成机理与类型[J]. 水土保持通报，10(3)：8－16.
张祥松，周聿超，1990. 喀喇昆仑山叶尔羌河冰川与环境[M]. 北京：科学出版社.
张信宝，李少龙，赵庆昌，1989. 黄土高原小流域泥沙来源^{137}Cs法研究[J]. 科学通报，34(3)：210－213.
张永春，汪吉东，俞美香，等，2006. 南京地区典则农业试验基地土壤肥力、环境质量调查与评价[J]. 江苏农业学报，22(4)：415－420.
章程，谢运球，吕勇，等，2006. 不同土地利用方式对岩溶作用的影响——以广西弄拉峰丛洼地岩溶系统为例[J]. 地理学报，61(11)：1181－1188.
赵龙山，梁心蓝，吴发启，2010. 黄土坡耕作方式对产流产沙的影响研究[J]. 人民黄河，32(8)：88－91.
赵其国，孙波，张桃林，1997. 土壤质量与持续环境Ⅰ——土壤质量的定义及评价方法[J]. 土壤(3)：113－90.
赵性存，潘必文，1965. 风沙对铁路危害及其防治措施[J]. 地理(1)：13－14.
赵永军，2007. 开发建设项目水土保持方案编制技术[M]. 北京：中国大地出版社.
赵羽等，1989. 内蒙古土壤侵蚀研究[M]. 北京：科学出版社.
郑粉莉，高学田，2000. 黄土坡面土壤侵蚀过程与模拟[M]. 西安：陕西人民出版社.
郑粉莉，唐克丽，周佩华，1989. 坡耕地细沟侵蚀影响因素的研究[J]. 土壤学报，26(2)：99－116.
郑新江，陆文杰，罗敬宁，2001. 气象卫星多通道信息监测沙尘暴的研究[J]. 遥感学报，5(4)：300－305.
中国科学院成都山地灾害与环境研究所，1989. 泥石流研究与防治[M]. 成都：四川科学技术出版社.
中国科学院兰州冰川冻土沙漠研究所沙漠室，1978. 铁路沙害的防治[M]. 北京：科学出版社.

中国科学院南方山区综合科学考察队，1994. 中国亚热带东部丘陵山区水土流失与防治[M]. 北京：科学出版社.
中华人民共和国水利部，2008. 土壤侵蚀分类分级标准：SL 190—2007[S]. 北京：中国标准出版社.
周必凡，李德基，罗德富，1991. 泥石流防治指标[M]. 北京：科学出版社.
周佩华，窦保璋，孙清芳，1981. 降雨能量的试验研究初报[J]. 水土保持通报（1）：51－61.
周佩华，武春龙，1993. 黄土高原土壤抗冲性的试验研究方法探讨[J]. 水土保持学报，7(1)：29－34.
朱朝云，丁国栋，1992. 风沙物理学[M]. 中国林业出版社.
朱俊风，朱震达，1999. 中国沙漠化防治[M]. 北京：中国林业出版社.
朱显谟，1947. 江西土壤之侵蚀及其防治[J]. 土壤季刊(3)：87－94.
朱显谟，1958. 黄土区的洞穴侵蚀[J]. 人民黄河(3)：43－44.
朱显谟，1981. 黄土高原水蚀的主要类型及有关因素[J]. 水土保持通报，1(3)：1－9；1(4)：13-15.
朱振达，陈广庭，1994. 中国土地沙质荒漠化[M]. 北京：科学出版社.
朱震达，1989. 中国沙漠化及其治理[M]. 北京：科学出版社.
朱震达，1999. 中国沙漠、沙漠化、荒漠化及其防治对策[M]. 北京. 中国环境科学出版社.
朱震达，赵兴梁，凌裕泉，等，2001. 治沙工程学[M]. 北京：中国环境科学出版社.
庄国顺，郭敬华，袁蕙，等，2001. 2000 年我国沙尘暴的组成、来源、粒径分布及其对全球环境的影响[J]. 科学通报，46(3)：191－197.
AliSalch, 1993. Soil roughness measurement: chain method[J]. J. Soil and Water Cons, 48(6): 527－529.
Burger J A, Kelting D L, 1998. The contributions of soil science to the development of and implementation of criterion and indicators for sustainable forest management[J]. Soil Science Society of America Journal(53): 1－67.
Burgess R C, McTansh G H, Pitblado J R, 1989. An index of wind erosion in Australia[J]. Aust. Geog. Stud. (27): 98－110.
Chamberlain E J, Gow A J, 1979. Effect of freezing and thawing on the permeability and structure of soils[J]. Engineering Geology, 13(1－4): 73－92.
Chan K Y, 2004. Impact of tillage practices and burrows of a native Australian anecic earthworm on soil hydrology[J]. Applied Soil Ecology, 27: 89－96.
Chepil W S, Woodruff N P, 1963. The physics of wind erosion and its control [J]. Adv. Agron. (15), 211－302.
Cole G W, Lyles L, Hagen L J, 1983. A simulation model of daily wind erosion soil loss [J]. Trans. Am. Soc. Agric. Engrs. (36): 1758－1765.
Craig A D, Arlene J T, 2002. Soil quality field tools: Experiences of USDA-NRCS soil quality institute[J]. Agron J, 94: 33－38.
De Roo A P J, Jetten V G, 1999. Calibrating and validating the LISEM model for two data sets from the Netherlands and South Africa[J]. Catena, 37(3－4): 477－493.
De Roo A P J, Wesseling C G, Ritsema C J, 1996. A single-event physically based hydrological and soil erosion model for drainage basins. Ⅰ: Theory, input and output[J]. Hydrological Processes, 10(8): 1107－1118.
Descroix L, Viramontes D, Vauclin M, *et al.*, 2001. Influence of soil surface features and vegetation on runoff and erosion in the Western Sierra Madre (Durango, Northwest Mexico) [J]. Catena, 43: 115－135.
Dregne H E, 1983. Desertification of Arid Lands[M]. Harwood Acadamic Publishers.
Ellison W D, 1947. Soil Erosion Study-pars Ⅱ: Soil detachment hazard by raindrop splash[J]. Aric. Eng., 28: 197－201.
Ellison W D, 1947. Soil erosion study-part Ⅴ: Soil transport in splash process[J]. Aric. Eng., 28: 349-351, 353.

Ellison W D, 1994. Studies of raindrop erosion[J]. Aric. Eng., 25: 131 - 136.

Ellison W D, Ellison O T, 1947. Soil erosion study-part Ⅵ: Soil detachment by surface flow[J]. Aric. Eng., 28: 402 - 405, 408.

Forster G R, Meyer L D, 1972. A closed-from soil erosion equation for upland areas[M]. In Sedimentation Symposium to Honor. Einstein H A (shen, ed.) chap. 12, pp. 12. 1 - 12. 19. Colorado State University, Ft. Collins. co.

Foster G R, Meyer L D, Onstad C A, 1977. An erosion equation derived from basic erosion principles[J]. Trans. of ASAE, 20(4): 678 - 688.

Grewal S S, Kehar Singh, Surjit Dyal, 1984. Soil profile gravel concentration and its effect on rainfed crop yields [J]. Plant and Soil, 8: 75 - 83.

Herlina Hartanto, Ravi Prabhu, Anggoro S E, *et al.*, 2003. Factors affecting runoff and soil erosion: plot-level soil loss monitoring for assessing sustainability of forest management[J]. Forest Ecology and Management, 180: 361 - 374.

Hudson N W, 1981. Soil Conservation[M]. 2rd. Ithaca: Cornell Univ. Press.

Kadib A A, 1965. Function for sand movement by wind. ASTTA. Doc. 71.

Karlen D L, Diane E S, 1994. A framework for evaluating physical and chemical indicators of soil quality[J]. Soil Science Society of America, Inc., Madison, Wisconsin, USA, 53 - 72.

Konrad J M, 1989. Physical processes during freeze-thaw cycles in clayey silts[J]. Cold Regions Science and Technology, 16(3): 291 - 303.

Lu H, Shao Y P, 2001. Toward quantitative prediction of dust storms: an integrated wind erosion modeling system and its applications[J]. Environment Model & Software(16): 233 - 249.

Lyles L, Krauss R K, 1971. Threshold velocities and initial particle motion as influenced by air turbulence[J]. Trans. ASAE, 14(3): 563 - 566.

McTainsh G H, Lynch A W, Tews E K, 1998. Climatic controls upon dust storm occurrence in eastern Australia [J]. JOURNAL. Arid Envi. (29): 457 - 466.

McTansh G H, Lynch A W, Burgess R C, 1990. Wind erosion in eastern Australia[J]. Australia Journal of Soil Research(28): 323 - 339.

Meyer L D, Foster G R, 1965. Mechanics of soil erosion by rainfall and overland flow[J]. Trans. of ASAE., 8 (4): 689 - 693.

Mikami Masao, 2000. Proposal of an International Joint Program on the Evaluation of Aeolian Dust Outbreak from the Continents and its Impact to the Climate[J]. Journal of Arid Land Studies, 10(3): 232 - 234.

Morgan R P C, Quinton J N, Smith R E, *et al.*, 1998. The European soil erosion model (EURO, SEM): Documentation and user guide. Version 3. 6. Silsoe College, Cranfield University.

Morgon R P C, Quinton J N, Smith R E, *et al.*, 1998. The European soil erosion model (EURO, SEM): A dynamic approach for predicting sediment transport from fields and small catchments[J]. Earth Surface Processes and land forms, 23(6): 527 - 544.

Nearing M A, Foster G R, Lane L I, 1989. A process-based soil erosion model for USDA-water erosion prediction project technology[J]. Trans. Of ASAE, 32(5): 1587 - 1593.

Opara C C, 2009. Soil microaggregates stability under different land use types in southeastern Nigeria[J]. Catena, 79: 103 - 82.

Pandey A, Chowdary V M, Mal B C, *et al.*, 2009. Application of the WEPP model for prioritization and evaluation of best management practices in an Indian watershed[J]. Hydrological. Process, 23: 2997 - 3005.

Patrice Cadet, Olivier Planchon, MichelEsteves, *et al.*, 2002. Experimental study of the selective transport of nematodes by runoff water in the Sudano-Sahelian area[J]. Applied Soil Ecology, 19: 223 - 236.

Pedersen H S, Hasholt B, 1995. Influence of wind speed on rainsplash erosion[J]. Catena, 24(1): 35 -42.

Pulina M, 1974. Preliminary studies on denudation in SW Spitsbergen. Biulletin de I'Academie Polonaise de Sciences, 22: 2 -3.

Roming D E, Garlynd M J, Harris R F, *et al.*, 1995. How farmer assess soil health and quality[J]. J Soil Water Conser, 50: 229 -236.

Shao Yaping, 2000. Physics and modeling of wind erosion[M]. Dordrecht/Boston/London: Kluwer Academic Publishers.

Shao Y P, Raupach M R, Leys J F, 1996. A model for prediction Aeolian sand drift and dust entrainment on scales form paddock to region[J]. Australia Journal of Soil Research, 34: 309 -42.

Song C H, Carmichael G R, 2001. A three-dimensional modeling investigation of the evolution processes of dust and sea-salt particles in east Asia[J]. Journal of Geophysical Research-atmosheres, 106(D16): 18131 -181547.

Vanmaysen W, Govers G, Van Oost K, *et al.*, 2000. The effect of tillage depth, tillage speed, and soil condition on chisel tillage erosivity[J]. Journal of Soil and Water Conservation(55): 354 -364.

Vanmuysen W, Covers G, Bergkamp G, *et al.*, 1999 . Measurement and modeling the effects of initial soil conditions and slope gradient on soil translocation by tillage[J]. Soil & Tillage Research (51): 303 -316.

Viklander P, 1998. Permeability and volume changes in till due to cyclicfreeze-thaw[J]. Canadian Geotechnical Journal, 35(3): 471 -477.

Walter D. Ellison, 1952. Raindrop energy and soil erosion[J]. Empire Journ. Exper. Agric, 20(18): 81 -97.

Woodruff N P, Siddoway F H, 1965. A wind erosion equation[J]. Proc. Soil Sci Soc. Am. (29): 602 -608.

Yin Liang, Decheng Li, Chunli Su, *et al.*, 2009. Soil erosion assessment in the red soil region of southeast China using an integrated index[J]. Soil Science, 174(10): 574 -581.

Yugo O, Naruse T, Ikeya M, *et al.*, 1998. Origin and derived courses of eolian dust quartz deposited during marine isotopestage 2 in East Asia, suggested by ESR signal intensity[J]. Giobal and Planetary Change, 18 (3 -4): 129 -135.

Zingg A W, 1940. Degree and Length of land slope as it affects soil loss in runoff[J]. Agri Eng, 21(2): 59 -64.

[illegible] Hasholt B., 19[illegible]. Influence of wind speed [illegible]. [illegible], 24(1): [illegible]

[illegible], 19[illegible]. [illegible]

Renard K.G., [illegible]. [illegible] J. Soil Water Conserv., [illegible]: 225-[illegible]

Shao Yaping, 2000. Physics and modelling of wind erosion [M]. Dordrecht: Kluwer Academic [illegible]

Shao Y., Raupach M.R., Leys J.F., 1996. A model for predicting aeolian sand drift and dust entrainment on scales from paddock to region [J]. Australian Journal of Soil Research, 34: 309-342

[illegible], 2008. A three-dimensional [illegible] the [illegible] [J]. Journal of [illegible], [illegible]

Van Muysen W., Govers G., Van Oost K., et al., 2000. The effect of tillage depth, tillage speed, and soil condition on chisel tillage erosivity [J]. Journal of Soil and Water Conservation, 55(3): 355-364

Van Oost K., [illegible], 1999. Measurement and modelling the effects of initial soil conditions and slope gradient on soil translocation by tillage [J]. Soil & Tillage Research, 51(3): 303-316

[illegible], 1998. Permeability and volume changes [illegible] [J]. [illegible]: [illegible]

Walter D., [illegible], 19[illegible]. [illegible] and soil erosion [J]. [illegible], [illegible]

Woodruff N.P., Siddoway F.H., 1965. A wind erosion equation [J]. Proc. Soil Sci. Soc. Am., 29(5): 602-608

Yang [illegible], [illegible] et al., 2008. Soil erosion assessment of the red soil region of southern China [illegible] [J]. [illegible], 101: 274-[illegible]

[illegible], 1995. [illegible] of eolian dust [illegible] [J]. Global and Planetary Change, 11: [illegible]

Zingg A.W., 1940. Degree and length of land slope as it affects soil loss in runoff [J]. Agric. Eng., 21(2): 59-64